普通高等教育"十三五"规划教材

大学计算机
（第3版）

曹慧英　主编

武建军　杜茂康　副主编

电子工业出版社

Publishing House of Electronics Industry

北京·BEIJING

第 3 版前言

近年来,随着"互联网+"国家战略的实施,云计算、海计算、物联网、大数据等新技术普及应用的速度明显加快,计算机信息技术和网络技术在经济社会中的地位越发重要,高校《大学计算机基础》的教学内容更应与时俱进,适时调整。针对这一情况,教育部高教司组织制定了《大学计算机教学基本要求》,对高校计算机基础教学的内容、任务、方法和目标提出了明确的要求和建议。本书在第 2 版的基础上,根据教育部大学计算机课程教学指导委员会发布的最新版《大学计算机教学基本要求》和计算机等级考试大纲编写。

本书从计算机理论基础和应用基础两方面进行内容题材的组织,注重知识的新颖性、实用性。结合信息技术的最新成果和应用对计算机技术、网络技术、信息技术的基本概念和原理进行了介绍,如云计算、海计算、物联网、黑客防范、密码技术、网络安全等;同时也对互联网应用、办公应用、网页制作等内容进行了初步介绍。通过本书的学习,可以理解计算机和网络的组成结构与工作原理,掌握计算机的基本操作,使用办公软件进行办公,上网查询资料,制作网页,创建博客,使用 QQ 等即时通信工具,收发电子邮件等。

本书注重计算机和网络技术的基本原理、基本概念和信息新技术的讲解,并将它们分配到了第 1~5 章,这些章节中的基本概念和理论对于学习后面各章节中的软件应用是很有帮助的。全书对第 2 版进行了知识更新和结构调整,共分为 11 章。第 1~5 章和第 11 章属于计算机理论基础的范畴,第 6~10 章属于计算机应用基础的范畴。各章内容如下:

第 1 章计算机与信息技术,介绍信息技术和计算机的发展史、特点、应用领域、基本概念和常用术语。

第 2 章数制系统,介绍常用的数制系统及不同数制系统中的数据转换,计算机内部的数据表示与数据存储,数据编码,汉字信息及其在计算机中的编码系统。

第 3 章计算机硬件基础,介绍计算机的体系结构,计算机的组成部件及功能,主要包括中央处理器、存储器、总线、频率、接口及显示系统等内容。

第 4 章计算机软件基础,介绍软件基础知识、常用软件、操作系统、语言处理程序、多媒体技术等。

第 5 章计算机网络基础,介绍计算机网络的基础理论、基本概念、网络拓扑结构、网络类型、网络协议、网络设备和网络传输介质,常见的网络组建模式,互联网的基础知识及基本概念,TCP/IP 协议,Internet 的接入方式,Windows 系统中 TCP/IP 配置的方法,QQ 应用、博客编写及 Internet 中的资料查询与下载等。

第 6 章 Windows 操作系统,介绍 Windows 系统的特点、文件系统、程序管理、磁盘管理、用户管理、任务管理、软件安装及设备管理以及 Windows 系统中的常用应用程序。

第7~10章介绍Microsoft Office 2016办公软件的应用,包括文字处理软件Word2016的文档排版,图形处理,表格处理,文档格式化,图书目录制作等功能;电子表格软件Excel2016的数据输入,公式计算,常用工作表函数,图表处理,电子表格的排序、筛选、分类汇总等功能;PowerPoint2016演示文稿的母版设计,图表制作,动画设计,影像设计,色彩配置等功能;FrontPage网页制作的基本技术,网站发布的基本方法,HTTP及HTML等基本概念。

第11章信息安全基础,介绍计算机病毒、网络安全和信息安全的基本概念、技术、基本原理及防范措施,如木马防范、加密技术、数字认证、安全协议等。

本书的编著得益于多年教学经验的积累,为了使本书易学易懂,全书很注重图文的应用,利用图注解释一些基本原理、操作过程及计算机术语,使之生动形象,深入浅出。在内容编排方面也充分考虑了教与学的关系。

第1~6章和第11章是课堂教学的重点,应注重这些章节中的基本概念、名词术语及基本原理的讲解。第7~10章的内容具有很强的可操作性,属于基本技能培养的内容,也是学习者必须掌握的计算机应用技术,宜采用示范教学方式,以上机实践和学习者自学为主。

本书由曹慧英主编,王永、杜茂康、吴伯柱参与了编写。曹慧英编写了第1~8章,王永编写了第9章,吴伯柱编写了第10章,杜茂康编写了第11章。谢青、罗龙艳、武建军、刘友军、袁浩等参与了本书的写作大纲的研讨和编写,提供了教学课件、书中部分图表和习题等素材,全书由曹慧英统稿和审定。

在本书的编写过程中,我们结合了当前计算机软硬件的最新技术和发展趋势,参考了国内外许多与此相关的教材、论文、网络资源,特别是维基百科、互动百科、百度百科等网站中的资料,以求教材知识的先进性和全面性。在此,特向这些资源的原创者表示崇高的敬意和深深的感谢!

由于作者水平有限,书中缺点和不足在所难免,敬请专家、内行和广大读者批评指正。作者的电子邮件是:cqyddk@163.net。

作　者

目 录

第 1 章 计算机与信息技术概述 ... 1
1.1 计算机的发展 ... 1
1.1.1 早期的计算机 ... 1
1.1.2 近代计算机 ... 2
1.1.3 现代计算机 ... 3
1.1.4 计算机的发展 ... 4
1.1.5 计算机的特点 ... 5
1.1.6 计算机的分类 ... 6
1.1.7 计算机的发展趋势和方向 ... 8
1.1.8 下一代计算机的发展方向 ... 8
1.2 计算模式的演进 ... 9
1.2.1 单机计算和嵌入式计算 ... 9
1.2.2 集中式计算和分布式计算 ... 9
1.2.3 云计算、海计算和物联网 ... 10
1.3 信息技术与信息社会 ... 12
1.4 计算机及信息技术的应用 ... 15
习题 1 ... 17

第 2 章 计算机信息数字化基础 ... 19
2.1 计算机和数制系统 ... 19
2.1.1 数制系统基础 ... 19
2.1.2 数制之间的转换 ... 20
2.1.3 二进制和计算机信息表示 ... 22
2.2 数值数据的机内表示 ... 24
2.3 文字的数字化处理 ... 27
2.3.1 西文字符在计算机中的表示 ... 27
2.3.2 中文字符在计算机中的表示 ... 29
2.3.3 字符在计算机中的处理过程 ... 33
2.4 声像的数字化处理 ... 35
2.4.1 声音在计算机中的转换 ... 35
2.4.2 图像的数字化处理 ... 36
2.4.3 视频的数字化处理 ... 38
习题 2 ... 38

第 3 章 计算机硬件基础 ... 40
3.1 计算机系统概述 ... 40
3.2 计算机硬件系统 ... 40
3.3 运算器、控制器和中央处理器 ... 41

  3.3.1 运算器和控制器 ... 41
  3.3.2 中央处理器 ... 42
 3.4 存储器 ... 44
  3.4.1 存储器的基本概念 ... 44
  3.4.2 存储器的分类 ... 45
  3.4.3 存储器的分级存储体系 ... 45
  3.4.4 内存 ... 45
  3.4.5 寄存器和高速缓冲存储器 ... 47
  3.4.6 虚拟存储器 ... 48
  3.4.7 CMOS 存储器 ... 48
  3.4.8 微机的内存 ... 49
  3.4.9 外存 ... 50
 3.5 输入设备 ... 55
 3.6 输出设备 ... 59
  3.6.1 显示系统 ... 59
  3.6.2 打印机 ... 62
  3.6.3 具有输入、输出两种功能的计算机外设 ... 63
 3.7 总线与接口 ... 63
  3.7.1 总线的类型和指标 ... 64
  3.7.2 接口 ... 65
 3.8 微机总线和主板 ... 66
  3.8.1 微机总线 ... 66
  3.8.2 微机主板 ... 67
 习题 3 ... 68
第 4 章 计算机软件基础 ... 71
 4.1 软件的发展 ... 71
  4.1.1 自由软件 ... 72
  4.1.2 商业软件 ... 72
  4.1.3 开放源码软件 ... 73
 4.2 软件的类型 ... 74
 4.3 操作系统概述 ... 77
  4.3.1 操作系统的功能 ... 77
  4.3.2 操作系统的类型 ... 78
  4.3.3 常见的操作系统 ... 80
 4.4 应用软件概述 ... 83
  4.4.1 应用软件的类型 ... 84
  4.4.2 常见的应用软件 ... 84
 4.5 计算机编程基础 ... 86
  4.5.1 计算机语言的发展 ... 86
  4.5.2 程序翻译的方式 ... 89
  4.5.3 程序设计方法 ... 91

   4.5.4 软件工程概述 ·················· 92
  4.6 多媒体技术基础 ·················· 95
   4.6.1 多媒体信息压缩技术 ·················· 95
   4.6.2 常见的多媒体文件类型 ·················· 96
   4.6.3 多媒体软件 ·················· 97
   4.6.4 超文本、超媒体 ·················· 98
 习题 4 ·················· 99

第 5 章 计算机网络基础 ·················· 101

  5.1 计算机网络的基本概念 ·················· 101
  5.2 计算机网络的发展 ·················· 101
  5.3 常见的网络拓扑结构 ·················· 104
  5.4 网络类型 ·················· 105
  5.5 网络协议 ·················· 107
   5.5.1 OSI 七层模型 ·················· 107
   5.5.2 TCP/IP 协议 ·················· 108
  5.6 网络硬件 ·················· 109
  5.7 网络结构的几种常见模式 ·················· 112
  5.8 互联网及其应用基础 ·················· 114
   5.8.1 IP 地址 ·················· 114
   5.8.2 子网掩码 ·················· 116
   5.8.3 网关 ·················· 117
   5.8.4 域名系统 ·················· 117
   5.8.5 Internet 的接入方式 ·················· 118
   5.8.6 在 Windows 中创建互联网连接 ·················· 119
   5.8.7 Windows 系统的几个常用网络命令 ·················· 122
   5.8.8 访问互联网 ·················· 124
  5.9 新媒体信息技术基础 ·················· 127
   5.9.1 播客 ·················· 128
   5.9.2 博客与微博 ·················· 128
   5.9.3 微信 ·················· 130
 习题 5 ·················· 136

第 6 章 Windows 操作系统应用基础 ·················· 139

  6.1 Windows 操作系统概述 ·················· 139
   6.1.1 Windows 操作系统的特点 ·················· 139
   6.1.2 Windows 操作系统的用户界面 ·················· 140
   6.1.3 文件关联 ·················· 146
  6.2 Windows 操作系统的基本操作 ·················· 146
   6.2.1 鼠标的基本操作 ·················· 146
   6.2.2 窗口的管理与操作 ·················· 147
   6.2.3 文档操作基础 ·················· 147
  6.3 文件管理 ·················· 149

    6.3.1 文件系统简介 149
    6.3.2 文件夹和路径 151
    6.3.3 文件系统 152
    6.3.4 Windows 7 中的"计算机"和"资源管理器" 154
    6.3.5 文件与文件夹操作 155
    6.3.6 文件搜索 157
    6.3.7 使用"回收站" 158
  6.4 磁盘管理 158
    6.4.1 磁盘分区和引导记录 158
    6.4.2 Windows 操作系统中的磁盘管理 160
  6.5 用户管理 162
  6.6 系统安装 164
    6.6.1 安装/卸载应用程序 164
    6.6.2 安装硬件设备 164
  6.7 任务管理器 166
  6.8 "附件"中的应用程序 166
  习题 6 168

第 7 章 文字处理软件 Word 171
  7.1 Microsoft Word 基础 171
  7.2 编辑 Word 文档 176
  7.3 格式化文档 182
    7.3.1 字符格式化 182
    7.3.2 段落格式化 184
    7.3.3 对齐方式 184
    7.3.4 缩进格式 184
    7.3.5 行间距与段间距 185
    7.3.6 首字下沉 186
    7.3.7 项目符号与编号 186
    7.3.8 分栏 186
    7.3.9 分页 187
    7.3.10 页眉、页脚和页码 187
    7.3.11 页面设置 188
    7.3.12 打印预览和打印 189
  7.4 在不同视图中加工文档 190
  7.5 表格设计 192
    7.5.1 创建表格 193
    7.5.2 编辑表格 195
    7.5.3 表格排序 196
  7.6 图表处理 197
    7.6.1 创建图表 199
    7.6.2 图表设计和格式化 199

7.7 编辑数学公式 ············ 200
7.8 制作文档目录 ············ 201
习题 7 ····················· 202

第 8 章 电子表格软件 Excel ············ 205
8.1 Microsoft Excel 基础 ············ 205
8.1.1 Excel 2016 的用户界面 ············ 205
8.1.2 Excel 的基本概念 ············ 206
8.1.3 Excel 的工作簿和文件管理 ············ 208
8.2 行、列、单元格及工作表操作 ············ 211
8.2.1 工作表行、列操作 ············ 211
8.2.2 单元格操作 ············ 212
8.2.3 工作表操作 ············ 214
8.3 输入数据 ············ 215
8.3.1 输入数值 ············ 215
8.3.2 输入文本、日期和时间 ············ 215
8.3.3 输入公式 ············ 216
8.3.4 特殊数据的输入 ············ 216
8.4 公式 ············ 220
8.4.1 运算符及其优先级 ············ 220
8.4.2 引用 ············ 221
8.5 函数 ············ 223
8.6 简单的数据管理 ············ 227
8.6.1 数据排序 ············ 227
8.6.2 数据筛选 ············ 228
8.6.3 分类汇总 ············ 229
8.7 图表 ············ 231
习题 8 ····················· 232

第 9 章 演示文稿软件 PowerPoint ············ 235
9.1 Microsoft PowerPoint 基础 ············ 235
9.2 制作演示文稿 ············ 237
9.2.1 设计演示文稿的外观 ············ 237
9.2.2 编辑幻灯片 ············ 242
9.2.3 编号与项目符号 ············ 243
9.2.4 插入图形 ············ 243
9.2.5 音像 ············ 246
9.2.6 表格 ············ 247
9.2.7 页眉、页脚、时间和幻灯片编号 ············ 248
9.3 演示文稿的放映设计 ············ 248
9.4 演示文稿的放映控制 ············ 251
习题 9 ····················· 251

第 10 章 FrontPage 网页设计基础 ············ 253

10.1 网页设计基础 253
10.2 网页的建立和修饰 254
10.3 美化页面 255
    10.3.1 在网页中插入图像 256
    10.3.2 插入表格 256
    10.3.3 动态效果 257
    10.3.4 动态 HTML 效果 259
10.4 创建链接 260
    10.4.1 书签链接 260
    10.4.2 本地计算机的链接 261
    10.4.3 HTTP 链接 262
    10.4.4 E-mail 链接 262
    10.4.5 链接比较 263
10.5 发布网页 263
习题 10 264

第 11 章 信息安全基础 265

11.1 信息安全概述 265
    11.1.1 信息安全的概念 265
    11.1.2 常见信息安全问题 266
    11.1.3 信息安全的演化 266
11.2 计算机病毒 268
    11.2.1 计算机病毒的基本知识 268
    11.2.2 计算机病毒的寄生方式和类型 269
    11.2.3 计算机病毒的传染 270
    11.2.4 计算机病毒的防治策略 271
11.3 信息安全技术 272
    11.3.1 信息加密技术 272
    11.3.2 信息认证技术 273
    11.3.3 信息安全协议 274
11.4 网络空间安全 275
    11.4.1 网络空间安全概述 275
    11.4.2 网络空间安全的主要威胁 277
    11.4.3 网络空间安全的主要技术 281
11.5 信息安全的法规与道德 285
    11.5.1 信息安全的法规 285
    11.5.2 网络行为的道德规范 286
习题 11 287

参考文献 289

第 1 章 计算机与信息技术概述

本章主要介绍计算机及计算模式的发展过程、主要特征和发展趋势，信息技术、信息产业、云计算、物联网的基本概念，以及计算机的应用情况。

1.1 计算机的发展

1.1.1 早期的计算机

1. 算盘、计算尺、PascaLine 和织布机

计算机最初主要用于数值计算，是计算工具长久历史演化的结果。在公元前 3 万年左右的旧石器时代，欧洲中部的人类就在兽类的骨头、牙齿和石头上刻符号来记录数字；2000 多年前，中国人发明了算盘，称得上世界上第一种手动式计算器。

1622 年，英国数学家威廉·奥特雷德（William Oughtred）发明了对数计算尺，能够进行加、减、乘、除、乘方、开方、指数、三角函数和对数函数等运算，一直用到了 20 世纪 60 年代，直到袖珍电子计算器面世。

1642 年，法国数学家布莱斯·帕斯卡（Blaise Pascal）发明一种使用时钟齿轮和杠杆驱动的机械式计算器——PascaLine，能够进行加法和减法运算。帕斯卡是计算领域中的先驱者，Pascal 程序设计语言就是以他的名字命名的，以示人们对他的纪念。

1673 年，德国数学家莱布尼兹在帕斯卡加法器的基础上，制造了一个能进行加、减、乘、除及开方运算的计算器，使计算工具又向前迈了一步。

1804 年，法国丝织工匠雅卡尔（Joseph Marie Jacquard）发明了雅卡尔织布机（Loom），能在打有小孔的纸卡片的控制下自动工作，纺织出花纹纤细精美的漂亮布料。这一发明曾一度造成纺织工人的惊慌，害怕因机器的自动化而失业。1811 年，一名叫勒德的纺织工人带领他的同事对机器进行打砸。今天，人们仍用"勒德分子"来指代那些抵制技术进步的人。

雅卡尔织布机上的穿孔卡片被后人改进后成为计算机输入的最初形式，直到 20 世纪 80 年代，穿孔卡片仍被用来输入计算机的数据和程序。

2. 差分机和分析机

19 世纪初期，英格兰的巴贝奇完成了世界上第一台现代计算机的设计。巴贝奇在攻读博士学位期间需要求解大量的复杂公式，他无法在合理的时间内手工完成这些问题，为了求解方程，巴贝奇于 1822 年研制了一种用蒸汽驱动的机器——差分机；1834 年左右，巴贝奇又设计了一种与差分机不同的新机器，并称之为分析机。图 1-1 是巴贝奇和他设计的机器。

分析机由三部分组成：一部分是由许多轮子组成的能够保存数据的"存储库"；另一部分是能够从存储库中取出数据进行各种基本运算的运算装置，运算是通过各种齿轮与齿轮的咬合、旋转和平移等来实现的；第三部分是一个能够控制顺序、选择所需处理的数据和输出结果的装置。

（a）查尔斯·巴贝奇　　　　（b）差分机　　　　　　（c）分析机

图1-1　巴贝奇和他设计的差分机及分析机

巴贝奇在分析机中引入了"程序控制"的思想，根据存储在穿孔卡上的指令来确定应该执行的操作，并自动运算。分析机比差分机精度更高，计算速度更快，而且具有通用性，可以进行数字或逻辑运算，是现代通用计算机的雏形。由于得不到资助，巴贝奇最终未能实现他所设计的分析机，但分析机的构想与计算机的最后实现已经十分接近，故巴贝奇被尊称为"计算机之父"。

诗人拜伦的女儿奥古斯塔·阿达·拜伦与巴贝奇一起进行了多年的设计工作。阿达是一位出色的数学家，她为巴贝奇的设计工作做出了巨大的贡献，为分析机编制了一些函数计算程序，被公认为世界上的第一位程序员，一种名叫Ada的编程语言就是以她的名字命名的。

3. 自动制表机和IBM公司

美国每10年进行一次人口普查，至19世纪末，一直都使用手工进行统计。由于统计极费时间，1880年的人口普查花费了7年多的时间才统计出结果。一位当时参与人口普查工作的统计师——霍勒里斯，研制出了一种自动制表机。该机器首先将人口普查的数据记录在一种穿孔卡片上，然后读取并处理卡片中记录的数据。借助于自动制表机，美国1890年的人口普查工作在两年半的时间内就完成了。

1896年，霍勒里斯创立了表格制作机器公司，把他的穿孔卡片设备推向市场。1911年，表格制作机器公司与其他两家公司合并，组建了"计算—制表—记录"公司，该公司取得了极大的成功。1924年，公司更名为国际商业机器公司，即一直发展至今的美国IBM公司。

1.1.2　近代计算机

1. Mark计算机

巴贝奇对其分析机的设计论文在100年后被哈佛大学的霍华德·艾肯（Howard Aiken）教授在图书馆发现了，艾肯在巴贝奇的设计基础上提出了用机电而非纯机械方式制作新的分析机。在IBM公司的资助下，艾肯于1944年研制出了世界著名的大型电磁式自动计算机Mark-Ⅰ，实现了巴贝奇的构想。后来，艾肯又主持了Mark-Ⅱ、Mark-Ⅲ和Mark-Ⅳ等计算机的研制工作，但这些机器已经属于电子计算机的范畴了。

在Mark系列计算机的研制过程中有一位天才的女程序员——海军中尉格蕾丝·霍波（Grace Hopper）博士在为这些机器编写软件。1946年，她在发生故障的Mark-Ⅱ计算机的继电器触点中找到了一只飞蛾，这只小虫子"卡"住了机器的运行，霍波由此把程序故障称为"Bug"。Bug此后演变成计算机行业的专业术语，另一个术语Debug也由此而来，意为排除程序故障。霍波在1959年发明了商用语言COBOL，开创了程序语言的编译时代，被人们称为"计算机语言之母"。

2. 图灵机和图灵测试

阿兰·图灵（Alan Turing）是英国的一名数学家，在第二次世界大战期间，曾帮助军方破译德国用 Emigma 机器编码的德军密码。20 世纪 30 年代，他在论文《论可计算数及其在判定问题中的应用》中描述了一种理想的通用计算机器：该机器使用一条无限长度的纸带，纸带被划分成许多方格，有的方格被画上斜线代表"1"，有的方格没有画任何线条代表"0"；该计算机有一个读/写头部件，可以从带子上读出信息，也可以往空方格里写下信息。该计算机仅有的功能是：把纸带向右移动一格，然后把"1"变成"0"，或者相反把"0"变成"1"。后人称之为"图灵机"，图灵机实际上是一种不考虑硬件状态的计算机逻辑结构。这篇论文奠定了现代计算机的理论基础，指出了计算机的发展方向。

1950 年，图灵发表了题为《计算机与智能》的文章，奠定了人工智能的理论基础。图灵在该文中提出了一种假想：一个人在不接触对方的情况下，通过一种特殊的方式与对方进行一系列的问答，如果在相当长时间内，无法根据这些问题判断对方是人还是计算机，那么就可以认为这台计算机具有同人相当的智力，即这台计算机是能思维的。这就是著名的"图灵测试"（Turing Testing）。

图灵对计算机的贡献极大，被称为"计算机之父"和"人工智能之父"。为了表示对他的纪念，美国计算机协会（Association Computer Machinery，ACM）于 1966 年设立了图灵奖，奖励那些对计算机事业做出重要贡献的个人。图灵奖是计算机界的最高奖项，要求极高，评奖程序极严，被认为是计算机界的"诺贝尔奖"。

1.1.3 现代计算机

1. 第一台电子数字计算机的诞生

1946 年 2 月，美国宾夕法尼亚大学的约翰·莫奇莱教授与研究生埃克特研制出了被世界公认的第一台电子计算机，名为 ENIAC（Electronic Numerical Integrator and Calculator，电子数字积分计算机）。这台计算机使用了 18000 多个电子管、70000 个电阻、10000 个电容，重 30 多吨，占地 170 多平方米，耗电 150 千瓦，每秒能做 5000 次加、减运算，价格非常昂贵。

ENIAC 仅仅表明人类创造了计算机，它对后来的计算机研究没有多大的影响。因为它不具备现代计算机"存储程序"的主要特点，难以使用，每次解决新问题时，工作人员必须重新接线才能输入新的指令。

1947 年，莫奇莱和埃克特创建了一个计算机公司，生产商用计算机，第一种作为商品售出的是他们 1951 年生产出的 UNIVAC 计算机，开启了计算机工业的新时代。

2. 冯·诺依曼计算机

世界上的第二台计算机是美籍匈牙利科学家冯·诺依曼（John Von Neumann）教授设计并参与研制的 EDVAC 计算机，它是第一台"存储程序"式计算机。它与 ENIAC 相比有了重大改进，具有以下特点：① 采用二进制数 0、1 直接模拟开关电路的通、断两种状态，用于表示计算机内的数据或计算机指令；② 把机器指令存储在计算机内部，计算机能依次执行指令；③ 硬件由运算器、控制器、存储器、输入设备和输出设备五大部件组成。

1946 年 6 月，冯·诺依曼发表了《电子计算机装置逻辑结构初探》一文，这篇论文具有划时代的意义，标志着计算机时代的到来。文中广泛而具体地介绍了电子计算机制造和程序设计的新思想，明确规定计算机由计算器、逻辑控制装置、存储器、输入和输出设备五大部分组成，并阐述了这五部分的职能和相互关系。凡是以此概念构造的各类计算机都被称为冯·诺依曼计算机。

时至今日，虽然计算机系统在运算速度、工作方式、应用领域和性能指标等方面都与当时的计算机有了较大区别，但其基本结构仍然属于冯·诺依曼计算机结构。冯·诺依曼也因对计算机的卓越贡献，被称为"计算机之父"。

1.1.4 计算机的发展

构成计算机的物理元器件在不断地更新换代，人们据此将计算机的发展分为4个阶段。

1. 电子管时代（1946—1958年）

1904年，英国物理学家弗莱明发明了电子管（真空二极管），标志着世界从此进入了电子时代。1906年，被称为"电子管之父"的美国发明家李·德弗雷斯特在二极管的基础上发明了三极管，使电子管成为了广泛应用的电子器件。

第一代计算机采用电子管作为基本元器件，用汞延迟线作为内存储器，磁鼓和磁芯作为外存储器。由于电子管本身的特征和缺陷（体积大、功耗大和易发热等），致使第一代计算机造价高、存储容量小（内存只有几KB），体积庞大，耗电多，运算速度慢，每秒仅能做几千次到几万次的运算。性能不稳定，经常出现故障，计算机可靠性极低，大部分时间处于停机状态。

计算机程序只能用由0和1组成的机器语言编写，所有的数据和指令都用穿孔卡片输入。因为机器语言难学难使用，只有少数专家懂得如何用机器语言编写程序，且编写程序费时费力。因此，计算机的应用范围较窄，主要用于军事领域和科学计算。

2. 晶体管时代（1958—1964年）

1947年，美国的肖克利和巴丁等人发明了晶体管。晶体管具有体积小、重量轻、寿命长、效率高、发热少、功耗低等优点，很容易就能够实现电子管的功能。用晶体管作为元器件，更容易制造出高速运算的电子计算机，而且成本更低。

1954年，美国贝尔实验室就制造出了一台用了800多个晶体管的计算机，因此也有人认为第二代计算机应该从1954年开始。但第一台全部使用晶体管制成的计算机是1958年美国IBM公司制造的RCA501型计算机。此外，晶体管计算机的商业生产也始于1958年。因此，将第二代计算机的起点定为1958年似乎更加合理。

第二代计算机采用晶体管作为基本元件，磁芯作为内存储器，磁盘、磁带作为外存储器，运算速度为每秒几十万次到几百万次，比第一代计算机体积小、速度快、成本低、功能强、可靠性高。

程序设计语言除了汇编语言外，还出现了高级语言。1957年，IBM公司设计出了FORTRAN语言；1959年，格蕾丝·霍波开发出了商用语言COBOL，并由美国数据系统语言委员会对外发布；1960年，美国计算机学会和德国应用数据协会共同研制出了算法语言ALGOL 60。这些语言以英语为基础，接近人们的思维习惯，易学易用。

随着高级语言的推广，计算机的应用范围不断扩大，从政府和大学扩展到了工业、交通、医疗和商业等领域，除了用于科学计算外，计算机还广泛应用于商业数据处理和工业控制。

3. 小规模集成电路时代（1964—1970年）

1958年，美国物理学基尔比和诺伊斯在同一时期内发明了集成电路。集成电路（Integrated Circuit, IC）是一种微型电子器件，把实现某一逻辑功能的电路中所需要的晶体管、二极管、电阻、电容和电感等元器件及布线连接起来，制作在一小块半导体晶片或介质基片上，然后封装在一个管壳内，成为具有所需电路功能的微型结构。

集成电路具有体积小、重量轻、引出线少、焊接点少、寿命长、可靠性高、性能好等优点，且可大规模生产，成本低。集成电路的出现将人类引入了飞速发展的电子时代，Intel（英特尔）公司的创始人之一——戈登·摩尔在 1965 年预言"集成电路上能被集成的晶体管数目，将会以每 18 个月翻一番的速度稳定增长，并在今后数十年内保持着这种势头"。这个预言就是著名的"摩尔定律"，被后来集成电路的发展所证明，指引着电子产品的发展方向。

1964 年，IBM 公司制成了 IBM360 系列的混合固体逻辑集成电路计算机，标志着计算机进入了第三代。第三代计算机采用集成电路代替晶体管，用半导体存储器代替磁芯存储器，不仅使计算机的体积大大减小，而且使内存容量和计算速度也有了大幅度的提高，运算速度可达每秒几百万次至几千万次。

在软件方面，出现了操作系统、编译系统和应用程序。除了晶体管时代的高级语言外，达特茅斯（Dartmouth）大学的凯梅尼（J. Kemeny）和克兹（T. Kurtz）在 1964 年设计出了会话式的 BASIC 程序设计语言。

4. 大规模集成电路和超大规模集成电路时代（1971 年至今）

1971 年，Intel 公司的特德·霍夫（Ted Hoff）发明了第一代微处理器芯片 Intel 4004，该芯片集成了 2250 个晶体管，主频 108 kHz，字长 4 位，每秒运算 6 万次，标志着大规模集成电路时代的到来。

大规模集成电路和超大规模集成电路的出现使计算机的体积更小、性能更高、成本更低，使计算机的普及和微型化成为可能。20 世纪 70 年代末，史蒂夫·乔布斯和史蒂夫·沃兹尼亚克创建了苹果计算机公司，该公司是微机市场的主导力量之一。

1980 年，IBM 公司生产出了它的个人计算机（即 IBM-PC），并与微软公司合作研发了微机操作系统，即 DOS 系统。由于微软公司和英特尔公司是协议的独立方，它们可以自由地向外开放的市场投放自己的产品，因此许多公司购买了这两家公司的产品并生产自己的微机，这就是所谓的"IBM 兼容机"。

英特尔公司不断致力于微处理器芯片的研究工作，1985 年后，相继推出了 Intel 80386、Intel 80486；1993 年后，又推出了 Intel Pentium、Pentium Pro、Pentium MMX 等系列产品，Pentium 处理器在一块小小的集成硅片上集成了 310～910 万个晶体管；2006 年后，推出 Intel Core（酷睿）系列微处理器，是当前微机中的主流芯片。酷睿系列微处理器是将两个或更多的 CPU 集成在一块芯片上构成的双核或多核处理器，其集成度更高，运算速度更快。

1.1.5 计算机的特点

计算机和传统的计算工具相比较，有其独特的特点。

1. 运算速度快

大型机、巨型机从 20 世纪 50 年代的每秒几万次的运算速度发展到 1976 年的每秒 1 亿次运算，20 世纪 90 年代初已达到每秒 1 万亿次运算；当前，世界上运算速度最快的当数中国国防科技大学研制的"天河二号"超级计算机，峰值计算速度可达每秒 5.49 亿亿次，持续计算速度每秒 3.39 亿亿次双精度浮点运算。可以说，计算机的运算速度是其他计算工具望尘莫及的。

2. 运算精确度高

计算机采用二进制数进行计算，其计算精度随着设备精度的增加而提高，再加上先进的算法，可以达到很高的精确度。如计算π的精度，在计算机出现以前，科学家们通过人工计算，其精度只达到小数点后的几百位。英国有位数学家用了 15 年时间算到了π的第 707 位，但从第 528 位起就有错误了；当第一台计算机出现后，其精度就已达到了小数点后的 2000 多位。现在一台普通的计算机几小时就可以算到几十万位。早在 2009 年，日本筑波大学宣称已计算到了π的 2.5 万亿位数之后。

3．存储容量大

计算机不仅能够进行各种计算，而且还能够通过它的存储器把原始数据、中间结果、计算指令等信息存储起来，以备后用。当前一台普通微机的内存可达到几 GB，能够完成相当复杂的程序和数据的存储与处理。此外，计算机还能够将各种数据或程序保存在磁盘、磁带、U 盘或光盘等存储介质上，不仅存储容量大，而且可以长期保存。在今天，用几张 DVD 光盘就能够保存一个大型图书馆中全部图书的内容。

4．逻辑判断能力强

计算机除了进行一般的数学计算外，还能进行逻辑判断，实现推理和证明，并根据判断结果自动决定以后要执行的命令。将计算机的存储功能、算术运算和逻辑判断功能相结合，可模仿人类的某些智能活动，故有人又把计算机称为智能机。

5．操作自动性

人们事先把需要计算机处理的问题编制成程序，并存放在计算机的存储器中，然后向计算机发出执行命令，计算机就会在程序的控制下自动完成指定的工作，这种工作方式又称为程序控制。当然，必要时人们也可以对计算机的工作进行干预，计算机能及时进行响应，实现与人的交互。

此外，计算机还具有通用性强的特点，能够广泛地应用于社会生活的各个领域，只要将需解决问题的程序设计出来提交给计算机，它就能够执行该程序，求解其对应的问题。

1.1.6 计算机的分类

根据计算机所采用的技术、功能、体积、价格和性能等方面的综合因素，人们一般将计算机分为以下 6 类。

1．超级计算机（巨型机）

当今的超级计算机通常是指由数千上万个甚至更多的可以并行工作的处理器构成，能够把复杂的工作细分为可以同时处理的工作并分配给不同的处理器，解决普通计算机不能完成的大型复杂课题的计算机。世界上第一台超级计算机 CDC6600 由"超级计算机之父"西蒙·克雷（Seymour Cray）建成于 20 世纪 60 年代，是当时速度最快的计算机。

超级计算机主要用于包含大量数学运算的科学计算，如核爆炸模拟、国家安全、空间技术、天气预报和地震分析。超级计算机的特点是：体积最大，速度最快，功能最强，价格最贵。超级计算机的运算速度用纳秒和千兆次浮点运算来衡量。1 纳秒是 1 秒的 10 亿分之一，1 千兆次运算是指每秒进行 10 亿次浮点运算，目前的超级计算机可达每秒千万亿次浮点运算。

超级计算机多用于国家高科技领域和尖端技术研究，是一个国家科研实力的体现，对国家安全、经济和社会发展具有举足轻重的意义，是国家科技发展水平和综合国力的重要标志。美国、欧洲和日本的超级计算机水平一直处于世界领先水平。中国在超级计算机方面的发展很快，已跨入世界先进行列。国防科技大学研制的"天河二号"超级计算机，每秒可以完成 33.86 千万亿次的浮点运算，称得上当前世界上速度最快的计算机。

2．大型机

第一台大型计算机是 1951 年问世的 UNIVAC I。自从 UNIVAC I 问世之后，大型机就一直是计算机界的基石，IBM 公司一直统领这块阵地，占据着大部分市场。

大型机采用多处理器结构，体积庞大，价格高，速度快，每秒至少可以完成几十至几百万亿次浮点运算，具有高可靠性、高可用性、高服务性，以及强大的输入/输出处理能力，常作为大型的商业服务器，为大企业、政府、银行的大量数据提供集中存储、处理和管理，也常用于科研机构和研究型大学。

3．小型计算机

1968 年，数字设备公司（DEC）推出了第一台小型计算机 DEC PDP-8。与大型机相比，小型机规模小，结构相对简单，设计周期短，更新快。小型机常作为多用户系统，一般可允许 200 个用户同时工作在不同的终端上，每个用户使用键盘、鼠标、显示器等终端来输入请求信息，计算机获取各用户请求后进行处理，并把处理结果分别返回给各终端用户。

小型机应用范围广泛，如工业控制、医疗数据采集、中小型企业数据管理等。

4．服务器

20 世纪 80 年代，随着网络和数据库技术的兴起，信息技术由最初的分散式管理向集中式管理发展。因为在网络环境中，如果信息分散在不同的计算机中，难以保证信息的一致性。最初的服务器就是解决这一问题的高性能计算机，它在网络中具有特殊的地位，负责管理网络中的其他计算机，并存放大量的数据。其他计算机可以访问这些数据，也可以将数据存放在服务器中。

随着网络的普及，服务器在性能方面与普通计算机之间的界限越来越模糊，在一些小型网络中，一台普通的微机也可以充当服务器的角色。

5．工作站

工作站是性能和价格介于小型计算机和微机之间的一种计算机，其芯片多采用 RISC(Reduced Instruction Set Computing，精简指令集计算模式）微处理器，运算速度比微机快。最初的工作站是一种用来满足工程师、建筑师及其他对图形显示要求较高的专业人员的计算需求，具有高性能的图像和数据处理能力，强大的网络功能和良好人机交互作用的高性能台式计算机。随着技术和需求的发展，工作站已向多媒体方向发展，可以综合处理文字、数据、声音、图形和图像，常用于需要有良好图形显示性能的商业和办公室自动化等领域。目前生产工作站的主要公司有 DEC（美国数字设备公司）、HP（惠普）、SUN（美国太阳公司）和 SGI（美国硅图）等。

6．微型计算机

1971 年，Intel 公司在一块小小的该芯片上集成了中央处理器的功能部件，研制出了微处理器（Micro Processing Unit，MPU）芯片 4004，并用它组装成了第一台微机 MCS-4。用微处理器作为中央处理单元构造出的计算机就称为微机，也称为个人计算机（Personal Computer，PC）。自微机产生以来，根据其机器字长的变化，可将微机的发展划分为五代：第一代是字长为 4 位的微机，在 1971 至 1973 年间；第二代是字长为 8 位的微机，在 1974 至 1977 年间；第三代是 16 位微机，在 1978 至 1980 年间；第四代是 32 位微机，在 1981 至 1992 年间；第五代是 64 位微机，从 1993 年到现在。

微机功能简单、体积小、重量轻、价格便宜、操作方便，每秒可以执行几亿次操作，是个人、家庭、一般办公室和小型企业中最常见的计算机，包括台式微机、笔记本电脑、个人数字助理、嵌入式微机等多种类型。

笔记本电脑小巧轻便，甚至可以放进公文包，可以随身携带，办公、上网、传数据、写程序等随时可用。笔记本电脑与微机功能相当，但价格比一般的微机高。

个人数字助理（Personal Digital Assistant，PDA）是一种手持式计算机，通常不配备键盘，而是采用手写或语音方式输入数据，常用来管理个人信息（如通讯录、计划等）、上网、收发电子邮件和传真。许多PDA还能与台式计算机相连接，作为企业信息系统的业务数据采集工具。

当前，更微型化的一个发展趋势是"穿戴式智能设备"，它是应用穿戴式技术对日常穿戴进行智能化设计、开发出可以穿戴的设备的总称，如智能眼镜（谷歌眼镜）、智能手表、智能服饰及智能鞋等。

1.1.7 计算机的发展趋势和方向

计算机的发展趋势可以概括为四化：巨型化、微型化、网络化和智能化。

① 巨型化：指处理器速度快、存储容量巨大、每秒可达上万亿次的运算速度、外设完备的计算机系统，主要用于国防、军事、大型商业机构和尖端科技的研究。

② 微型化：随着半导体技术的发展，超大规模集成电路微处理器芯片的连续更新换代，微机操作简单、价格低廉、使用方便，能够普及到千家万户。

③ 网络化：指利用通信技术和计算机技术，把分散在不同地点的计算机相互连接起来，按照网络协议相互通信，以达到所有用户均可以共享软件、硬件和数据资源的目的。当今世界最大的网络就是Internet（即因特网，也称为互联网），它让世界成了"地球村"，不同国家的人可以通过网络互访。

④ 智能化：计算机能够模拟人的思维功能和感官，具有识别声音、图像的能力，有推理、联想和学习的功能。其中具有代表性的领域是专家系统和智能机器人。

1.1.8 下一代计算机的发展方向

迄今为止，计算机都是按冯·诺依曼的体系结构进行设计的，但这种结构未必就是计算机的最后归属。未来的计算机很可能将计算机、网络和通信技术三者的功能集成一体，专家们设想它可能会按以下几个方向发展。

1. 神经网络计算机

神经网络计算机是一种巨型信息系统，用简单的数据处理单元来模拟人脑的神经元，并以此来模拟人脑的活动，具有智能性，能模拟人的逻辑思维、记忆、推理、设计、分析和决策等智能活动，并且能与人进行自然通信。近年来，日本、美国及西欧等国家加大了对人工神经网络研究的力度，并且取得了较大的进展。

2. 生物计算机

生物计算机使用生物芯片作为元器件，生物芯片是用由生物工程技术产生的蛋白质分子为主要原材料制造的芯片。生物芯片不仅有巨大的存储能力，而且能以波的形式传送信息。数据处理的速度比当今最快的巨型机的速度还要快百万倍以上，而能量的消耗更低。由于蛋白质分子具有自我组合的能力，从而使生物计算机具有自我调节、自我修复和再生的能力，更易于模拟人类大脑的功能。

3. 光子计算机

光子计算机是指利用光子代替半导体芯片中的电子进行数据存储、传递和运算的数字计算机。由于光子不带电荷，不受电磁场干扰，光子的速度也比电子快，因此用光通信设备代替电子元器件，用光运算代替电运算而设计的计算机，运算速度比现代计算机要快 1000 倍以上，具有较强的抗干扰能力、超大容量的信息存储能力。

4. 量子计算机

量子计算机以处于量子状态的原子制作中央处理器和内存，利用原子的量子特性进行信息处理。由于原子具有在同一时间处于两个不同位置的奇妙特性，即处于量子位的原子既可以代表 0 或 1，也能够代表 0 和 1 之间的中间值，故无论从数据存储还是信息处理的角度，量子计算机都具有比当前的计算机速度快、信息存储量大以及安全性更高等特点。

此外，未来的计算机还可能是高速超导计算机、分子计算机或 DNA 计算机……

1.2 计算模式的演进

可以简单地将计算模式理解为计算机采用的计算方式。随着计信息通信技术的发展和应用领域的普及，计算模式也在不断地发展变化。当前的主要计算模式大概有以下几种。

1.2.1 单机计算和嵌入式计算

单机计算是指数据存储和计算都在同一台计算机中进行的计算方式，人们常用的个人计算机主要采用这种计算方式。

嵌入式计算是指以嵌入方式将计算机植入其他设备或系统中。"嵌入"是计算机的一种应用方式。在一个系统中，用嵌入式计算机取代原来的某些功能部件可以降低成本，改善和扩展该系统的性能。

嵌入式计算机与通用计算机在工作原理方面没有本质区别，只是它常将系统的功能和软件集成在硬件中，并作为其他系统中完成某些局部功能的组成部件。在实际产品的应用过程中，你甚至不会感知它的存在。当前的许多电器设备，如个人数字助理、电视机顶盒、手机上网、数字电视、汽车、微波炉、数字相机、电梯、空调、自动售货机、工业自动化仪表与医疗仪器、智能手表、智能服装、智能眼镜等都具有嵌入式计算机。

1.2.2 集中式计算和分布式计算

集中式计算通过计算机网络将许多终端（如数据显示与输入设备、打印机、微机等）连接到被称为主机的中央计算机（常采用高性能的超级计算机、巨型机、大型机或服务器）上，数据存储和所有的计算任务都在主机中进行，终端只是用来输入和输出数据，不执行任何计算任务，也不进行数据存储。集中式计算把所有数据存储在一个地方，保证了每个终端使用的数据都相同，数据安全性高且容易备份。银行自动取款机（ATM）的工作方式就是集中式计算的一个简单实例。

分布式计算是指把一个需要巨大计算能力才能解决的复杂问题分解成许多子问题，然后把这些子问题分配给许多不同的计算机进行单独处理，最后把所有的计算结果综合起来并计算出最终结果的计算模式。

分布式计算的研究始于 20 世纪 80 年代，主要以分布式操作系统的研究为主。随着互联网的发展和普及，分布式计算的研究重心也逐渐转移到了以网络计算平台为中心的分布式技术，研究如何利用网络把成千上万台计算机连接起来，组成一台虚拟的超级计算机，实现计算资源、通信资源、软件资源、信息资源和知识资源的共享，并利用它们的空闲时间和存储空间来完成单台计算机无法完成的超大规模的计算任务。

分布式计算的一个典型例子就是美国加州大学伯克利分校主办的 SETI@home 项目，该项目利用互联网上空闲的志愿者计算机资源共同搜寻外星生命。SETI@home 程序在志愿者计算机的空闲时间内，通常在屏幕保护模式下或以后台模式运行，不影响用户正常使用计算机。该项目自 1999 年启动，至 2005 年共吸引了 500 多万志愿者参加，这些用户的计算机累积计算量已达 243 万年，分析了大量积压数据。

在分布式计算的发展过程中，涌现出了许多分布式计算技术，如中间件技术、网格技术、移动 Agent 技术、云计算等。

中间件是一种独立的基于分布式的系统软件或服务程序，位于客户—服务器模式的操作系统之上，将用户计算机中的应用软件与服务器中的系统软件连接起来，实现两者之间的信息交换和互操作。通过中间件对计算机资源和网络通信的管理，应用程序可以工作于多个不同的平台或多个操作系统环境中，共享资源。

网格计算是伴随着互联网而迅速发展起来的，专门针对复杂科学计算的新型计算模式。通俗地讲，网格计算是利用互联网把分散在不同地理位置的计算机组织成一个"虚拟的超级计算机"，其中每台参与计算的计算机就是一个"节点"，而整个计算是由成千上万个"节点"组成的"一张网格"，所以这种计算方式被称为网格计算。

网格计算的目的是把分布在互联网上数以亿计的计算机、存储器、贵重设备、数据库等结合起来，形成一个虚拟的、空前强大的超级计算机，满足不断增长的计算和存储需求，并使信息世界成为一个有机的整体。这样组织起来的"虚拟的超级计算机"有两个优势：其一是数据处理能力超强，可以解决对于任何单一的超级计算机来说仍然大得难以解决的问题；其二是能充分利用网上的闲置计算能力。

1.2.3 云计算、海计算和物联网

云计算和海计算是当前最热门的两种计算模式。在一个信息系统中，云计算处于系统的后台，是服务器端的计算模式，实施信息系统的数据处理功能。海计算位于系统前端，是物理世界各物体之间的计算模式，实现信息系统的数据采集功能。

1. 云计算

云计算是分布式计算、网格计算、并行计算、网络存储及虚拟化等计算机和网络技术发展融合的产物，或者说是它们的商业实现。目前，关于云计算的定义尚无定论，说法很多。其中，美国国家技术与标准局（NIST）给出的定义比较适中、全面和系统："云计算是对基于网络的、可配置的共享计算资源池（包括网络、服务器、存储、应用和其他服务等）能够方便地、随需访问的一种模式"。云计算具有五个基本特性、三种服务模式和四种部署方式。

（1）五个基本特性

① 按需自助服务。消费者不需要同厂商交互就能够获得计算服务，如网络存储和服务器的

服务时间等。

② 网络访问。消费者使用不同的终端（移动电话、笔记本电脑和 PDA）接入网络，采用特定的机制就能够访问网络。

③ 划分独立资源池。根据消费者的需求来动态地划分或释放不同的物理和虚拟资源，这些池化资源的供应商将资源（包括存储、计算处理、内存、网络带宽或虚拟机等）以多租户的模式向用户提供服务。用户只需指定一个更高层面的位置信息（如国家、州/省或数据中心），而不需知道所使用资源的详细位置，就能够访问服务。

④ 快速弹性。云计算可以快速和弹性地分配和释放资源。用户可以全天候不限量地获取到云服务，即用户可以根据需要在任何时间以任何量化的方式购买服务。

⑤ 服务可计量。云系统可以通过计量的方法来对云服务类型进行自动控制与优化资源使用（如存储、处理、带宽和活动用户数等）。资源的使用可以被监控和向用户提供透明的报告。这意味着云计算可以付费即用。

(2) 云计算的三种服务模式

① 云基础设施即服务（IaaS）。IaaS（Infrastructure as a Service，基础设施即服务）是指云计算以服务形式向用户提供服务器、存储、网络硬件及基础资源的一种能力。也就是说，用户不必投资购买服务器、路由器和存储器等设备构建自己的信息处理平台，只需向云计算服务商支付少量的服务费用，云计算服务商可以在云基础设施上为用户提供基础平台，用户可在云基础设施上部署任何软件，包括操作系统和应用系统等，不仅能控制操作系统、存储、部署的应用系统，还能控制一些网络设施（如防火墙）。

② 云平台即服务（PaaS）。PaaS（Platform as a service，平台即服务）是指云服务提供商将软件开发平台（包括开发工具、数据库、操作系统、网络等，如 Java、Python、.NET、Oracle、UNIX 等）作为一种服务提供给用户，用户可以在此平台上开发应用软件。用户并不需要管理和控制云的基础设施、网络、服务器、操作系统和存储等，它们由云服务提供商维护。

③ 云软件即服务（SaaS）。SaaS（Software as-a service，软件即服务）是基于互联网提供软件服务的软件应用模式。云计算提供商为企业搭建信息化所需的所有网络基础设施及软件、硬件运行平台，并负责所有前期的实施、后期的维护等一系列服务，企业不需购买软件、硬件、建设机房、招聘 IT 人员，即可通过互联网使用信息系统。

(3) 四种部署方式

云计算的四种部署方式分别为私有云、社区云、公有云和混合云。私有云是指云基础设施单独地运营在一个组织内部，由组织或第三方服务商来进行管理。社区云是指云基础设施服务于多个组织，考虑本社区的任务、安全需求、策略与反馈等，由组织或第三方服务商来进行管理。公有云是指云基础设施运行在互联网上为公众提供服务，并由一个组织来完成商业运作。混合云是指云基础设施由多种云（私有云、社区云或公有云）组成，彼此之间通过标准化或专门的技术绑在一起，能够使数据和应用更便利。

云计算为信息共享与协作提供了一种既廉价又简捷的方式，各个国家、从事信息产业的许多企业都在大力推进云计算，提供云计算服务，无论是企业还是个人都将受益于云计算提供的服务。以往，许多企业通常要花费巨额资金用于构建信息处理中心，用于计算和管理企业的各种数据，现在可以将这些数据托管给云计算。这样做的优势非常明显，除了可以节省大量硬件、软件和能耗开支之外，还具有高效性和安全性等特点。

2. 海计算

与云计算的后端处理相比，海计算指的是智能设备的前端处理。海计算通过在物理世界的物体中融入计算、存储、通信能力和智能算法，实现物物互联，通过多层次组网、多层次处理将原始信息尽量留在前端，提高信息处理的实时性，缓解网络和平台压力。

一方面，海计算通过强化融入到各物体中的信息装置，实现物体与信息装置的紧密融合，有效地获取物质世界信息；另一方面，通过强化海量的独立个体之间的局部即时交互和分布式智能，使物体具备自组织、自计算、自反馈的海计算功能。

海计算的本质是物物之间的智能交流，实现物物之间的交互，涉及自组网、时间同步、短距离通信、协同处理、信息安全等技术领域。

3. 物联网

物联网（Internet of Things）是信息技术在各行各业之中的实际应用，是把所有物品通过射频识别（Radio-Frequency IDentification，RFID）、红外感应器、全球定位系统、激光扫描器等信息传感设备与互联网连接起来，进行信息交换和通信，实现物品的智能化识别、定位、跟踪、监控和管理。具体来说，就是把感应芯片嵌入到铁路、桥梁、公路、楼房、大坝、供水系统、油气管道、旅游景点以及动植物等各种实物中，构造物物相互连接的网络，然后将"物联网"与现有的互联网整合起来，让所有能够被独立寻址的普通物理对象实现互连互通。在物联网中存在能力超级强大的中心计算机群，能够对网络中的人员、机器、设备和基础设施进行实时的管理和控制，通过互联网，可以在任何时间、任何地点获取网络内的人或物的实时信息，如它在什么位置、处于什么状态……

物联网的技术体系架构分为感知层、网络层、平台层和应用层，如图 1-2 所示。感知层由各种具有感知能力的设备组成，采用海计算方式感知和采集物理世界中发生的事件和数据；网络层包括各种通信网与互联网形成的承载网络，可以将感知层采集的信息通过如 2G/3G/4G 网络、互联网等通信网络上传给平台层，完成感知层和平台层之间的信息通信；平台层由服务器、存储等硬件设备以及数据库、中间件等第三方软件构成，采用云计算和大数据处理技术完成信息处理，为应用层提供技术支撑；应用层通过智能算法实现各类智慧应用，智能小区、智慧旅游……

1.3 信息技术与信息社会

1. 信息技术和信息产业

信息是指与客观事物相联系，反映客观事物的运动状态，通过一定的物质载体（如文字、声音、图像等）来表示，能够被发射、传递和接收的符号或消息。从本质上讲，信息是事物自身显示其存在方式和运动状态的属性，是客观存在的事物现象。人类对世界的认识和改造过程就是获取、加工和传送信息的过程。

信息技术（Information Technology，IT）是对用于管理和处理信息所采用的各种技术的总称，主要是应用计算机科学和通信技术来设计、开发、安装和实施的信息系统及应用软件，包括对信息的收集、识别、提取、变换、存储、传递、处理、检索、检测、分析和利用等方面的技术。目前，信息技术与通信技术不可分割，它们融合成了一个新的技术领域，即信息通信技术（Information and Communications Technology，ICT）。具体而言，信息技术主要包括以下几方面技术：

① 信息获取技术。信息获取是应用信息的第一个环节，包括信息识别、信息提取、信息检测等技术，主要技术包括传感技术，以及由传感技术、测量技术和通信技术相结合而产生的遥感技术和遥测技术。

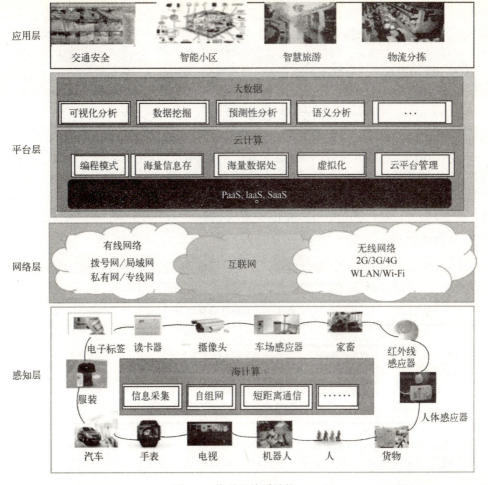

图 1-2 物联网体系结构

② 信息处理技术,包括对信息的识别、转换、编码、压缩、加密、存储等方面的技术,在对信息进行处理的基础上,还可形成一些新的更深层次的决策信息,即再生信息。信息的处理与再生离不开电子计算机。

③ 信息传递技术,包括各种通信技术,如光纤通信、卫星通信等,广播技术也属于这个范畴,其主要功能是实现信息在异地间的快速传递,以便为更多的用户所应用。

④ 信息施用技术,包括信息控制技术与信息显示技术等,是通过信息传递和信息反馈来对目标系统进行控制的技术,如人造卫星、无人飞机、远程导弹等。

⑤ 信息存储技术。以前纸张是主要的信息存储介质,现代信息则主要存储在光盘、磁盘、磁带等介质上,不但存储容量大,而且便于传播、检索、修改。与此相关的技术则构成了现代信息存储技术。

除了上述技术外,现代信息技术得以迅猛发展离不开其所依赖的微电子和光电子技术,同样也离不开新材料、新能源、新器件的开发和制造工艺的技术革新。

信息产业是指从事信息技术设备制造,信息产品的开发生产与应用,以及对信息进行收集、生产、处理、传递、存储和经营活动的行业。随着信息技术的发展,越来越多的人投入到信息产品的开发和生产中,信息产业对国民经济的影响越来越大,成了许多国家的支柱产业。

信息产业主要包含 4 部分：① 信息设备制造业，包括计算机及外部设备、集成电路、通信广播和办公室自动化设备等；② 信息传播报道业，包括新闻、广播、出版、印刷、声像、数据库等；③ 信息技术服务业，包括计算机信息处理、信息提供、信息技术的研究开发和软件系统等；④ 信息流通服务业，包括图书馆、情报服务机构、教育、邮政、电信、网络通信等。

在今天，通过信息技术构造的智能化综合网络已经遍布社会各个角落，数字化的生产工具与消费终端随处可见，人类已经生活在一个被各种信息终端所包围的社会中，学习方式、工作方式和娱乐方式也因此而改变，信息成为现代人类生活不可或缺的重要元素之一。信息技术引起了社会产业结构的调整和转换，现代的商业交易方式、政府管理模式、社会管理结构也因此而发生了巨大的变化。电子信息产品制造业、软件业、信息服务业、通信业、金融保险业等一批新兴产业迅速崛起，劳动力人口主要向信息部门集中，新的就业形态和就业结构正在形成。而传统产业如煤炭、钢铁、石油、化工、农业在国民经济中的比重逐渐下降，一些传统的岗位面临被淘汰的窘境。

2．信息社会

人类社会经过农业社会和工业社会后，当前已经进入了信息社会。在社会的不同阶段，社会的主体劳动者、生产工具以及主要的合作关系有所不同（见表 1-1）。

表 1-1　人类社会的变迁

	农业社会	工业社会	信息社会
大致时间	19 世纪以前	19 世纪到 20 世纪中期	20 世纪中期至今
主体劳动者	农民	工厂工人	知识工人
合作关系	人与田	人与机器	人与人
主要工具	手工工具	机器	信息技术

在农业社会，人们以种田为生，绝大多数人都是农民；在工业社会，人与机器之间建立了合作关系，机器成了大多数工人的生产工具，机械化和自动化简化了许多工作流程，人们在机器的帮助下，大幅度地提高了生产力。

1957 年，美国的白领工人数量首次超过了蓝领工人，他们主要从事信息的创建、传递和应用，被称为知识工人，标志着人类进入了信息社会。信息社会是以信息技术为基础，以信息产业为支柱，以信息价值的生产为中心，以信息产品为标志的社会。

在农业社会和工业社会中，人们所从事的是大规模的物质生产，物质和能源是社会发展的主要资源。而在信息社会中，信息成为比物质和能源更重要的资源，以开发和利用信息资源为目的的信息经济活动迅速扩大，逐渐取代了工业生产活动，成为国民经济活动的主要内容。信息经济在国民经济中占据主导地位，并构成社会信息化的物质基础。信息技术在生产、科研教育、医疗保健、企业和政府管理以及家庭中的广泛应用对经济和社会发展产生了巨大而深刻的影响，从根本上改变了人们的生活方式、行为方式和价值观念。

在信息社会，虽然农业和工业仍然重要，但信息产业上升为国家的支柱产业，发挥主导作用。各种生产设备将被信息技术所改造，成为智能化的设备，农业和工业生产将建立在基于信息技术的智能化设备的基础之上。同样，社会服务也会不同程度地建立在智能设备之上，电信、银行、物流、电视、医疗、商业、保险等服务业将更加依赖于信息设备。社会的产业结构、就业结构将会发生变化，社会的主体劳动者是从事信息工作的知识工人。掌握信息技术，利用信息技术获取、应用信息的能力已成为当今社会对人才素质的最基本需求。

1.4　计算机及信息技术的应用

当今信息社会，计算机与信息技术深刻地影响和改变着人们的工作、学习、思维和生活方式，其应用在社会生活的各个领域中无处不在。例如，金融业中的电子支付与网络银行，交通行业中的 GPS 定位、电子眼与车载导航，教育界中的网络学校，打破传统商业行为的电子商务，公安刑侦中的网上追逃，政府部门提供的便民网上办公和电子政务，娱乐界的网络游戏……

事实上，计算机和信息技术已经渗透到了社会生活的方方面面，各行各业都在应用，要一一介绍非常困难。但对各方面、各领域的应用进行归类概括可以发现，计算机主要用在以下几方面。

1．科学和工程计算

计算机本是从计算工具发展而来的，科学计算是它最基础的应用。由于它精确度高，计算速度快，已成为现代科学研究和工程设计中不可缺少的计算工具。

在计算领域，采用计算机大大提高了计算的效率。例如，40 多年前，人工计算某地 3 小时后的天气变化需要 6 万多人计算（从计算量上分析），现在通过最普通的微机用 10 分钟就可以计算出结果。在科研领域中，人们用它进行各种复杂的运算和大批量数据的分析处理，如卫星飞行的路线，天气预报，太空和海洋探索。它的出现产生了计算数学、计算物理、计算天文学、计算生物学等许多边缘学科。

2．数据处理

数据处理是指对大量的信息进行采集、存储、传送、分析、合并、分类、统计和检索的加工过程。其特点是处理的原始数据量大，计算方法相对简单。

从 20 世纪 60 年代中期开始，计算机在数据处理方面的技术和应用得到了迅猛发展。当前的数据处理技术大量采用了网络传输、云存储、数据库、数据仓库、大数据分析及联机事务处理等先进的技术手段和方法；数据处理的领域已从各行各业的办公自动化发展到企业管理、行政管理、生产管理、销售管理、库存管理、物流管理、金融业务管理、信息情报检索以及统计等领域。

现代社会已成为高度信息化的社会，信息资源是经济和社会发展的重要战略资源，信息化是各国经济和科技竞争的制高点，信息化程度是衡量一个国家和地区现代化水平和综合实力的重要标志，而数据处理是信息技术的关键技术。

3．过程控制

过程控制又称为实时控制，是指用计算机系统及时采集、检测数据，按最佳值立即对被控制的对象进行自动调节或自动控制。例如，在冶炼车间可以将采集到的炉温、燃料和其他数据送给计算机，由计算机进行计算并控制吹氧或加料的多少等操作，或由计算机控制炼铁或炼钢等过程。在军事上，洲际导弹可在万里之外发射，命中目标的误差在几米以内。现代的宇宙飞船、航天飞机等都是在计算机的控制下完成任务的。

过程控制可以节约原材料，降低能源消耗，保证生产过程稳定，减轻劳动强度，改善工作条件，降低成本，现已被化工、冶金、石油、水电、机械、航天等行业或部门广泛应用。

4．计算机辅助系统

计算机辅助系统主要包括 CAD、CAM、CAI、CAT、CAE 等。

（1）计算机辅助设计（Computer-Aided Design，CAD）

CAD 是指用计算机来帮助人们进行工程设计，以提高工作的自动化程度。CAD 主要利用计算机的快速运算能力，在设计过程中可以任意改变产品的设计参数，从而得到多种设计方案；还可以进一步通过工程分析、模拟测试等方法，用计算机仿真来代替制造产品的模型（样品），以降低产品的调试成本，缩短产品的设计、试制周期。

CAD 广泛用于机械、建筑、服装、航空、化工、汽车、通信工程以及电路等的设计中。常用的辅助设计软件也很多，如机械行业常用的 Auto CAD，建筑行业常用的 3ds MAX、3ds VIZ 等。

（2）计算机辅助制造（Computer-Aided Manufacture，CAM）

CAM 是指在机械制造业中，利用计算机，通过各种数控机床和设备，自动完成产品的加工、装配、检测和包装等制造过程。CAM 精度高，能够保证加工零件的质量，减少废品率，降低成本，缩短生产周期，改善制造人员的工作条件。20 世纪 70 年代的"柔性制造系统"（FMS）将刀具、夹具等资料及控制加工的程序都存储在数据库系统中，系统在加工过程中能够根据加工要求，自动更换各种刀具，自动进行车、镗、铣、刨等操作，加工出具有多种工序的复杂零部件。20 世纪 80 年代发展起来的计算机集成制造系统（CIMS）是集 CAD、CAM 及事务管理三大功能于一体的现代化、自动化生产系统，能够真正实现无人车间和无人工厂。

（3）计算机辅助测试（Computer-Aided Testing，CAT）

CAT 是指用计算机来完成日益复杂的、大规模的、高速度和高精度的测试工作，它是随着计算机技术的发展而逐渐兴起的一门新型综合性学科，涉及的范围较广，包括计算机技术、测试技术、数字信号处理、现代控制理论、软件工程等诸多门类。

（4）计算机辅助教育（Computer-Assisted Education，CAE）

CAE 包括 CAI（计算机辅助教学）和 CMI（计算机管理教学）两部分。CMI 由教学管理、教学计划编制、课程安排、计算机题库及计算机考评等系统组成。我国于 1987 年成立了全国计算机辅助教育（CBE）研究会。

（5）计算机辅助教学（Computer-Aided Instruction，CAI）

CAI 是指把教学内容、教学方法以及学生的学习情况等内容存储在计算机中（实际上就是 CAI 课件），利用计算机来进行教学，改变了粉笔加黑板的传统教学方式。其主要特点是能够进行交互式教学和个别指导，允许学生根据自己的需要选择不同的教学内容和学习顺序，并通过交互方式进行自我学习，自我测试，自我练习，实现个性化教育。

当前，CAI 发展迅猛，像在线课堂、网上考试系统、慕课（MOOC）等辅助教学系统已经对传统的课堂教学发起了巨大的冲击，引发了教育界的一场革命。

5. 人工智能（Artificial Intelligence，AI）

人工智能是用计算机来模拟人的感应、判断、理解、学习、解决问题等人类的智能活动，是目前计算机应用研究最前沿的学科，主要应用在机器人、专家系统、模式识别、神经网络、虚拟现实、智能检索和机器自动翻译等方面。

模式识别（Pattern Recognition）是当前人工智能研究和应用较广的一个方面，主要通过计算机用数学方法来研究模式的自动处理和识别，研究内容包括自然语言的理解与生成，场景分析，以及用计算机来识别文字、图像、声音、影像，包括人的指纹和面像识别等。

图 1-3 谷歌自动汽车

人工智能正在或将以各种方式渗透到人们的社会生活中。图 1-3 是 Google X 实验室研发中的全自动驾驶汽车，不需要驾驶者就能启动、行驶和停止，自动控制车速，控制汽车内部环境，微处理器可以使汽车能够自我控制并能够与周围环境进行交互，嵌入汽车内部的微型计算机可以帮助诊断汽车的内部问题。2009

年，谷歌的无人驾驶汽车开始上路测试；2012年，谷歌在美国内华达州获得首例"自动驾驶"汽车牌照，截至2016年1月，其测试里程已超过200万千米，仅发生过11起未造成人员伤亡的轻微事故，且不是无人驾驶汽车的过错所引起的。

6．多媒体应用

多媒体是多种媒体的结合。一般认为，多媒体是文字、声音、图像与图形等多种媒体的组合。多媒体技术与计算机技术相结合，将会极大地影响人们的生活。例如，多媒体出版、多媒体办公、计算机会议系统、多媒体信息咨询系统、交互式电视与视频点播、交互式影院和数字化电影、数字化图书馆、远程学习和远程医疗保健等多媒体应用已给人们的工作学习带来巨大的帮助。

7．电子商务（Electronic Commerce，EC）

电子商务是指买卖双方通过互联网不谋面地进行各种商贸活动，实现消费者的网上购物，商户之间的网上交易，在线电子支付，各种与商务、交易、金融等活动。电子商务将传统的商务流程电子化、数字化，以电子流代替实物流，可以大量减少人力、物力，降低成本。同时，电子商务突破了时间和空间的限制，使得交易活动可以在全球范围内的任何时间、任何地点进行，可为企业创造更多的贸易机会，提高效率。此外，顾客可以直接通过商家的网站选购商品，减少了中间环节，使得生产者和消费者的直接交易成为可能，使消费者可以低价购得商品，直接受益。

电子商务因其自身的特点和优势，是当前发展最快的行业之一，主要有以下几种运作模式：

B2B（Business to Business）也常写为 B to B，泛指企业对企业的电子商务，即企业与企业之间通过互联网进行产品、服务和信息的交换。例如，阿里巴巴、中国制造网，中国化工网等都是国内 B2B 的典型案例。

B2C（Business to Customer）是指企业对顾客的电子商务，即企业通过互联网为消费者提供一个新型的购物环境——网上商店，消费者通过网络在网上购物、在网上支付。卓越亚马逊、当当网等就是这一类型的网站。

C2C（Consumer To Consumer）是顾客对顾客的电子商务，由要销售产品或服务的个人将其产品或服务放在网站上，其他顾客则通过网络进行购买。国内比较典型的 C2C 网站有淘宝网、一拍网、易趣网等。

8．虚拟现实（Virtual Reality，VR）

虚拟现实是指利用计算机模拟产生一个三维空间的虚拟世界，提供用户关于视觉、听觉、触觉等感官的模拟，让用户身临其境，可以及时、没有限制地观察三维空间内的事物。

虚拟现实是一项综合集成技术，集成了计算机图形技术、计算机仿真技术、人工智能、传感技术、显示技术、网络并行处理等技术的最新发展成果，是一种由计算机技术辅助生成的高技术模拟系统。虚拟现实用计算机生成逼真的三维视、听、嗅觉等感觉，使参与者通过适当装置，自然地对虚拟世界进行体验和交互作用。用户进行位置移动时，计算机可以立即进行复杂的运算，将精确的三维世界影像传回以产生临场感。虚拟现实在城市规划、医学、娱乐、艺术、教育、军事、航天、室内设计、房产开发、工业仿真、道路桥梁、地质探测等方面得到了广泛的应用。

习题 1

一、选择题

1．世界上第一台电子数字计算机 ENIAC 是在美国研制成功的，诞生于_____年。

A．1943 年　　　B．1946 年　　　C．1949 年　　　D．1950 年
2．目前制造计算机所使用的电子器件是_____。
A．晶体管　　　B．电子管　　　C．大规模集成电路　　　D．大规模和超大规模集成电路
3．用来表示计算机辅助教学的英文缩写是_____。
A．CAD　　　B．CAM　　　C．CAI　　　D．CAT
4．计算机模拟人脑学习、记忆等是属于_____方面的应用。
A．科学计算　　　B．数据处理　　　C．人工智能　　　D．过程控制
5．世界上首次提出存储程序计算机体系结构的是_____。
A．莫奇莱　　　B．艾伦·图灵　　　C．乔治·布尔　　　D．冯·诺依曼
6．世界上第一台电子数字计算机采用的主要逻辑部件是_____。
A．电子管　　　B．晶体管　　　C．继电器　　　D．光电管
7．下列叙述中正确的是_____。
A．世界上第一台电子计算机 ENIAC，首次实现了"存储程序"方案
B．按照计算机的规模，人们把计算机的发展过程分为四个时代
C．微型计算机最早出现于第三代计算机中
D．冯·诺依曼提出的计算机体系结构奠定了现代计算机的结构理论基础
8．计算机最早的应用领域是_____。
A．信息处理　　　B．科学计算　　　C．过程控制　　　D．人工智能

二、填空题

1．由于发明了分析机（现代电子计算机的前身）的原理，著名的英国科学家_____被称为"计算机之父"。
2．英特尔创始人之一_____提出了"当价格不变时，集成电路上可容纳的元器件的数目，约每隔 18~24 个月便会增加 1 倍，性能也将提升 1 倍"，这个预言被称为_____。
3．1950 年，_____提出假想：即一个人在不接触对方的情况下，通过一种特殊的方式与对方进行一系列的问答，如果在相当长时间内，他无法根据这些问题判断对方是人还是计算机，那么就可以认为这台计算机具有同人相当的智力，即这台计算机是能思维的。这就是著名的_____。
4．现在人们将在电脑系统或程序中，隐藏着的一些未被发现的缺陷或问题统称为_____，这是由"计算机语言之母"_____提出的。

三、名词解释

CAD　　　CAM　　　CAI　　　CAE　　　CAT　　　AI
过程控制　　　移动支付　　　物联网　　　信息技术　　　虚拟现实

四、思考题

1．了解在计算机的发展过程中，硬件和软件技术的发展情况。
2．简述对网络的认识和网络对社会信息化的影响。
3．微机是什么时候出现的？什么是 IBM 兼容机？
4．简述各代计算机的软件、硬件特点。
5．谈谈对多媒体技术的理解。
6．了解电子商务的应用和电子政务的发展。
7．了解云计算、海计算和物联网对社会的影响。

第 2 章 计算机信息数字化基础

本章介绍计算机对各类信息的表示方法和数字化处理过程，包括数制系统及其之间的数据转换，数字、英文符号、汉字、声音、图像和视频等信息在计算机中的编码、存储及转换方法。

2.1 计算机和数制系统

数制也称为计数制，是用一组固定的符号和统一的规则来表示和计算数值的方法。人们通常采用的数制有十进制、二进制、八进制和十六进制。

2.1.1 数制系统基础

人们最熟悉的是十进制数据，也在与其他计数制打交道。例如，古代曾有"半斤八两"之说，即16两记为1斤。除此之外，日常生活中还有许多其他计数方法。例如，时间计数满60分钟后，小时加1，分钟又从0开始计数；每天计满24小时以后，天数加1，小时又从0点开始计数。一个星期7天，星期日之后又是星期一；一年12个月，12月之后又是1月……

不同的计数方式形成了不同的数制系统，也称为进位计数制。上面提到的进位制有十六进制、六十进制、二十四进制、七进制和十二进制。

不同数制系统的计数原理和进位计算规则是相同的，抽象成 R 进制，具有以下共同特点：

① 基数（计数符号的个数）为 R，表示数的符号有 0、1、2、3、4、5、…、$R-1$。
② 算术运算的进位规则是"逢 R 进一"。
③ 按权展开。一般而言，一个 R 进制数 $s = k_n k_{n-1} \cdots k_1 k_0 . k_{-1} k_{-2} \cdots k_{-n}$ 代表的实际值为：

$$s = k_n \times R^n + k_{n-1} \times R^{n-1} + \cdots + k_1 \times R^1 + k_0 \times R^0 + k_{-1} \times R^{-1} + \cdots + k_{-n} \times R^{-n}$$

这里的 k_n、k_{n-1}、…、k_1、k_0、…、k_{-n} 表示 0、1、2、…、$R-1$ 之中的任何一个数字。权，也称为位权，是指数字在数据中所占的位置。上式中，R 的幂次即为权，如 R^n、R^{-1} 等，它与数字的大小密切相关。

如果 R 为 10，即十进制。其基数为 10，计数的符号为 0、1、2、3、4、5、6、7、8、9；在进行数术运算时的规则为"逢十进一"，如 8+4=12，因为加法结果超过 10，所以向高位进 1。

如果 R 为 8，则为八进制。其计数的符号为 0、1、2、3、4、5、6、7；运算时"逢八进一"，如 1+7 = 10，2×4 = 10，16-7 = 7。

如果 R 为 16，则为十六进制。其基数为 16，采用 0、1、2、3、4、5、6、7、8、9、A、B、C、D、E 和 F 共 16 个符号来表示所有的十六进制数据，其中 A 表示十进制数中的 10，B 表示 11，C 表示 12，D 表示 13，E 表示 14，F 表示 15。在用十六进制计数时，计满 16 之后就向高位进一，即"逢十六进一"。例如，8+9=11，13+A=1D。

任何数制系统中的数据都可以按权展开，展开时基数的幂次代表权。例如，十进制数 5296.45，八进制数 1704.25，十六进制数 2EC.F，其"按权展开"式可表示如下：

$$(5296.45)_{10} = 5 \times 10^3 + 2 \times 10^2 + 9 \times 10^1 + 6 \times 10^0 + 4 \times 10^{-1} + 5 \times 10^{-2} \qquad (2-1)$$

$$(1704.25)_8 = 1\times8^3+7\times8^2+0\times8^1+4\times8^0+2\times8^{-1}+5\times8^{-2} \qquad (2\text{-}2)$$

$$(2EC.F)_{16} = 2\times16^2+14\times16^1+12\times16^0+15\times16^{-1} \qquad (2\text{-}3)$$

在数制系统的描述中常用$(\ )_n$来表示n进制,括号内的数是数值本身,括号外的下标表示进制。如$(5296.45)_{10}$是十进制数,$(2EC.F)_{16}$是十六进制数。

同一数据在不同的数制系统中,其表现形式是不同的,如表2-1所示。

表 2-1 常用数制中的数值对照

十进制	二进制	八进制	十六进制
0	0	0	0
1	1	1	1
2	10	2	2
3	11	3	3
4	100	4	4
5	101	5	5
6	110	6	6
7	111	7	7
8	1000	10	8
9	1001	11	9
10	1010	12	A
11	1011	13	B
12	1100	14	C
13	1101	15	D
14	1110	16	E
15	1111	17	F
16	10000	20	10

2.1.2 数制之间的转换

任何一种数制系统都能够对现实生活中的数据进行表示和运算,满足人们对数字各种各样的处理需求,如数学运算,财务管理,数据查找……但是长久以来,人们习惯了用十进制数进行运算,而对其他进制的数比较陌生。例如,若有用十六进数2EC.F和二进制数110110表示的金额,那它们到底是多少钱呢?为了便于应用和理解,往往需要在不同进制的数字之间进行转换。

1. 十进制数转换成 N 进制数

十进制数转换成N进制数的规则是:整数部分采用"除N取余法",即将十进制数除以N,把除得的商再除以N,如此反复,直到商为0,然后将每次相除所得的余数倒序排列,第一个余数为最低位,这样得到的数就是转换之后的N进制数。

小数部分采用所谓的"乘N取整法":即将十进制数的小数部分乘以N,得到一个整数部分和一个小数部分;再用N乘以小数部分,又得到一个小数部分和一个整数部分,继续这个过程,直到余下的小数部分为0或满足精度要求为止;最后将每次得到的整数部分从左到右排列,即得到所对应的N进制小数。人们习惯用十进制进行计数,但计算机使用的是二进制数制系统,还常用八进制和十六进制进行数据转换,因此应该了解这几种数制系统之间的转换方法。

(1)十进制数转换为二进制数

转换规则:整数部分除2取余,辗转相除,直到商为零,倒序排列(余数);小数部分乘2取整,然后把所得的小数部分再次乘以2,取其乘积的整数部分,如此反复,直到最后小数部分为0或满足精度要求,将每次乘得的整数部分顺序排列。

例如,将十进制数307.625转换为二进制数,整数部分的转换如下:

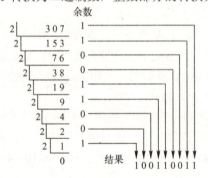

把所得的余数倒序排列为 100110011，它就是十进制数 307 所对应的二进制数。小数部分的转换如下：

	整数部分	位数
0.625×2=1.250	1	1
0.250×2=0.500	0	2
0.500×2=1.00	1	3
0.000	转换结束	

把转换后的整数部分顺序排列为 101，这就是 0.625 小数部分转换后的二进制数。这样，307.625 对应的二进制数为 100110011.101。

再如，十进制数 157 经转换后的二进制数为 10011101，十进制数 0.8125 经转换后的二进制小数为 0.1101，读者可自己练习转换。

（2）十进制数转换为十六进制数

转换规则为：整数部分除 16 取余，辗转相除，直到商为 0，倒序排列（余数）。小数部分乘 16 取整，然后把所得的小数部分再次乘以 16，取其乘积的整数部分，如此反复，直到最后小数部分为 0 或满足精度要求，将每次乘得的整数部分顺序排列。

例如，将十进制数 307 转换成十六进制数的过程如下：

2．N 进制数转换成十进制数

把 N 进制（N 为大于 1 且不等于 10 的自然数）数转换成十进制数非常简单，只需要把 N 进制数按权展开，并计算出展开式的结果，它就是该数对应的十进制数字。

（1）二进制数转换为十进制数

把要转换的二进制数按权展开并求和即可。如把二进制数 11010.101 转换为十进制数：

$$(11010.101)_2 = 1×2^4+1×2^3+0×2^2+1×2^1+0×2^0+1×2^{-1}+0×2^{-2}+1×2^{-3}$$
$$= 16 + 8 + 2 + 0.5 + 0.125$$
$$= (26.625)_{10}$$

（2）十六进制数转换为十进制数

把要转换的十六进制数按权展开并求和即可。如把十六进制数 2EC.F 转换为十进制数：

$$(2EC.F)_{16} = 2×16^2+14×16^1+12×16^0+15×16^{-1}$$
$$= 512 + 224 + 12 + 0.9375$$
$$= (748.9375)_{10}$$

3．二进制与十六进制之间的转换

二、八、十六进制数实质上是同一类数据，仅仅是表现形式不同而已，它们之间的相互转换十分简单。4 位二进制数即可表示所有组成十六进制数的数字符号（见表 2-1），所以在把二进制数转换为十六进制数时，只需把二进制数的整数部分从低位开始，每 4 位一分节，并计算出分节后的数字。而对于小数部分，则从高位开始，每 4 位一分节，如果最后不足 4 位，则补 0，补足 4 位，然后把相应的节转换成十六进制数。

例如，把二进制数 101001111.101001011 转换为十六进制数：

$$\underset{1}{0001}\ \underset{4}{0100}\ \underset{F}{1111}\cdot\underset{A}{1010}\ \underset{5}{0101}\ \underset{8}{1000}$$

即该二进制数所对应的十六进制数为 14F.A58。

把十六进制数转换为二进制数时，只需把每个十六进制数字符号转换为相应的 4 位二进制数即可。如把十六进制数 395.D4 转换为二进制数：

$$\underset{0011}{3}\ \underset{1001}{9}\ \underset{0101}{5}\cdot\underset{1101}{D}\ \underset{0100}{4}$$

即十六进制数 395.D4 所对应的二进制数为 1110010101.110101。

在二、十数制的转换过程中，人们常借助十六进制进行转换，即先把二进制数转换成十六进制数，再将得到的十六进制换为十进制数；或者先把十进制数转换为十六进制数，再将十六进制数转换为二进制数，这样既快且不易出错。

为了区分不同数制表示的数，在书写时人们往往用字母 B（Binary number）表示二进制数，用字母 O（Octal number）表示八进制数，用字母 D（Decimal number）表示十进制数，用字母 H（Hexadecimal number）表示十六进制数。例如：

$(111011101)_2$ = 11011101B $\qquad (114325151)_8$ = 114325151O

$(473473281)_{10}$ = 473473281D $\qquad (1FEF)_{16}$ = 1FEFH

2.1.3 二进制和计算机信息表示

二进制只用 0 和 1 两个符号表示现实世界中的各种数据并进行运算，而且运算规则很简单。

1. 二进制数制系统

（1）二进制数据的表示

二进制数的基数为 2，用 0、1 两个符号表示所有的数据。同十进制数一样，处于一个二进制数中不同位置的 0 或 1 代表的实际值也是不一样的，要乘上一个以 2 为底数的指数值。

例如，二进制数 110110 所表示的数的大小为：

$$(110110)_2 = 1\times2^5+1\times2^4+0\times2^3+1\times2^2+1\times2^1+0\times2^0=(54)_{10} \qquad (2\text{-}4)$$

可见，二进制数 110110 和十进制数 54 的大小相同，只不过表示方法不同而已。

式（2-4）也展示了不同进制的数出现在同一表达式中的一种表示方法，$(54)_{10}$ 表示十进制数 54，而 $(110110)_2$ 则表示二进制数 110110。

小数的表示和计算方法与此类似。如 101.1011 表示的值可用下式计算：

$$(101.1011)_2=1\times2^2+0\times2^1+1\times2^0+1\times2^{-1}+0\times2^{-2}+1\times2^{-3}+1\times2^{-4}$$

概括而言，一个二进制数 $s = k_nk_{n-1}\cdots k_1k_0.k_{-1}k_{-2}\cdots k_{-m}$ 的按权展开式如下：

$$s = k_n\times2^n+k_{n-1}\times2^{n-1}+\cdots+k_1\times2^1+k_0\times2^0+k_{-1}\times2^{-1}+\cdots+k_{-n}\times2^{-m}$$

这里的 n 和 m 是自然数，表示位权，而 k_n，k_{n-1}，$\cdots$，k_1，k_0，$\cdots$，k_{-m} 代表的是 0 或 1。

同所有数制系统一样，二进制数也有以下 3 个特点。

① 基数为 2，用 0、1 两个符号表示所有的二进制数。

② 加法规则：逢二进一。

$$0+0 = 1,\ 0+1 = 1,\ 1+0 = 1,\ 1+1 = 10$$

③ 按权展开：

$$(1101)_2 = 1 \times 2^3 + 1 \times 2^2 + 0 \times 2^1 + 1 \times 2^0$$

（2）二进制数加法运算

与十进制数一样，二进制数据也具有加、减、乘、除及乘方等算术运算，计算机中最常用的是二进制数加法运算，进位规则是"逢二进一"。例如：

```
   1011010111              111011            1110
 + 111010101             -  10101          ×  101
 ─────────              ────────           ─────
  10010101100             100110            1110
                                            0000
                                          + 1110
                                          ───────
                                           1000110
```

（3）二进制数据的逻辑运算

二进制数据的逻辑运算是一种按位运算，有与（AND）、或（OR）、非（NOT）三种运算。

AND 的意思是两个二进制数据按位进行"与"运算，其含义是：1 AND 1=1，1 AND 0=0，0 AND 1=0，0 AND 0=0。

OR 的意思是两个二进制数据按位进行"或"运算，其含义是：1 OR 1=1，1 OR 0=1，0 OR 1=1，0 OR 0=0。

NOT 也称为取反运算，意思是将一个二进制数据的 0 变为 1，1 变为 0。

AND、OR 和 NOT 运算的举例如下：

```
      1011010111              1011010111           NOT 1111010101
AND   1111010101         OR   1111010101               0000101010
      ──────────              ──────────
      1011010101              1111010111
```

2. 计算机选择了二进制

虽然只有 0、1 两个符号，但是对于现实世界的所有数据而言，无论简单还是复杂，二进制都能够通过编码对其进行表示和计算。一个关于战争的传说可以说明二进制编码的基本概念。

传说几百年前的某次战役中，侦察兵与指挥长约定在山顶的两棵大树上以灯笼为号传递敌情。右边树上的灯亮表示敌人从右面的山谷中来，左边树上的灯亮表示敌人从左边的山谷中来，两个灯同时亮，表示敌人从两边山谷包抄过来。用 1 表示灯亮，0 表示灯灭，一个灯就可以表示 2 种状态，这就是二进制。两个灯组合在一起可以表示 4 种状态，00=没有敌人，01=敌人从右边来了，10=敌人从左边来了，11=左右都有敌人来了。00、01、10、11 就是二进制编码。

如果敌人从前面来了又怎么办呢？很简单，再增加一个灯笼表示前后的敌情，三个灯笼组合，有 000、001……111 等 9 种组合。如果情况更复杂，则可以用 4 个灯笼、5 个灯笼……由此可以看出，尽管单独的二进制只能表示两种状态，但是，无论情况多么复杂，数据有多大，却可以用多位二进制组合在一起的编码来表示它们。

这个事情说明，只要能够找到表示二进制的方法，就可以表示现实中的各种数据，乃至宇宙万物。如果某个物理元器件能够表示 0 和 1 两种状态，它就能表示整个世界。而在现实中，具有两种稳定状态的元件（如晶体管的导通和截止，继电器的接通和断开，电脉冲电平的高低等）容易找到，而要找到具有 10 种稳定状态的元件来对应十进制的 10 个数就困难了。

此外，二进制系统运算规则简单，技术上易于实现，也能够转换成人们熟悉的十进制，诸因综合，使计算机选择了二进制，而不是人们熟悉的十进制数来存取和处理数据。总括如下：

① 技术实现简单。二进制数只使用 0 和 1 两个符号，状态简单，其数据表示和信息传递都比十进制数更易实现，可用具有两种简单物理状态的元器件来实现，稳定性好，可靠性高。例如，晶体管导通为 1，截止为 0；高电压为 1，低电压为 0；灯亮为 1，灯灭为 0。

② 运算规则简单。其"和"与"积"的运算规则都只有 3 条：

加法：　　　　0+0=0　　　　0+1=1　　　　1+1=10
乘法：　　　　0×1=0　　　　1×0=0　　　　1×1=1

这种运算规则大大简化了计算机中实现运算的电子线路，有利于简化计算机内部结构，节省设备，提高运算速度。实际上，在计算机中，减法、乘法及除法都可以分解为加法运算来完成。

③ 适合逻辑运算。逻辑代数是逻辑运算的理论依据，二进制只有两个数码，正好与逻辑代数中的"真"、"假"相吻合（用 1 表示"真"，用 0 表示"假"），可将逻辑代数和逻辑电路作为计算"机电路设计的数学基础"，易于实现。

④ 用二进制表示数据具有抗干扰能力强，可靠性高等优点。因为每位数据只有高低两个状态，当受到一定程度的干扰时，仍能可靠地分辨出它是高还是低。

⑤ 二进制能够与包括十进制在内的其他数制系统进行互相转换，可以表示人们需要的各种数据。

计算机采用具有两种稳定状态的电子元器件来表示二进制数 0 和 1，每个电子元器件代表二进制数中的 1 位。因此，位（bit）就成了计算机中的最小信息单位，若干个电子元器件的组合能同时存放许多个二进制数。通常，将 8 个二进制位称为 1 字节（Byte），字节是信息的基本单位。1 字节可以表示 2^8 = 256 种状态，可以存储一个无符号整数（0～255 范围内）或一个英文字母的编码。在计算机中，通常以字节为单位表示文件或数据的长度及存储容量的大小。

在计算机内部采用二进制表示所有数据，现实生活中丰富多彩的数据（如数值、文本、图形、声音、动画等）在各种不同输入设备（如键盘、扫描仪、数字摄像机……）的帮助下，被转换成二进制数据输入计算机中进行各种运算处理。为了便于人们阅读和分析，计算机在输出设备的帮助下，将处理后的二进制数据转换十进制数据、英文字符或声像，然后通过屏幕、打印机、绘图仪等输出设备显示出来，如图 2-1 所示。

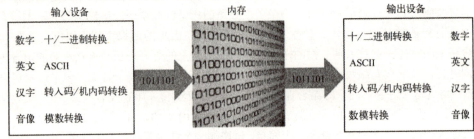

图 2-1　各类数据在计算机中的转换过程

总之，人们常见的图形、图像、声音、数据、字符、汉字等信息在计算机中都是以二进制数据保存和处理的。在计算机中，二进制数的存储单位如下。

bit（位）：能够存放 1 位二进制数的 0 或 1。
Byte（字节）：存放 8 位二进制数，即 1 Byte = 8 bit。
KB（千字节）：1 KB = 1024 Byte。
MB（兆字节）：1 MB = 1024 KB。
GB（吉字节）：1 GB = 1024 MB。
TB（太字节）：1 TB = 1024 GB。

2.2　数值数据的机内表示

在计算机中，运算部件事先已经设计好，部件中进行二进制数运算所使用的电子元器件的个数是固定的,假设每个电子元器件能够对一位二进制数进行运算,则它的个数就代表了计算机能够运算的二进制数的位数,称为字。把字包含的二进制数的位数称为字长。

由此可知,计算机一次只能够对固定长度的一串二进制编码进行处理,这个固定长度就是字长。字长实际代表了计算机的运算能力,字长越大,处理能力越强,机器就越复杂。通常所说的计算机是多少位就是指机器字长的二进制位数。例如,32 位微机的字长为 32 位,64 位微机的字长为 64 位。

1. 机器数与真值

计算机能够表示的数值范围受到机器字长的限定。例如,某种字长为 16 位的计算机能表示的无符号整数范围为 0~65535（0~$2^{16}-1$）。

没有考虑正、负符号的数称为无符号数。在实际应用中,数总是有正负的,在计算机数的表示中,通常把高位作为符号位,其余位作为数值位,并规定用 0 表示正数,用 1 表示负数。数值本身连同一个符号位在一起作为一个数据,就称为**机器数**。机器数的数值部分就称为机器数的**真值**。例如,如+79 和-79 的机器数可分别表示为（假设数据长度为 1 字节）图 2-2 所示的数据。

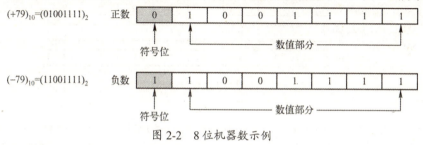

图 2-2 8 位机器数示例

2. 定点数和浮点数

定点数是指约定小数点隐含在某一固定位置上（小数点不占据存储空间）的数,称为定点数表示法。在计算机中通常采用两种简单的约定,一种是将小数点的位置固定在数据的符号位之后、最高位之前,这样的数是定点小数。定点小数是纯小数,即其值小于 1,如图 2-3（a）所示。

图 2-3 定点数的表示方法

在图 2-3 中,d_n 是符号位（0 表示正数,1 表示负数）,$d_{n-1}d_{n-2}\cdots d_1$ 称为尾数,d_{n-1} 为最高有效位。例如,若有 8 位的定点小数 01000101,其最左边的 0 是符号位,小数点在左边的 0 和 1 之间,此数的大小为

$$(01000101)_2 = 1 \times 2^{-1} + 1 \times 2^{-5} + 1 \times 2^{-7} = (0.5390625)_{10}$$

人们平常用科学计数法表示的数,其小数点位置并不固定。例如,-1234567 可以表示为 $-1234567 = -1.234567 \times 10^6 = -123.4567 \times 10^4 = -0.1234567 \times 10^7$。在计算机中,这样的数被称为浮点数,能够表示比定点数更大的数值范围。任何 N 进制的数 X 都可以写成:$X = N^E \times M$。其中,M 称为数 X 的尾数,在计算机中是一个纯小数;E 为数 X 的阶码,是一个整数;N 代表进制基数,是位权 N^E 的底数。这种表示方法相当于数的小数点位置随位权 N^E 的不同而在一定范围内可以自由浮动,所以称为**浮点数**。

3. 原码

正数的符号位用 0 表示，负数的符号位用 1 表示，这种数据编码就称为原码。图 2-1 所示的机器数实际上就是+79 和-79 的原码。再如，若用 1 字节表示数，则 41 和-41 的原码如下：

$X=+41$，　　$[X]_{原}=00101001$

$X=-41$，　　$[X]_{原}=10101001$

原码表示法较为简单，且数的真值容易计算，但两个符号相反的数要进行相加，实际上需要用减法完成。为了简化计算，用加法实现异号数相加，计算机往往用反码或补码表示数据。

4. 反码

正数的反码与原码相同，负数的反码是将机器数的真值部分（除符号之外的其余数据位）按位取反（即 0 变 1，1 变 0）所得到的数据，如图 2-4 所示。在计算反码的数值时一定要小心，当一个符号数据用反码表示时，最高位是符号位，后面的才是数值部分。

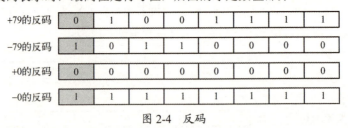

图 2-4　反码

5. 补码

0 有两个不同的反码，即+0 和-0 的反码不相同。但它们实际上是同一个数，大小相同。这种差异会给数据运算带来许多问题，如 3+0 和 3-0 会得到不同的结果。为此，计算机用补码表示数据，巧妙地解决了这类问题。

正数的补码与原码相同，即最高位用 0 表示符号，其余位是数据的真值部分。负数的补码则是对其反码加 1 计算所得，如图 2-5 所示。

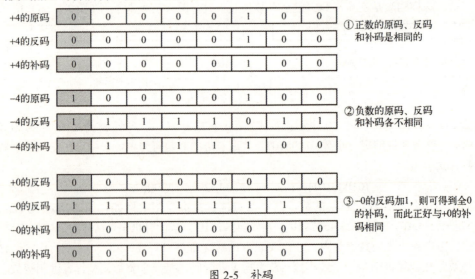

图 2-5　补码

用补码表示数据，不仅解决了+0 和-0 的不同编码问题，更重要的是，补码能够将减法变成加法，简化计算机的设计，因为它不需要设计减法的计算机实现。例如，假设计算机用 1 字节保存数据，则 52-11 采用减法和补码加法的运算过程如图 2-6 所示。

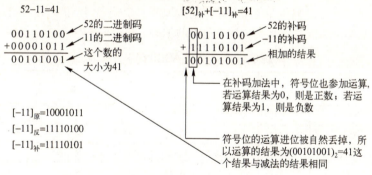

图 2-6　减法和补码加法

2.3　文字的数字化处理

　　文字是指各种类型的符号，包括英文字母、数字、各种数学符号或中文字符等。字符在计算机中是按照事先约定的编码形式存放的，"码"就是 0 和 1 的各种组合。所谓编码，就是用一连串二进制数码代表一位十进制数字或一个字符。编码工作由计算机在输入、输出时自动进行。一个编码就是一串二进制数 0 和 1 的组合。例如，可用 0110001 代表十进制数中的 1，用 1000001 代表大写英文字母 A，用 0100101 代表百分号%等。

2.3.1　西文字符在计算机中的表示

1. 标准 ASCII

　　不同国家、不同公司生产的计算机，可能采用不同的编码表示数字和符号，要想在不同类型的计算机之间传递文档和数据，就要求这些计算机用相同的编码表示和处理数据，否则无法进行数据交换。例如，A 类计算机用 "10001" 表示字母 "X"，B 类计算机却用 "10001" 表示字母 "Y"，它们如何进行通信呢？如果把用 A 类计算机编写的文档复制到 B 类计算机中，则原文中所有的 "X" 都变成 "Y" 了。

　　目前，计算机中广泛使用的编码是 ASCII，即美国标准信息交换码（American Standard Code for Information Interchange），该编码被 ISO（国际标准化组织）采纳而成为一种国际通用的信息交换标准代码。我国 1980 年颁布的国家标准《GB1988—1980 信息处理交换用七位编码字符集》也是根据 ASCII 码制定的，它们之间只在极个别的地方存在差别。

　　标准 ASCII 码采用 7 位二进制编码表示各种常用符号，即每个字符由 7 位二进制码表示，共有 2^7=128 种不同编码，可表示 128 个符号。ASCII 的码值可用 7 位二进制代码或 2 位十六进制代码表示，其排列次序为 $d_7\,d_6\,d_5\,d_4\,d_3\,d_2\,d_1$。但由于计算机存取数据的基本单位是字节，所以一个字符在计算机内实际是用 1 字节即 8 位二进制数表示的，其最高位 d_8 为 0。

　　在计算机通信中，最高位常作为奇偶校验位。以偶校验为例，就是字符的 ASCII 码将 d_8 设置为 0 或 1，使每个字符编码中 1 的个数保持偶数个。例如，字符 "A" 的 7 位 ASCII 编码是 1000001，则将 d_8 置为 0，使得 8 位 ASCII 码为 01000001，共 2 个 1，为偶数个；而字符 "*" 的 ASCII 编码为 0101010，将 d_8 置为 1，则其 8 位 ASCII 码变为 10101010，共 4 个 1，为偶数个。在采用偶校验的编码系统中，如果发现某个符号的 ASCII 码中 1 的个数不是偶数个，则说明该码有错误，可能是某位 0 变成了 1，也有可能是某位 1 变成了 0。奇校验同偶校验原理一样，只不过编码中 1 的个数是奇数个而已。在计算机系统中，常用奇校验或偶校验来判定信号在传送过程中是否发生了错误。表 2-2 是标准 ASCII 码所定义的符号及其编码。

表 2-2 标准 7 位 ASCII 码字符集

$d_7 d_6 d_5$ / $d_4 d_3 d_2 d_1$	000	001	010	011	100	101	110	111
0 0 0 0	NUL (0)	DLE (16)	空格(32)	0 (48)	@ (64)	P (80)	` (96)	p (112)
0 0 0 1	SOL (1)	DC1 (17)	! (33)	1 (49)	A (65)	Q (81)	a (97)	q (113)
0 0 1 0	STX (2)	DC2 (18)	" (34)	2 (50)	B (66)	R (82)	b (98)	r (114)
0 0 1 1	ETX (3)	DC3 (19)	# (34)	3 (51)	C (67)	S (83)	c (99)	s (115)
0 1 0 0	EOT (4)	DC4 (20)	$ (36)	4 (52)	D (68)	T (84)	d (100)	t (116)
0 1 0 1	ENQ (5)	NAK(21)	% (37)	5 (53)	E (69)	U (85)	e (101)	u (117)
0 1 1 0	ACK (6)	SYN(22)	& (38)	6 (54)	F (70)	V (86)	f (102)	v (118)
0 1 1 1	BEL (7)	ETB(23)	' (39)	7 (55)	G (71)	W (87)	g (103)	w (119)
1 0 0 0	BS (8)	CAN(24)	(40	8 (56)	H (72)	X (88)	h (104)	x (120)
1 0 0 1	HT (9)	EM (25)	) 41	9 (57)	I (73)	Y (89)	i (105)	y (121)
1 0 1 0	LF (10)	SUB(26)	* (42)	: (58)	J (74)	Z (90)	j (106)	z (122)
1 0 1 1	VT (11)	ESC(27)	+ (43)	; (59)	K (75)	[(91)	k (107)	{ (123)
1 1 0 0	FF (12)	FS (28)	, (44)	< (60)	L (76)	\ (92)	l (108)		(124)
1 1 0 1	CR (13)	GS (29)	- (45)	= (61)	M (77)	] (93)	m (109)	} (125)
1 1 1 0	SO (14)	RS (30)	. (46)	> (62)	N (78)	↑ (94)	n (110)	_ (126)
1 1 1 1	SI (15)	US (31)	/ (47)	? (63)	O (79)	— (95)	o (111)	DEL(127)

说明：从表 2-2 可以看出，A~Z 的 26 个大写字母，其编码是用 01000001~01011010（十进制数 65~90）这 26 个连续代码来表示的。而 0~9 的数字，则是用 00110000~00111001（十进制数 48~57）这 10 个连续代码来表示的。

在表 2-2 中，ASCII 码为 0~31 和 127（即 NUL~US 和 DEL）的这 33 个符号是不可显示的字符，一般用于数据通信传输控制符号、打印或显示的格式控制符号、对外部设备的操作控制符号或信息分隔符号等，其余 95 个是可以显示或打印的符号。

用键盘输入字符时，键盘中的编码电路会将按键转换成对应的二进制 ASCII 码，并送入内存的特定区域中。在输出字符时，计算机则按 ASCII 码表，将字符的 ASCII 码转换成对应的字符，然后输出到显示屏或打印机上。

2. 扩展 ASCII 码

由 7 位二进制编码构成的 ASCII 基本字符集只有 128 个字符，不能满足信息处理的需要。人们对 ASCII 码字符集进行了扩充，采用 8 位二进制数据表示一个字符，编码范围为 00000000~11111111，一共可表示 256 个字符和图形符号，称为扩展 ASCII 码字符集。这种编码是在原 ASCII 码 128 个符号的基础上，将它的最高位设置为 1 进行编码的，扩展 ASCII 码中的前 128 个符号的编码与标准 ASCII 码字符集相同。

3. Unicode 编码

Unicode 编码是继 ASCII 字符编码后，由 ISO 在 20 世纪 90 年代初期制定的各国文字、符号的统一性编码。该编码采用 16 位编码体系，可容纳 65 536 个字符编码，几乎能够表达世界上所有书面语言中的不同符号。

Unicode 编码主要用来解决多语言的计算问题，如不同国家的字符标准，允许交换、处理和显示多语言文本以及公用的专业符号和数学符号。随着因特网的迅速发展，不同国家之间的人们进行数据交换的需求越来越大，Unicode 编码因此而成为当今最为重要的通用字符编码标准，适用于当前所有已知的编码，覆盖了美国、欧洲、中东、非洲、印度、亚洲和太平洋地区的语言，以及各类专业符号。

4. 字模编码

前面的各类编码是计算机内部存储、查找各字符的代码，但它与字符如何在显示屏上显示出来是有区别的。例如，字符 A 的显示可以用若干竖线、若干横线将计算机显示屏幕划分成若干小网格，如 1024×768，即用 1024 条间距相同的竖线，768 条间距相同的横线分割显示屏幕，这样屏幕就被分成了 786432 小网格。字符 A 在屏幕上的显示就会落在一片连续的网格区域中，假设它在连续的 8 行、8 列（共 64 个小网格）的区域中显示，用 1 表示有笔画经过的网格，0 表示无笔画经过的网格，总共用 64 位二进制编码就可以保存字符 A 在屏幕上的显示信息。用 1 个字节表示屏幕上 A 在一行中的二进制码，则用 8 字节（A 共占屏幕 8 行 8 列的小网络，已是很小的点了）就能够表示 A 在屏幕上的显示数据，人们称之为字符 A 的点阵信息，也称为 A 的字模。

当然，实际的字符显示时，可能将同样大小的区域划分成更小的网格，如 16×16（共 256 个点），需要 32 字节的点阵编码，其效果肯定比前者精美。所有字符的点阵信息集中而成的编码库则称为点阵字库，它被事先设计出来并保存在计算机的存储器中。

字符在计算机中的输入输出过程是：按下键盘上的某个字符时，键盘会将按键操作转换成该字符的 ASCII 码，然后根据此 ASCII 码从点阵字库中找到该字符的点阵编码，并根据它控制屏幕上显示该字符的区域中点的状态，显示出字符。

2.3.2　中文字符在计算机中的表示

汉字具有字形优美、生动、形象的特点，是中文信息处理的主要文字符号。但汉字太多，有 6 万多个，而且字形复杂，给计算机处理带来了较大困难。

从 20 世纪 60 年代起，我国就开始了对汉字信息处理技术的探索和研究，20 世纪 70 年代曾对各类汉字的使用频率进行过统计，发现有 3755 个汉字是最常使用的，覆盖率高达 99.9%，一般人都知道这些汉字的读音，所以把它们按拼音进行排序，称为一级汉字；此外，还有 3008 个汉字的使用也较多，一级汉字再加上这 3008 个汉字，覆盖了汉字应用范围的 99.99%，基本上能满足各种场合的应用，所以把这 3008 个汉字称为二级汉字，并按偏旁部首进行排序。1980 年，我国公布的国标汉字 GB2312—1980 收集的就是这 6763 个常用汉字，再加上 682 个图形及标点符号，共有 7445 个中文符号编码。GB2312—1980 是计算机中汉字信息的主要来源，也是制定其他汉字信息编码集的基础。

汉字信息的处理过程要比英文字符复杂得多，涉及汉字的输入、编码转换、存储和汉字输出等方面。汉字信息的加工包括汉字的识别、编辑、检索、变换、与西文字符混合编排等方面，汉字的输出则包括汉字的显示和打印等问题。汉字的输入、处理、输出都离不开汉字在计算机中的表示，即汉字的编码问题，这些编码涉及输入码、机内码和交换码等。

1. 汉字输入码

在用计算机键盘输入汉字时，往往需要击打多个字母或数字的组合键才能输入一个汉字。人们把输入汉字时，在键盘上所敲击的键的组合称为汉字输入码，也称为汉字的外部码，简称外码。

目前有许多汉字输入法，每种汉字输入法都有不同的输入码，归结为以下4类编码方式。

① 数字编码，也称为顺序码或流水码，它用一个数字串代码（一般用4位数字表示一个汉字的编码）来输入一个汉字。如区位码、电报码等。数字编码的优点是无重码，容易转换为汉字的机内码（汉字在计算机内部的编码）。缺点是每个汉字的输入码都由多位数字组成，很难记忆，输入困难，所以除了专业应用（如发电报）之外，很难推广使用。

② 字音编码。根据汉字的读音确定汉字的输入码。由于汉语的同音字很多，所以字音编码的输入重码率较高，输入时一般要对同音字进行选择，且对不知道读音的字无法输入，优点是简单易学。常见的有全拼、微软拼音、搜狗输入法等。拼音输入法简单易学，使用的人较多，但很难实现盲打（输入重码多）。

③ 字形编码。根据汉字的字形信息进行编码。汉字都是由一笔一画组成的，把汉字的笔画、组成部件用字母或数字进行编码，按汉字的书写顺序依次输入笔画或偏旁部首的键盘编码，就能输入对应的汉字。常用的字形码输入法有五笔字型码、表形码、大众码等。

④ 音形编码。把汉字的读音和字形相结合进行编码，音形码吸收了字音和字形编码的优点，使编码规则化、简单化，重码少，如智能ABC、五十字元码、全息码和自然码等。

具体采用哪种输入法，取决于个人的爱好。本书不做专门介绍，但在输入汉字时，一定会涉及标点符号的输入。在不同的中文输入法中，标点符号的键盘位置大致一样，如表2-3所示。

表2-3 中西文标点符号与键盘按键的对应

键位	中文标点	全角英文	键位	中文标点	全角英文
.	。（句号）	.	)	）（右括号）	）
,	，（逗号）	，	<	〈、《（单、双书名号）	＜
;	；（分号）	；	>	〉、》	＞
:	：（冒号）	：	^	……（省略号）	^
?	？（问号）	？	-	——（破折号）	-
!	！（叹号）	！	\	、（顿号）	\
"	""（引号）	"	@	·（间隔号）	@
'	''（单引号）	'	&	—（连接号）	&
(	（（左括号）	（	$	￥（人民币符号）	$

表2-3中的键，在键盘处于中文输入状态时，输入的符号就是中文符号；在键盘处于英文输入状态时，输入的是英文字符。

注意： 输入汉字时，有些输入法要求键盘应处于小写状态（如五笔字型输入法）。如果键盘处于大写方式下，即使是在中文输入状态下，也不能输入汉字（这时输入的是大写英文字母）。

2. 汉字交换码

汉字采用两个连续的字节进行编码。为了与西文字符的编码相区别，把两字节的最高位都置为1，余下的14位二进制数能表示的汉字数为$128 \times 128 = 16384$，这么多的汉字足够日常使用了。

世界上有许多从事汉字研究的工作者，他们开发了许多汉字系统，这就导致了同一汉字在不同的系统或计算机内部采用的编码不一致。例如，中国台湾和大陆采用的汉字编码就不一样。当不同的汉字系统要交换信息时，由于汉字的编码不同，就不能直接进行数据交换，这就导致了汉字交换码的产生。

汉字交换码是不同汉字系统共同遵守的一种公用汉字编码，用于不同汉字信息处理系统之间或通信系统之间的汉字信息交换。

（1）国标码

国标码《GB2312—1980 信息交换用汉字编码字符集——基本集》是我国于 1981 年制定的，共收集了汉字和图形符号 7445 个，其中汉字 6763 个，各种图形符号共 682 个，是我国目前汉字交换码的基础。

国标码采用 2 字节（两个 7 位二进制数，第一、第二字节的最高位 D_8 都设置为 0）对汉字进行编码，如表 2-4 所示。此表可容纳 94×94 = 8836 个编码。由于两字节的最高位 D_8 都是 0，因此表中并未画出。

表 2-4　国标码

第一字节							第二字节							对应汉字
D_7	D_6	D_5	D_4	D_3	D_2	D_1	十六进制	D_7	D_6	D_5	D_4	D_3	D_2	D_1	十六进制	
0	1	1	0	0	0	0	30	0	1	0	0	0	0	1	21	啊
0	1	1	0	0	0	0	30	0	1	0	0	0	1	0	22	阿
0	1	1	0	0	0	0	30	0	1	0	0	0	1	1	23	埃
0	1	1	0	0	0	1	31	0	1	0	0	0	1	0	22	雹
0	1	1	0	0	0	1	31	0	1	0	0	0	1	1	23	保
0	1	1	0	0	0	1	31	0	1	0	0	1	0	0	24	堡
0	1	1	0	0	0	1	31	0	1	0	0	1	0	1	25	饱

查表可知，"啊"的国标码为 3021H，"饱"的国标码为 3125H。

近年来，计算机应用的群体和范畴越来越大，GB2312—1980 中收录的文字已经不能满足需要，特别是对我国少数民族方面的编码不全，对国外（如日、韩等国）文字编码有所欠缺，国家对它作了两次大的修订。形成了 GB13000 和 GB18030 两个标准。

GB13000 制定于 1993 年，采用了全新的多文种编码体系，收录了中、日、韩文字 20902 个，是我国计算机系统必须遵循的基础性标准之一。GB18030 则有两个版本，分别是 2000 制定的 GB18030-2000 和 2005 年制定的 GB18030—2005。GB18030—2005 称为《信息技术中文编码字符集》，采用 4 字节编码方式，共收录了 70244 个汉字，是包含了多种我国少数民族文字（如藏、蒙古、傣、彝、朝鲜、维吾尔文等）的超大型中文编码字符集。

无论 GB13000 还是 GB18030，都是在 GB2312—1980 基础上进行扩展的，保持了对它的兼容性。在多字节的编码方案中，其第一、二字节的编码方案与 GB2312—1980 相同。因此，下面基于 GB2312—1980 对区位码和机内码进行讨论，分析汉字信息在计算机中的处理过程。

（2）区位码

区位码是在国标码的基础上改造而成的。在国标码中，全部汉字排列在 94×94 的矩阵中，每一行称为区，每一列称为位，这个表中的每个汉字就由它在该表中的行号和列号唯一确定了一个编码。把国标码高、低两字节的 D_6 位设置为 0，就得到区位码。

汉字基本集由两部分组成，其中汉字共有 6763 个，按其使用频率的大小分为两级。一级汉字：3755 个，16～55 区，按汉语拼音排序；二级汉字：3008 个，56～87 区，按偏旁部首排序；汉语拼音符号 26 个；汉语注音符号 37 个；数字 22 个，即 0～9 和 Ⅰ～Ⅻ；序号 60 个，即①～⑩，(1)～(20)，1.～20.等。

一般符号 202 个，包括标点符号、运算符号以及制表符号。英文大小写字母共 52 个；希腊大小写字母共 48 个；日文假名 169 个，其中平假名 83 个、片假名 86 个；俄文大小写字母共 66 个。

国标码和区位码的关系为：国标码=区位码+2020H。注：区位码转换为十六进制数时，区号和位号是分别转换的。

（3）机内码

机内码又称为内码，是设备和汉字信息处理系统内部存储、处理、传输汉字时使用的编码。在西文系统中没有交换码和内码之分，各公司均以字符的 ASCII 编码为内码来设计计算机系统。ASCII 码采用 1 字节表示字符，最高位为 0，而汉字采用 2 字节表示信息，为了能够把汉字字符和英文字符的机内码区别开，就把汉字机内码中两字节的最高位均设置为 1。即在 GB2312—1980 规定的汉字国标码中，将每个汉字的两字节的最高位都设置为 1。因此，汉字的区位码、国标码、机内码三者之间存在如下的转换关系：

国标码=区位码+2020H（即把区位码的区号和位号分别加上十进制数 32）

机内码=国标码+8080H（即把国标码的高位字节和低位字节分别加上十进制数 128）

机内码=区位码+A0A0H（即把区位码的区号与位号分别加上十进制数 160）

4．汉字字形码

汉字字形码又称为汉字字模，用于在显示屏幕或打印机中显示汉字。当前采用的字形码主要有矢量字形和点阵字形码两种。

矢量字形用数学方法描绘字体，根据各字符（如汉字、英文字符等）的字形特点，从字形上分割出若干个关键点，相邻关键点之间用一条光滑曲线连接起来就构成了相应的字符，光滑曲线是用数学函数根据关键点绘制的。矢量字体的优点是字体可以无级缩放而不会产生变形。目前，主流的矢量字体格式有 3 种：Type1，TrueType 和 OpenType。其中，TrueType 是美国的苹果公司和微软公司联合研制的，Windows 系统采用 TrueType 字体。

点阵字形则用微小的点来构造字符，英文字符由 8×8=64 个小点就可以显示出来（即横向和纵向都有 8 个小点）。汉字是方块字，字形复杂，有的字由一笔组成，有的字由几十笔组成，一般用 16×16 共 256 个小点来显示和打印汉字。把这些构成汉字的小点用二进制数据进行编码，就是汉字字形码。例如，16×16 点阵的汉字，就是把屏幕上显示一个汉字的区域横向和纵向都分为 16 格，一共有 256 个小方块。笔画经过的点为黑色，笔画未经过的点为白色，这样就形成了显示屏上的白底黑字。图 2-7 是"次"字的 16×16 点阵字模（为了让大家看清楚最后的点阵编码，图中已经把笔画经过的小点编码设置为"1"，笔画没经过的小点编码设置为"0"）。

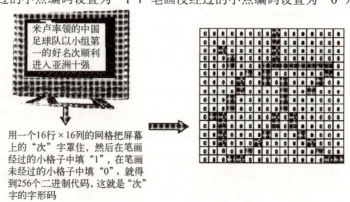

图 2-7　点阵字形

很容易用二进制数来表示点阵。例如在图 2-7 中，如果用二进制数 1 表示黑点，用 0 表示白点，那么一个 16×16 点阵的汉字就可以用 256 位二进制数来表示，存储时占用 32 字节（因为每个字节为 8 位）。图 2-10 中"次"字的 16×16 点阵的数字化信息可以用下列一串十六进制数来表示：00 80 00 80 20 80 10 80 11 FE 05 02 09 44 08 48 10 40 10 40 60 A0 20 A0 21 10 22 08 04 04 18 03，这个编码就是"次"的字形码。

5. 汉字库

在一个汉字信息处理系统中，所有字形码的集合就是该系统的汉字库。由描述全体汉字的矢量信息构成的字库称为矢量字库，由描述汉字的点阵信息构成的字库称为点阵字库。汉字系统一般收集了国标码中的 6763 个汉字，加上 682 个标点符号及图形符号，共有 7445 个汉字字形码。

常用的点阵字库主要有 16×16、24×24、32×32 等点阵字库。显然，点越多，显示出来的字的笔画就越平滑，但其编码就越复杂，占据的内存空间就越多。

在计算机中，所有汉字的字形码被存放在一系列连续的存储器中，每个汉字的字形码要占若干字节（如 16×16 点阵的汉字，每个汉字要占 32 字节），每个字形码所占第一存储单元的地址称为该汉字字形码的地址码，简称汉字的地址码。

字库与汉字的字体、点阵大小有关系，不同的字体、不同大小的点阵有不同的字库。如宋体字库、仿宋体字库、楷体字库、黑体字库、行书字库等。不同点阵的同种字体也有不同的字库。例如，宋体字就有 16 点阵（16×16）宋体字、24 点阵的宋体字、32 点阵的宋体字和 48 点阵的宋体字等。不同点阵的字库所占存储空间是不同的，如 16×16 点阵的字库，每个汉字占 32 字节，则整个字库占用 7445×32 = 238240 字节，约 240 KB。

字库分为软字库和硬字库：存放在磁盘上的字库称为软字库，软字库以文件的形式存储在磁盘（软盘或硬盘）上；存放在 ROM 中的字库（如汉卡、打印机的自带字库等）则称为硬字库。

2.3.3　字符在计算机中的处理过程

前面介绍了字符的各类编码：ASCII 码、汉字输入码、交换码、字形码……它们各有什么用途？人们输入一篇文章，保存和显示的是哪些编码内容呢？

其实，在计算机中，无论采用什么输入法，其对应的输入码都将转换成机内码进行存储、传递和处理，通过字形码进行显示或打印，如图 2-8 所示。

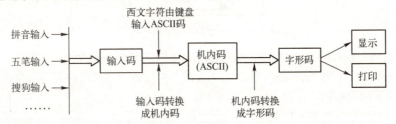

图 2-8　文字在计算机中的输入、存储和显示过程

1. 西文字符的编码转换过程

当我们在键盘上按下一个键、输入一个字符或汉字的输入码时，在计算机中会发生什么事情？它如何识别输入的是哪个字符呢？

例如，当按下字母"B"时，在显示器上马上就会出现"B"。这个"B"是直接送到显示器上的吗？不是！计算机对"B"的输入、显示过程如图 2-9 所示（虚线表示在 CPU 控制下进行）。

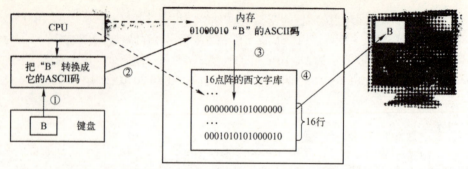

图 2-9 字符 "10" 的输入和显示过程

① 当 "B" 被按下时,键盘就会把 "B" 的键盘编码(键盘扫描码)送到一个程序中。

② 键盘扫描码转换程序被执行(图中虚线表示 CPU 控制执行),它把 "B" 的键盘扫描码转换成 "B" 的 ASCII 码 01000010(即 66)并送到内存(被存放在显示缓冲区)中。

③ CPU 利用 "01000010"("B" 的 ASCII 码)在 16×16 点阵的字库中找到 "B" 的字形码(16 行、16 列的二进制码)首地址。

④ 从首地址开始把连续的 256 位二进制数送到显示器上,显示器把 0 表示成黑色,把 1 表示成白色,这样就得到黑底白字的 "B"。

2. 汉字的编码转换过程

汉字的显示过程与此相似,在这个处理过程中会用到汉字的各种编码。图 2-10 显示的是 "人民" 两字的处理过程,假设 "人" 为 16 点阵的宋体字,"民" 是 16 点阵的 "隶书"。

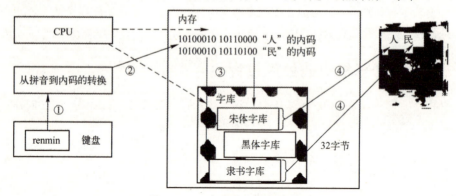

图 2-10 汉字的输入和显示过程

① 键盘把用户输入的拼音输入码 "renmin" 送到输入法处理程序中。

② 汉字输入法程序把 "renmin" 转换成 "人民" 的内码,并把这两个编码存储在内存中。

③ 根据汉字的内部码,计算出它的点阵字形码在字库中的地址(即 "人" 的字形码在字库中的起始位置)。汉字有各种不同的字体,如宋体、楷体、行书、黑体……每种字体都有相应的字库,它们都是独立的。因为 "人" 被设置为 16 点阵宋体字,所以计算机就根据 "人" 的内码在 16 点阵的宋体字库中找到 "人" 的字形码的首地址。

④ 从 "人" 的字形码首地址开始,把连续的 256 位(32 字节)的二进制信息送到显示器上,显示器把 0 表示为黑色,把 1 显示成白色,这样显示器上就出现了白底黑字的 "人" 字。

"人" 显示之后,再显示 "民" 字,由于 "民" 被设置为 16 点阵的 "隶书",所以计算机将利用 "民" 的内部码在 16 点阵的隶书字库中去找 "民" 的字形码。

2.4 声像的数字化处理

计算机只能识别和处理 0、1 二进制信息,对于英文字母,采用 ASCII 码进行存取;对于汉字,通过汉字内码、汉字字形码等不同形式的编码进行存储和显示的。那么,计算机对于图形和声音是怎样存取的呢?同样需要对它们进行编码,把图形和声音转换成 0、1 二进制信息。

2.4.1 声音在计算机中的转换

计算机对声音的数字化有对声波进行采样、编码和数字音乐合成两种技术。

1. 声波的采样、编码和存储

各种声音都是机械振动或气流振动引起周围传播媒体(气体、液体、固体等)发生波动的现象,引发振动的发声体称为声源。当声源体发生振动时,引起邻近空气(或其他媒介)振动,从而使这部分空气(媒介)的密度变密,当声源体反向振动时,这部分空气就会变得稀疏。这样一来,随着声源体不断发生强弱不同的振动,从而引起周围空气连续产生或疏或密的振荡,可以使用一种模拟(即连续变化的物理信号)波形来表示它,即声波,如图 2-11 所示。

图 2-11 声波

要在计算机中存储或播放声音,必须先把它转换成数字信号,把模拟信号转换为数字信号的方法是采样。声波的采样就是在声音波形上,每隔相同时间取一个波形值。图 2-12 显示了声波的采样、编码过程。图 2-12(a)表示 1 秒钟的声音波形,可以看出它是连续变化的模拟量。现在对其进行采样,把 1 秒钟分成 30 等份,每隔 1/30 秒从该波形中取出一点,这样就得到 30 个点,如果采用 8 位二进制数表示声波振幅的变化范围,把最低的波谷设置为 0,最高的波峰设置为 255,这样就把这段波形表示成了 30 个 0~255 之间的数字,如图 2-12(b)所示,把其中的每个数字表示成相应的二进制数,如图 2-12(c)所示。

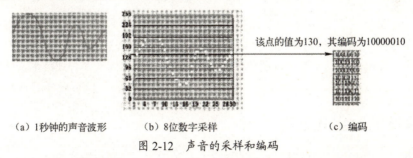

(a)1秒钟的声音波形　　(b)8位数字采样　　(c)编码

图 2-12 声音的采样和编码

显然,采样的间隔时间越短,从声波中取出的数据就越多,声音就越真实。人们把每秒钟采样的次数称为采样频率。通俗地讲,采样频率就是每秒钟从声波中取出的数据个数。要保持声音的真实,采样频率至少不低于 11 kHz,即每秒钟从声波中取出约 11000 个波形数据。要达到立体声效果,采样频率不能低于 44.1 kHz。但采样频率越高,所对应的数字信息就越多,保存这些信息的存储空间就会越多。

最低的波谷和最高的波峰之间分的等分越多,就需要用越多的数字表示声音的高低(即振幅)。显然,分得越"细",声音就越真实。在声卡中,采样编码后的二进制数字的个数称为声卡的位。如图 2-14(c)所示,用 8 位二进制数表示声音编码,这样的声卡称为 8 位声卡。由此可知,16位声卡比8位声卡音响效果更好,现在的许多声卡都是64位。

把对声波采样后形成的数字信号存放在一个计算机文件中,这个文件就是波形文件。波形文件就是把对声波采样的结果以数字形式记录、存储的文件,任何声音都可用波形文件进行存储。

波形文件的扩展名有.wav、.mod 和.voc 等,这些波形文件可以通过 Windows 系统提供的"录音机"录制和播放。

2. 电子合成音乐 MIDI

MIDI(Musical Instrument Digital Interface,乐器数字接口,)是数字音乐及电子合成乐器的国际标准。MIDI 定义了计算机音乐程序、数字合成器及其他电子设备交换音乐信号的方式,规定了不同厂家的电子乐器与计算机连接的电缆和硬件及设备间数据传输的协议,可以使不同厂家生产的电子音乐合成器互相发送和接收音乐数据,并且适合音乐创作和长时间地播放音乐的需要,可以模拟多种乐器的声音。MIDI 并不对声波进行采样和编码存储,而是将数字式电子乐器的弹奏过程以命令符号的形式记录下来,当需要再次播放这首乐曲时,根据记录乐谱指令,通过音乐合成器重新产生声波并通过扬声器播放出来。图 2-13 显示了 MIDI 音乐的合成过程。

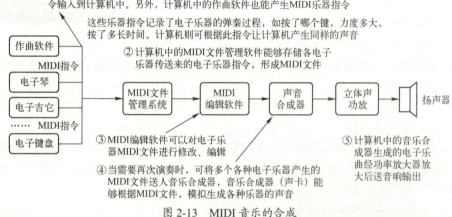

图 2-13　MIDI 音乐的合成

MIDI 相当于一个音乐符号系统,允许计算机和音乐合成器进行通信,计算机把音乐编码成音乐序列命令,并以.mid、.cmf、.rol 文件形式进行存储。MIDI 声音文件比波形文件要小得多,更节省存储空间。

2.4.2　图像的数字化处理

图像信息在计算机中是怎样保存的呢?主要有两种编码方法:位图和矢量法。

1. 位图

位图是一个位数组,用一位或多位二进制来表示像素点。通俗地讲,位图是计算机用像素在屏幕上的位置来存储图像,最简单的位图当然是黑白图像。例如,屏幕上有一个图像,把一个网格罩在该图像上,网格就会把该图像分成许多小格了(每个格子就是一个像素点)。这样,图像所在的小格中就有一个像素,图像不在的小格中就没有像素。在黑色图中,有像素的点应为黑色,无像素的点为白色,这样在计算机中表示该图时,黑色的像素用 0 表示,白色的小格用 1 表示,整个图形就被编码成了 0、1 代码。

图 2-14 左图为在屏幕上显示的一只美洲豹,用一个由许多小格子组成的网格放在它的头部,则有的小格子中有动物头像,有的小格子中无动物头像,有头像的格子用 0 表示,无头像的格子用 1 表示,如图 2-14 右图所示。这样这个头像就被编成了 0、1 组成的代码,这个由许多 bit 组成的 0、1 编码矩阵就可以被存储在计算机的存储器中,这就是一幅位图。这些小格子中的 0、1 信息,不仅表示了图像信息,而且表示了这些像素在屏幕上的位置。当要再次显示这个图像时,计算机就会从存储器中把这些 0、1 信息读出来,送到显示器的相应位置(如同存储时的位置一样)。把出现 0 的地方表示成黑色,出现 1 的地方表示为白色,这样就得到相应的黑白图像。

图 2-14 位图

由此可以看出,位图其实是按图像在屏幕上的位置,根据图像是否经过这些位置而把图像信息编成相应的 0、1 代码。0、1 代码的个数取决于显示器的分辨率。例如,在 640×480 分辨率下(屏幕被划分成 640 列、480 行),屏幕上就可以显示 307200(640×480 = 307200)个像素,也就是说,在这种屏幕上一幅黑色图像由 307200 个点组成,每个点要用一位二进制的 0 或 1 来表示,则在 640×480 分辨率下的一幅黑色位图要占用 307200÷8 = 38400 字节。

事实上,单色图很少使用,而灰度图像用得较多。所谓灰度图像,即不是单纯用黑色和白色来表示图像,而是把黑色(或白色)按其浓度的不同分为不同级别,如"黑色"、"漆黑"、"淡黑"……通常,计算机用 256 级灰度来显示图像,这样在图 2-16 所示的小格子中,0 和 1 仅表示该格子中是否有图像经过,而不能表示它到底是"黑"、"漆黑"还是"淡黑"……它到底是 256 级灰度中哪种程度的"黑"色呢?显然,它可能是这 256 种灰度中的任何一种,也就是说,它有 256 种可能,这样小格子中的每个点,除了用 0 或 1 表示是否有图像外,还必须用 8 位二进制编码(8 位二进制数可表示 256 种编码)表示该点的灰度。由此可知,在 640×480 分辨率下,一幅 256 级灰度的单色位图的编码为 640×480×8 bit,即 307200 字节。

彩色图像的编码方式与此相似,如 16 色的彩色图像,要表示 16 种色彩,需要用 4 bit 来编码:0000、0001、0010、…、1111,每个编码代表一种色彩。屏幕上每个像素的色彩都有 16 种可能,所以每个像素都需要 4 bit 来表示编码,这样在 640×480 分辨率下的一幅 16 色图像的编码为:640×480×4 = 1228800 bit,即 153600 字节。在同种分辨率下的 256 色位图需要 307200 字节,16 位(即 2^{16})、24 位(用 24 bit 表示色彩,用这种方式表示的色彩称为真彩色,共 2^{24} 种色彩)色位图需要的存储空间就可想而知了。

位图是计算机中常用的图像,生活中的图像也常以位图的形式存放在计算机中,如用扫描仪把个人的照片扫入计算机中,这种图像的格式就是位图。位图文件的扩展名通常是.bmp。许多图形软件可以用来创建、修改或编辑位图,如 Windows 系统提供的 Paint、PaintBrush、Photoshop 等。

除了位图外,还有其他几种类型的图形文件,如.pcx、.tif、.jpg、.gif 等。

2. 矢量图形

位图存放的是图像的像素和颜色编码,这要占用很大的存储空间。矢量图形是由一系列的可重构的图形指令构成的,在创建矢量图形的时候可以用不同的颜色来画线和图形,然后计算机将这一系列线条和图形转换为能重构图形的指令。计算机只存放这些指令,并不存放画好的图形,当要重新显示这些图形时,计算机就执行这些存放的指令,把图形重新画出来,矢量图形比位图占用较少的存储空间。计算机中扩展名为.wmf、.dxf、.mgx、.cgm 等的文件都是矢量图形,只不过绘制图形的软件不同罢了。微机中常用的矢量图形软件有 Designer 和 CorelDRAW。

2.4.3 视频的数字化处理

视频实际上由一系列的静态图像按照指定的次序排列组成，每幅图像称为一帧。利用人眼视觉暂留的原理，依次快速显示在屏幕上，就会产生动画效果。当播放速度大于 12 帧/秒时，就会产生连续的视频效果，再配上同步的声音，就产生了视频影像，电影播放的帧率大约是每秒 24 帧。

视频大致上有两种类型：模拟视频和数字视频。早期电视、录像等视频信号的记录、存储和传递都采用模拟信号，当前的 VCD、DVD 和数字摄像机录存的都是数字视频。

模拟视频有 NTSC 和 PAL 两种制式，NTSC 的规格为 30 帧/秒，525 行/帧；PAL 的规格为 25 帧/秒，625 行/帧。我国采用 PAL 制式。

同声波一样，模拟视频信号需要变为数字的"0"或"1"。这个转变过程就是我们所说的视频捕捉（或采集）过程。其方法与声波的采样过程相似，在一定的时间内，以同样的速度对每帧视频进行采样、量化和编码，实现从模拟信号到数字信号的转换。

视频信息数字化后，信息量非常大，通常需要经过压缩处理，否则会占用太多的存储空间。例如，存储 1 秒（播放 30 帧图像）分辨率为 640×480 的 256 色的视频，需要的存储空间大小为：

$$640×480×256×30/8=9216000 \text{ Byte} \approx 9 \text{ MB}$$

可以计算，保存 2 小时的电影需要 66355200 000 字节，即约 66.3 GB。但经过压缩之后，就会减少大量的存储空间。

如果要在电视机上观看数字视频，则需要一个从数字到模拟的转换器，将二进制信息解码成模拟信号，才能进行播放。

习题 2

一、选择题

1. 以下叙述中正确的是_____。
   A. 十进制数可用 10 个数码，分别是 1～10
   B. 一般在数字后面加一大写字母 B 表示十进制数
   C. 二进制数只有两个数码：1 和 2
   D. 在计算机内部都是用二进制编码形式表示的

2. 英文字母"A"的十进制 ASCII 值为 65，则英文字母"Q"的十六进制 ASCII 值为_____。
   A. 51　　　　B. 81　　　　C. 73　　　　D. 94

3. 微型计算机中使用最普遍的字符编码是_____。
   A. EBCDIC 码　　B. 国标码　　C. BCD 码　　D. ASCII 码

4. 在计算机中采用二进制，是因为_____。
   A. 可降低硬件成本　　　　　　B. 两个状态的系统具有稳定性
   C. 二进制的运算法则简单　　　D. 上述三个原因

5. 存储一个 32×32 点阵汉字字型信息的字节数是_____。
   A. 64B　　　　B. 128B　　　　C. 256B　　　　D. 512B

6. 计算机存储器中，1 字节由_____位二进制位组成。
   A. 4　　　　B. 8　　　　C. 16　　　　D. 32

7. KB（千字节）是度量存储器容量大小的常用单位之一，1 KB 等于_____。

A．1000 字节 B．1024 字节
C．1000 个二进位 D．1024 个字

8．已知"装"字的拼音输入码是 zhuang，而"大"字的拼音输入码是 da，则存储它们内码分别需要的字节数是_____。
A．6，2 B．3，1 C．2，2 D．3，2

9．下面一组数中最小的数是_____。
A．(11011001)$_2$ B．(11111111)$_2$ C．(76)$_{10}$ D．(46)$_{16}$

10．以下十六进制数的运算，_____是正确的。
A．1+9=A B．1+9=B C．1+9=C D．1+9=10

11．五笔字形码输入法属于_____。
A．音码输入法 B．形码输入法 C．音形结合的输入法 D．联想输入法

12．计算机对汉字进行处理和存储时使用汉字的_____。
A．字形码 B．机内码 C．输入码 D．国标码

二、填空题

1．国标 GB2312—1980 字符集中，一级汉字大约有_____个，二级汉字有_____个，当采用 16×16 点阵的字形码时，每个汉字占用_____字节，整个汉字库占用_____字节，一个汉字的内部码占用_____字节，扩展 ASCII 码占用_____字节。

2．国标 GB2312—1980 字符集中，共收录汉字_____个，各类符号_____个，数字、序号共_____个，整个字符集中所有的符号共_____个。其中，汉字分为两级，一级汉字按_____排序，二级汉字按_____排序。

3．如果将汉字按 16×24 点阵的字形码在屏幕上显示，一屏 24 行，每行 80 个汉字，为了保存一屏的汉字，需要用_____KB 的存储容量。

4．1.44 MB 的磁盘文件可以保存_____个汉字信息。

5．若字母 b 的 ASCII 码值为 98，则字母 B 的 ASCII 码值为_____。

三、数据转换

1．把以下十进制数分别转换为相应的二进制数、十六进制数。
     1024，343，4765，385.1875，0.75，258，255

2．把以下二进制数分别转换为相应的十进制数、十六进制数。
  101011，100101.1，1011.1011，1100101011，10011000000，11111.11

3．把以下十六进制数分别转换为十进制数和二进制数。
      AB，A02，256，FF

4．计算下面的式子，并把结果表示为十进制数。
    10110110+100111，1101101+1001101

5．假设占用存储空间为 1 字节，计算+53，-53 的原码、反码及补码。

四、问答题

1．什么是 ASCII 码、汉字的机内码？它们有什么区别？什么是汉字字形码？举例说明国标码、区位码和汉字机内码的关系。

2．什么是 Unicode 编码？这种编码有什么优点？

3．简述中文字符在计算机中的处理过程。

第 3 章　计算机硬件基础

本章介绍计算机的硬件构成，包括运算器、控制器、存储器、输入设备和输出设备五大部件的功能、主要的技术指标及工作原理。

3.1　计算机系统概述

计算机系统由硬件系统和软件系统两部分组成。硬件是有形的物理设备，它可以是电子的、电磁的、机电的、光学的元器件或装置，或者是由它们所组成的计算机部件。常见的计算机机箱、键盘、鼠标、显示器等都是计算机的硬件设备。软件是指在计算机硬件上运行的各类程序和文档的总称，用于扩展计算机的功能。一个完整计算机系统的组成如图 3-1 所示。

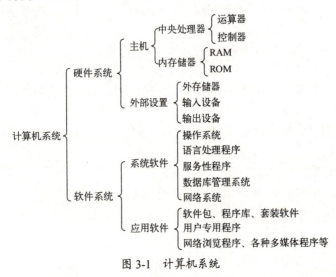

图 3-1　计算机系统

计算机硬件和软件关系密切，相辅相成。没有硬件，软件无法运行，毫无用处。只有硬件而没有软件的计算机称为"裸机"，裸机只有极其有限的功能，甚至连最起码的启动也不能完成，更别说进行数据处理工作了。

3.2　计算机硬件系统

人们最常见的计算机是微型计算机，包括台式微机和笔记本电脑。台式微机最直观的组成部件是显示器、键盘、鼠标和机箱，其他部件和秘密则被封闭在主机箱中。打开机箱，就会看到计算机错落无序的"内脏"，包括许多电线和印制电路板，如图 3-2 所示。在图 3-2 中，最核心的是主板。主板是一块分层的电路板，每层中都布满了各类电子线路，并在这些线路上预留了许多接口，各式各样的计算机设备可以同接口相连接，形成一个有机的整体。

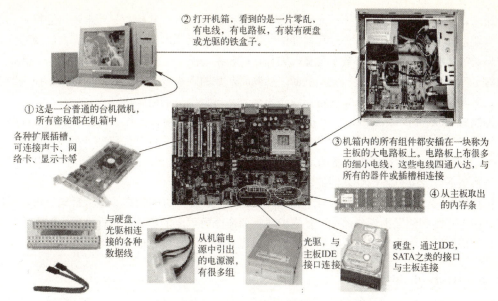

图 3-2 微机及其"内脏"

尽管当前的计算机在外形、规模大小、运算速度、性能和应用领域等方面都存在很大的差异，但从体系结构上讲，它们都属于冯·诺依曼结构。该结构的主要特点如下：

① 硬件系统由运算器、控制器、存储器、输入设备和输出设备五大部分组成。

② 数据和程序以二进制形式存放在存储器中。

③ 控制器根据存储器中的指令进行工作，并由程序控制器控制指令的执行。控制器具有判断能力，能根据计算结果选择不同的操作流程。

在冯·诺依曼体系结构中，计算机各组成部件通过三大总线相互连接成一个有机的整体，如图 3-3 所示。总线是连接计算机各组成部件的"电路线"，三大总线分别是数据总线（DB）、地址总线（AB）和控制总线（CB）。图 3-3 的计算机组织结构又称为三总线结构，所有的计算机组成部件都通过 AB、CB 和 DB 三大总线连在一起，并且通过三大总线实现各部件之间的信息交流。

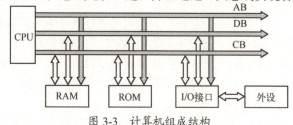

图 3-3 计算机组成结构

3.3 运算器、控制器和中央处理器

中央处理器由运算器和控制器组成，是计算机的核心，对计算机的整体性能有着决定性的影响。

3.3.1 运算器和控制器

运算器（Arithmetic and Logical Unit，ALU）是进行算术运算和逻辑运算的部件，通常由累加器、通用寄存器、算术逻辑运算单元及运算状态寄存器等组成，其核心是算术逻辑运算单元，所以运算器也称为算术逻辑部件。运算器能够实现的操作包括算术运算、逻辑运算，以及移位、比较和传送等运算。算术运算即数学运算，如加、减、乘、除等运算；逻辑运算是指与、或、非、异或等运算，比较运算是指数的大小判断，如判断两数的大小或相等与否。运算器在控制器的控制下，对取自内存的数据进行算术运算或逻辑运算，再将运算的结果送到内存。

控制器（Control Unit，CU）是指挥计算机每个组成部分协调工作的部件，主要由程序计数器、指令寄存器、指令译码器、时序电路和控制电路等构成。其功能是控制、指挥计算机各部件的工作，并对输入设备和输出设备的运行进行监控，使计算机自动地执行程序。在控制器的控制、监管和协调下，计算机各部件才能够成为一个有机的整体。

执行程序时，控制器首先从内存中按顺序取出一条命令，并对该命令进行译码分析，根据指令的功能向有关部件发出操作命令，使它们执行该命令所规定的任务，执行之后再取出第二条命令进行分析执行，如此反复，直到所有命令都执行完成，这样就完成了一个任务。

3.3.2 中央处理器

1．中央处理器的构成和功能

1971 年，Intel 公司将运算器和控制器集成在了一块芯片上，称为微处理器，即中央处理器，又称为**中央处理单元**（Central Processing Unit，CPU），是任何计算机系统都必不可少的核心部件，其中有解释和执行指令的电路，以及执行指令所必须具备的算术运算、逻辑运算的控制电路。CPU 是计算机的运算和控制中心，其功能是逐条执行存储器中的机器指令，进行算术运算和逻辑运算，控制其他部件的工作。

2．指令、指令系统及程序

指令就是计算机完成特定操作的命令，其一般格式为：

操作码	地址码

操作码也称为指令码，用来表示指令所要执行的操作，如加、减、乘、除、数据传送、移位等操作。操作码用几位二进制代码来命名或标识，如用"11010100"表示加法，用"11010101"表示减法等。二进制代码难以记忆，通常采用能帮助记忆的一些符号等价地表示指令码。例如，用 ADD 代替"11010100"表示加法指令，用 SUB 代替"11010101"表示减法指令等。

地址码指明参加操作的数据在内存中的位置，通过指令中的地址码，计算机能够在指定位置的内存单元中找到参加运算的数据。

CPU 所包括的全部指令称为**指令系统**，指令系统定义了计算机的处理能力，不同类型的 CPU 有不同的指令系统。人们指派给计算机的任务不能单靠一两条指令来实现，而是需要许多指令的有序组合来共同完成。为解决某一问题而编写在一起的指令序列以及与之相关的数据称为**程序**。

3．CPU 的主要性能指标

（1）主频

计算机内部有一个时钟发生器不断地发出电脉冲，产生系统所需要的基准时钟信号，用于控制所有计算机部件的协调工作。每秒钟产生的时钟脉冲个数称为时钟频率，其单位是赫兹（Hz，取名于一个德国物理学家 Hertz，他证实了电磁波的存在）。赫兹是一种频数计量单位，即每秒钟的周期性振动次数。CPU 内部的时钟频率称为主频，它对计算机指令的执行速度有着非常重大的影响，因为计算机指令的执行步骤是由时钟脉冲来控制的。

想象一下龙舟竞赛，船上有一个鼓手，他每击一下鼓，船上所有的人就划一下桨。鼓手敲得越快，划船手就划得越快，船就行进得越快。在这里，击鼓的频率相当于 CPU 的系统时钟，计算机所有的读数、写数及运算指令的执行都由时钟脉冲控制，一个时钟脉冲就相当于敲一下鼓。假设存储一个数需要 3 个时钟脉冲，第 1 个脉冲来时，CPU 将接收数据的存储器地址送到地址总线上，选中保存数据的存储单元；第 2 个脉冲来时，CPU 将数据送到数据总线上；第 3 个脉冲来时，数据总线上的数据被写入到选择的存储单元中。显然，时钟脉冲越快，这 3 个脉冲所占用的时间就越短。

在同等情况下，时钟频率越高，就意味着越快的处理速度。当然，时钟频率只是计算机性能的一个重要因素，不能完全决定计算机系统的性能，只有综合三总线的数据传输率、存储器的存取速度，以及其他硬件设备的性能指标，才能全面说明计算机的整体性能。

CPU 的主频发展很快，最初的 IBM-PC 的时钟频率是 4.77 MHz（1MHz 表示每秒钟 100 万次），当前 Intel 公司的酷睿系列处理器主频已经超过了 4 GHz。

（2）指令周期

指令周期是指 CPU 执行一条指令所用的时间，一个完整的指令周期包括取指令、解释指令、执行指令三个操作步骤。

（3）字长

字长是 CPU 一次能够处理的二进制数据的位数。字长决定了 CPU 内的寄存器和总线的数据宽度，字长较长的计算机在一个指令周期比字长短的计算机能够处理更多的数据，单位时间内处理的数据越多，处理器的性能就越高。现在的微机多为 64 位计算机，即其字长是 64 位。

（4）CPU 缓存

CPU 的运算速度是内存速度的成百上千倍，所以在程序执行过程中，CPU 经常要停下来等待内存数据的读取。为了提高计算机的整体性能，CPU 芯片生产商在 CPU 内部增加了一种存储容量较小的快速存储器，以缓解内存与 CPU 之间的速度差异，提高 CPU 的性能，这种存储器就是缓存（Cache）。

4．指令的兼容性和精简问题

随着 CPU 的不断更新发展，功能越来越强，指令的种类也越来越多，由此引发了下面两个突出的问题。

（1）指令的兼容性问题

每种类型的 CPU 都有一套指令系统，它是提供给人们编写程序以控制计算机运行的可用命令集合，是计算机可识别的"语言"，人们称之为机器语言，把用它编写的程序称为**机器语言程序**。

不同类型 CPU 提供的机器语言并不相同，因此用某一类计算机的机器语言编制出来的程序很难直接在其他类型的计算机上有效地运行，这个问题称为指令不兼容。CPU 制造商通常采用"向下兼容"（具有向下兼容功能的芯片能够运行早期芯片上的程序）方式来开发新型的 CPU。

例如，Intel 公司采用"向下兼容"的方法来逐步提高 CPU 的功能与性能，使新型的 CPU 保持了上一代 CPU 的指令系统，从而能够继续运行上一代计算机的程序。586 计算机可以运行 486 计算机上的所有程序，486 可以运行 386、286 计算机上的程序，这就是"向下兼容"。

（2）指令的精简问题

随着计算机硬件的不断发展，新发明的硬件需要用新指令来实现其功能。例如，随着多媒体技术的发展，导致了在奔腾系列芯片中增加一些处理多媒体的新指令。在增加新指令的同时还需要保留原有指令，以实现向下兼容，这就导致了新型计算机的机器指令越来越多。人们把采用这种指令系统的计算机称为复杂指令系统计算机，即 CISC（Complex Instruction Set Computer）。Intel 公司的 CPU 设计多采用这种方式。

然而，计算机科学家在统计计算机性能和效率时发现：各类计算机程序在一般情况下只用到了相对较少的一些指令，即使用频率较高的指令相对较少。精简指令系统计算机（Reduced Instruction Set Computer，RISC）就是基于这一理念产生的，主张采用使用最频繁、执行最快的那些常见指令构成 CPU 的指令系统，使 CPU 能有更高效的指令执行流程。采用 RISC 结构的计算机具有十分简单的指令系统，指令长度固定，指令格式与种类相对较少，寻址方式（在内存中寻找数据的方法）也相对简单，并在 CPU 中增设了许多通用寄存器（寄存器是 CPU 内部的一种特殊存储器，存取速度较快），每条指令的执行速度相当快。

近年来，RISC 取得了很大进展，获得了很高的性能/价格比。目前的 SUN-SPARC、HP-PA、MIPS、Power PC 等计算机采用的都是 RISC 指令系统。

5. 微处理器芯片

微机的 CPU 按引脚结构的不同分为 SOCKET 结构和 SLOT 结构两种，如图 3-4 所示。

AMD公司的
CPU芯片
SOCKET结构

Intel公司的芯片
SOCKET结构

Intel公司的芯片
SLOT-T

图 3-4 CPU

CPU 的生产商主要是 Intel、Motorola 和 DEC 三大公司。Intel 公司是全球最大的 CPU 生产厂家，Intel 芯片的发展变化基本上代表了整个 CPU 行业的发展过程，大多数 IBM 计算机及 IBM 兼容机都采用 Intel 芯片，现在微机中使用最为广泛的酷睿系列 CPU 就是其产品。

3.4 存储器

3.4.1 存储器的基本概念

存储器是计算机存放程序和数据的物理设备，是计算机中的信息存储和信息交流的中心。计算机之所以具有强大的"记忆"能力，能够把大量的计算机程序和数据存储起来，以供其他程序或命令使用，就是因为它有存储器的缘故。存储器有以下几个要素。

① 存储容量。存储器能够容纳二进制信息量的总和称为**存储容量**。它是衡量计算机整体性能的一个重要指标，其大小对计算机执行程序的速度快慢有较大的影响，存储容量越大，存储信息就越多。

② 存取周期。计算机从存储器中读出或写入数据所需要的时间称为**存取周期**。存取周期越短，CPU 从存储器中读出或写入数据的速度就越快，从而计算机的整体性能就越高。把存储单元内的信息读出并送到 CPU 中的时间称为读出周期，把 CPU 中的信息存入到存储单元内所需要的时间称为写入周期，两次独立存取操作之间所需的时间称为存取周期。

③ 存储地址。存储器由许多存储器单元构成，存储单元是计算机从存储器中存取数据的基本单位，即每次最少存取一个存储单元中的数据。为了区分不同的存储单元，就给每个存储单元一个唯一的编号（类似小区大楼中的房间编号），这个编号就是存储单元的地址，简称**存储地址**。

3.4.2 存储器的分类

存储器分为内存储器（简称内存）和外存储器（简称外存）两种。内存通过总线直接与 CPU 连接，是计算机的工作存储器，用于存放当前正在运行的程序和数据。外存则通过内存与 CPU 间接相连，能够长期保存计算机程序和数据。

内存的存取速度较快，但存储容量有限。内存中的数据是易失性的，只有在计算机通电的时候，内存中的数据才存在，一旦内存掉电，内存中的信息就会全部丢失。

外存则是指类似于磁盘、光盘、U盘和移动硬盘等能够保存计算机程序和数据的存储器。相比内存而言，外存储器的存储容量大，存放着计算机系统中几乎所有的信息，并且其中的信息可永久性保存，即使掉电，信息也不会丢失。

除了内存和外存之外，现在的计算机系统中还常用到寄存器和高速缓冲存储器。

3.4.3 存储器的分级存储体系

在存储器设计时需要兼顾存储容量、存取速度和成本代价，但三者不可兼得。要有高速的存取就要花费较高的成本，解决这种矛盾的方法就是采用分级存储的结构。

首先，在 CPU 内部采用少量速度极快的内部存储器，这些存储器直接与 CPU 交换数据，人们通常把它们称为**寄存器**。早期计算机的存储器除了 CPU 中的寄存器之外，就是内存储器了。由于内存的存取速度要比 CPU 的运算速度慢一个数量级以上，所以在执行程序时，CPU 经常要停下来等待内存传送数据，然后才能继续执行程序。

为了提高计算机的整体性能，人们又在 CPU 与内存之间增加了高速的存储器，它们的容量比寄存器大但比内存小，速度比内存快，这就是早期的**高速缓冲存储器**（**Cache**）。随着 CPU 速度的不断提高，人们又在 CPU 内部集成了高速缓存，这样整个计算机就有了二级高速缓存。CPU 内部的高速缓存称为 **L1 级高速缓存**，介于 CPU 与内存之间的高速缓存称为 **L2 级高级缓存**。

上述三种存储器都只能暂时存放程序和数据，为了能够把经过计算机加工处理后的数据永久地保存起来，以便以后再用，计算机又增设了外部存储器，简称外存。这样就形成了计算机的分级存储体系，大致可用图 3-5 来描述它。

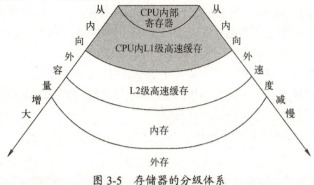

图 3-5 存储器的分级体系

3.4.4 内存

内存由许多个存储单元构成（每个单元具有相同的二进制位长度），每个存储单元用存储地址来标识和区别。计算机则按存储单元的地址来访问内存数据，根据指定的地址，把信息存入相应的存储单元或者从指定的存储单元读取信息。

内存的存取速度非常重要，因为 CPU 执行的指令和需要的数据都来自内存，内存存取数据的速度越快，CPU 读取内存指令和数据就越快，计算机执行程序的速度也越快。

一般内存（RAM）的存取速度以纳秒（ns，1 秒=1000000000 纳秒）计算。现在微机内存条的存取速度非常快，常常小于 5 ns。内存条的存取速度可以在内存的芯片上看出来。例如，某芯片上标明 XXX-2，表明它的存取速度是 2 ns。早期的计算机内存主要由磁性材料构成，当前则多采用半导体材料。半导体材料比磁性材料集成度更高，体积更小，存取速度更快。内存主要分为两类：随机访问存储器（RAM，Random Access Memory）和只读存储器（ROM，Read Only Memory）。

1. RAM

RAM 读写方便，使用灵活，但不能长期保存信息，一旦掉电，所存信息会丢失，有如下特点：

① 可以随时读出其中的内容，也可以随时写入新的内容。读出时并不损坏其中存储的内容，只有写入时才会修改、覆盖原来存入的内容。

② 随机存取，可以根据需要随时存取任何存储单元中的数据，即存取任一单元所需的时间相同，不必顺序访问存储单元。

③ 断电后，RAM 中的内容就立即消失，称为易失性。

从组成材料上看，RAM 可以分为动态随机访问存储器（DRAM，Dynamic RAM）和静态随机访问存储器（SRAM，Static RAM）两大类型。

SRAM 用触发器（一种半导体集成电路）作为存储元件，只要有电源正常供电，触发器就能稳定地存储数据，因此称之为静态存储器。SRAM 状态稳定，接口简单，但集成度低，功耗大，存取速度快，造价高，常用于高速缓存器和小容量内存的设计中。

DRAM 主要用电容器作为存储元件，比 SRAM 集成度高，功耗小，价格低，常用于组成大容量的存储系统。DRAM 即使不掉电也会因电容放电而丢失信息，须定时刷新存储单元（即定时给存储单元充电以保持存储内容的正确性），如每隔 2 ms 刷新一次，所以称为动态存储器。DRAM 普遍用于现在的微机系统中。

从功能上看，RAM 主要有以下 3 方面的作用。

① 存放当前正在执行的程序和数据。

② 作为 I/O（Input/Output，即输入/输出）数据缓冲存储器。所谓缓冲存储器，实际上是内存中的一块特定区域，一般用于数据暂存或不同读写速度的匹配。例如，CPU 运算速度快，外部设备（如键盘）输入（输出）速度慢，所以就在 CPU 与外设之间设置一小块存储器区域，让外设将数据送到这个存储器中，CPU 再从该存储器中读取数据，这样就不用长时间地等待慢速设备输入数据了。计算机中有许多缓冲存储器，用于匹配慢速外设与 CPU 之间的速度差异，如显示缓冲存储器、打印缓冲存储器、键盘输入缓冲存储器等。

③ 作为中断服务程序和子程序中保护 CPU 现场信息的堆栈。

2. ROM

ROM 的特点是只能读出原有的内容，而不能由用户再次写入新内容。ROM 中的内容一般由制造商写入，即使内存掉电，内容也不会丢失。ROM 主要用于存放各种系统软件（如 ROM BIOS、监控程序等）。一种非常重要的 ROM 是 BIOS（Basic Input Output System，基本输入输出系统）。BIOS 是一个小型指令集合，含有计算机启动所需要的引导程序，能够激活磁盘上的操作系统。

根据 ROM 的不同特性，ROM 可以分成以下几种。

① 掩膜 ROM 就是一般所说的 ROM，其内容一次写入后就不能修改了，可靠性高。ROM 一般由专门的生产商制造，存储器中的内容也是生产商写入的。

② PROM（Programmable Read Only Memory）是可编程只读存储器，性能与 ROM 一样，内容一经写入就不会丢失，也不会被替换。PROM 主要针对用户的特殊需要，用户可以购买空白 PROM 存储芯片，在其中写入自己编写的程序和数据，如电视机遥控器中的程序。

③ EPROM（Erasable Programmable Read Only Memory）是可擦除可编程只读存储器。这种类型的存储器可由用户自己加电编写程序，存储的内容可以通过紫外光照射来擦除。这就使得它的内容可以反复更改，而运行时它又是非易失性的，这种灵活性使 EPROM 更受用户欢迎。但是，普通微机并不能重写 EPROM，当要擦除其内容时，需要特制的 EPROM 写入器，把芯片的透明部分在紫外灯下照射约 30 分钟才行，极不方便，限制了用户对 EPROM 的使用，导致了 E2PROM 的出现。

④ E2PROM（Electrically Erasable Programmable Read Only Memory）是电擦除可编程只读存储器。它的功能与 EPROM 相同，但在擦除与编程方面更方便。其内容可由用户写入，而且可以字节为单位进行改写，改写时可以在应用系统中在线进行，普通用户使用一般微机就能对它重写。因此，E2PROM 更受用户欢迎，已经取代了 EPROM。

3.4.5 寄存器和高速缓冲存储器

寄存器由电子线路组成，制作工艺与 CPU 相同，速度上与 CPU 差不多。寄存器主要被集成在 CPU 内部，如地址寄存器、数据寄存器、程序计数器等，用来存放即刻执行的指令和使用的数据。由于它的成本较高，所以数量较少。

高速缓冲存储器即缓存 Cache，是 CPU 与内存之间的一种特殊存储器，一般采用高速的静态半导体随机存储芯片（SRAM），存取速度比内存要快一个数量级，与 CPU 的处理速度相当。

Cache 主要用于匹配 CPU 与内存之间的速度差异，它与 CPU 和内存之间的关系如图 3-6 所示。Cache 与 CPU 之间采用高速的局部总线相连，而内存与 CPU 和 Cache 之间采用存储总线相连，这样 CPU 从 Cache 读取数据就比从内存读取数据的速度要快 10 倍以上。

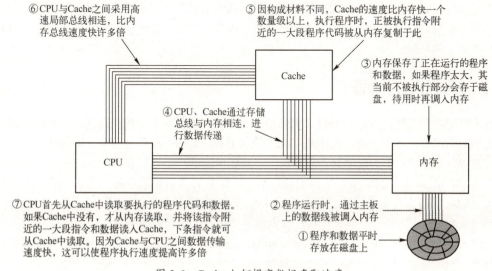

图 3-6 Cache 如何提高数据存取速度

在执行程序时，Cache 中通常保存一份内存中部分内容的副本（拷贝），该副本是最近曾被

CPU 使用过的数据和程序代码。每当 CPU 访问存储器时,首先检查需要的命令或数据是否在 Cache 中,若在(称为命中),CPU 就用极快的速度对它进行读/写;若不在 Cache 中(称为未命中),CPU 就从内存中访问数据,并把与本次访问相邻近的存储区中的内容复制到 Cache 中(即一次复制了一大段即将被执行的程序代码到 Cache 中,这是 Cache 能提高整体效率的主要原因)。

Cache 未命中时,程序的执行速度比不使用 Cache 时的速度还要慢。因为在这种情况下,要插入更多的等待时间,以便 CPU 从内存中访问数据,在访问的同时要把相关数据复制到 Cache 中,与正常的内存操作相比,复制相关数据到 Cache 是多出的操作。但复制之后,CPU 在一段时间内都可以从 Cache 中取指令和数据。一般而言,CPU 对 Cache 的访问命中率可在 90%以上。

80486 以上的微机,为了提高其工作效率,在 CPU 芯片内部集成了 SRAM 作为 Cache,由于这些 Cache 装在 CPU 芯片内,因此称为芯片 Cache。这样,微机就有了二级存储器,人们将 CPU 内部的 Cache 称为一级 Cache,即 L1 Cache,将 CPU 与存储器之间的 Cache 称为 L2 Cache。当前的某些高档微机已经采用了 L3 级 Cache。

3.4.6 虚拟存储器

若在内存和外存之间增加一定的硬件和软件支持,使两者成为一个有机的整体,那么编程人员在编程序时就不用考虑计算机的实际内存容量,写出比实际配置的内存容量大得多的用户程序。程序预先放在外存储器中,在操作系统的统一管理和调度下,按照某种置换算法依次调入内存,并被 CPU 执行。这样,CPU 看到的是一个速度接近内存储器却具有外存容量的存储器,这个存储器就是虚拟存储器。

虚拟存储器实际是用计算机的硬盘来扩展内存空间,即使用磁盘存储器来模拟内存 RAM。在程序运行过程中,计算机系统仅把正在运行的程序代码段放在内存中,而把该程序暂时不会被执行到的程序代码段放在磁盘上(这部分磁盘存储器就称为虚拟内存)。当 CPU 要执行的程序不在物理内存中时,它会采用一定的算法,把内存中暂不使用的程序代码段置换到磁盘上(虚拟内存中),而把要执行的代码段从磁盘(虚拟内存中)调入内存,使得计算机在物理内存比较少的情况下可以运行大型程序,操作大型的数据文件,同时运行多个程序。

当然,虚拟内存的速度比真实内存的速度慢,由于磁盘是一种慢速设备,从虚拟内存中取数据要花费更长的时间。

3.4.7 CMOS 存储器

计算机加电启动时,要访问磁盘上的数据并从磁盘上加载操作系统。为此,计算机必须知道磁盘上的相关数据,如磁道数、扇区数、扇区的大小等,否则不能访问磁盘上的文件。如果把磁盘的信息保存在 ROM 中,磁盘就不能升级,一旦更换磁盘,计算机就不能找到新磁盘的相关信息,因为 ROM 中保存的仍然是原来的磁盘信息,此信息与新换磁盘的信息不相符合。因此,必须用一种灵活的方式来保存计算机中的引导数据(如硬盘的柱面数和扇区数等),它能够保存的时间比 RAM 长,即使计算机掉电后,信息也不会丢失,但又可以更改。

CMOS(Complementary Metal Oxide Semiconductor,互补金属氧化物半导体)存储器就具有这种特点,耗电极低,只需要极少的电能就可以保持其中的数据,可以用电池供电,即使在计算机关机后,数据也不会丢失。

CMOS 是计算机内极为重要的一种存储器,保存着系统配置的重要数据,计算机掉电后由机内的一块特制电池供电。如果计算机系统的配置发生变化，就必须对 CMOS 中的数据进行更新。现在的计算机一般具有即插即用的特征，可以在安装新的硬盘后自动更新 CMOS，当然也可以运行 CMOS 配置程序，人工修改 CMOS 中的信息。

说明：在计算机启动时，根据屏幕提示按 Del 键就能够进行 CMOS 的修改。CMOS 数据对计算机的初始引导工作至关重要，如果修改不正确，可能造成计算机不能启动或启动不正常。

3.4.8 微机的内存

微机内存主要以内存条的方式插入微机主板上的内存扩展槽中，这种方式允许用户根据需要自行配置内存的大小。微机内存技术的发展很快，速度不断加快，容量不断增大。

早期的微机主要采用 FPM （Fast Page Mode）内存条和 EDO（Extended Data Out）内存条，现已基本不同了。目前微机主要采用 SDRAM 和 DDR SDRAM 两种类型的内存条。

SDRAM（Synchronous Dynamic RAM）内存条：从理论上可与 CPU 频率同步，二者可以使用同一时钟周期，因此能够提高 CPU 从内存读取数据的速度和效率。SDRAM 的速度都在 10 ns 以下，比 EDO RAM 快得多。除了可作为内存外，SDRAM 还可以作为显示内存使用，能够极大地提高显示质量。

DDR（Double Data Rate）SDRAM：即双通道同步动态随机存取内存条，是具有双倍数据传输速率的 SDRAM。当前微机中的内存条主要有 DDR2 和 DDR3、DDR4、DDR5，其容量从 1GB 到 8 GB 甚至更高。DDR2 的数据传输速率是 DDR 的 2 倍，DDR3 是 DDR 的 3 倍，以此类推。DDR 系列是当前主流的微机内存条，速度很快。

内存条的印制电路板主要有 SIMM 和 DIMM 两种设计模式。

SIMM（Single In-Line Memory Module）指 30 线或 72 线的单列直插式的内存条，即内存芯片成单列组合在印制电路板上。所谓多少线，就是指内存条与主板插接时的引脚个数，主板上插内存的插槽有多少引脚，就决定了只能插多少线的内存条。

DIMM（Dual In-Line Memory Module）指双列直插式 168 线、184 线、200 线、240 线等内存条，即内存芯片安装在印制电路板卡的两面成双列组合。比之于 SIMM 条，DIMM 的特点是在内存条长度增加不多的情况下使总线数增加了，提高了内存的寻址能力。

DIMM 内存条可以单条使用，也可以多条混合使用，而 SIMM 内存条必须成对使用。

在微机主板上为内存条留有接口，一般有 2～4 个接口，可以添加 2～4 块内存条，当前主要采用 DIMM 内存条。图 3-7 是 240 线的 DDR3 内存条及对应的主板内存插槽示意图。

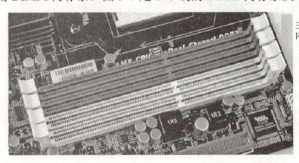
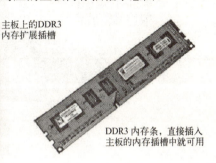

图 3-7 DDR3 接口

内存的存取速度非常重要，是衡量内存优劣的主要指标之一，其速度在 ns 级（即 10^{-9} 秒）。

当前 DDR3 内存条的速度多在几纳秒之内，有的就是 1 ns。

3.4.9 外存

外存储器主要采用磁性材料和光存储器，不但存储容量大，而且可以永久性地保存信息，即使计算机停电了，其中的内容也不会失去。

1. 磁盘存储器概述

通过磁化磁性材料可以将数据存储在它们的上面。将磁性材料（磁粉颗粒）涂抹在塑料或金属圆盘上就形成了磁盘。涂有磁粉颗粒的塑料盘就是软盘，涂有磁粉颗粒的金属盘就是硬盘。磁盘上的磁粉颗粒能够保存它们的磁化方向，由此可以永久性地保存数据。图 3-8 显示了计算机在磁盘上存储数据的过程。

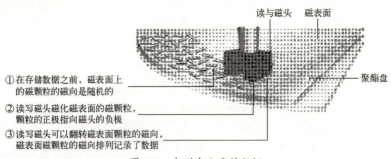

图 3-8 在磁盘上存储数据

（1）磁盘的格式化

新磁盘在使用之前，必须进行格式化，格式化工作由操作系统提供的命令来完成（如 Format）。在格式化的过程中，磁盘的读写磁头在磁表面设置磁模式，将磁盘表面划分成许多同心圆，每个同心圆又称为磁道，第 0 面的最外层磁道编号为 0 面 0 道，另一面的最外层磁道编号为 1 面 0 道，磁道编号沿着磁盘边缘向中心的方向增长。每个磁道又被等分成许多扇形区域，称为扇区，每个扇区的容量是 512 字节，数据就被存放在扇区中。扇区的开始位置包含了扇区的唯一地址标识 ID，扇区之间有空隙隔开，便于系统进行识别。图 3-9 是磁盘格式化的示意。

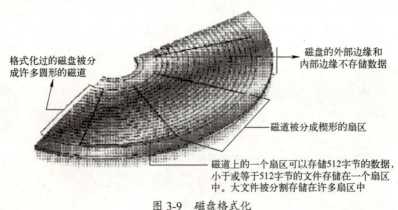

图 3-9 磁盘格式化

（2）磁盘簇

如果依次在每个扇区存储数据，则效率太低。在实际应用中，操作系统将磁盘上一个或若干个扇区组织成一个"簇"(Cluster),一个簇由一个或多个扇区组成,每个簇所占的扇区数由操作系统和磁盘的类型决定,通常是 2、4、6、8、16 或更多个扇区。簇是操作系统进行数据读写操作的最小逻辑单位,即数据在磁盘上是以簇(不是以扇区)为单位存放的。从节约磁盘空间的角度讲,簇愈小愈好,但是一个簇的容量太小,文件存取的效率又很低。

一个文件可以占用一个或多个簇,但至少占用一个簇。例如,假设 1 个簇由 2 个扇区组成,若有一个长度为 100 字节的文件要存放在该磁盘上,则该文件将占用 1024 字节的存储单元,而不是 100 字节。

FAT 文件系统(DOS 和 Windows 系统都支持的一种磁盘文件系统)用 12 位表示磁盘簇的编号,12 位能表示 2^{12} = 4096 个簇。因此,16 MB 以下磁盘的簇的数目不超过 4096 个。如 16 MB 的硬盘的簇数为 4096 个,则每簇大小为 16×1024 KB ÷ 4096 = 4 KB。

对于 128 MB 及大于 128 MB 的磁盘,FAT 文件系统则使用 16 位表示磁盘簇的编号,16 位能表示 2^{16} = 65536 个簇,这样 256 MB、512 MB 及 1024 MB 的磁盘或逻辑磁盘,其每簇的大小为:

$$256 \times 1024 \text{ KB} \div 65536 = 4 \text{ KB}$$
$$512 \times 1024 \text{ KB} \div 65536 = 8 \text{ KB}$$
$$1024 \times 1024 \text{ KB} \div 65536 = 16 \text{ KB}$$

由此可见,在 FAT 文件系统中,磁盘容量越大,每簇所能存储的字节就越多。而且可以得知,无论多大的磁盘,在 DOS 系统(采用 FAT 文件系统)的管理下,它所能保存的文件最多不超过 65536 个。因为最多只有 65536 个簇,而一个文件至少占用一个簇。

2. 硬盘存储器

硬盘存储器简称硬盘,是把磁性材料涂在铝合金圆盘上,数据就记录在表面的磁介质中,可存储的信息量取决于磁盘表面磁微粒的密度。硬盘是微机不可缺少的外存储器。

硬盘由一组盘片组成。这些盘片重叠在一起,形成一个圆柱体,然后同硬盘驱动器一起被密封在一个金属腔体内。不同的硬盘,其盘片的数目也不一样,少则两片,多则几十片。每个盘片的每面都有一个电磁读写磁头,所以硬盘的磁头数目和盘面的数目一样多,每个磁头负责一个盘面数据的读写。

一个完整的硬盘系统由磁盘驱动器、磁盘控制适配卡和磁盘组成,当前的硬盘大多采用 IBM 公司的温彻斯特技术构造(简称温盘)。温彻斯特技术把硬盘的磁头、盘片、主轴电机、寻道电机及相关的控制电路密封在一个金属盒内,这样保证了硬盘的高速转动(每分钟可达 3600 转、4500 转、6300 转、7200 转,甚至更高),磁头的精确定位,使硬盘读写速率可达到很高。

打开硬盘的外壳,可以看见硬盘是由一组盘片组成(包括很多盘片),如图 3-10 所示。温盘具有以下特点:

① 把磁盘机整体(磁头、盘片和运动机构)组装在一个密封容器内,从而硬盘的主要污染——空气尘埃大大减少,现代温盘还能对盘腔内部的温度和湿度进行调节。

② 把磁头与磁盘精密地组装在一起,根据磁头悬浮原理,精心设计磁头组件和空气轴承,尽量减小磁头与盘面的距离。即根据空气浮力原理,磁盘高速旋转时会产生空气浮力(试想飞机的螺旋桨),依靠此浮力托起磁头,使磁头呈飞行状态,不与盘面接触,磁头与盘面的距离为 0.2 μm(微米,1 μm=10^{-6} m),这样不仅读取数据速度快,而且磁头和盘的损伤都很小。

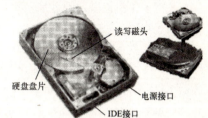

图 3-10 硬盘结构

盘片上有一个不存放任何数据的区域,称为"着陆区",磁头采取在盘片的着陆区接触式启停方式,在不工作时停靠在此,与磁盘是接触的,但在工作时则离开盘片,呈现飞行状态。由于着陆区不存放任何数据，因此不存在磁头损伤磁盘数据的问题。

从物理结构的角度上看，可以把硬盘的盘体分为磁面、磁道、柱面和扇区。图 3-11 是硬盘内部的盘片示意。

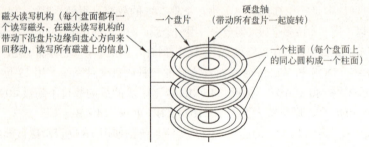

图 3-11　硬盘盘片构成示意

（1）磁面

硬盘的盘体由多个盘片重叠在一起组成。磁面是指一个盘片的两个面，其编号方式为：第一个盘片的第一个面为 0，第二个面为 1；第二个盘片的第一个面为 2，第二个面为 3，其余的磁面依此类推。在硬盘中，一个磁面对应一个读写磁头，所以在对硬盘进行读写操作时，不再称为磁面 0、磁面 1、磁面 2……而是称为磁头 0、磁头 1、磁头 2……

（2）柱面

每个盘片的每个面都被划分成许多同心圆，称之为磁道。整个盘体中所有磁面上半径相同的同心磁道就为一个柱面。一个硬盘有多少个同心圆，就有多少个柱面。

（3）容量

硬盘由多个盘片组成，每个盘面都有一个磁头进行磁盘数据的读写。每个盘面又被分为多个扇区，每个扇区可存储 512 个字节。硬盘容量与柱面、盘面和扇区的关系可用容量公式来表示，该公式最后计算出来的容量单位是字节，即**容量 = 柱面数×盘面数×扇区数×512**。

例如，某个硬盘有 1024 个柱面，每磁道有 63 个扇区，每个扇区记录 512 字节信息，硬盘共有 64 个磁头，那么该硬盘的存储容量为 1024×63×512 B×64 = 3.016 GB（1G = 2^{30}）。

硬盘技术发展很快，其容量从早期的几 MB 到现在的几 TB。1956 年，IBM 公司制造的世界上第一台磁盘存储系统只有 5 MB，现在一个普通的微机硬盘至少几百 GB 甚至几 TB 的容量。

（4）硬盘的接口方式

相对于主机而言，硬盘是一种低速的存储设备，不能直接与主机进行通信，需要在两者之间设计转换电路，进行电压等级、信号形式和速度的转换，此转换电路就是硬盘接口。

当前的硬盘接口主要有 IDE、SATA、SCSI 和光纤通道 4 种。其中 IDE 是早期微机的硬盘接口技术，现已被 SATA 所取代。SCSI 接口的硬盘主要应用于服务器，而光纤通道主要用在高端服务器上。SATA（Serial Advanced Technology Attachment，串行高级技术附件）由 Intel、IBM、Dell 和 Seagate 等公司共同提出的一种串行接口技术，是当前微机硬盘采用的主流接口技术，如图 3-12 所示。采用 SATA 接口的硬盘称为 SATA 硬盘，它通过串行方式传输数据。相对于早期采用并行方式传输数据的 IDE 和 EIDE 硬盘而言，SATA 具有很多优势。其一，SATA 以连续串行的方式传送数据，一次只会传送 1 位数据，用 4 个针脚（分别用于连接电缆、地线、发送数据和接收数据）就能完成全部工作。接口针脚数目的减少使连接电缆数目变少，可以降低系统能耗，减小系统复杂性，效率更高；其次，SATA 的速度更快，SATA 1.0 定义的数据传输速率可达 150 MBps，当前的 SATA3.0 可达 600 MBps 的最高数据传输速率。

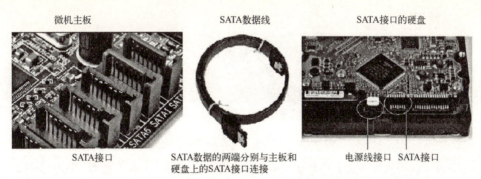

图 3-12　SATA 接口的微机主板和硬盘

SCSI（Small Computer System Interface，小型计算机接口）的数据传输速率高。一条 SCSI 接口总线最多可连接多达 8 台设备，这些设备可以是硬盘、光驱、磁带机、打印机、扫描仪、绘图仪等，还可以是 1 台计算机、一块接口卡、一个控制器等。例如，一个 SCSI 接口总线可以连接 7 台主机和一台打印机，也可以是 4 台主机和 4 块 SCSI 接口的硬盘，这些设备之间可通过高级命令进行通信，但只占用了主机的一个总线插槽。

3．移动硬盘和 U 盘

移动硬盘是在硬盘技术基础上发展而来的，可以通过 USB 数据线直接与计算机连接使用，具有体积小、数据传输速度快、存储容量大（几百 GB 到几 TB）、便于携带等特点。

U 盘全称为"USB 闪存盘"，又称为优盘。它是一个 USB 接口的不需物理驱动器的微型高容量移动存储产品。U 盘只有大拇指般大小，重量在 15 g 左右，特别适合随身携带。U 盘价格便宜，性能可靠，存储容量大（几十 GB 到几百 GB 都有），是当前最常用的计算机数据传送和存储设备。图 3-13 是移动硬盘、U 盘和 USB 数据线示意图。

图 3-13　移动硬盘、U 盘和 USB 数据线

移动硬盘和 U 盘都通过 USB 接口与计算机连接，支持热拔插，即插即用，存取数据方便，是数据传输和数据备份的理想存储介质。

4．光盘存储器

光盘是在一张塑料盘片上，涂上一层铝制反射层，再加上一层保护膜的光学存储器，是当前人们存储和传递数据的主要工具。光盘的存储容量很大，一张 CD-ROM 光盘的容量可达 650 MB 甚至更高；一张常见 DVD 光盘的容量是 4.7 GB，有的可达 17 GB 甚至几百 GB。

（1）光盘的工作原理

在光存储设备中，使用激光在存储介质的表面上烧蚀出微小的凸凹，并用这些凸凹表示数据。实际上，数据都是存放在表面的凹坑槽序列中，如图 3-14 所示。

CD-ROM 一般采用丙烯树脂作为基片，在上面喷射碲合金薄膜或者涂抹其他介质。记录信息时，使用较强的激光光源，把它聚集成小于 1 μm 的光点照射到介质表面上，并用输入数据来调

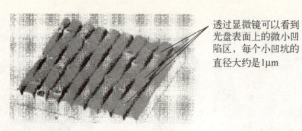

图 3-14 光存储介质表面上的小凹坑

制光点的强弱。这样的激光束会使介质表面的微小区域温度升高,从而使微小凹坑变形,这就改变了表面的光反射性质,于是激光就把信息以凹凸形式记录下来,这就是原片光盘。利用原片光盘可以大量复制成商品光盘,人们使用的都是复制光盘。

读出信息时,把光盘插入光驱中,驱动器有功率较小的激光光源,其激光强度小于烧蚀光盘(即刻录)的激光,不会烧坏盘面。由于光盘表面凹凸不平,反射光强弱的变化经过解调后可读出数据,通过计算机显示器即可在屏幕上显示信息。图 3-15 表示了光盘数据的读取过程。

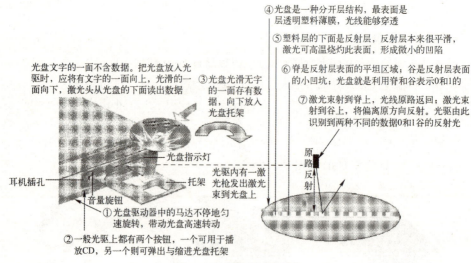

图 3-15 光盘数据的读取

光盘不但容量大,而且经久耐用,CD-ROM 的寿命一般在 500 年以上,可以经受温度、指印、灰尘或磁场的影响。如果不小心洒了一些茶水在一张光盘上,将它洗干净就可以了,数据不会受到损失。因此,它非常适合存储百科全书、技术手册、图书目录、文献资料等信息量较大的数据。

(2) 光驱的数据传输速率

数据传输速率是指每秒钟从 CD-ROM 向主机传输的数据量(bit/s,简写为 b/s 或 bps),光盘驱动器存取数据的速度虽然比硬盘慢,但是比软盘驱动器要快许多倍。

最早的 CD-ROM 驱动器的数据传输速率为 150 kbps,把具有这种速率的 CD-ROM 驱动器称为单速驱动器,记为"1X";数据传输速率为 300 kbps 的 CD-ROM 驱动器称为倍速光驱,记为"2X";以此类推,如 4X、8X、10X、16X……当前微机中的光驱多在 50X 以上。

(3) 常见的光盘类型

根据光盘使用的材料及存放信息的格式,可将光盘分为以下几种。

只读型光盘 CD-ROM(Compact Disk Read Only Memory),特点是只能写一次,即在制造时由厂家把信息写入,写好后的信息将永久保存在光盘里,通过光盘驱动器在微机系统上就能读出盘上的信息。

一次性写入光盘 WORM（Write Once Read Many disk，简称 WO），原则上属于读写型光盘，可以由用户写入数据，写入后可以直接读出。但是它只能写入一次，写入后就不能擦除或修改了，因此称它为一次性写入、多次读出的。

刻录光盘 CD-RW，实际上是一种光盘刻录机，既可以作为刻录机使用，也可以当光驱使用，而且可以对可擦写的 CD-RW 光盘进行反复操作，并具有 WO 的优点。CD-RW 盘片如同硬盘片一样，可以随时删除和写入数据。

VCD 即 Video-CD，是采用图形数据压缩技术，使一张 5 英寸的 CD 盘能保存长度为 74 分钟且具有较高画质的立体动态图像的视频信息。VCD 图像及伴音的数据信号压缩采用 MPEG 算法，MPEG 算法的实时压缩和解压主要通过硬件实现。VCD 播放系统可分为两类：一类是在计算机中增加 MPEG 解压卡，另一类是专门的 VCD 播放机。在微机中，通过 CD-ROM 驱动器及声卡，再配上一块 MPEG 解压卡就构成了能播放 VCD 的多媒体系统了。目前的微机一般没有 MPEG 卡，而是用软件解压来播放 VCD。

DVD（Digital Video Disc）是 1996 年底推出的新一代光盘，容量有 4.7 GB、8.5 GB、9.5 GB 至 17 GB。DVD 驱动器向下兼容，可以读取 CD、CD-ROM、VCD、DVD 中的数据。DVD 是 VCD 的后继产品，其尺寸大小与 VCD 一样，只是它采用了较短的激光波长，使存储容量大幅度增长。一直以来，CD、DVD 都是使用的红光技术，其波长为 650 nm，现在已出现新的蓝光技术，使用波长为 405 nm 的蓝光存取数据光盘数据，单面光盘的存储容量可达 50 GB 或者更高。

当前已有公司采用全息技术研制出了全息光盘，一张光盘的容量可达 500 GB。全息技术利用完整的光盘而非仅仅表面存储数据，同样大小的盘片，全息光盘的最高容量可达蓝光或 DVD 光盘的 20～50 倍。

3.5 输入设备

输入设备用来把人们能够识别的信息，如声音、文字、图形、图像，甚至一些控制信号转换为计算机能够识别的二进制形式，保存到计算机的存储器中。目前，人们常用的输入设备有键盘、鼠标、扫描仪、光标、游戏操纵杆、数码相机、RFID 及触摸屏等，如图 3-16 所示。

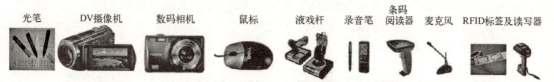

图 3-16 常用的输入设备

1. 键盘

键盘是最主要的计算机输入设备。每当按下一个键时，键盘内的信号转换电路（通常采用一个以单片微处理器为核心的电路）把该键的字符转换成相应的 ASCII 码，再通过键盘连接线路传送到主机进行处理。

为了保证主机能正确地接收各种击键速度的输入，在内存中有一个专门用于保存键盘输入符号的缓冲区，用户从键盘输入的字符首先被保存在该缓冲区中，CPU 再从缓冲区中读取用户输入的字符，这个专用内存区域就是键盘缓冲区。键盘缓冲区有一定的大小，例如，若为 128 字节，则当用户从键盘输入了 128 个字符时，如果 CPU 还未处理该缓冲区中的字符，微机的扬声器就会发出"嘟嘟嘟"的响声,表示键盘缓冲区已满。图3-17是一个微机键盘。

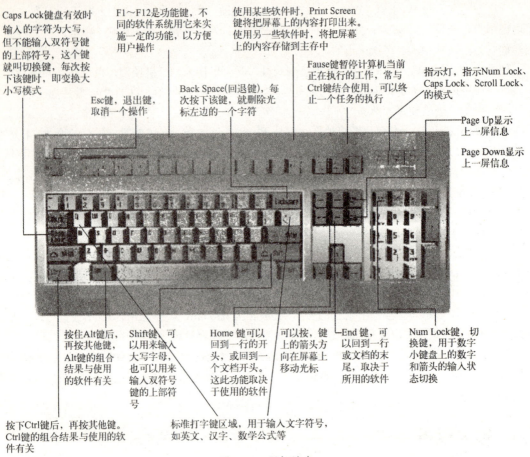

图 3-17 微机键盘

2. 指点输入设备

指点输入设备用来控制屏幕指示器的光标,可以通过它选择显示屏幕上的选项,以此让计算机执行指定的功能。指点输入设备包括鼠标、各种输入笔、触摸屏及游戏杆等。

(1) 鼠标及其变形——轨迹球、指点杆、触控板

轨迹球、笔记本电脑中的指点杆和触控板的常见外形如图3-18所示。

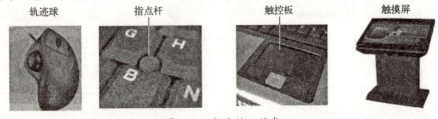

图 3-18 指点输入设备

鼠标是一种移动方便、定位准确的指点输入设备,它有左、右两个按键,两个按键之间有一个滚轮(以前的老式鼠标通常只有左右两个按键)。左右按键常用于实现选择确认或取消操作,中间的滚轮常用于上下滚动屏幕上的文本或图片。

根据连接方式,鼠标可分为有线鼠标和无线鼠标两种。当前的有线鼠标主要采用USB接口和

计算机相连接，无线鼠标主要通过蓝牙技术与计算机连接（早期的无线鼠标则采用红外线技术）。蓝牙技术是一种短距离、低成本的无线连接技术，能够实现语音和数据的无线传输，蓝牙收发器的有效通信范围在 10 m 左右。

轨迹球是鼠标的一种变形，与机械式鼠标结构基本相同，表面也有左右两个鼠标按钮和滚轮（有的没有），工作原理与机械鼠标相同。但轨迹球的滚球在上面（机械鼠标的滚球在下面），用手直接拨动滚球就可以移动屏幕上的鼠标指针。轨迹球的优点是工作时可在桌面固定不动，不用鼠标那样到处移动，节省了空间，多用于笔记本电脑。

触控板是一种对压力很敏感的小而平的面板，用于实现鼠标的功能，主要用于笔记本电脑、PDA 及一些体积较小的便携式影音设备。手指在触控板上移动就可以控制屏幕上鼠标指针的移动，在触控板上敲击一次手指就能够实现鼠标单击的操作，连续敲击两下手指可实现鼠标双击的操作。此外，笔记本电脑触控板下面的两个按钮可分别实现鼠标左右控钮的功能。

（2）输入笔

笔是人们最常用的书写工具，方便易用。随着计算机和便携式信息工具（如 PDA、宽屏手机等）的普及，人们为计算机设计出了笔式输入设备，如光笔、手写笔、电子笔等。

电子笔是另一种笔式输入工具，在笔的前端装有针孔视频照相机，当它划过一页可以通过模糊点产生图案的特殊纸时，就能够记录下手写的文字和图形。电子笔可以保存几十页的手写页，通过 USB 接口，可将其中的手写内容输入到计算机中。

（3）触摸屏

触摸屏由触摸检测部件和触摸屏控制器两部分组成。检测部件安装在显示器屏幕的前面，它能够检测到用户手指触摸的位置，并将此信息送到触摸屏控制器。触摸屏控制器将触摸检测部件传来的触摸屏幕位置信号转换成触点坐标，再传送给计算机。计算机根据触点坐标可以确定与之对应的显示器屏幕位置上的内容，并以此确定用户的触摸意图，执行相应的程序功能。

触摸屏的应用范围越来越广泛，许多地方都可以看到它的应用。例如，银行大厅中的触摸屏为用户介绍银行的各种业务和服务，机场大厅中的触摸屏为用户提供航班信息和登机牌及行李托运的办理流程，银行 ATM 机的触摸屏为用户提供取款和转账业务。此外，在移动电话、PDA、数码相机以及商场 POS 终端等电子产品中随处可见触摸屏的应用情况。

3．扫描输入设备

常见的扫描输入设备有扫描仪、扫描笔、条码阅读器、传真机等，如图 3-19 所示。

图 3-19　扫描输入设备

扫描仪是一种常见的输入设备，它运用光学扫描原理（类似于复印机的工作方式）从纸张类的介质上"读出"图像，图像可以是照片、文字、图画、照相底片、标牌面板、印制板样品或图形等，然后把此图像信息送入计算机并进一步存放到硬盘中，进行分析、加工和处理，并允许用户查看、编辑和转发这些从扫描仪读入的图像信息。最常见的是平台式扫描仪，随着技术和应用需求的发展，近年出现了各种便携式扫描仪，有的形如商场的条码阅读器，有的像手表可戴在手腕上，更轻便的就是扫描笔。

条形码阅读器是一种能够识别条形码的扫描仪器。在大百货超市、图书馆、新华书店等地方，经常可以看到工作人员将顾客选中的食品、图书在一个条形码阅读器前面晃一下，就将它们的价格或图书信息输入计算机中了，非常便捷。**条形码**是将宽度不等的多个黑条和空白，按照一定的编码规则排列在一起的一组平行线图案，常被用来标识物品的产地、生产商、生产日期、图书类别等信息。条形码阅读器根据光的反射原理来识别条形码中的信息，白色物体能反射各种波长的可见光，黑色物体则吸收各种波长的可见光。因此当条形码阅读器光源发出的光在条形码上反射后，反射光照射到条形码阅读器内部的光电转换器上，光电转换器根据强弱不同的反射光信号，转换成相应的电信号，通过对电信号的译码就可识别出条码中的信息。

4. 视频、音频类输入设备

近年来，视频类和音频类输入设备已经深入到了人们的日常生活中，人们通过它们将生活趣事和值得记忆的事情录制到计算机中，或制作成 VCD 或 DVD。此外，还可以通过视频类和语音类设备与远方朋友举行视频会议，进行实时的视频交流。

网络摄像头是一种结合传统摄像机与网络技术而产生的新一代摄像机，除了摄像功能外，机内还有数字化压缩控制器和基于 Web 的操作系统，可以对拍摄的视频数据进行压缩加密，然后通过网络送至远端用户。远端用户通过网络浏览器（如微软的 IE 浏览器）访问网络摄像机的 IP 地址，就能够对网络摄像机进行访问，实时监控目标现场的情况，并可对图像资料实时编辑和存储。

数码摄像机也称为 DV（Digital Video，即数字视频）。DV 本身是由索尼、松下和东芝等多家家电企业联合制定的一种数码视频格式。但当前在绝大多数场合所提到的 DV，则指的是数码摄像机。数码摄像机可以制作视频录像并将其输入计算机，在计算机中进行加工处理，如为视频制作字幕、添加片头片尾信息、添加背景音乐或修改图像等。

音频输入设备用来将人们的声音转换成数字形式保存在计算机中，并可以再次以声音形式播放出来。声卡是一种具有输入和输出两种功能的音频设备，它可以在音响系统的配合下播放计算机中的声音文件，也可以在麦克风的辅助下将声音转换成数字信息保存在计算机中，并可以通过计算机进行编辑加工。

语音识别技术就是让计算机通过对语音的识别和理解，把语音信号转变为相应的文本或命令的输入技术。语音识别技术把人们从烦琐的文字输入工作中解放出来，把要输入的内容向计算机讲一遍，计算机就能够将"听"到的内容记录下来，并转换成文本保存起来。

5. 传感器输入设备

传感器是一种物理器件，可以作为计算机的输入设备，用于从环境中直接获取数据。传感器能够探测速度、重量、压力、温度、湿度、风、烟雾、气流、光、电、图像等方面的变化数据，并将探测结果传存到计算机中。

RFID（Radio Frequency Identification）即射频识别，是条码阅读器的无线版本。RFID 是一种非接触式的自动识别技术，通过射频信号自动识别目标对象并获取相关数据，识别工作无须人工干预，可工作于各种恶劣环境。RFID 包括 RFID 标签（射频卡，俗称电子标签）、天线和读写器三部分（有的将天线集成在读写器中）。图 3-20 是 RFID 系统构成的一个示意图，其工作流程是：读写器通过发射天线发送一定频率的射频信号，当 RFID 标签随其物品进入发射天线工作区域时，就会产生感应电流，并因此获得能量而被激活。RFID 标签被激活后，会自动将其保存的电子数据通过标签内置的发送天线发送出去，系统接收天线接收到从 RFID 标签发送来的信息，经天线调节器传送到读写器,读写器对接收的信息进行处理后送到计算机。

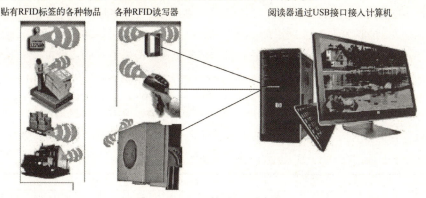

图 3-20 RFID 自动识别系统

RFID 采用的是无线通信技术,数据交换不需要连接线缆和实物接触,便于识别移动物品,应用非常广泛。例如,汽车通过收费路口时,不用停车就可以通过车中的 RFID 标签实现自动缴费;在快递或运送的货物上采用 RFID 标签,可以随时获取物品在路途中的位置信息;在猫狗一类宠物体内植入 RFID 标签,在它们与主人失散时,可快速获知它们的位置。时下的物联网就需要通过 RFID 技术来实现。

前面仅对计算机中的常用输入设备进行了简要介绍,为了满足不同的数据输入需要,计算机的输入设备还在不断发展变化中,今后会有更多种类的输入设备被研制出来。

3.6 输出设备

输出设备是指把计算机处理后的信息以人们能够识别的形式(如声音、图形、图像、文字等)表示出来的设备。最常见的输出设备有显示器、打印机、绘图仪等。

3.6.1 显示系统

显示系统是人机交互的一个重要输出设备,其性能的优劣直接影响到工作效率和工作质量。显示系统包括图形显示适配卡(显卡)和显示器两大部分,只有将两者有机地结合起来,才能获得良好的效果。

1. 显卡

显卡也称为显示适配器,是插在主板总线接口上的一块电路板,用于连接计算机的主机和显示器。显卡一般包括显示器接口、显示控制芯片、显示字库、显存等,作用是将要显示的字符、图形和图像以数字形式存放在显存(位于显示卡内部的存储器)中,并将其转换成模拟信号,送往显示器,向显示器提供行扫描信号,控制信息在显示器上的正确显示。

衡量显卡性能的重要指标有显卡工作频率、总线宽度(一次可同时处理的二进制位数)、数据传输速度、显存容量等。显存容量是指显卡中的存储器大小。显存越大,可以存储的图像数据越多,能够支持的显示分辨率与颜色数越高,显示的效果就越好。如果想得到理想的显示效果,不仅需要一个好的显示器,而且需要一个好的显卡。显示器的显示分辨率和显示色彩是否能够充分显现出来,与所用显卡的显存有很大关系。显示一屏图像需要的显存如下:

容量=显示分辨率×表示色彩的字节数

例如，显示器的分辨率为1024×768，如果要显示256种颜色，则显示一屏幕图像至少需要的显存容量是 1024×768×1 Byte=768 KB。其解释为：要表示256种颜色，需要8位二进制编码，因为 $256=2^8$，8位二进制编码正好1字节，这就是乘式中1的来源。若要屏幕上的每个点都能取256种颜色之一，那么每个点都需要用1字节的显存来保存它的颜色编码，总共需要显示的点数为1024×768（分辨率就是显示屏幕上可显示的点的个数），这就是1024×768×1 的由来。

由此可以推算，只有512 KB显存的显示卡，在800×600分辨率下只能显示256种颜色，在1024×768分辨率下只能显示16种颜色。表3-1列出了在一些显示分辨率下，显示一屏幕图像与所需要显存容量的对应关系。当前的显卡容量从几十 MB、几百 MB、几 GB 甚至几十 GB 都有。

表3-1 显卡色彩与显存的关系

分辨率	需要视频存储容量（单位：B）			
	16色	256色	65536色	16777216色
640×480	150K	300K	600K	900K
800×600	234K	469K	938K	1.4M
1024×768	384K	768K	1.5M	3.3M

在显卡发展过程中，先后曾经出现过 ISA、PCI、AGP、PCI Express（即 PCI-E）等几种类型的显卡，它们实际上是显卡采用的几种总线标准。当前微机主要采用 PCI-E 显卡，如图 3-21 所示。

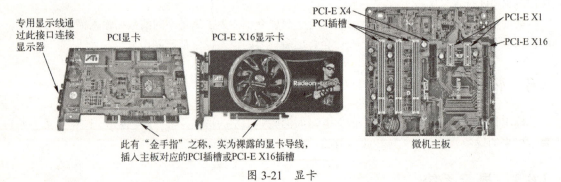

图 3-21 显卡

2. 显示器

显示器是计算机最重要、最常用的输出设备，是计算机传送信息给人们的窗口，能将微机内的数据转换为各种直观的图形、图像和字符显示给人们观看。显示器大小指的是其对角线的直线距离，目前常用的显示器有14英寸、15英寸、17英寸、21英寸等。

显示器主要有阴极射线管 CRT（Cathode Ray Tube）显示器和液晶显示器 LCD（Liquid Crystal Display）两种。由于液晶显示器具有功耗小、辐射小、轻薄、搬运方便、占用空间少、完全平面、无闪烁、不伤眼睛等优点，其应用越来越广泛，已逐渐取代 CRT 显示器。

液晶是一种介于固体和液体之间的、具有规则性分子排列的有机化合物，呈细棒形，在电流作用下，液晶分子会做规则旋转的排列。液晶显示器正是根据液晶的这一特性制作的，其基本原理如图 3-22 所示。在一个双层的玻璃基板之间布满液晶，在不通电时，液晶由于本身扭曲的原因，从显示器底板传来的光线经过液晶的偏转而不能到达显示屏幕的表面，液晶在通电后发生扭转从而让光线透过液晶到在显示屏幕表面，这样就可以通过透过液晶的光点构成图像。当然，也可以让光线在液晶不通电时透过，在液晶通电时被遮挡，同样可以实现图像在屏幕上的显示。

衡量显示器的主要性能指标如下。

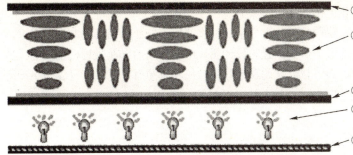

图 3-22 液晶显示器的基本原理

① 像素（Pixel）。显示屏幕上生成图像的最小单位，一个可以独立发光显示的光点就是一个像素。

② 分辨率。显示器上的字符和图形是由一个个像素组成的，像素光点的大小直接影响显示效果。整个显示器的显示屏幕能够显示的像素个数称为该显示器的分辨率。

例如，某显示器在水平方向上能够排列 640 个像素，在垂直方向上能够排列 480 个像素，则它的分辨率为 640×480。当前，微机中的彩色显示器使用最多的是 VGA 显示器，最低分辨率是 640×480，中档的分辨率是 800×600，高档的是 1024×768、1280×1024 或 1600×1280，超过 640×480 的就属于超级 VGA 显示器，也称为 SVGA 显示器。

③ 点距（Dot Pitch）。两个像素中心点之间的距离，可以用来衡量图像的清晰程度。目前，显示器的常用点距有 0.21 mm、0.22 mm、0.24 mm、0.25 mm、0.26 mm、0.28 mm 和 0.31 mm 等。

点距的大小反映了显示器分辨率的高低，点距越小，分辨率就越高，显示效果就越好；反之，点距越大，分辨率越低。例如，对点距为 0.31 mm 的像素来说，每英寸有 80 个像素，在 12 英寸大小的显示器屏幕上，其分辨率是 640×480；在 14 英寸显示屏幕上，分辨率为 800×600；在 16 英寸显示屏幕上，分辨率为 1024×768。

显示器的分辨率可以用软件的或硬件的方法在一定范围内进行设置。在最高分辨率下，一个发光点对应一个像素，如果设置低于其最高分辨率，则一个像素可以覆盖多个发光点。

④ 扫描方式。分为逐行扫描和隔行扫描两种。逐行扫描的显示器显示的内容稳定性好，清晰度较高，效果比较好。特别是对一些图形要求或用来进行 CAD 辅助设计的用户，一般应选择逐行扫描的显示器。

一般说来，1024×768 逐行扫描的显示器应当配置 0.28 mm 或更小点距的显像管，如果配置为 0.39 mm 的显像管，则失去了逐行扫描的功能，因为点距太大，逐行扫描和隔行扫描几乎是没有什么区别的。而 1024×768 隔行扫描的显示器则既有配置 0.28 mm 的，也有配置 0.39 mm 的，同一种机型可以选配这两种点距的显示器。

⑤ 颜色数，指每个像素点最多可以用多少种颜色来表示。例如，每个像素点只能用两种颜色（黑色和白色）表示的显示器就称为单色显示器，可以用多种颜色描述的显示器就是彩色显示器。

最早的彩色显示器只能用 16 种颜色来表示一个像素，后来发展到一个像素可以用 256 种颜色来描述，再后来发展到可用 16777216（2^{24}）种颜色来描述一个像素。用这么多种颜色来描述一个像素点，就被称为 16M 色，或"真彩色"。真彩色基本表达了自然界中通过人眼能够分辨出的所有颜色。

3. 其他显示输出设备

数字投影仪具有信息放大作用，通过数据电缆与计算机的显示输出接口连接，能够把在计算机显示屏幕上的信息同时投影到大屏幕上。近年来，在学校的多媒体教室和实验室、商务会议室、公共场所（如汽车站、火车站、飞机场、行政办公大厅）等地方都经常用数字投影仪将计算机中的信息输出投影到大屏幕上，以便让更多的人能够看清楚。

绘图仪是一种图形绘制设备，在绘图软件的配合下，可将计算机制作的图形绘制打印出来，常用来绘制各种直方图、统计图、地表测量图、建筑设计图、电路布线图以及各种机械图等。当前的绘图仪基本上都带有微处理器，具有智能化的功能，可以使用绘图命令，具有直线和字符运算处理以及自检测等功能。

3.6.2 打印机

打印机能够将计算机中的文档资料打印出来，以方便查阅，或作为资料和档案保存。

1. 常见的打印机类型

图 3-23 是几种常见的打印机：3D 打印机、喷墨打印机和激光打印机。

喷墨打印机的打印头是一个微小喷嘴，由此喷出墨水，形成字符或图像。精度高，噪音低，价格低廉；缺点是打印速度慢，墨水消耗较大。

3D打印机　　　喷墨打印机　　　激光打印机

图 3-23 常见的几种打印机

激光打印机具有高精度、高速度、低噪音、处理功能强大等特点，随着其价格的大幅度下降，已经普及成为办公室自动化设备的主要产品。

3D 打印机与普通打印机工作原理基本相同，只是打印材料有些不同，普通打印机的打印材料是墨水和纸张，而 3D 打印机内装有金属、陶瓷、塑料、砂等不同的"打印材料"，是实实在在的原材料，打印机与计算机连接后，可以把"打印材料"一层层叠加起来，最终把计算机上的蓝图变成实物。通俗地说，3D 打印机是可以"打印"出真实的三维物体的一种设备。例如，打印机器人、玩具车，各种模型，甚至食物等。

此外，早期常用的还有针式打印机，现已很少见了。

2. 打印机的主要技术指标

① 分辨率。分辨率是指打印机每英寸打印的点数，用 dpi 表示。针式打印机的分辨率较低，一般为 180 dpi。喷墨打印机一般可达 300~360 dpi。激光打印机的分辨率为 300~800 dpi，最高可达 1200 dpi，这种分辨率已达到了中档以上照相机的水平，打印效果非常好。

② 打印速度。打印机的速度一般用 cps（characters per second，每秒打印的字符数）表示。打印速度在不同的字体和语种下差别较大，一般针式打印机的打印速度由于受到机械滞后的影响，在印刷体方式下不超过 100 cps，在草稿方式下可达 200 cps。喷墨打印机打印西文时达 248 cps，打印中文时达 165 cps。激光打印机是页式打印机，打印速度用每分钟打印页数表示，目前较快的激光打印机每分钟可打印几十页中文。

③ 噪音。打印机的噪音用分贝（dB）表示，针式打印机的噪音一般为 60~65 dB，激光打印机的打印噪音在 47 dB 以下，喷墨打印机的打印噪音在 41 dB 以下。

④ 节能功能。节能是绿色微机的主要指标，一般的激光打印机工作时需要 800 W 左右的功率，等待时也需要 100 W 左右的平均功率；喷墨打印机工作时为 55~100 W，静态时为 30 W 左右；针式打印机工作时为 100~200 W 左右，静态时只有 20 W 左右。

⑤ 点阵数。点阵数与分辨率都是影响打印质量的重要因素，但无论是增加点阵、提高分辨率，还是减少噪音，都是以牺牲打印速度为前提的。过高的点阵意味着更高的投入。

3.6.3 具有输入、输出两种功能的计算机外设

有些计算机外设既有输入功能,又有输出功能,如光驱、硬盘存储器、软驱等,当主机的数据来源于光盘(硬盘或软盘)时,这些设备便是输入设备,当计算机把处理的结果数据存储到光盘(硬盘或软盘)时,这些设备便是输出设备。这里仅对声卡进行简要介绍。

声卡也称为声频卡,是一块插在主板总线扩展槽中的专用电路板,能够对语音的模拟信号进行数字化,即进行数据采集、转换、压缩、存储、解压、缩放等快速处理,并提供各种音乐设备(录放机、CD、合成器等)的数字接口(Music Instruments Digital Interface,MIDI)和集成能力。声卡是多媒体计算机最基本的硬件,图 3-24 是一块常见的 PCI 声卡。

声卡主要有以下功能。

① 模拟音频处理。声卡可以在声音处理软件的控制下采样模拟音频信号,经过数字化成为声音文件,并且可以回放这些文件,也可以对它们进行编辑等操作。模拟音频数字化后的文件占据的磁盘空间很大,1 分钟的立体声占用的磁盘空间为 10 MB 左右,所以声卡在记录和回放数字化声音时要进行压缩和解压,以节省磁盘空间。

② 语音合成。声卡采用语音合成技术,可以合成语音或音乐,有了声卡后,计算机就能朗诵文本或演奏出高保真的合成音乐。

③ 混音和音效处理。声卡上都设置有混音器,可以将来自音乐合成器、模拟音频输出和 CD-ROM 驱动器的 CD 模拟音频,以不同音量混合在一起,送到声卡输出端口进行输出。通过计算机唱卡拉 OK 就是利用声卡的混音器。

上面列举的仅是人们常用的计算机外围设备,计算机的输入、输出设备还有很多,就不再一一列举了。

图 3-24 PCI 总线声卡

3.7 总线与接口

计算机的 CPU、内存、显示器、键盘、光驱等组成部件都是独立存在的物理器件,好比是一座座相隔遥远的"城市"。要在这些计算机组成部件之间传递数据,也必须要有"公路"或"铁路"。CPU 就依靠这些"公路"和"铁路"与内存、显示器、键盘或光驱进行数据的高速传递。这些"公路"和"铁路"就是计算机的总线。

总线是把计算机各组成部件连接起来的一组电子线路,线路上设计了接口,计算机各组成部件与接口连接后,就连成了一个有机的整体,如图 3-25 所示。通过接口和总线进行信息的转换和传递,实现计算功能。

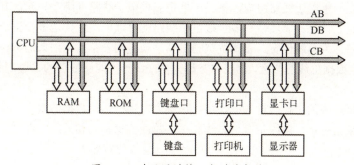

图 3-25 外设通过接口与总线相连

3.7.1 总线的类型和指标

根据传输的信号类型，总线可分为地址总线、控制总线、数据总线；根据传递数据的方式不同，可以分为串行总线和并行总线。

1．三总线

DB（Data Bus）即数据总线，用于在 CPU 与内存及输入/输出设备之间传送数据。

AB（Address Bus）即地址总线，用来传送存储单元或输入、输出接口的地址信息。

CB（Control Bus）即控制总线，用来传送控制器的各种控制信号。DB 和 CB 是双向的，AB 则是单向的，它只能由 CPU 传向存储器或输入/输出接口。

2．并行总线和串行总线

一次能同时传送多位二进制数据的总线称为并行总线，一次只能传送一位二进制数据的总线称为串行总线。显然，并行总线的数据传输速率比串行总线的传输速率高。图 3-26 说明了在串行总线和并行总线上传输数据的区别，假设把 10101011 从 A 地送到 B 地，在并行总线上一次就可送到，而在串行总线上则是一位一位地传输，如果传输速度一样，显然并行总线更快。

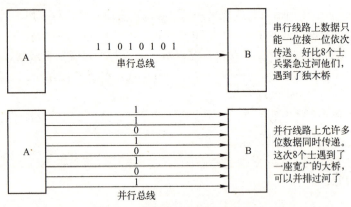

图 3-26　串行通信与并行通信示意

在计算机中，键盘、鼠标及 Modem 采用的是串行总线。尽管从键盘或鼠标线的连接头可以看到多个线接头，但其中只有一根导线用于传输数据，其余用于传输控制信号。显示器、打印机则常采用并行总线。

3．总线的主要指标

总线的主要技术指标有总线位宽、总线频率和总线带宽。

总线实际上由一组电子线路组成，相当于把很多根电子线路捆绑在一起，其中每根电子线路可以传送一位二进制信息。显然，有多少根电子线路就可以一次性传送多少位二进制数据，这组电子线路的根数就称为**总线位宽**。总线位宽与机器字长是同一个概念，人们常说的 32 位或 64 位计算机，其实就是数据总线的位宽。总线位宽越大，CPU 一次能够处理的二进制数的位数就越多，速度就越快。

总线频率是指总线的工作时钟频率，可以理解为每秒钟传输数据的次数。总线带宽是指总线上每秒钟传输的数据总量。总线带宽与总线频率、总线位宽密切相关，存在如下计算关系：

总线带宽＝总线频率×总线位宽/8。

例如，总线频率为 200 MHz，总线位宽为 64 位的总线带宽是

200 MHz×64 bit=12800 Mbps=1600 MBps（1 Byte=8 bit）

3.7.2 接口

1．接口形成的原因

为什么计算机各组成部件要通过接口，而不是直接与总线连接呢？原因是计算机外部设备种类繁多，速度不一，信号类型和信号电平种类多，信息结构复杂。例如，同一台微机就可能连接如下外设：打印机、显示器、键盘、绘图仪、软盘驱动器、扫描仪、光盘驱动器、Modem 和音响等。这些设备有的速度快，有的速度慢；有的是并行工作，有的是串行工作；有的是需要模拟信号，有的需要数字信号；有的需要较高的工作电压，有的需要较低的工作电压。如果直接把这些外部设备与主机相连肯定是不行的，因为它们在数据传输速率、数据传输方式、信号的表示方式、工作的电平高低等方面都存在差异，不能相互通信。

接口也称为适配器，是介于主机与外部设备之间的一种缓冲电路，是微机和外界设备联系的纽带和桥梁，CPU 通过接口和外部设备相连接。对于主机，接口提供了外部设备的工作状态和数据暂存；对于外部设备，它记忆了主机传送给外部设备的命令或数据，从而在某些时间代替了主机指挥外部设备的工作，使得外部设备的工作受主机控制，但在时间上又可与主机并行工作。

2．接口的功能

所有的外部设备都是通过接口与主机相连接的。一般说来，接口的主要功能如下：

① 进行信号格式变换。例如，进行串行与并行数据格式之间的变换。

② 数据缓冲。接口对数据传输提供数据缓冲，为协调处理器与外部设备在速率上的差异提供可能。

③ 电气特性的匹配。完成主机与外部设备在电气特性上的适配，如电压高低的转换。

3．串行接口和并行接口

串行接口是大多数计算机外设采用的通用接口，采用串行通信方式，只能同时传输一位二进制数据。串行接口把 1 字节的各位，每次一位地传输到单根信号线上进行传送，当接收方收齐 1 字节的 8 个二进制位后，再把它们组合成一个完整的字节。串行接口在微机中的实现方式非常简单，一条线路用于发送数据，另一条线路用于接收数据，还有几条线路用于传递控制信号，控制这两条数据线路的传输方式。虽然串行线路的通信速率比较慢，但它非常适用于许多微机外设，如键盘、调制解调器等。

并行接口有多条传输数据的通信线路。例如，8 位并行通信一次就可以同时传输 1 字节的 8 位二进制数据，16 位并行通信一次就能够传输 2 字节的 16 位二进制数据，即一次可传递 2 个字符。显然，并行通信的传输速度比串行通信的速度快。

4．USB 接口

USB（Universal Serial Bus）即通用串行总线，是由 Intel、IBM、Microsoft 等 7 家公司共同研发的一种新型输入/输出接口总线标准，用于克服传统总线的不足。它的作用是将不一致的外设接口统一成一个标准的 4 针插头接口，具有以下特点。

① 连接简单，支持热插拔技术。在不关闭计算机电源的情况下，可以直接插入 USB 设备，真正实现"即插即用"功能。

② 具有更高的数据传输率。支持 1.5 Mbps 低速传输和 12 Mbps 全速传输两种传输方式，远

远超过现有标准的串行接口和并行接口的传输速率。

③ 为 USB 设备提供电源，USB 接口可为 USB 设备提供 5 V 电源。USB 接口为 4 针接口，其中 2 根为电源线，另外 2 根为信号线。

④ 同时支持多种设备的连接。采用菊花链形式扩展端口，最多可在一台计算机上连接 127 种设备。

⑤ USB 接口还支持多数据流，支持多个设备并行操作，支持自动处理错误并进行恢复，是目前最受欢迎的总线接口标准。当前的微机最少都提供了 2 个 USB 接口。

3.8 微机总线和主板

3.8.1 微机总线

早期的 IBM-PC/XT 及其兼容机采用工业标准结构（Industry Standard Architecture）总线，简称 ISA 总线。ISA 的数据宽度是 16 位，最高数据传输率为 8 Mbps，适合低速的外设接口卡插入。微机主板上较长的黑色扩展槽就是 ISA 总线，经常用于连接声卡、解压卡、网卡、游戏卡、内置 Modem 等。但对于视频、网络和硬盘控制器而言，这远远不能满足数据传输速率的需要。

386 微机出现后，又出现了两种 32 位的总线及相应的扩展槽，即扩展工业标准结构（Extended ISA，EISA）和微通道结构（Micro Channel Architecture，MCA）。EISA 仍然可以兼容 8 位或 16 位的 ISA 扩展卡，MCA 则不具有这种兼容性，它只能处理 32 位的数据传输。

1982 年，一种新型的处理器芯片出现了，它能够以 33 MHz 以上的速率发送数据，而当时的 EISA 和 MCA 总线却只能以 8.22 MHz 和 10 MHz 的速率传送数据。为了跟上处理器的速度，导致了局部总线的诞生。"局部"是指处理器使用的总线线路，也就是说，将 CPU 内部的线路"延伸"到 CPU 外部，并且在延伸出来的线路上留下一些总线插槽，允许一些高速的外设适配器（如显卡等）插入这些总线插槽中，与 CPU 进行直接、高速的数据传输。

局部总线出现后，大约在 1991 年，Intel 公司与其他公司联合开发了 PCI（Peripheral Component Interconnect，外围组件互接）接口的局部总线。PCI 总线标准具有并行处理能力，I/O 过程不依赖于 CPU，支持自动配置，即具有"即插即用"（Plug and Play，pnp）的功能。PCI 总线的数据宽度有 32 bit 和 64 bit 两种，总线频率有 33 MHz 和 66 MHz 两种。由此可推算出其最低数据传输速度为 132 Mbps，最高可达 528 MBps（66×64/8），能满足早期的多媒体要求。

随着多媒体应用的不断推广，需要传送巨大的视频和音频数据，这就需要更高的数据传输速率。1996 年，Intel 公司对 PCI 总线进行了改进，开发出了 AGP（Accelerated Graphics Port，加速图形接口）总线接口，AGP 的总线宽度为 32 位，总线频率有 66 MHz 和 133 MHz 两种，最快速度可达 3.1 GBps。

随着 CPU 处理速度的不断增长，以及 3D 性能要求的不断提高，AGP 已不能满足视频处理带宽的需求。Intel 公司在 2001 年提出了 PCI-E 总线标准，它具有更快的数据传输速率，能够满足各种数据传输速率的需求。PCI-E 发展至今，共形成了 PCI-E1.0、2.0 和 3.0 三个版本的规范，每个规范对单个数据传输通道规定的速率不同。

PCI-E 1.0 规定一个通道的单向传输速率为 250 MBps，PCI-E 2.0 规定一个通道的单向传输速率为 500 MBps，PCI-E 3.0 规定一个通道的单向传输速率为 1 GBps。每个规范都支持 1、2、4、8、16 共 5 个数据传输通道，即 PCI-E 1X、PCI-E 2X、PCI-E 4X、PCI-E 8X 和 PCI-E 16X，每个通道都可以双向传输数据。这样可以计算出 PCI-E 1.0 中 PCI-E 1X 的数据传输速率是 250 MBps×1（1个通道）×2（双向）=500 MBps，PCI-E 16X 的传输速率为 250 MBps×16×2=8 GBps。

PCI-E 是当前微机中最基本的总线标准，几乎每台微机都配置了若干 PCI-E 扩展槽，可以在其中插入各种具有 PCI-E 接口的电路板（如网卡、显卡等），再通过这些电路板上的接口连接各种外部设备（如显示器，路由器等）就可以构成整个微机系统。

3.8.2 微机主板

微机主板是一块分层（一般为 4 层或 6 层）的印刷电路板，主板表面包括若干个总线扩展插槽、芯片组、各种接口，以及电阻和电容等电子元器件。主板内部各层电路板上则布满了各种电子线路，它们将主板及其上的插槽和接口连接成一个整体，使之能够传输各种数据和计算机指令，协调统一地工作。

当前的微机主板通常都配置有内存插槽、PCI-E 插槽若干个，有的主板上还有 AGP（用于连接显示器）插槽。有 SATA 接口（连接硬盘等）、USB 接口、串口、并口等类型的接口若干个，插槽和接口的数目因主板而异。主板上的芯片主要包括 CPU、BIOS（基本输入/输出系统）、北桥芯片和南桥芯片（二者合称芯片组），如图 3-27（a）所示。

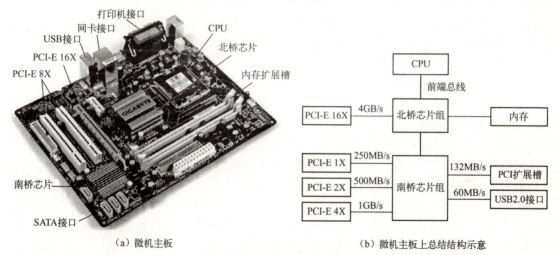

(a) 微机主板　　　　　　　　(b) 微机主板上总结结构示意

图 3-27　微机主板及总线

BIOS 芯片中保存着同主板搭配的基本输入/输出系统程序，能够让主板识别各种硬件，并可以设置引导系统的设备，调整 CPU 外频等。CPU 是微机的核心，负责计算机指令的执行，其性能决定了微机的性能。

离 CPU 最近、上面有散热片的芯片就是北桥芯片。这是因为北桥芯片主要负责处理 CPU、内存、显卡三者间的数据传输，并提供对 CPU 的类型、主频、系统前端总线频率、内存类型和容量等方面的控制和支持，数据处理量极大，与 CPU 之间的通信频繁，缩短它与 CPU 之间的距离可以减少数据传送距离，提高性能。北桥芯片在主板芯片组中起主导作用，也称为主桥。

南桥芯片离 CPU 较远，通过总线与北桥芯片相连，负责硬盘等存储设备和 PCI-E（包括 PCI）总线之间的数据流通。主板上的各种接口（如串口、USB）、PCI 或 PCI-E 总线（接电视卡、声卡等）、IDE 或 SATA（接硬盘、光驱）、主板上的其他芯片（如集成声卡、集成 RAID 卡、集成网卡等）都由南桥芯片控制。

南、北桥芯片合称芯片组，芯片组在很大程度上决定了主板的功能和性能。当前的某些高端主板上将南、北桥芯片封装到一起，只有一个芯片，这样能够更好地提高芯片组的功能。

（3）主板上的各类总线和频率

微机主板上布满了各种扩展插槽和各种接口，可以将各种电路板和外围设备连接，组装成一台可以实际运行的计算机。每个扩展插槽或接口都通过相应的总线连接到南桥芯片或北桥芯片，进而实现与内存和 CPU 之间的数据交换。

主板上的总线类型很多，图 3-27（b）是微机总线结构的示意图。一些低速总线，如 PCI 总线、PCI-E 1X、USB、LAN、SATA、RS232 等，用于将各种外部设备（如键盘、鼠标、网络、音响、视频及打印机等）接到南桥芯片，再由南桥芯片连接到北桥芯片，由北桥芯片将信息送到 CPU 和内存中进行加工处理。北桥芯片通过高速总线如 PCI-E 16X、AGP 等与 CPU 和内存通信。

CPU 与北桥芯片之间的总线称为前端总线（Front Side Bus，FSB）。前端总线是 CPU 与外界交换数据的主要通道，其数据传输能力对计算机的整体性能影响极大，因为 CPU 只有通过它才能实现与内存和各种外部设备之间的数据交换。运算能力再快的 CPU，如果没有足够快的前端总线，就无法提高计算机整体速度。

不少人将前端总线等同于系统总线，这对于早期微机而言没什么问题，但对于现在的微机来说就不太对了。要说清楚这个问题，就需要对计算机的时钟频率有所了解。在计算机中有一个晶体振荡器不断产生电脉冲，每秒钟产生的脉冲个数就是时钟频率。计算机主板中的所有部件都以这个时钟频率为基准进行同步工作，因此也称之为基准时钟频率。对于 CPU 而言，基准时钟频率称为外频，CPU 内部的时钟频率称为主频。

总线的数据传输速度和 CPU 的运算速度都与时钟频率密切相关，其计算关系如下：

$$总线传输数据的速度 = 时钟频频 \times 总线位宽/8 \ (8\ bits = 1\ Byte)$$

单位为 MBps。早期微机的系统总线（主板上提供各种扩展插槽的总线）就是按这种速率传输数据的，当时 CPU 的主频与外频也是一致的。

后来 CPU 采用了超频技术，超频即按外频（即系统基准时钟频率）的倍数提高 CPU 的主频，这个提高的倍数称为倍频。CPU 的主频、外频和倍频的关系为"主频=外频×倍频"。由于 CPU 速度的极大提高，总线传输数据速率已跟不上 CPU 的处理能力，因此采用了一种称为 QDR（Quad Date Rate）的技术，提高前端总线的频频，使前端总线的频率是外频的 2 倍或 4 倍，甚至更高。前端总线频率越大，代表着 CPU 与北桥芯片之间的数据传输能力越大，更能充分发挥出 CPU 的功能。

习题 3

一、选择题

1. 按操作系统的分类，UNIX 属于_____操作系统。
   A. 批处理　　　B. 实时　　　C. 分时　　　D. 网络

2. 存储在 ROM 中的数据，当计算机断电后_____。
   A. 部分丢失　　B. 不会丢失　　C. 可能丢失　　D. 完全丢失

3. 下列有关总线的描述中不正确的是_____。
   A. 总线分为内部总线和外部总线　　B. 内部总线也称为片总线
   C. 总线的英文表示就是 Bus　　D. 总线体现在硬件上就是计算机主板

4. 具有多媒体功能的微型计算机系统中，常用的 CD-ROM 是_____。

A．只读型大容量软盘　　　　　　　　B．只读型光盘
C．只读型硬盘　　　　　　　　　　　D．半导体只读存储器
5．目前，打印质量最好的打印机是（　　　）。
A．针式打印机　　　　　　　　　　　B．点阵打印机
C．喷墨打印机　　　　　　　　　　　D．激光打印机
6．字长是 CPU 的主要性能指标之一，它表示＿＿＿＿＿＿。
A．CPU 一次能处理二进制数据的位数　B．最长的十进制整数的位数
C．最大的有效数字位数　　　　　　　D．计算结果的有效数字长度
7．下面关于 U 盘的描述中错误的是＿＿＿＿＿＿。
A．U 盘有基本型、增强型和加密型三种　B．U 盘的特点是重量轻、体积小
C．U 盘多固定在机箱内，不便携带　　D．断电后，U 盘还能保持存储的数据不丢失
8．影响一台计算机性能的关键部件是＿＿＿＿＿＿。
A．CD-ROM　　B．硬盘　　　　C．CPU　　　　　　D．显示器
9．下列叙述中错误的是＿＿＿＿＿＿。
A．硬盘在主机箱内，它是主机的组成部分
B．硬盘是外部存储器之一
C．硬盘的技术指标之一是每分钟的转速 rpm
D．硬盘与 CPU 之间不能直接交换数据
10．关于计算机总线的说明中不正确的是＿＿＿＿＿＿。
A．计算机的五大部件通过总线连接形成一个整体
B．总线是计算机各个部件之间进行信息传递的一组公共通道
C．根据总线中传送的信息不同分为地址总线、数据总线、控制总线
D．数据总线是单向的，地址总线是双向的
11．用 bps 来衡量计算机的性能，它指的是计算机的＿＿＿＿＿＿。
A．传输速率　　B．存储容量　　　C．字长　　　　　D．运算速度
12．计算机的基本组成部件是＿＿＿＿＿＿。
A．主机、输入/输出设备、存储器　　　B．运算器、控制器、存储器、输入和输出设备
C．主机、输入/输出设备、显示器　　　D．键盘、显示器、机箱、电源、CPU
13．在微机中，人们常说的 PCI 是一种＿＿＿＿＿＿。
A．产品型号　　B．局部总线标准　　C．微机系统名称　D．微处理器型号
14．微机突然断电时，＿＿＿＿＿＿中的信息会全部丢失，恢复供电后也无法恢复这些信息。
A．U 盘　　　　B．RAM　　　　C．硬盘　　　　　D．ROM
15．下列叙述中正确的是＿＿＿＿＿＿。
A．CPU 能直接读取硬盘上的数据　　　B．CPU 能直接与内存储器交换数据
C．CPU 由存储器、运算器和控制器组成　D．CPU 主要用来存储程序和数据
16．计算机最主要的工作特点是＿＿＿＿＿＿。
A．存储程序与自动控制　　　　　　　B．高速度与高精度
C．可靠性与可用性　　　　　　　　　D．有记忆能力
17．下列术语中，属于显示器性能指标的是＿＿＿＿＿＿。
A．速度　　　　B．可靠性　　　　C．分辨率　　　　D．精度

18. 一条计算机指令中规定其执行功能的部分称为_____。
   A. 源地址码   B. 操作码   C. 目标地址码   D. 数据码
19. 控制器的功能是_____。
   A. 指挥、协调计算机各部件工作   B. 进行算术运算和逻辑运算
   C. 存储数据和程序   D. 控制数据的输入和输出
20. 在微机系统中，麦克风属于_____。
   A. 输入设备   B. 输出设备   C. 放大设备   D. 播放设备

二、计算题

1. 某硬盘有 2048 个柱面，每磁道有 63 个扇区，硬盘驱动器有 256 个磁头，试计算该硬盘的存储容量（提示：每个扇区可存储 512 Byte）。

2. 某 64 位微机的外频是 133 MHz，CPU 的倍频是 23，前端总线频率是外频的 4 位，试计算 CPU 的主频，前端总线频率和前端总线的数据传输速率。

三、问答题

1. CPU 是什么？它包括哪些硬件？CPU 的主要功能是什么？
2. 什么是多级存储结构？为什么要采用这种存储结构？
3. 什么是 Cache？它是怎样提高计算机的性能的（或它的工作原理是什么）？
4. 内存与外存有何区别？什么是 ROM，它有何用处，包括哪几种类型？什么是 RAM，有何作用？RAM 与 ROM 有什么区别？
5. CMOS、BIOS 有什么作用？
6. 什么是总线？计算机的总线有哪几种？各有何功能？串行总线与并行总线有什么区别？在微机总线中，哪些是串行总线？哪些属于并行总线？
7. 接口有什么用途？硬盘有哪几种接口？目前微机中硬盘常用的接口是什么？
8. 什么是显示分辨率？什么是显示器的点距？真彩色是怎么回事？
9. 衡量微处理器的主要指标有哪些？微机常用的微处理器芯片有哪几种？

四、实践题

调查一台微机，首先看它是哪年生产的，然后说明硬件配置情况。
① CPU 的类型、主频、字长。
② 主板是哪个生产商提供的？它提供了几个扩展槽？各是什么总线类型？
③ 内存容量的大小、显示卡的类型、显示容量、显卡的总线接口类型。
④ 光驱是哪个厂商提供的？速度是多少？
⑤ 显示器的分辨率、显示刷新频率是多少？
⑥ 硬盘的容量多大，采用何种接口方式，每秒钟多少转？
⑦ 鼠标和键盘采用的什么接口类型？
⑧ 机箱背后提供了几个并行通信接口、几个串行通信接口？

第 4 章　计算机软件基础

本章介绍计算机软件的发过历程、类型和主要功能，以及常见的操作系统、应用软件、编程语言、软件开发环境和多媒体技术的基础知识。

4.1　软件的发展

早期的计算机没有显示器，没有键盘，也没有任何软件，依靠专家拨弄计算机的各种电子开关（这些开关就是最早的"机器指令"。例如，开就是"1"，关就是"0"）完成计算工作。1948年，英国曼彻斯特大学发明的 Mark I 计算机是第一台用存储程序代替程序员手动拨弄电子开关的计算机，或许是第一台正式使用了软件的计算机。

软件是指在计算机硬件设备上运行的程序及相关的文档资料和数据。软件主要用来扩展计算机系统的功能，提高计算机系统的效率，通常承担着为计算机运行服务提供全部技术支持的任务。电子邮件、计算机游戏、手机游戏、Windows 操作系统、文字处理软件 Word、电子表格软件 Excel、演示文稿软件 PowerPoint 等都是常见的软件。

程序是指示计算机如何去解决问题或完成任务的一组指令的有序集合。计算机硬件必须在指令控制下才能运行。一条指令只能让计算机做一件最具体的事情，如执行一次加法或减法，要让计算机完成一项复杂的任务，就要把任务分解为许多细小而具体的步骤，每个步骤都通过一条或几条指令来完成。完成整个任务的一系列指令就构成了一个程序。完成不同的任务需要不同的指令序列，也就是不同的程序。

人们能够识别的图、文、声像、数字、符号等信息，在计算机中是以数据的形式存储和处理的，它也属于软件的范畴。例如，公安局户籍管理信息系统中所有人的姓名、性别、籍贯、学历、出生年月、身份证号码、照片等，就构成了该系统所需要的数据。

软件和硬件具有相互依存和逻辑等价（软件的功能可以通过硬件实现，一些硬件的功能也可以通过软件实现）的关系。硬件是软件运行的基础，它提供的机器指令和运算控制能力是实现软件的基础，任何软件系统都是利用硬件提供的指令系统实现的。

软件在用户和计算机之间架起了联系的桥梁，用户只有通过软件才能使用计算机。只有硬件而没有任何软件的计算机称为"裸机"，它功能简单，甚至不能启动运行。软件是硬件功能的扩充，正是因为有了各种不同软件的支撑，计算机才能够进行各种信息处理，完成各种任务。总之，软件的主要功能如下：

① 管理计算机系统，提高系统资源的利用率，协调计算机各组成部件之间的合作关系。

② 在硬件提供的设施与体系结构的基础上，扩展计算机的功能，提高计算机实现和运行各类应用任务的能力。

③ 面向用户服务，向用户提供尽可能方便、合适的计算机操作界面和工作环境，为用户运行各类作业和完成各种任务提供相应的功能支持。

④ 为软件开发人员提供开发工具和开发环境，提供维护、诊断、调试计算机软件的工具。

每类软件都可以发挥上述某一种或多种作用。例如，Windows 系统是用户与微机的界面，主要对微机中的软件和硬件资源进行管理与协调,帮助用户管理磁盘上的目录与文件,向用户提供执行命令与程序的手段。

4.1.1 自由软件

计算机的早期是大型计算机的时代,主要用于大学、军事和商业中。由于硬件造价很高,在出售计算机时,通常只收取硬件的费用,而软件作为附赠品。早期的 UNIX 系统就是其中的典范,整个 20 世纪 70 年代,它都在免费传播,是大学和研究机构中流行的操作系统软件。当然,UNIX 最终还是走上了商业化的道路。

微机发展之初,许多爱好者编写程序并自由地交换程序代码,成立民间团体,创办自费刊物,互相通信交流,传授技术心得,开办研讨会,形成了软件免费发布的体系。这是最初的自由软件,也是软件最初的开发模式,它在很大程度上促进了软件的发展。

自由软件并不意味完全免费。自由软件基金会的创始人理查德·斯托曼于 1983 年发表了一篇关于自由软件的文章,对自由软件做出了明确的说明,大致含义如下。

"自由"是指用户运行、复制、研究、改进软件的自由。更准确地说,是指三种层次的自由:① 研究程序运行机制,并根据自己的需要修改它的自由;② 重新分发复制,以使其他人能够共享软件的自由;③ 改进程序,为使他人受益而散发它的自由。

也就是说,也许付费(低廉的成本费用)或免费都能获得自由软件。不管如何得到复制品,都有复制和更改软件的自由。更明确地说,自由软件包含以下含义:程序设计者应当公开程序的源代码,对自己制作的软件可以选择免费提供(免费软件)或收取费用(共享软件)的方式提供给用户,并且允许用户根据自身的需要,添加、修改、删除或编译程序的源代码;用户也应当将添加、修改、删除或编译后的程序源代码公开,并且不得将添加、修改、删除或编译后的程序和源代码以任何形式用于牟利行为(除非经过原作者同意),以保证程序原创者的权利。

4.1.2 商业软件

随着技术发展,计算机的硬件成本不断降低,软件则显示出越来越大的价值,计算机公司开始把硬件和软件分开计价。20 世纪 60 年代中后期,一些程序员开始将设计的同一个程序出售给多家公司,并以此为谋生手段,一个新的行业——软件业便应运而生了。

(1)电子表格对软件业的影响

1977 年,哈佛大学的学生丹·布里克林(D. Bricklin)在学校的 DEC 计算机上编写了能计算账目和统计表格的程序。后在麻省理工的朋友鲍伯·弗兰克斯顿(B.Frankston)的协助下,他们在苹果Ⅱ型计算机上用汇编语言改写了此软件,这就是世界上第一个电子表格软件"VisiCalc",即"可视计算"。

1979 年后期,VisiCalc 被正式推向商业市场。由于 VisiCalc 最初开发于苹果Ⅱ型计算机,苹果公司接受了这个软件,赢得了广大商业用户的喜爱,不到一年时间就成了个人计算机历史上第一款最畅销的应用软件。VisiCalc 也促进了苹果Ⅱ型计算机的销售,1980 年就有 25000 台苹果机被主要用来运行这种电子表格软件,占到苹果公司总销量的 20%以上。

VisiCalc 引发了真正的 PC 革命,极大地激励了软件开发者,改变了个人计算机业的发展方向,为微机的普及发展起到了巨大的推动作用,宣告 PC 商用化阶段的到来。不仅如此,VisiCalc 也标志着软件产业的开端。

几乎是在 VisiCalc 的同一时期,MicroPro 公司也成功地推出了字处理软件 WordStar(文字之星,简称 WS)。至 1982 年,WS 的销售量超过 100 万套。1983 年,WordPerfect 公司又推出了另一款字处理软件 WordPerfect(完美文字,简称 WP)。几年之后,WordPerfect 以 30%的市场份额居于美国字处理软件榜首。

1982 年,Lotus(莲花)软件公司推出了名为 Lotus1-2-3 的套装软件,Lotus1-2-3(1 是电子表格,2 是数据库,3 是商业绘图)集三大功能于一体,开创了套装软件的先河。

(2)微软公司的操作系统和办公软件

20 世纪 70 年代,大型机的主导操作系统是免费的 UNIX 系统,微机操作系统则是 CP/M。微软公司在 1981 年推出了 MS-DOS 1.0,运行于 IBM 公司的个人计算机上(即 IBM-PC),经过不断修改和完善,于 1987 年推出了 MS-DOS 3.3 版,在微机操作系统的市场中占据了统治地位。MS-DOS 的最后一个版本是 6.22 版,然后就与 Windows 相结合了。

1985 年,微软公司推出了 Windows 系统的第一个版本 1.0。Windows 系统中的用户界面是图形化的,最基本的概念就是窗口,用户可以用鼠标对窗口进行操作,简化了程序执行和数据输入的方式。然而,Windows 1.0 只是 DOS 系统上的一个外壳程序,由于当时计算机性能较差,在运算速度和内存方面都不能满足图形窗口的需求,所以 Windows 1.0 界面十分简单,并未引起多大影响。

1990 年,Windows 3.0 版推出后,获得了巨大的成功。1992 年,微软公司发布了 Windows 3.1,解决了 3.0 版的缺陷,并提供了更完善的多媒体功能,标志着 Windows 时代的到来。1993 年,微软公司发布了 Windows 的局域网工作组版本:Windows for Workgroups 3.11,首次引入了即插即用技术对网络系统的支持。

1995 年推出的 Windows 95,以全新的面貌和强大的功能,逐渐取代了 DOS 系统,成为 PC 操作系统的标准。其后经过 Windows 98、Windows 2000 几个版本的不断完善,成为全球拥有最多用户的操作系统。当前被人们广泛应用的有 Windows XP、Windows 7、Windows 10 等。

在办公软件方面,微软公司也是电子表格软件最早的开发者之一。早在 1982 年,微软就推出了一个名为 Multiplan 的电子表格软件,即 Excel 的前身,该软件创造性地提出了"菜单"技术。1987 年,微软公司发布了视窗版的电子表格软件 Excel,被公认达到了软件技术的最佳专业水平。1990 年,微软公司完成了视窗版 Word 的开发,一举超过了 WordPerfect,成为文字处理软件销售市场的主导产品。1993 年,微软公司又把 Word 和 Excel 集成在 Office 办公套装软件内,使其能相互共享数据。此后,经过不断的扩展和完善,Office 办公软件已成为目前最成功的集成软件,占据着全球最大的市场份额,具有文字处理(Word)、电子表格(Excel)、数据库管理(Access)、演示文稿(PowerPoint)及图形图像处理等多种功能。

4.1.3 开放源码软件

开放源码软件(open-source)产生于 20 世纪 90 年代,指源代码可以被公众使用的软件,并且此软件的使用、修改和分发也不受许可证的限制。开放源码软件通常是有版权(copyright)的,它的许可证主要用来保护源码的开放状态,保护原著者的著作权,或者控制软件的开发等。

开放源码软件与商业软件有很大不同。商业软件对用户采取技术保密的手段,提供给用户的是软件的执行文件,即经过编译之后的二进制命令文件,用户不能读懂其中的命令代码。开放源码软件是一种开放式的软件模式,软件源代码可以供人们任意下载,这种软件的版权持有人在软件协议的规定之下保留一部分权利并允许用户学习和修改。

使用开放源码软件可以降低风险。当一个开放源码软件的开发者提高价格，使用户难以接受，或者使用了一些用户不满意的方法时，另一个参与源码软件开发的组织可以开发新的产品（他们有源码，开发很方便），以满足用户的需要。用户也能自己维护或找别人改进软件，以达到自己的要求。

一些研究表明，开源软件比传统的商业软件更具可靠性。因为这种方式是更有效的开发模式，许多组织或个人都可以参与源码的研发，这意味着有更多的人参与软件的设计和审查，能够提高开放源码的质量。

开放源码对于修正软件的缺陷和增强软件的安全性也有很大的帮助。由于用户无法获取私有软件的源码，即使私有软件隐藏着许多软件 bug（即软件错误），用户也是无法找到和修正它的。开放源码解决了这一问题，用户能够接触源代码，修补安全漏洞。

开放源码能够扩大了软件的共享性，避免重复开发。由于开发商能够获得软件源代码，故而可以减少开发队伍，从而降低软件成本。同时，开放源码也给予用户更大的自由，让他们能够按照自己的业务需求定制软件。此外，用户还能够发现软件的错误，促进软件的更新与发展。

当前，开源软件得到了世界范围内许多大公司的支持，许多国家的政府机构也积极支持开放源码软件的使用，很多软件开发商也加入到了开源软件的行列中，开发者遍布全世界，他们通过网络互通信息，共同完成软件的开发和改进。已有几百种成熟的开放源码软件被广泛使用，其中最著名的是 Linux、BSD UNIX、Perl 语言及 X Window 系统等。

4.2 软件的类型

在同一台计算机上可以运行多种不同的软件，实现不同的功能。软件使计算机成了一个多面手，可以上网，制作财务报表，计算工资，玩游戏等。粗略地讲，软件可以分为系统软件和应用软件两大类。

1. 系统软件

系统软件是为整个计算机系统配置的、不依赖于特定应用领域的通用软件，用来管理计算机的硬件系统和软件资源。只有在系统软件的管理下，计算机各硬件部分才能够协调一致地工作。系统软件也为应用软件提供了运行环境，离开了系统软件，应用软件就难以正常运行。

根据系统软件的不同功能，大致可以将其分为下面几种类型。

（1）操作系统

操作系统（Operating System，OS）是直接运行在"裸机"上最基本的系统软件，其他软件都必须在操作系统的支持下才能运行。操作系统由早期的计算机管理程序发展而来，目前已成为计算机系统各种资源（包括硬件资源和软件资源）的统一管理、控制、调度和监督者，由它合理地组织计算机的工作流程，协调计算机各部件之间、系统与用户之间的关系。

操作系统的目标是提高各类资源的利用率，方便用户使用计算机系统，为其他软件的开发与使用提供支撑。常用的操作系统有 MS-DOS、UNIX、Windows 系列及 Linux，以及手机操作系统 Android、iOS、Windows Mobile 等。

（2）网络和通信软件

20 世纪 90 年代流行"网络就是计算机"这样一句话，说明了计算机与网络的密切关系。硬件提供网络软件的运行环境，网络和通信软件保证计算机联网工作的顺利进行，负责网络上各类资源的管理与监控，以及计算机系统之间、设备之间的通信，是计算机网络系统中必不可少的组成部分。

根据覆盖范围的大小，可以把计算机网络划分为局域网和广域网，因此网络与通信软件也分为局域网通信软件和广域网通信软件两种。

最重要、最基本的网络与通信软件是网络操作系统（Network Operating System，NOS）。一般地，每个网络操作系统的主体部分中都有一个内核程序来控制软、硬件之间的相互作用，一个传输规程软件来控制网络中的信息传输，一个服务规程软件来扩展网络的联网功能，一个网络文件系统用于实现网络中的文件管理、文件传输和文件使用权限的控制。此外，为了方便用户进行网络操作，所有的网络操作系统都提供了一些实用程序，用于管理用户的操作，为用户提供编程接口，提供网络设置和监控功能。

总之，网络操作系统通过内核程序、传输规程软件、服务规程软件、网络文件系统、网络实用程序和网络管理及监控程序等软件模块，保障实施网上资源共享与数据通信。

网络中的不同计算机系统为了进行相互通信，大家都必须遵守共同的数据交换和传输规则、标准或约定的条款，人们称之为网络协议。当前常用的操作系统有 UNIX、Novell NetWare、Windows NT、Windows Server、OS/2 及 Linux 等，采用的协议主要是 TCP/IP 及 IPX/SPX。

（3）语言处理程序

计算机能够执行的指令是由"0"、"1"组成的二进制代码串，这是计算机唯一能够理解的语言，称为机器语言。显然，机器语言难以被广大用户掌握和理解，要用它编写程序就更难了。首先，机器语言难以记忆，用它编写程序难度大，容易出错。其次，需要理解计算机的硬件结构才能理解每条机器指令的用法，然后才能编写程序。一般用户很难做到这两点。

为了克服机器语言的缺点，采用容易记忆的符号代替相应的机器指令，如 ADD 表示相加，MUL 表示相乘，以便于人们有效地记忆、阅读和编写程序，这个被符号化了的机器语言就是汇编语言。汇编语言本质上仍然是一种机器语言，只是它采用了人们容易记忆的字符来表示计算机指令，但它仍然与特定的机器语言相关，受到计算机指令系统的限制，不同机器系统有不同的汇编语言。

在用机器语言编写程序时，程序员需要小心翼翼地编写一串串由 0 和 1 组成的机器指令。用汇编语言编写程序前需要弄清、记住一个个汇编命令助记符的含义，搞懂一条条汇编命令晦涩难懂的语法格式和使用方法。

也就是说，汇编语言仍然比较专业化，难以理解。在它的基础上进而产生了高级语言。高级语言将几条机器指令合并为一条指令，用近似于英语单词的助记符来表示命令符号，用更接近于人们平常生活和思维方式的语句来表示计算机命令。图 4-1 是用 BASIC 语言编写的比较两个数大小的程序，相信没有学过 BASIC 语言的人也能够看懂该程序的功能是：从键盘输入两个任意的数，然后将它们从小到大显示在屏幕上。

高级语言易学易懂，现已被人们广泛接受。高校学生一般都会一两种高级语言。C#、C++、Java、C、Visual Basic 等都是人们常用的高级语言。

用汇编语言和高级语言编写的程序称为**源程序**，它们不能被计算机直接执行，必须通过解释或者编译将它转换成为机器指令程序（称为目标程序）以后，才能由计算机硬件加以执行。也就是说，必须有一类软件，它的任务是把用汇编语言或高级语言编制成的源程序翻译成为计算机硬件能够直接执行的目标程序，这类软件就称为语言处理程序。上面提到的 C#、C++、Java、C、Visual Basic 等都是语言处理程序。

```
REM ORDER.BAS                          REM 是注释语句
  PRINT "请输入两个数 a,b"              在显示屏幕上显示：请输入两个数 a, b
  INPUT a,b                             从键盘上输入两个数，分别存入 a、b 中
  IF a<b THEN                           如果 a 小于 b
    PRINT a,b                             在屏幕上显示 a, b
  ELSE                                  否则（意思是 a 大于或等于 b）
    PRINT b,a                             在屏幕上显示 b, a
  END IF                                IF 语句结束
END                                     程序结束
```

图 4-1　比较两数大小的 BASIC 程序

语言处理程序大致可分为编译程序和解释程序两大类型，在把不同语言的源程序译成相应的机器语言程序时，要使用与之相对应的语言处理程序。

（4）数据库管理系统

除了件软、硬件资源外，数据资源在计算机应用中越来越重要，尤其是在信息处理过程中，数据资源起着核心作用，而数据资源的管理离不开数据库技术。从历史上看，信息与数据管理经历了人工管理（20 世纪 50 年代中期以前）、文件系统（20 世纪 50 年代后期到 60 年代中后期）和数据库管理系统（从 20 世纪 70 年代起）三个阶段。近年来，数据库技术的应用与发展非常迅速。

数据库是有效地组织、存储在一起的相关数据和信息的集合，允许多个用户共享数据库中的数据。在组织数据库的时候，要求数据库中的数据尽量减少冗余性（即尽量减少数据的重复存储），使各种数据有着密切的联系，同时要尽量保证其中的数据与应用程序的相互独立性，即数据库中的数据要尽可能不依赖于某个具体的应用程序。用于管理数据库的软件系统就是数据库管理系统，即 DBMS（Data Base Management System）。数据库管理系统为各类用户或有关的应用程序提供了使用数据库的方法，其中包括建立数据库、查询、检查、恢复、权限控制、增加与修改、删除、统计汇总、排序分类等各种操作数据的命令。

当前的计算机系统已将数据库管理系统作为一种主要的系统软件，数据库管理系统是数据库系统中对数据进行具体管理的软件系统，是数据库系统的核心。在企业的业务系统中，各种业务数据和档案数据的查询、更新和控制都是通过数据库管理系统进行的。

在数据库的发展历史中，数据库管理系统有 4 种模型：层次型、关系型、网状模型和面向对象模型，当前的主流数据库仍是关系型数据库系统。在关系型数据库系统中，把一张二维表视为一个关系，一个数据库系统则是多个二维表的集合。常用关系型数据库有 Access、SQL Server、MySql、Oracle、Informix、Sybase 及 DB2 等。

（5）实用程序

实用程序是指通用的工具性程序，把实用程序划入系统软件有其历史的原因。主要是因为从历史上看，许多操作系统、语言处理程序、数据库管理系统等一直都附带有许多应用程序，作为其组成部分，这些应用程序就是实用程序。它不依赖于具体的应用问题，具有一定的通用性，可以供所有的用户使用。

实用程序能够配合其他系统软件（如操作系统、语言处理程序、网络与通信软件、数据库管理系统等），为用户操作计算机提供方便与帮助。例如，可以使用实用程序进一步对系统进行配置与初始设置，进行系统的资源管理、系统的诊断和测试、程序与文本的准备与编辑、各种程序之间的装配与连接、程序与应用任务的调试和测试、程序和文本之间的转换等。

2. 应用软件

应用软件是指用于社会各领域的各种应用程序及其文档资料，是各领域为解决实际问题而编写的软件。在大多数情况下，应用软件是针对某一特定任务而编制的程序。现代计算机发展的一个重要趋势是应用软件的开发越来越规范，生产效率越来越高。

4.3 操作系统概述

最初的计算机并没有操作系统，人们通过机器上的各种操作按钮（即机器语言）来控制计算机，后来出现了汇编语言，人们通过有孔的纸带将程序输入计算机中进行编译，效率很低，容易出错，不利于设备和程序的共用。

随着计算技术和大规模集成电路的发展，微型计算机迅速发展起来。20 世纪 70 年代中期出现了计算机操作系统，实现了对计算机硬件系统的有效管理及设备与程序的共享。1976 年，美国 DIGITAL RESEARCH 软件公司研制出 8 位的操作系统 CP/M。这个系统允许用户通过控制台的键盘对系统进行控制和管理，其主要功能是对文件信息进行管理，以实现硬盘文件或其他设备文件的自动存取。

现在，每个计算机系统必然包含一个或多个操作系统，操作系统是运行在硬件系统之上的最基本的系统软件，是对硬件系统功能的第一层扩充，其他软件都必须在操作系统的支持下才能运行。操作系统的功能与性能对整个计算机系统有着重要的影响。

简而言之，操作系统是一组程序的集合，这组程序以合作运行的方式控制和管理计算机系统中的各类资源（主要包括硬件和软件资源），控制和管理应用程序的运行，合理地组织和安排计算机系统的工作流程，向用户提供编写应用程序的软件接口，以及操作计算机的命令。

4.3.1 操作系统的功能

从资源管理的角度来看，操作系统的主要功能包括作业管理、进程管理、存储管理、设备管理和文件管理。其中，作业管理和进程管理合称处理机管理。

1. 处理机管理

处理机管理主要是对中央处理器及其运行状态进行登记，满足程序对处理器的要求，并按照一定的策略，将系统中的处理器分配给各用户的作业使用。用户作业其实就是处于运行状态、正在被执行的程序，一个近乎等价的专业名称为进程（处于内存中正在被执行的程序）。

因此，可以简单地理解为处理机管理就是程序运行的管理，即当有程序要求被执行时（可能有多个），操作系统要负责执行程序的调度，即当前应当执行哪个或哪几个程序，谁先执行，谁后执行？是多个程序交叉执行，还是一个执行完后再执行另一个呢？这些都由操作系统管理，由它将要执行的程序指令从磁盘文件中传送到内存，并负责将其送到 CPU 执行。

总之，处理机管理就是合理地组织计算机流程，负责各个应用程序的调度执行，并为每个运行的程序分配处理器资源。

2. 存储管理

程序在未被执行时都是保存在外存中的文件，但外存没有直达 CPU 的通道，只有通过内存的中转才能与 CPU 连接。因此，一个程序要被计算机执行，它首先需要从外存（如硬盘、光盘）调入内存中，然后才能被 CPU 执行，这一过程由操作系统的内存管理模块实现。内存管理是操作系统为执行程序提供的内存资源的分配和使用的技术，即如何从外存中将要执行的程序调入内存，一次调入多少内容到内存中，存放在内存的什么位置，内存中的某一部分程序被执行完毕后如何清理并回收它所占据的内存，以便内存被其他程序使用等问题。存储管理的目的是高效、快速地分配内存资源，并在适当的时候对其进行释放和回收。

操作系统常采用分页方式对内存进行逻辑划分，1 页常为 2^n 大小，通常为几 KB。当它为某程序分配内存时，会采用合理的算法按页为提出存储请求的程序分配内存，一次可能该程序分配若干页，并按一定的算法对程序进行分割，然后依次将要执行的程序段调入分配给它的内存页中，如果程序大小超过了分配给它的内存页总和，则采用一定的算法先将已执行的内存页调出，再把即将执行的程序段调入此页。如此往复，直至程序执行完毕。同时，操作系统将保护内存页中的数据不被其他程序有意或无意地破坏。

3．设备管理

每个计算机系统都有许多外部设备，如显示器、打印机、绘图仪、键盘及鼠标等，设备管理就是负责具体分配和回收外部设备的使用，对外部设备及其 I/O 操作进行调度和控制。操作系统会记住系统中各类设备及其工作状态，按各类设备的特点，采用不同的策略，把设备分配给相应的作业（进程）使用。

4．文件管理

文件系统用于管理与控制计算机系统中的磁盘和所有外存空间的使用。文件系统可以根据文件的名称确定相应的存储地址，确定文件中信息的存放位置、存放形式及存取所需要的权限；可以实现文件的建立、打开、读出、写入、更新、复制、关闭、删除等一系列相应的文件存取操作；也可以建立和处理多个文件之间的联系。

4.3.2 操作系统的类型

操作系统种类繁多，无法按某个标准为其准确分类，笼统而言，可以将它分为以下类型。

1．单用户操作系统

早期的操作系统如 CP/M、MS-DOS、Windows 3.1 等，只允许一个用户使用计算机，系统功能也比较简单，主要包括计算机操作命令的执行，文件服务，为高级程序设计语言编译程序提供支撑，管理和控制外部设备等功能。

单用户操作系统又分为单用户单任务和单用户多任务操作系统两种。单用户单任务是指在计算机工作过程中，任何时候只有一个用户程序在运行，这个用户程序占有计算机系统的全部软件、硬件资源，只有当一个程序执行完成后，才能执行下一个程序。CP/M 和 MS-DOS 就属于这种操作系统。单用户多任务操作系统也只允许一个用户操作计算机，但在计算机工作过程中可以执行多个应用程序，而且允许用户在各应用程序之间进行切换。Windows 3.1、Windows 95、Windows 98 等都属于这类操作系统。

2．嵌入式操作系统

嵌入式系统是指为实现某一特定应用而设计的专用计算机系统，它被嵌入到其他设备或系统中，作为它们的组成部分之一，其目的通常是为了控制、监视或辅助设备和系统的运作。由于嵌入式系统通常只针对一项特定的任务，因此在实际产品中常对它进行优化，减小尺寸，降低成本，并进行批量生产。

嵌入式操作系统负责嵌入系统的全部软件、硬件资源的分配、调度工作，控制、协调并发活动，必须体现出其嵌入系统的特征，能够通过装卸某些模块来实现系统要求的功能。当前常用的嵌入式操作系统有微软的嵌入式 Windows 系统，如 Windows CE、Windows XP 和嵌入式 Linux 等。

嵌入式系统过去主要应用于工业控制和国防系统领域，当前已被广泛应用到各种日常通信和电子产品中，机顶盒、手机、电冰箱、微波炉、PDA 等产品中都常包含有嵌入式系统。

3. 多用户操作系统

多用户操作系统允许多个用户同时使用计算机资源，每个用户可以同时执行不同任务。因此，多用户自然就是一种多任务的操作系统。UNIX、Windows、Linux 等都是多用户多任务的操作系统，而且具有网络管理功能，它也是最常用的网络操作系统。Windows 2000 版本之后的 Windows XP 综合了 Windows 9x 和 Windows NT 的功能，也具有多用户和多任务管理的功能。

从多用户与多任务的工作模式来看，有分时、实时、批处理、网络和分布式操作系统。

（1）批处理操作系统

在批处理操作系统中，用户首先编写好要完成任务的作业（包括用于完成任务的程序、需要处理的数据、程序的执行步骤、可能出现的错误及处理方法等），然后将作业提交给系统操作员。系统操作员将许多用户的作业组织成一批作业并输入计算机中，在计算机中形成一个自动转接的作业流，然后启动操作系统，系统就会自动执行批处理中的每个作业。最后由系统操作员将每个作业的执行结果返回给用户。

批处理系统负责处理调度和运行用户递交的一批作业，包括作业控制语言的解释执行、对作业的运行控制、作业运行步骤的切换、发生异常情况时的处理、作业的中间输出或结果输出等。批处理操作系统在作业执行过程中不允许用户与计算机直接交互，比较适合处理运行步骤十分规范的作业，或程序已经经过调试而不易出错的作业。

（2）分时操作系统

在分时操作系统的管理下，允许在一台主机上连接几十甚至几百个终端（终端也可以是 PC），供多个用户同时使用主机。每个用户在自己的终端上通过键盘和显示器（或者其他 I/O 设备）与主机进行交互，感觉不到其他用户的存在，好像计算机只有他一人在使用一样。

分时操作系统采用"时间片"轮转的方式为许多用户提供服务。它把 CPU 的全部运行时间划分成一些时间片，然后根据某种时间片轮转的次序在多个用户之间分配 CPU 资源，每个用户都能在某一时间片内获得 CPU 的服务。因为 CPU 的运行速度极快，所以每个用户都感到好像只有他一个人在使用计算机一样。

例如，假设有 60 个用户在使用同一台计算机，分时操作系统把 1 秒钟分为 60 等份，在第 1/60 秒让第 1 个用户使用计算机系统，第 2/60 秒让第 2 个用户使用计算机，其余以此类推。这样，在 1 秒钟内每个用户都可以使用一次计算机。由于 CPU 处理速度很快，实际时间片的持续时间可能短得多，每个用户在 1 秒钟内都可能获得 CPU 的多次服务。

分时操作系统应尽量保证用户获得相对满意的响应时间（不致有长时间等候服务的感受），适于在软件开发、程序调试、文本编辑、准备数据、不频繁查询等场合。

（3）实时操作系统

在某些生产过程控制方面，要求计算机系统必须对各种外部事件的请求及时地作出响应，在严格规定的时间内完成对事件的处理，并控制所有设备和任务实时、协调、一致地工作，完成相应的任务。

实时操作系统的首要特点是对服务请求的实时性响应，每个处理任务必须尽快获得服务，并且必须在严格规定的时间内完成，然后把结果及时反馈给相应的设备。实时操作系统的另一显著特点是与具体应用任务的关系十分密切，往往难以明确区分操作系统与实时应用任务之间的界限。因此，实时操作系统一般采用由事件驱动的设计方法，系统接收到某种信息后，自动选择相应的服务程序进行有关处理，要求在很严格的控制时序下运行，以保证服务的正确性和实时性。

实时操作系统主要用于实时过程控制、实时信号处理、实时通信等场合，如钢铁厂炼钢的过程控制、化工厂的生产控制、发电站的实时监控及导弹轨迹控制等。

（4）网络操作系统

网络操作系统在一般操作系统的基础上增加了网络设备管理方面的功能，用于管理计算机网络，实现网络中各计算机的相互通信和资源共享。例如，在网络操作系统的管理下，任何一台计算机上的用户可以共享网络上其他计算机的资源，如共享数据文件和程序资源，共享硬盘、打印机、扫描仪等。常见的网络操作系统有 Windows 以及 UINX、Linux 的变种和不同版本。

（5）分布式操作系统

一些大公司、大企业的计算机网络在地域上可能非常广泛，分布在不同的国家和城市，它们对网络提出了新的需求：用户希望以统一的界面、标准的接口使用系统的各种资源，实现各种操作；并且希望每个城市或国家的业务主要在当地计算机主机中处理，处理之后的数据又能够快速、及时地被网络中的其他计算机访问；同时，要求整个网络是一个统一的系统，网络中的计算机可以实现异地业务处理。这样的需求导致了分布式系统的产生，当前有各种类型的分布式系统被广泛应用，如分布式事务处理、分布式数据处理、分布式办公系统等。

分布式系统建立在计算机网络基础之上，在逻辑上紧密耦合，是一个完整的一体化系统，整个系统给用户的印象就像一台计算机，但它具有分布处理能力。实际上，分布式系统中的每台计算机都有自己的处理器、存储器和外部设备，它们既可以独立工作，也可以进行多机合作。即是说，它在必要时能够组织系统中的多台计算机，自动进行任务分配和协调，完成复杂的计算功能。

分布式系统比普通计算机网络具有更强的健壮性，当系统中的某个计算机或通路发生故障时，其余部分可以自动重组，构成为一个新的系统，该系统仍然可以工作，甚至可以接续其失效部分的全部工作。故障排除后，系统自动恢复到重构前的状态。

用于管理分布式系统的操作系统就是分布式操作系统，它负责全系统（包括每台计算机、设备、文件及各种数据等）的资源分配和调度、任务划分、信息传输、控制协调等工作，并为用户提供统一的界面和标准的接口。分布式操作系统具有比常规网络操作系统更强大的功能，解决了常规操作系统中普遍存在的三个问题：其一是在一个计算机网络内，在不同类型计算机中编写的程序怎样相互运行；其二是实现了在具有不同数据格式、不同字符编码的计算机系统之间的数据共享；其三是实现了分布在不同主机上的多个进程间的相互协作。

在分布式操作系统的管理下，网络中的用户通过统一界面使用系统和资源，系统对用户是"透明"的。即当用户提交一个作业时，分布式操作系统能够根据需要，在系统中选择最合适的处理器，将用户的作业提交到该处理程序，在处理器完成作业后，将结果传给用户。在这个过程中，用户并不会意识到有多个处理器的存在，好像整个系统就只有一个处理器一样。

4.3.3 常见的操作系统

1. MS-DOS

DOS（Disk Operating System，磁盘操作系统）以使用与管理磁盘资源为主要目标，主要功能包括：管理磁盘空间、磁盘文件与磁盘目录；对微机的输入、输出设备进行管理；对微机的内存进行管理（主要是分配空间给各类程序），允许用户执行命令与程序。

1981 年，微软公司为 IBM 公司的第一代微机（之前，IBM 公司主要从事大型机的研究）编写了第一个操作系统，即 MS-DOS 1.0，主要用于 Intel 公司的微处理器芯片 80x86 及现在的奔腾处理器（IBM-PC 采用 Intel 公司的处理器芯片）。

DOS 是微机系统最基本的操作系统，它为单用户环境下运行的程序提供了一组服务软件，以一个简单的命令行解释程序作为用户与微机之间的接口。DOS 的核心是用于管理文件和 I/O 设备的一组服务程序。因此，可以认为 DOS 提供了对微机系统资源、程序执行和用户命令的管理，向用户和程序员提供了使用微机的基本服务。

DOS 建立在 ROM BIOS 芯片基础上，由 3 个系统文件 command.com、msdos.sys、io.sys 和一个引导程序组成。BIOS 相当于一个固件，提供低级编程接口，所有软件都可以调用 BIOS 的功能模块，以提高编程效率。

DOS 系统设计于微机发展的初期，当时计算机系统的配置较低，磁盘空间和内存空间都很小，所以采用非常简单的 16 位 FAT 文件系统管理磁盘文件，具有很大的局限性，只能管理 2 GB 硬盘，这也是超过 2 GB 的硬盘要划分为多个分区的原因之一。DOS 的内存管理能力也很有限，只能管理 640 KB 的内存。

MS-DOS 较成熟的版本有 1987 年推出的 MS-DOS 3.3、1993 年推出的 6.0 版、1994 年推出的 6.22 版及 Windows 中的虚拟 DOS 7.0 版，之后就被 Windows 系统取代，现已淘汰。

2．Windows

1982 年，美国施乐（Xerox）公司展示了使用鼠标、窗口和下拉式菜单等基本图形用户界面的样机，接着美国的苹果（Apple）公司在 Macintosh 机器上很快推出了商品化的图形用户界面系统。微软公司借鉴并扩展了一些图形操作系统的优点，于 1983 年 11 月推出了多窗口用户界面操作系统 Windows。经过不断的更新完善，已成为当前的主流操作系统，目前的最新版本是 Windows 10。作为一个基于图形用户界面的多任务操作系统，Windows 的主要特征和功能包括：

① 采用图形用户界面，操作简便、直观，可以减轻用户记忆与理解 DOS 命令的负担。目前，Windows 所定义的各种图形界面已成为微机界面的标准，为系统软件与应用软件的开发提供了界面依据。

② 在内存管理上，突破了 MS-DOS 640 KB 的传统 RAM 管理的局限，可管理高达 4 GB 的内存空间，提供了标准模式和增强模式，实现了虚拟存储器管理。

③ 提供了实时运行多个程序的多任务能力，在各并行任务之间可以方便地进行切换和交换信息。

④ 提供了对程序信息文件进行编辑的程序功能（PIF Editor），允许在 Windows 环境下装入和运行 MS-DOS 环境下开发的实用程序和应用软件。

⑤ 提供了多种系统管理工具（如程序管理器、资源管理器、控制面板等），还提供了各种有效的应用程序（如用于绘图的画笔、编写文档的书写器、记事本等），这些应用程序和工具为用户操作计算机带来了许多方便。

⑥ 配置了多媒体技术的若干管理程序与工具软件，可以制作和播放多媒体文件，如可以用媒体播放器播放 VCD 和 CD 等。

⑦ 支持各类图形程序设计和开发的语言，提供了丰富的库函数和一整套开发工具（如 SDK、DDK 等）。

⑧ 提供与各类流行数据库系统的接口，也提供了与局域网或远程网的接口（包括附有通信软件 Terminal 等）。

⑨ 提供对各类 I/O 设备的接口和管理，提供相应的驱动程序和设置程序（如打印机管理、控制面板等）。

当然，Windows 的功能不止这些，如动态数据交换技术（DDE）、对象的链接和嵌入技术等。

3. UNIX

UNIX 系统是一个多用户多任务的操作系统，可以作为不同类型计算机的操作系统。UNIX 系统是 1971 年 AT&T（美国电话与电报）公司下属的贝尔实验室编制的，当时是为小型机 DEC PDP 11 设计的，用来在同类小型机上向有共同课题的小组研究人员提供一种简单而一致的工作环境。

UNIX 系统取得的巨大成就归功于它的开放性。整个 20 世纪 70 年代，UNIX 都处于一种开放状态，用户可以十分方便地获取其程序源码，并向 UNIX 系统添加新的功能和工具，这样就使得 UNIX 系统越来越完善，功能越来越强大，成为开发程序时的有效支撑环境和平台。通过 40 多年的应用与发展，UNIX 已成为当今最为流行的操作系统之一，可以作为小型机、工作站、微机的操作系统，也可以作为超级计算机或网络服务器的操作系统。

UNIX 系统可以分为两部分：一部分是 UNIX 系统的核心程序，负责利用最底层硬件所提供的各种基本服务，向外层提供应用程序所需要的服务。例如，系统核心部分能够为操作系统的各个进程分配硬件资源，也能为每个程序分配资源。另一部分就是应用子系统，由许多应用程序和服务例程所组成，这些是用户可以明显见到的部分，包括 Shell 程序（UNIX 系统中的命令解释程序）、文本处理程序、邮件通信程序、源代码控制系统等。

UNIX 系统是用 C 语言写的，仅有小部分与硬件有关的程序是用汇编语言写的，所以 UNIX 系统有非常好的可移植性和可扩展性。AT&T 公司最初并没有严格保护 UNIX 的技术秘密，一些大学或研究机构可以以低廉的价格甚至免费就能够获得 UNIX 源码，作为研究或教学之用。一些机构在源码基础上加以扩充和改进，形成了许多 UNIX 变种，其中比较著名的如加州大学伯克利分校开发的 BSD 产品，IBM 的 AIX，HP 的 HP-UX，SUN 的 Solaris 和 SGI 的 IRIX。这些变种反过来也促进了 UNIX 的发展。

4. Linux 系统

Linux 是芬兰的 Linus Torvalds 于 1991 年在赫尔辛基大学上学时原创开发的，他将源程序在 Internet 上公开发布，全球范围内的计算机爱好者都可以从 Internet 上下载该源程序，并按自己的意愿完善某一方面的功能。经过不断完善，Linux 已成为一个功能强大的服务器和个人计算机的操作系统。

一些世界级的大软件商纷纷发布可运行于 Linux 平台的软件产品，以支持 Linux 系统的发展。如 Oracle、Sybase、Novell 及 IBM 等大公司都有支持 Linux 系统的产品，许多硬件厂商也推出了预装 Linux 操作系统的服务器产品。Linux 操作系统具有如下特点：

① Linux 是一个免费软件，可以自由安装并任意修改软件的源代码。

② Linux 操作系统与主流的 UNIX 系统兼容，因此有很好的用户群基础。

③ 支持广泛的硬件平台，包括 Intel 系列、680x0 系列、Alpha 系列、MIPS 系列等，并广泛支持各种外围设备。

④ 安全性高，遵循 UNIX 的安全体系结构，有多种认证、访问控制系统及网络防火墙等。

Linux 继承了自由软件的优点，是最成功的开放源码软件。Linux 不仅被众多高校、科研机构、军事机构和政府机构广泛采用,也被越来越多的行业所采用,如银行、电力、电信等。

5. 手机操作系统

手机操作系统是指应用于智能手机中的操作系统,它的发展历史并不长,但随着智能手机的普及,其应用非常广泛。目前的手机操作系统主要有 Symbian、Windows Mobile、Linux、Android、iOS 和 PalmOS 等几种。

(1) Windows Mobile

Windows Mobile 是微软为手持设备推出的"移动版 Windows",是基于 Microsoft Windows CE 内核的嵌入式操作系统,分为 Professional Smartphone(有触摸屏)和 Standard Smartphone(无触摸屏)两种版本。Windows Mobile 将熟悉的 Windows 桌面扩展到了个人设备中,提供与 Windows 操作系统相似的视窗界面和操作方式。它与 Windows 操作系统一样拥有强大的系统功能,具有以下特点:

① 界面友好,操作简便。其界面和操作都与 PC 上的 Windows 十分接近,方便好用。

② 支持硬件扩展。拥有高速 CPU 和大容量内存,以及高品质的屏幕、红外、蓝牙、USB 连接等技术,使其具有优异的硬件扩展性。

③ 具有强大的媒体功能,借助第三方软件,可以播放大部分主流格式的音视频文件。

④ 具有良好的网络功能。内置 IE 浏览器,可使用 GPRS 连接互联网,支持 Wi-fi 无线传输。

(2) Symbian

Symbian(塞班)是由摩托罗拉、西门子、诺基亚等几家大型移动通信设备商共同出资组建的一个合资公司(现已被诺基亚全额收购),专门研发手机操作系统。Symbian 是一个实时性、多任务的纯 32 位操作系统,具有功耗低、内存占用少等特点,是一个标准化的开放式平台,任何人都可以为支持 Symbian 的设备开发软件,适合手机等移动设备使用。Symbian 主要用于诺基亚系列智能手机。

(3) Android

Android(安卓)是 Google 基于 Linux 平台开发的开源手机操作系统,由操作系统、中间件、用户界面和应用软件组成。Android 采用 WebKit 浏览器引擎,具备触摸屏、高级图形显示和上网功能,用户能够在手机上查看电子邮件、搜索网址和观看视频节目等,其搜索功能和界面功能非常强大,是一种融入全部 Web 应用的手机软件开发平台。

Android 以 Google 对云计算服务的支持等优势,目前已经赢得了运营商、手机制造商和应用软件开发商的大力支持。Android 是一个对第三方软件完全开放的平台,开发者在为其开发程序时拥有更大的自由度,突破了 iPhone 等只能添加为数不多的固定软件的限制,同 Windows Mobile、Symbian 等厂商不同,Android 操作系统免费向开发人员提供。

从技术上看,Android 应用开发的底层是 Linux,开发工具则是基于 Java 的,拥有巨大的潜在软件开发群体,发展前景较好。

(4) iOS

iOS 即 iPhone OS,是由苹果公司为 iPhone 开发的操作系统,主要是供 iPhone、iPod touch 和 iPad 使用。iOS 系统架构分为 4 层:核心操作系统层、核心服务层、媒体层、可轻触层。

4.4 应用软件概述

在某一个企事业单位或机构的计算机中,应用软件专门用来发挥特定的作用,完成具体的任务。例如，企事业单位的记账程序、资产管理程序或人事档案管理程序就是典型的应用软件。

4.4.1 应用软件的类型

按照开发方式和用途的不同，应用软件可以分为 3 种。

（1）定制软件

定制软件是针对具体应用而定制的应用软件，完全是按照用户的特定需求而专门进行开发的，其应用面较窄，往往只限于专门的部门及其下属单位使用。这种软件的运行效率较高，开发代价和成本也比较高。

（2）应用程序包

应用程序包在某一应用领域有一定程度的通用性，但与应用单位的具体要求还有一些差距，往往需要进行二次开发，经过不同程度的修改才能使用，如各种财务软件包、数学软件包、统计软件包、生物医用软件包等。

（3）通用软件

通用软件是在计算机的应用普及进程中产生的，这些应用软件迅速推广流行，并且不断更新，如文字处理软件、电子表格软件、绘图软件等。

4.4.2 常见的应用软件

1. 文字处理软件

在现代办公中，用微机与专门的文字处理软件起草通知、整理文本、写作文稿、编制人员档案、录入与排版论文等已成为常事，较大程度地方便了用户，提高了工作效率。

文字处理软件大致可以分为三类。第一类是最简单的文本编辑程序，如 MS-DOS 的 Edit、Windows 中的记事本、各种程序设计语言所提供的编辑程序。第二类是功能较为完备的文字处理软件，如 WPS、Microsoft Word、WordPerfect 等。第三类是功能完备，已达到了相当高的专业水准的综合性高级桌面排版处理系统，如 PageMaker、方正、华光等排版处理系统。

文字处理软件能够创建和编辑文档，包括：在一个文档范围中插入、删除和移动文本；从另一个文本中获得文本或图形，加入到正在编辑的文档中；允许进行文字的查找与替换等工作。

文字处理软件通常具有语法拼写和检测功能，能够根据一些指定的通用性词典或专业化的词汇来检查文档中的明显错误，如 Microsoft Word 中的语法拼写检查。

文字处理软件能够对文档进行打印前的格式化工作，设置打印纸张的大小，设置字体、字型、字体大小，打印图案，设置颜色等。同时，提供对打印文档进行页面设置与排版的功能，如对文稿进行分栏、分页、分段，设置打印页面的左右与上下边距，设置文字之间的距离和段落之间的距离，允许插入页码等。

文字处理软件还允许在文本中布局安排各类表格、图形、数据统计图、图像、照片等，允许在文章中处理艺术字，进行图文混排。

在通信和网络高度发展的今天，许多文字处理软件也与多媒体和通信网络相结合，如 Word 就有了制作网页和博客的功能，允许在文档中插入声音、图像，还能够接收和发送电子邮件。

当前，我国常用的文字处理软件主要有 Microsoft Word 系列、WPS 系列。

2. 电子表格软件

电子表格由行和列组成，常用字母或变量名称表示列、数字表示行，行列的交叉点称为单元格。单元格是电子表格的基本单位，数据的输入、修改及计算都是以单元格为单位的。在单元格中可以输入文字、数字、计算公式、函数等。

电子表格软件有许多自动功能，这些功能可以帮助人们快速完成工作，缩短工作时间，提高工作效益。试想：若要根据图 4-2 中左图的数据人工绘制右边的饼图要花多少时间？

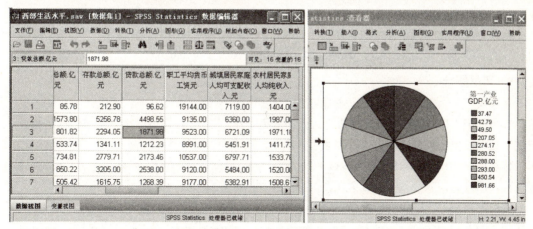

图 4-2　电子表格示例

概括而言，电子表格软件具有如下功能：

① 建立和编辑电子表格，即能够制表、填入表格内容、制定表格的各类说明。

② 能够动态计算表格中的内容。只需在单元格中输入计算公式，电子表格便会自动计算公式的值，并填入公式所在的单元格中。

③ 提供了丰富的函数和公式演算能力，可以进行复杂的数据分析和统计。

④ 具有制图功能，可以制作各类图表，包括直方图、饼图、折线图、误差线、趋势线、圆环图等。

⑤ 有文件格式转换能力，能够方便地访问由其他软件所建立的数据。

⑥ 有一定的编程能力，允许用户对它进行编程。

在当前，电子表格软件已经成为各行各业最常用的软件之一，会计人员利用它对报表、工资单和其他会计数据进行计算和分析，教师用它填写与计算学生的成绩，证券商用电子表格分析股票走势，银行用电子表格计算利息，学生用电子表格完成统计与财务作业……

Microsoft Excel 和 SPSS 是人们当前最常用的电子表格软件。SPSS（Statistical Product and Service Solutions）即统计产品与服务解决方案，广泛应用于通信、医疗、银行、证券、保险、制造、商业、市场研究、科研教育等领域和行业，是世界上应用最广泛的专业统计软件。

SPSS 的基本功能包括数据管理、统计分析、图表分析、输出管理等。SPSS 在统计学方面的功能包括描述性统计、均值比较、一般线性模型、相关分析、回归分析、对数线性模型、聚类分析、时间序列分析等大类，每类中又提供了更详细的统计过程，如回归分析中又分为线性回归分析、曲线估计、Logistic 回归、Probit 回归、加权估计、两阶段最小二乘法、非线性回归等统计方法，而且每个过程中又允许用户选择不同的方法及参数。SPSS 具有专门的绘图系统，可以根据数据绘制各种图形。图 4-2 是在 SPSS 中制作的数据表和根据其中某列数据自动生成的饼图。

正是由于 SPSS 提供了大量的数据统计分析方法，许多学校的经济管理类专业都要求其学生掌握 SPSS 的应用，并用它进行各种统计分析。

3. 绘图软件

近年来，随着微机与工作站处理能力的显著进步，显示技术和打印技术不断改进，扫描仪、绘图仪等设备性能的提高和价格的下降，有力地推动了各类图形软件的发展。从应用的角度来看，图形软件大致分为两类。一类是由软件平台或系统软件自带的图形软件，其功能相对简单，如 Windows 系统自带的 PaintBrush（画笔）、OS/2 自带的 Picture Viewer 图像显示程序。另一类是由专业软件公司开发的商品化绘图软件，其功能较强，广泛用于机械制图、电气工程图、建筑工程图、线路布线等，如 3ds MAX、AutoCAD、Microstation、CorelDRAW、Harvard Graphics 等。

4. 集成软件

多年来，一些公司致力于把一些常用的软件组合在一起，构成一个"集成化的软件包"，为用户提供使用上的方便。目前最成功的例子就是集成办公系统，在微机或小型商用计算机系统上，把文字处理、电子表格、数据库管理系统、图形、图表处理软件等组合在一起，提供一种办公室的工作环境。运用这种集成办公系统，可以生成效果良好的各种文档，允许在一个文档中包括文字材料、图片、图表、报表和各类图像，真正做到图文并茂。

目前使用最广泛的集成软件是微软公司的 Office 系列软件，把文字处理软件 Word、电子表格软件 Excel、数据库软件 Access、演示文稿制作软件 PowerPoint、电子邮件收发软件 Outlook 等常用软件组合在一起，通过对象的链接和嵌入技术，使这些程序协同服务，取得了很大成功，深受用户欢迎。当前常用的版本包括 Office 2010/2013/2016 等。

当然，应用软件还有很多，如统计软件、财务管理系统、信息管理软件等，以及多媒体、网络应用软件、操作系统和办公软件，如媒体播放器、多媒体影像编辑、QQ、IE 浏览器、Windows XP、Word 和 Excel 等。

4.5 计算机编程基础

计算机只能执行用机器语言编写的程序，用各种高级语言编写的程序必须经过相应的语言处理程序的翻译，把它们转换成机器语言程序后才能被计算机所执行。

4.5.1 计算机语言的发展

计算机语言发展至今，大致可以划分为四代：机器语言，汇编语言，高级语言，面向对象程序设计语言（4GL）。

1. 机器语言

机器语言是最早出现的程序设计语言，由计算机能够识别的二进制指令系统构成。指令就是指计算机能够识别的命令，它们是一些由 0 和 1 组成的二进制编码。计算机硬件系统能够识别的所有指令的集合，就是它的指令系统。

机器语言与计算机硬件密切相关，不同硬件系统具有不同的机器指令系统。即使完成相同的任务，在不同硬件系统（具有不同指令系统）的计算机上编写的机器语言程序也不会相同。为了编写计算机程序，程序员需要记住各种操作的机器指令代码；为了读取数据，还要知道数据在内存中的地址。这种需要记住大量具体编码来编写程序的方法难度大，只有计算机专业人员才能使用。使用它编写的程序难于阅读与理解，并且容易出错，出错后难以查找和更正，所以不能推广使用。

2. 汇编语言

为了解决机器语言编程困难、难以记忆之类的缺点，人们用一些便于记忆的符号代替机器语言中的二进制指令代码，这就是汇编语言。汇编语言实质上也是面向具体机器的语言，依赖于处理器的指令组。汇编语言和机器语言统称低级语言。

通俗地讲，汇编语言是用人们容易阅读、理解和记忆的助记符号去替换机器指令。例如加法，假设在某种计算机中其机器指令代码是10000，而其相应的汇编语言中则用ADD来代表加法。显然，用类似ADD的汇编指令编写程序，就比用类似10000的机器指令编写程序简单易懂。

不同的计算机CPU芯片，其指令集是不一样的，所以其相应的汇编语言也不一样，这说明同一个汇编语言程序在不同类型的计算机中是不能通用的。例如，一个在586计算机上可以运行的汇编程序，在VAX机器上则不能运行。Intel公司的80x86芯片则具有向下兼容的特性，即低档80x86计算机的汇编程序可以在高档80x86及奔腾机上运行。如一个386机器的汇编程序可在486、586、奔腾、酷睿机上运行，反之则不一定。

用汇编语言编写的源程序需要经过汇编程序的翻译解释，把它转换为相应的机器语言程序后才能被计算机执行。汇编程序是指能够把汇编源程序翻译成机器语言代码的程序，是由汇编语言系统提供的。把汇编源程序翻译成机器语言程序的过程称为汇编。

3. 高级语言

随着计算机技术的发展，出现了与人类自然语言的思维习惯很接近的计算机程序设计语言，即高级语言。高级语言屏蔽了与机器硬件相关的细节，提高了语言的抽象层次，采用具有一定含义的命名符号和容易理解的程序语句进行程序设计，不仅大大降低了程序设计的难度，而且使程序易被人们理解。由于高级语言是与机器无关的，同一程序可以在不同计算机上运行，提高了程序的可移植性和通用性。

高级语言定义有若干控制结构和数据结构，能够较好地反映问题的实际需要。高级语言大都有一个编译或解释程序，用于把高级语言源程序翻译成机器语言目标程序。常用的高级语言有C、PASCAL、FORTRAN、BASIC、COBOL、ADA等。

（1）C语言

C语言是AT&T公司下属的贝尔实验室的Dennis Ritchie于1972年开发的，Ritchie最初主要是用它来开发UNIX系统。C语言语法精简，其编译程序可以产生出十分有效的目标代码。C语言现在已广泛用于各种类型的计算机系统中，是程序设计人员最喜好的程序设计语言之一。用C语言编写程序，结构清晰，可移植性好，并且执行效率相当高（仅次于汇编语言），在微机中十分流行，是高校教学的首选语言。

（2）BASIC语言

BASIC语言最初是为初级编程人员设计的，简单易学，而且适合于各种计算机系统，是最早流行和使用最广泛的语言之一。自1964年问世以来，已经有过许多不同的版本，如IBM-PC上的GW-BASIC和微软公司的QBASIC。BASIC语言是一种过程性高级语言，其大多数版本都是以解释方式执行的。

BASIC早期的版本对于开发复杂的商用程序功能非常有限，但近年的版本，如微软的Visual Basic（VB）则是综合性的功能强大的编程语言，适合于专业编程项目。

如今，BASIC语言仍是一种非常理想的计算机编程入门语言，所以许多中小学把它作为计算机入门的初始课程。

（3）COBOL 语言

COBOL 是 1960 年左右产生的一种专用商业高级程序设计语言，用来存储、检索和处理公司财务信息，实现库存管理、票据管理、工资报表管理等事务型信息系统的开发，是大型计算机系统上事务处理系统的开发工具。COBOL 语言是编译执行的过程性高级语言，主要被一些专业人员用来开发和维护大型商业集团的复杂程序。使用 COBOL 编写的程序往往很长，但它易于读懂、调试和维护。

（4）FORTRAN 语言

FORTRAN 出现于 1954 年，是最早使用的高级语言，广泛用于科学计算、数学运算和工程应用领域，常被专家学者用来编写大型机或小型机上的科学计算程序和工程程序。

（5）PASCAL 语言

PASCAL 语言开发于 1971 年，用于帮助学生学习计算机编程。PASCAL 语言是编译执行的过程性高级语言，开创了结构化程序设计的先河。它结构严谨，代码规范，曾是高校计算机课程的入门语言。

（6）SQL

SQL 是为数据库的定义和操作而开发的一种标准语言。SQL 是说明性的语言，程序员和用户只需对数据库中数据元素之间的关系和欲读取信息的类型加以描述。虽然数据库也可以用 COBOL 语言之类的过程性语言来操作，但 SQL 更适合于数据库的操作，而且效率更高。

4．面向对象程序设计语言

面向对象程序设计语言是建立在对象编程的基础之上的，对象就是程序中使用的实体或事物，如 Windows 中的按钮、窗口等都是对象。面向对象程序设计方法是软件设计的一场革命，代表了一种全新的计算机程序设计方法，支持对象概念，使计算机问题的求解更接近于客观事物的本质，更符合人们的思维习惯。面向对象程序设计语言以类（class）为程序构建的基本单位，具有抽象、封装、继承和多态等基本特征，从语言机制上增加了程序代码的可重用性和可扩充性。

类（class）是面向对象程序设计用来模拟现实中实际对象的程序单元。类是面向对象程序设计的基础，面向对象编程的主要任务就是设计一个个能够反映问题域中客观事物的类。类的一个实例就称为对象。

抽象（abstract）是指有意忽略问题的某些细节和与当前目标无关的方面，以便把问题的本质表达得更清楚。通过抽象把事物的主要特征抽取出来，有意地隐藏事物某些方面的细节，使人们把注意力集中在事物的本质特征上面，更能把握问题的本质。

数据抽象的结果将产生对应的抽象数据类型（Abstract Data Type，ADT）。面向对象的 ADT 把数据类型分成了接口和实现两部分。其中，对用户可见、用户能够用来完成某项任务的部分称为接口；对用户不可见、具体完成工作任务的细节则称为实现。实现对用户是隐藏的。

封装（encapsulation）就是将数据抽象的外部接口与内部实现细节分离开来，将接口显示给用户并允许其访问，但将接口的实现细节隐藏起来，不让用户知道，也不允许他访问。在面向对象程序设计语言中，封装是通过类实现的，封装完成后的软件模块就是类。

继承（inheritance）反映的是对象之间的相互关系，其实质是某类对象可以继承另外一类对象的特征和能力。面向对象程序设计语言也提供了类似于生物继承的语言机制，允许一个新类从现有类派生而来，新类能够继承现有类的属性和行为，并且能够修改或增加新的属性和行为，成为一个功能更强大、更能满足应用需求的类。

继承是面向对象程序设计语言的一个重要特征，是实现软件复用的一个重要手段。继承为软件设计提供了一种功能强大的扩展机制,允许程序员基于已经设计好的基类创建派生类,并为派生类添加基类所不具有的属性和行为,极大地提高了软件复用的效率。

多态是面向对象程序设计语言的另一重要特征,它的意思是"一个接口,多种形态"。也就是说,不同对象针对同一种操作会表现出不同的行为。多态与继承密切相关,通过继承产生的不同类,它们的对象可以对同一函数调用做出不同的响应,执行不同的操作,实现不同的功能,这就是多态。

如今使用的面向对象程序设计语言主要有 C++、Java、J++、PowerBuilder、VB、VC、Delphi 等。C++有多种类型,其中以微软公司的 Visual C++和 Borland 公司的 Borland C++、C++ Builder 为主,它们是当今程序员最为喜好的编程工具。

Java 最初是为 Web 网页生成 Applets(即提供一些小应用程序)而设计的,Applets 可被用来完成许多工作,但最常用的是动画(甚至带有声音),例如:① 添加标题,通常在 Web 页上运行;② 图像旋转器,主要用于图形可标识的旋转或翻转;③ 动态文字或动画;④ 文本、景物、图形或屏幕上部分图形的汇聚、渐隐、闪烁、比例缩小或放大或颜色和形状的改变等。

Java 起源于 C++,所以其代码与 C++有许多相似之处,Java 包含了面向对象的编程思想,其程序通俗易读。注意,JavaScript 是 Java 的一个子集,属于一种脚本描述语言,它的主要功能是交互式地生成网页。

与 Java 一样,J++也是以 C++为基础的一种 Web 开发工具,但 J++提供给程序员的工具要求 Windows 系统的支持,只能运行于 Windows 操作系统的计算机上。而 Java 是一种独立于平台的语言,可运行在不同类型的计算机硬件系统上,如大型机、小型机及微机等,也能够在不同的操作系统平台上运行,如 UNIX、Windows、Linux 及 Macintosh 等。

程序设计语言是不断发展变化的,前面的划分只是一种较为普遍的看法,不是绝对的。现在有人把它划分得更细,认为程序设计语言已经经历 6 代(见表 4-1),也有一定的道理。

表 4-1 计算机语言的发展

	第一代	第二代	第三代	第四代	第五代	第六代
时间	1951—1958 年	1958—1964 年	1964—1977 年	1977—1988 年	1988 年后	1993 年后
类型	低级语言	低级、高级	高级	超高级	面向对象	Web 工具
举例	机器语言 汇编语言	汇编语言 COBOL FORTRAN	BASIC PASCAL	C++ Turbo Pascal	Visual Basic Small talk Delphi	HTML Java FrontPage

4.5.2 程序翻译的方式

不论是高级语言还是低级语言,程序设计人员都要应用它们提供的命令(语句)编写程序,告诉计算机要做什么事情。程序员编写的这种程序就叫源程序(即用程序设计语言设计的源代码),其他程序员可能会轻而易举地读懂这种程序,计算机却读不懂,因为计算机只能识别和执行用机器语言编写的程序,而源程序是由英文字母、数字、符号(如%、@、&等)混合组成的。

那么,计算机是如何处理各种源程序的呢?很简单,只需要把它们按一定的规则转换成 0、1 代码组成的机器语言程序即可。完成这个转换的过程称为翻译,而从源程序翻译而成的机器语言程序称为目标程序。翻译的过程可用图 4-3 简要示意。

能提供翻译功能的程序称为翻译器,根据翻译的过程和翻译的方法,翻译器大致可分为汇编器(也称为汇编程序)、解释器(也称为解释程序)、编译器(也称为编译程序),这几种翻译器的区别主要表现在翻译的过程不同。

汇编器是最简单的翻译器，因为汇编语言的许多指令都是某条机器指令的符号化，一条汇编指令对应了一条或多条机器指令。在把汇编语言源程序翻译成机器语言程序时，只需要把源程序中的汇编语句转换成相应的机器指令就行了。汇编源程序经过汇编器处理后，会生成一个可执行的命令文件。在微机中，由汇编源程序翻译而得到的可执行文件的扩展名一般是 .exe 或 .com。

编译器是最复杂的翻译器，它把高级语言源程序翻译成相应的目标程序，最终将形成一个由机器指令代码组成的可执行文件。对微机而言，由高级语言源程序编译而成的可执行文件很容易区分，它们的文件扩展名一般都是 .exe。例如，磁盘上的 .exe 文件就是由高级语言源程序或汇编源程序翻译而成的。采用编译方式执行程序的语言称为编译型语言。

图 4-4 是一个高级语言程序编译过程的示意图。从中可以看出，高级语言编译器如同一个自动机器，源程序（如 C 语言源程序）送给它后，在编译器内部进行编译处理，处理完毕之后，就形成了一个可执行的 EXE 文件，并把该 EXE 文件存放在磁盘上。用户在需要的时候就可以执行该 EXE 文件，得到需要的结果。

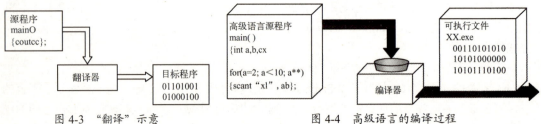

图 4-3 "翻译"示意　　　　　图 4-4 高级语言的编译过程

一些编译器还可以生成某些类型的中间文件，如分析文件和程序出错处理文件，这些文件可以帮助程序设计人员分析、处理源程序中的错误。

解释器的处理过程与编译器和汇编器都有区别，对源程序进行逐行翻译。当它把第一条源程序语句翻译成相应的机器指令后，立即提交给计算机执行。如果该语句没有什么错误，就翻译第二条源程序语句，第二条翻译并执行后，再翻译第三条……如此反复，直到最后一条源程序语句处理完成。采用解释方式执行程序的语言称为解释型语言。

解释器在对高级语言源程序的解释过程中，并不形成可执行命令文件，这是它与编译器的主要区别，当第二次执行同一个程序时，又必须从源程序的第一条语句开始逐条翻译执行。

可见，用解释型语言编写的程序在每次执行过程中都离不开语言环境，编译型语言则不同，源程序一经编译成可执行命令文件，就不再需要翻译程序了，可以独立于语言处理程序而运行。

由于解释型语言是针对源程序每条语句独立翻译执行，它把问题分散化，当一条语句有错误时，就停留在有错的语句处，并告诉程序员该语句有错误。待程序员修改错误后，它再解释执行后面的语句。这种方式使得语言的学习和程序的编写难度相应减少，所以解释型语言比编译型语言好学易懂。

也有人把解释型语言称为会话式语言，即其对程序的执行方式是"翻译一句，执行一句"。因为每执行一句，程序员立即就可看到该命令执行的结果，而且可以根据结果设定下一条要执行的语句或变量。

常见的解释型语言有 dBASE、FOX、FoxBASE、BASIC 等，而编译型语言就较多了，如 C、PASCAL、FORTRAN、C++、Java 等。

4.5.3 程序设计方法

程序设计是以某种程序设计语言为工具，编写出解决某个问题的程序的过程，程序设计过程包括分析、设计、编码、测试、纠错等阶段。专业的程序设计人员常被称为程序员。

在计算机发展初期，由于存储器资源极其有限，只能保存和运行短小的程序，程序设计非常讲究技巧，主要由计算机专家采用机器语言编写。随着计算机应用和技术的发展，软件的规模和复杂度也在不断增加，程序设计方法也发生了较大变化，出现了结构化程序设计方法和面向对象的程序设计方法。

1. 结构化程序设计

早期的程序员凭着自己的意愿尽所欲地编写程序，这种方式不便于交流和复杂程序的设计。到了 20 世纪 60 年代，这种方式已不能适应计算机软、硬件技术的发展，有人提出了程序设计的规范化问题，产生了影响深远的 SP（Structure Programming，结构化程序设计）程序设计思想。

结构化程序设计要求程序员按照指定的结构来编写程序，其目的就是使程序结构清晰，易于设计、调试和编码，并易于被其他程序员阅读和理解。结构化程序设计的编程思想可以概括为：自顶向下，逐步求精，模块化。也就是说，从问题的全局着手，把要完成的复杂任务分解为若干个子任务，然后再把每个子任务分解为多个更小的子任务，直到每个子任务都只需要完成某个单一的功能为止，一个子任务称为一个模块。各个模块都可以分别由不同的程序员编写和调试。这种逐层、逐个地进行问题的分解、定义、设计、编程和测试，直到所有层次上的问题能够比较轻松地编程实现的方法就是结构化程序设计。

结构化程序设计主张采用三种基本结构编写程序，即顺序结构、分支结构和循环结构，如图 4-5 所示，图中的箭头表示程序代码执行的方向，AB 表示程序代码块、P 表示条件、T 表示条件成立、F 表示条件不成立。

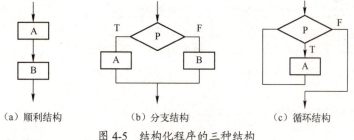

（a）顺利结构　　　（b）分支结构　　　（c）循环结构

图 4-5　结构化程序的三种结构

顺序结构是指程序执行时要根据程序代码的编写次序从上向下，依次执行。即在图 4-5（a）中，只有 A 块的程序执行完毕后，才能执行 B 块的程序。

分支结构又称为选择结构，在图 4-5（b）中，P 是一个判断条件，当它成立时（即为 T，表示条件为真值），就执行 A 块中的程序代码；如果 P 不成立（即为 F，表示条件为假值），就执行 B 块中的程序代码。在任何情况下，A 和 B 有且只有一个被执行。选择结构提供了一种根据某种条件选择性地执行某些程序代码的编码方法，是实现计算机智能的基础。

循环结构提供了一种重复执行相同程序代码块的编程方法。在图 4-5（c）中，当条件 P 成立时（即为 T），就执行 A 块中的代码；执行完一次后，再次判断条件 P；如果条件 P 仍然成立，就再次执行 A 块代码，执行之后再次判断条件 P……如此往复，当判定到 P 不成立（即为 F）时，就执行 A 块后面的程序代码。

支持结构化程序设计的高级语言称为结构化程序设计语言,它提供了顺利、分支和循环结构的编程命令,这三种基本结构便于程序的编写、阅读、修改和维护,减少了程序出错的机会,提高了程序的可靠性,保障了程序的质量。

结构化程序设计语言是一种面向过程的程序设计语言,通过过程(某些语言有过程和函数之分,如 Pascal 语言,有些语言只有函数这一概念,如 C 语言)来抽象和模拟客观现实。过程(函数)是一种程序,一般用于完成某项独立的功能,一个大型程序往往由若干个过程组合而成。

过程为信息隐藏提供了可能,一个程序员可以调用他程序员编写的过程,而不必了解过程的实现细节,只需通过过程的接口就可以应用它们完成特定的任务。

当前,结构化程序设计语言仍然广泛地应用在计算机程序设计之中,较常用的有 C、FORTRAN、BASIC 等语言。

2. 面向对象程序设计

面向对象程序设计(Object Oriented Programming,OOP)最早是以 20 世纪 60 年代 Simula 语言的出现为标志,在 80 年代中后期,其技术逐渐成熟。在 90 年代,随着软件规模的增加,结构化程序设计方法在大型软件设计方面已经暴露出越来越多的缺陷,而面向对象程序设计技术则显示出了明显的优势,逐渐成为主流程序设计技术。

面向对象程序设计的观点认为,用计算机求解的都是现实世界中的问题,它们由一些相互联系并且处于不断运动变化的事物(即对象)组成。每个事物都可以通过两方面来刻画:描述事物状态的数据和描述事物行为的操作,应该把它们结合成一个整体,这个整体就是对象,代表一个客观事物。在对象中,事物的特征用数据来表示,常被称为数据成员(或属性);事物的行为用函数来表示,常被称为方法(有语言称为成员函数,如 C++)。一个对象的数据成员往往只能通过自身的方法修改。

对象能够实现对客观世界的真实模拟,反映出世界的本来面目。从客观世界中抽象出一个个对象,对象之间能够传递消息(一个对象向其他对象发出的服务请求信息),并通过对象提供的成员函数使用其功能,禁止以任何未经允许的方式修改对象的内部数据,这就是面向对象程序设计的基本模式。这一过程的程序模型如图 4-6 所示。

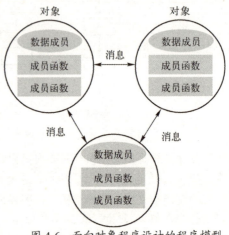

图 4-6 面向对象程序设计的程序模型

图 4-6 所示的程序模型与客观世界的本来面目非常接近,客观世界由一个个实际存在的个体组成,如果某个个体要想获得另一个体的某种服务,就会向对方发出某种请求信息,对方对接收到的请求作出某种响应。在面向对象程序设计中,客观世界的个体被抽象成了对象,一个对象可以向其他对象发送消息,也可以接收其他对象发送来的消息,并能通过成员函数响应消息。

4.5.4 软件工程概述

在社会各领域中,随处可见软件项目的应用情况,银行的 ATM 取款机、超市的计账系统、网上火车或飞机订票系统、Windows 操作系统及 Office 软件,如此等等。这些软件系统都是采用软件工程的方法开发出来的。

1. 软件危机与软件工程

在 20 世纪 60 年代以前，计算机软件主要用来解决某个特定的应用问题，开发工具是机器语言和汇编语言，软件规模小，开发方法简单，软件开发过程中的文档资料也很少留存。软件的开发方式基本上等同于程序设计，常常是个人设计、个人编码、个人使用。

随着计算机技术的发展，在 60 年代中后期出现了高级语言、操作系统、数据库管理系统，计算机的应用领域迅速扩大，社会对软件的需求急剧增长。软件的规模和复杂度越来越大，原来以个人开发、个人使用的软件生产方式不仅开发效率和可靠性低，同时爆发出了许多质量问题。当时很多软件项目的结局都非常悲惨，有些软件项目的开发时间大大超出了规划的时间表，有些软件项目导致了大量的财产损失。同时，程序员发现软件开发的难度越来越大，以个人为主的软件开发方式已不能满足软件开发的需要，迫切需要改变软件生产方式，提高软件生产率，这就是所谓的软件危机。

软件危机是指软件开发和运行维护过程中所遇到的一系列严重问题，即如何开发软件，怎样满足日益增长的软件需求，以及如何才能维护好数量不断膨胀的已有软件。

软件危机主要体现在：① 对软件开发成本和进度的估计不准确，实际的成本高于估计的成本，实际的进度比估计的进度长几个月；② 用户对已提交的软件不满意，认为软件没有满足他们的基本需求；③ 软件质量不可靠，经常出现不可预料的故障；④ 软件可维护性低，若用户要求增加新功能，往往难以实现；⑤ 软件没有适当的文档资料，给软件的后续开发和维护带来困难；⑥ 软件成本在计算机系统中占据的总成本比例逐年上升。由于计算机硬件技术不断发展，计算机硬件成本逐年降低，性能越来越好，软件开发的成本越来越高；⑦ 软件生产效率跟不上社会需求，社会各行业需要大量的软件，而软件的生产率跟不上这一需求。此类问题，还有许多。

产生软件危机的根源与软件的开发方式、复杂度以及人们最初对软件开发认识的不成熟等方面都有关系。有人提出，按工程项目的管理办法来管理软件项目开发的全过程，这就是所谓的软件工程。具体是指把经过时间考验而证明正确的管理技术，以及当前能够得到的最好技术方法结合起来，采用工程的概念、原理、技术和方法来开发和维护软件。

软件工程采用生命周期法（System Development Life Cycle，SDLC）进行软件开发，生命周期是指软件系统从产生到灭亡的全过程。软件系统的生命周期分为系统规划、系统分析、系统设计、系统实施、运行维护和系统评估五个阶段。每个阶段都完成相对独立的任务，完成后会形成相应的文档资料或工作报告，作为后阶段或软件维护的依据。各个阶段互相连接，前阶段的结束意味着后阶段的开始。

① **系统规划阶段**，成立规划小组，进行初步调查，了解企业的环境，根据企业的总体目标和发展战略，确定要开发的软件系统的总体目标，提出系统的结构、开发方案、进度计划等，并对此进行可行性分析。系统规划阶段要形成可行性报告书。

② **系统分析阶段**，主要解决系统"做什么"的问题。首先对企业进行详细调查，深入企业各部门了解用户需求和业务流程，充分运用一些辅助工具，分析信息的输入、处理、存储和输出，构造出软件系统的逻辑模型。分析阶段要形成系统分析说明书。

③ **系统设计阶段**，主要解决系统"怎么做"的问题，根据系统分析说明书进行系统设计，分为总体设计和详细设计。总体设计包括：子系统的划分与设计，系统模块结构设计，硬件和软件平台选型等内容。详细设计主要包括：程序代码设计，计算机处理过程设计，数据库设计，用户界面设计等内容。系统设计阶段要形成系统设计说明书。

④ **系统实施阶段**，主要根据系统设计说明书进行程序设计和调试，购买硬件和系统软件，

进行系统的安装调试，系统部署，培训用户使用新系统。系统实施阶段要形成系统测试报告、系统使用手册和系统用户手册等书面内容。

⑤ **系统运行维护阶段**，主要是启动新系统，进行新旧系统的转换，新系统正式取代旧系统。在系统运行过程中，根据一定的规程对系统进行必要的完善和修改，记录运行和维护过程中未能或难以修改的问题，形成新的需求建设书，为下一周期的开始作准备。

⑥ **系统评价**，指系统实施后组织专家组对新系统根据预定的系统目标，用系统分析的方法，从技术和经济等方面对系统进行评审。

在软件开发过程中，常根据承担的工作把软件开发人员分为不同类型。软件工程师是对应用和创造软件的人们的统称，主要进行软件前期的需求分析，对项目进行风险评估并试图解决这些风险，进行软件开发，后期对软件的进度进行评估。软件工程师按照其职责的不同，可以分为系统分析员、软件设计师、系统架构师、程序员、测试员等。

2. 软件开发模型

生命周期法将软件开发过程分为系统规划、设计、实施和运行维护等阶段，之后在此基础上产生了许多变体，统称为软件开发模型。软件开发模型是指软件开发的全过程、活动和任务的结构框架，它明确规定了要完成的主要活动和任务，能够清晰、直观地表达软件开发的全过程，是软件开发的基础。典型的开发模型有：瀑布模型、渐增模型、原型模型、螺旋模型、喷泉模型、智能模型和敏捷模型等。

① **瀑布模型**，将软件生命周期划分为可行性分析、需求分析、系统分析、软件设计、编写程序和单元测试、集成测试、安装与系统测试、系统培训和运行维护等阶段，并且规定了它们自上而下、相互衔接的固定次序，如同瀑布流水，逐级下落。

在瀑布模型中，软件开发的各项活动严格按照线性方式进行，当前活动接受上一项活动的工作结果，实施完成所需的工作内容。当前活动的工作结果需要进行验证，如果验证通过，则该结果作为下一项活动的输入，继续进行下一项活动，否则返回修改。

② **快速原型模型**，其第一步是建造一个快速原型，实现未来用户与系统的交互，用户对原型进行评价，进一步细化待开发软件的需求。通过逐步调整原型使其满足用户的要求，开发人员可以确定用户的真正需求是什么。第二步则在第一步的基础上开发用户满意的软件产品。

快速原型方法可以减少由于软件需求不明确带来的开发风险，具有显著效果。快速原型的关键在于尽可能快地建造出软件原型，一旦确定了客户的真正需求，所建造的原型将被丢弃。因此，原型系统的内部结构并不重要，重要的是必须迅速建立原型，随之迅速修改原型，以反映用户的需求。

③ **增量模型**，强调软件开发的累加性，在增量模型中，软件被作为一系列的增量构件来设计、实现、集成和测试，每个构件由多种提供特定功能的模块构成。

增量模型在各阶段并不交付一个可运行的完整产品，而是交付满足客户需求的一个子集的可运行产品。整个产品被分解成若干个构件，开发人员逐个构件地交付产品，这样做的好处是软件开发可以较好地适应变化，客户可以不断地看到所开发的软件，从而降低开发风险。在使用增量模型时，第一个增量往往是实现基本需求的核心产品。核心产品交付用户使用后，经过评价形成下一个增量的开发计划，包括对核心产品的修改和一些新功能的发布。这个过程在每个增量发布后不断重复，直到产生最终的完善产品。

④ **螺旋模型**，将瀑布模型和快速原型模型结合起来，强调了其他模型所忽视的风险分析，特别适合于大型复杂的系统。

⑤ **喷泉模型**，即面向对象模型，与传统的结构化生存期比较，具有更多的增量和迭代性质，生存期的各阶段可以相互重叠和多次反复，而且在项目的整个生存期中还可以嵌入子生存期。就像水喷上去又可以落下来，可以落在中间，也可以落在最底部。

⑥ **智能模型**，拥有一组工具（如数据查询、报表生成、数据处理、屏幕定义、代码生成、高层图形功能等），每个工具都能够使开发人员在高层次上定义软件的某些特性，并把开发人员定义的这些软件自动地生成为源代码。这种方法需要第四代语言，即面向对象程序设计语言的支持。第四代语言具有高效的程序代码、智能默认假设、完备的数据库和应用程序生成器。

⑦ **敏捷软件开发模型**，20 世纪 90 年代逐渐被重视的一种新型软件开发方法，能够应对快速变化的软件需求，比前面的开发模型更加强调开发团队与业务专家之间的紧密协作，面对面的沟通，频繁交付新的软件版本。敏捷开发更注重作为软件开发中人的作用，能够很好地适应需求变化的团队组织和程序代码的编写。

4.6 多媒体技术基础

多媒体是指多种媒体的集成使用，如幻灯片、录像、录音、唱片、光盘、照片等的合成使用就是一个多媒体系统。早期的计算机由于硬件功能有限，处理器速度较慢（在 486 时代），一台普通的计算机要完成多媒体的合成是相当困难的。1990 年，由微软、飞利浦等 14 家公司成立了一个多媒体微机市场管理委员会，制订了多媒体计算机的标准，定义了多媒体计算机系统的一些硬件指标，如 CPU 的主频、内存的大小、硬盘的容量、配备视频解压卡等都有相应的规定。凡是符合这种标准的个人计算机系统称为多媒体计算机系统（Multimedia Personal Computer，MPC）。

在不同的时代，MPC 的定义是有区别的。从 1990 年到现在，MPC 的定义至少有 3 种版本。如 1993 年 MPC 的定义为 CPU 至少为 486SX，主频不小于 25 MHz，内存不低于 4 MB，硬盘不小于 160 MB，有双倍速的光驱和 16 位的声卡，显示分辨率不低于 640×480，配置 Windows 3.1 操作系统。现在的任何一台计算机都强于这种配置，但在 1993 年，这种计算机配置已是较高的了，价格也比较昂贵，因为当时普遍使用的还是 286 计算机，内存为 1 MB，运行的是 DOS 系统。

早期的多媒体系统实际上是在普通计算机的基础上增配一些外围设备，一个完整的多媒体计算机包括专用的音频设备（声卡、音箱、麦克风、录音机、光驱或 DVD 驱动器甚至音乐键盘等）、视频设备（如数码相机、录像机等、摄像机）、图形设备（如扫描仪、绘图仪）、打印机等。

随着计算机技术的发展，当前一台普通的微机就足以完成以前需要多种设备协作才能完成的功能，"多媒体"一词也就有了新的定义。多媒体技术实际上是计算机技术、通信技术及媒体信息压缩技术的综合运用，以计算机技术为中心，将音像、通信设备集成在计算机技术中，能够综合处理包括文字、声音、图像、视频等多种信息，并能通过网络进行信息的传送。

4.6.1 多媒体信息压缩技术

多媒体信息是文字、声音、图形、图像等多种信息的综合，每种信息都有相应的软件来处理，最后采用信息合成技术把它们合成起来，这就要求多媒体软件能够处理多种信息，如能够录入、修改、剪辑声音和动画等。

原始的声像信息是模拟信号，需要经过采样、编码等手段进行数字化之后，才能够被计算机识别和处理。但是，初次数字化后的声像信息的数据量非常庞大。例如，一幅分辨率为 640×480 的 256 色图像需要 307200 像素，存放一秒钟（30 帧）这样的视频文件就需要 9216000 字节，约

9 MB；2 小时的电影需要 66 355 200 000 字节，即约 66.3 GB。

实际上，数字化后的多媒体信息还需要通过压缩处理才能保存和应用。数据压缩是对数据重新进行编码，以减少其存储空间。经过压缩之后，数据的存储量会大大减少，有的文件可以压缩到原来的 1/3。文本文件中包含了许多重复的字符和空格，经过压缩软件的压缩后，可以把它压缩到原来的 50%以下。当前主要的多媒体信息压缩技术如下。

（1）JPEG

JPEG（Joint Photographic Experts Group）标准是一种静态图像压缩技术。具有较高压缩比的图形文件（一张 1000 KB 的 BMP 文件压缩成 JPEG 格式后可能只有 20～30 KB），在压缩过程中的失真程度很小。这种有损压缩在牺牲较少细节的情况下用典型的 4:1～10:1 的压缩比来存储静态图像。动态 JPEG 可顺序地对视频的每一帧进行压缩，就像每一帧都是独立的图像一样。JPEG 在 Internet 的网页中使用非常普遍。

（2）MPEG

MPEG（Motion Picture Experts Group）标准包括 MPEG 视频、MPEG 音频和 MPEG 系统（视音频同步）三部分。MPEG 压缩标准是针对运动图像而设计的，基本方法是在单位时间内采集并保存第一帧信息，然后只存储其余帧相对第一帧发生变化的部分，以达到压缩的目的。MPEG 压缩标准可以实现不同帧之间的压缩，其平均压缩比可达 50:1，压缩率比较高，有统一的格式，兼容性好。多媒体数据压缩标准中较多采用 MPEG 系列标准，包括 MPEG-1、MPEG-2、MPEG-4 等。

MPEG-1 用于 1.5 Mbps 数据传输率的数字存储媒体运动图像及其伴音的编码，经过 MPEG-1 标准压缩后，视频数据的平均压缩率可达 1/50 以上，音频压缩率为 1/6.5。MPEG-1 提供每秒 30 帧 352×240 分辨率的图像，当使用合适的压缩技术时，具有接近家用电视录像带的质量。MPEG-1 允许超过 70 分钟的高质量的视频和音频存储在一张 CD-ROM 盘上。VCD 采用的就是 MPEG-1 标准。

MPEG-2 主要针对高清晰度电视（HDTV）的需要，传输速率为 10 Mbps，与 MPEG-1 兼容，适用于 1.5～60 Mbps 甚至更高的编码范围。MPEG-2 提供每秒 30 帧 704×480 的分辨率，是 MPEG-1 播放速度的 4 倍。

MPEG-4 是超低码率运动图像和语言的压缩标准，用于传输速率低于 64 Mbps 的实时图像。较之前两个标准而言，MPEG-4 为多媒体数据压缩提供了一个更广阔的平台。它更多定义的是一种格式、一种架构，而不是具体的算法。MPEG-4 可以充分利用各种各样的多媒体技术，包括压缩本身的一些工具、算法，也包括图像合成、语音合成等技术。

4.6.2　常见的多媒体文件类型

随着计算机多媒体和网络技术的发展，数字音频设备逐渐进入千家万户，如 MP3、Flash 动画的背景音乐、CD 或手机铃声等都是数字音频。常见的多媒体文件类型如下。

（1）WAV 格式

WAV 即波形声音文件，是最早的数字音频格式，被 Windows 平台及其应用程序广泛支持。WAV 格式支持许多压缩算法，支持多种音频位数、采样频率和声道，采用 44.1 kHz 的采样频率，采用 16 位进行信息编码，因此 WAV 的音质与 CD 相差无几，但 WAV 格式对存储空间需求太大，不便于交流和传播。

(2) CD

CD 唱片是最常见的数字音乐，CD 其实是一种数字音乐的文件格式，扩展名为.cda，采样频率为 44.1 kHz，采用 16 位的数字编码。

(3) MP3、MP4

MP3 的全称是 MPEG-1 Audio Layer 3，采用 MPEG-1 压缩标准。MP3 能够以高音质、低采样率对数字音频文件进行压缩。MP3 的音频文件（主要是大型文件，如 WAV 文件）能够在音质丢失很小的情况下把文件压缩到很小。

MP4 在文件中采用了保护版权的编码技术，只有特定的用户才可以播放，有效地保证了音乐版权的合法性。另外，MP4 的压缩比达到了 1:15，体积较 MP3 更小，但音质没有下降。

(4) WMA

WMA（Windows MediaAudio）是微软公司在互联网音频、视频领域的压缩文件。WMA 格式以减少数据流量但保持音质的方法来达到更高的压缩率，其压缩率一般可达 1:18。此外，WMA 还可以通过 DRM（Digital Rights Management）方案防止复制，或者限制播放时间和播放次数，甚至是播放机，可有力地防止盗版。

(5) DVD Audio

DVD 是新一代的数字音频格式，与 DVD Video 尺寸以及容量相同，为音乐格式的 DVD 光碟，其采样频率可在 44.1~192 kHz 之间的多个频率中选择，数字声音的编码位数可以为 16、20 或 24 bit，最多可收录到 6 声道。如果以 6 声道 96 kHz 的采样频率和 24 bit 的声音编码收录声音，可容纳 74 分钟以上的录音。

(6) MIDI

MIDI（Musical Instrument Digital Interface）又称为乐器数字接口，是数字音乐及电子合成乐器的国际标准。MIDI 定义了计算机音乐程序、数字合成器及其他电子设备交换音乐信号的方式，规定了不同厂家的电子乐器与计算机连接的电缆和硬件，以及设备间数据传输的协议，可以使不同厂家生产的电子音乐合成器互相发送和接收音乐数据，并且适合于音乐创作和长时间地播放音乐的需要，可以模拟多种乐器的声音。

MIDI 相当于一个音乐符号系统，允许计算机和音乐合成器进行通信，计算机把音乐编码成音乐序列命令，并以 .mid、.cmf、.rol 文件形式进行存储。MIDI 声音文件比波形文件要小得多，更节省存储空间。

(7) AVI

AVI 是将语音和影像同步组合在一起的文件格式，对视频文件采用了一种有损压缩方式，但压缩比较高。尽管画面质量不是太好，但其应用范围仍然非常广泛。AVI 支持 256 色和 RLE 压缩。AVI 信息主要应用在多媒体光盘上，用来保存电视、电影等影像信息。

4.6.3 多媒体软件

目前，多媒体软件较多，Windows 系统本身就是一个多媒体管理系统，在它的管理控制下，组成计算机的多种媒体设备（如声卡、扫描仪、录像机等）能够协调统一地工作。同时，Windows 系统也提供了一些多媒体软件，如媒体播放器能够播放 CD、VCD，提供的录音机能够录制与播放录音，这些多媒体应用程序在 Windows 系统提供的"附件"中能够找到。

专业的多媒体制作软件也不少，如苹果计算机中的HyperStudio、Windows系统中的ToolBook，这些创作软件可以将音频文件、视频文件、动画、文本和图形等集成为一体。

专业的多媒体系统相当昂贵，所以在微机中配置一些多媒体软件、硬件，使个人计算机具有多媒体系统的功能，是多媒体的普遍用法。

4.6.4 超文本、超媒体

超文本实际上就是指文档之间的相互链接。早在1965年，美国人Nelson就提出了这一概念，当时他想制作一个包括图书馆每一篇文件档案的巨大超文本，通过文档之间的相互链接，使读者能够从一个文档直接跳到另一个文档。限于当时的技术条件，他没有能够实现这一理想。今天，超文本在多媒体和因特网中被广泛使用，即超链接，如图4-7所示。

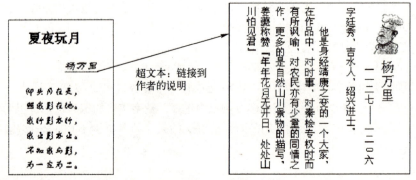

图 4-7 超链接

图4-7左图是宋朝诗人杨万里的一首诗的，文档中的作者杨万里被设置为超文本，如果读者在读这首诗的过程中想了解有关作者的信息，只需把鼠标指到"杨万里"的位置，这时鼠标就会由箭头变为手指形状。按下鼠标左键，计算机就会自动显示图4-7右图所示的有关作者的说明。可见，使用超文本可以大大缩短检索信息的时间。

与超文本意义相近的另一个词是超媒体。超媒体是基于多媒体上的超文本，即超媒体所链接的对象中包括文本、图像、声音和视频。例如，在图4-7中包括文本和图像信息，它本身也是超媒体。当今网页制作中广泛使用的超链接其实就是一种超媒体。

流媒体是因特网上近年出现的一种新技术，早期的网页中只包含了文本，那时超文本就可以解决文档之间的链接了。随着多媒体技术的不断发展，现在的网页中包含了声音、动画、图像、表格、文档等媒体元素。这些媒体元素被作为一个个独立的文件保存在网络的服务器中，当在因特网网站中单击了一个网页来播放其中的一个媒体元素时，服务器就会把这个媒体元素的文件复制到本地计算机上。如果这个媒体元素是一个比较大的影视文件，在播放它之前，就要花很长时间（半小时或1小时）来等待网络传送该文件。

一种新的技术是在单击该媒体元素时，网络将媒体文件的一小部分传送到计算机上就开始播放它，在播放的同时网络接着传送下一部分内容到计算机，即一边播放一边传送文件，当第一部分播放完毕时，第二部分已经送到。这样在接收媒体文件的同时就能够播放该文件，这种技术就称为流媒体。

当前在 Windows 系统中应用较多的 RealPlay 就是一种流媒体播放软件，可以在上网的同时就实时地播放媒体文件。

习 题 4

一、选择题

1. 计算机软件由_____组成。
   A. 系统软件和应用软件　　　　　　　　B. 编辑软件和应用软件
   C. 数据库软件和工具软件　　　　　　　D. 程序和相应文档
2. 下列各组软件中，全部属于应用软件的是_____。
   A. 程序语言处理程序、操作系统、数据库管理系统
   B. 文字处理程序、编辑程序、UNIX 操作系统
   C. 财务处理软件、金融软件、WPS Office
   D. Word 2013、Photoshop、Windows 10
3. 下列叙述中，正确的是_____。
   A. 用高级程序语言编写的程序称为源程序
   B. 计算机能直接识别并执行用汇编语言编写的程序
   C. 机器语言编写的程序执行效率最低
   D. 不同型号的计算机具有相同的机器语言
4. 高级程序语言的编译程序属于_____。
   A. 专用软件　　　B. 应用软件　　　C. 通用软件　　　D. 系统软件
5. 下列叙述中错误的是_____。
   A. 高级语言编写的程序的可移植性最差　　B. 不同型号的计算机具有不同的机器语言
   C. 机器语言是由一串二进制数 0、1 组成的　D. 用机器语言编写的程序执行效率最高
6. 把用高级语言写的程序转换为可执行的程序，要经过的过程叫做_____。
   A. 汇编和解释　　B. 编辑和连接　　C. 编译和连接　　D. 解释和编译
7. 用来全面管理计算机系统资源的软件叫_____。
   A. 数据库管理系统　B. 操作系统　　　C. 应用软件　　　D. 专用软件
8. 下列属于金山公司国产的文字处理软件是_____。
   A. Word　　　　　B. Office　　　　C. WPS　　　　　D. Lotus
9. 下列操作系统中对计算机硬件要求最高的是_____。
   A. DOS　　　　　B. Windows 98　　C. Windows XP　　D. Windows 7
10. Access 是一种_____数据库管理系统。
    A. 发散型　　　　B. 集中型　　　　C. 关系型　　　　D. 逻辑型

二、名词解释

程序　　源程序　　软件　　操作系统　　编译　　汇编
解释　　多媒体　　超文本　　流媒体　　位图

三、计算题

计算保存一幅 1024×768 的真彩色位图需要的存储空间。

四、问答题

1. 简述软件的分类及其功能。
2. 简述操作系统的功能，分类。请列举几个常用的操作系统，并说明它们的类别。
3. 常见的系统软件有哪些类型？试举例说明。
4. 举出一些通用应用软件的例子，并说明它们各自的用途。
5. 什么是解释？什么是编译？它们有什么区别？
6. 简述计算机语言的发展过程，并说明各代语言的特点。
7. 简述 MPEG、MIDI 的主要特点。

第 5 章 计算机网络基础

本章介绍计算机网络及互联网应用的基础知识,包括:计算机网络的发展过程、拓扑结构、传输介质、网络类型、网络协议及无线局域网,Internet 中常用的基本概念,接入 Internet 的方式,电子邮件、搜索引擎、FTP、Telnet、QQ、微信、微博的操作和应用方法。

5.1 计算机网络的基本概念

计算机网络就是利用通信设备和通信线路将地理位置分散的、功能独立的计算机系统和由计算机控制的外部设备连接起来,在网络操作系统的控制下,按照约定的通信协议进行信息交换,实现资源共享的系统,如图 5-1 所示。

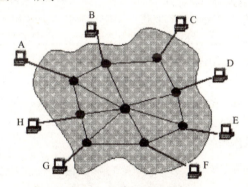

图 5-1 计算机网络示意

计算机网络是通信网络与计算机相结合的产物,整个网络包括通信子网和资源子网。

(1)通信子网

通信子网由通信线路和通信设备组成,完成信息的传输工作。图 5-1 中的黑色圆点及它们之间的连线构成了通信子网,黑色圆点称为通信节点,它们是具有存储转发功能的通信设备,可以是集线器、路由器、网桥或网关等设备。当通信线路繁忙时,传输的信息可以在节点中存储、排队,等到线路空闲时再将信息转发出去,从而提高了线路的利用率和整个网络的效率。一句话,通信子网主要负责信息的传输工作。

(2)资源子网

资源子网包含通信子网所连接的全部计算机,如图 5-1 中的计算机 A、B、C、D、E、F、G、H,这些计算机与通信子网中的通信节点相连,又称为主机。它们向网络提供各种类型的资源和应用。

5.2 计算机网络的发展

计算机网络始于 20 世纪 50 年代,发展速度很快,迄今为止,经历了以下几个阶段。

1. 计算机—终端联机网络

20世纪50年代，出现了以一台计算机（称为主机）为中心，通过通信线路，将许多分散在不同地理位置的"终端"连接到该主机上，所有终端用户的事务在主机中进行处理的模式。终端仅是一些外部设备，常常只有显示器和键盘，没有 CPU，也没有内存，这种单机联机系统又称为面向终端的计算机网络，如图 5-2 所示。

在当时，许多系统的终端都通过 Modem 和电话线与主机相连接，借助公用电话网进行数据传输。例如，美国的半自动地面防空系统 SAGE（Semi-Automatic Ground Environment）最早是由人工操作的实时控制计算机系统，它能够接收各个侦察站雷达传来的信息，识别来袭飞行物，由操纵者指挥地面防御武器瞄准敌对飞行器。此系统建立于20世纪50年代末，用了全长约240万千米的通信线路，连接了1000多台分布在全美各地的终端；20世纪60年代，美国航空公司的联机订票系统 SABRE 将分布在全美各地的 2000 多个终端连接到了中央主机上，每天处理 85000 个电话、40000 个预定信息和 20000 张机票的数据。这些都是比较成功的面向终端的计算机网络。

2. 计算机—计算机互连网络

1957年，苏联发射了第一颗人造卫星，引起了美国对争夺太空的重视，美国为此设立了 ARPA 机构（Advanced Research Projects Agency，美国国防部高级研究计划署），旨在发展太空技术。该机构后来被 NASA（美国航空航天局）所取代，ARPA 则成为大学和承包商的高级研究项目的资助者。ARPA 在 1969 年建成了 ARPANET，即阿帕网，该网络最初只连接了 4 台主机，分别隶属于斯坦福研究所、加州大学圣巴巴拉分校、加州大学洛杉矶分校和犹他大学。阿帕网首次采用分组交换技术进行数据传输，主机通过 IMP（Interface Message Processor，接口信息处理机）将各大学研究中心的主机连在一起，各地的终端均与本地的主机连接，IMP 实现网络中信息的路由、存储与转发。1972 年，阿帕网又增设了 TIP（Terminal Interface Processor，终端接口处理机），用户终端可以通过 TIP 直接接入阿帕网，如图 5-3 所示。

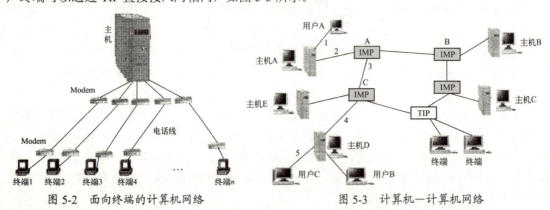

图 5-2　面向终端的计算机网络　　　　图 5-3　计算机—计算机网络

在图 5-3 中，假设用户 A 要向异地的用户 C 传输数据，就要经过 A、C 之间的许多 IMP 转送才能实现。用户 A 首先将要传输的数据送到本地主机 A，主机 A 因与 IMPA 相连，所以它将要传输的数据送到 IMPA，IMPA 存储收到的数据，并为要传输的数据找到一条数据通路，如 IMPB 或 IMPC（IMP 根据一定的路由算法来决定是送到 IMPB 还是 IMPC）。假设它选择了 IMPC，信息就会送到 IMPC，IMPC 将数据送到与之相连的主机 D，主机 D 再将数据送到与之相连的用户 C。这样就实现了从用户 A 到用户 C 的信息传输。

在该网络中，IMP、TIP 及它们之间的通信线路和其他通信设备组成了通信子网，而主机、与主机相联的用户终端及所有的计算机软件就构成了资源子网。

20 世纪 70 年代，局域网的发展很迅速，许多公司、企事业单位都建立了自己的局域网。

3. Internet

阿帕网（ARPANET）发展较快，到 1981 年，它已经拥有了 213 台主机，大约每 20 天就会增加一台新的主机。1982 年，许多网络都采用了 TCP/IP 作为通信协议，实现了两种不同网络的互联，术语"Internet（因特网，即互联网）"在该年第一次出现。

20 世纪 80 年代中期，美国国家科学基金会（NSF）利用从阿帕网发展而来的叫做 TCP/IP 的通信协议建立了广域网 NSFnet，该网络最初只连接了 6 个超级计算机中心。NSF 鼓励大学和研究机构与它们非常昂贵的 6 台主机联网，共享其中的资源并进行一些研究工作。许多大学、政府资助的研究机构，以及私营研究机构纷纷把自己的局域网并入 NSFnet，这使 NSFnet 逐渐取代阿帕网而成为 Internet 的主干网。

1990 年，阿帕网正式宣布关闭，而 NSFnet 主干网经过不断扩充，最终形成世界范围的 Internet。进入 90 年代后，网络向着开放、高速、高性能方向发展，可以传输数据、语音和图像等多媒体信息，并且具有更好的安全性。1995 年，原有的 NSFnet 宣布停止运营，取而代之的是由多个公司分摊经营的 Internet，正式对社会公众开放。

4. Internet 在我国的发展过程

20 世纪 80 年代初，我国已有部分高校和企业引入国外的局域网产品，建立了自己的局域网。1986 年，包括中科院在内的一些科研单位通过国际长途电话，拨号接入欧洲一些国家的 Internet，进行信息查询，这是我国使用 Internet 的开端。

1989 年，我国第一个公用分组交换网 CNPAC 正式运行。1993 年，该网络扩充为层次结构的全国性网络 CHINAPAC，由国家主干网和各省、地区、市的网络组成，在北京、上海接入国际互联网。中科院高能所与美国斯坦福大学的线性中心在核物理研究方面有着密切的合作关系，因研究需要，在 1993 年 3 月租用了一条 64 kbps 的卫星线路与斯坦福大学联网。次年 4 月，中科院计算机网络中心通过国际线路连接到美国，并开通了路由器，标志着我国正式加入 Internet。

1993 年，我国启动"三金"工程，使我国网络进入了快速发展时期，此后又陆续构建了许多网络，其中较重要的网络如表 5-1 所示。其中，CHINANET 是中国电信于 1994 年建成的面向公众的商业网络，其主干网的网络设备设在清华大学，由国家投资建设，教育部负责管理，清华大学等高等学校承担建设和管理运行的全国学术性计算机互联网，主要面向教育和科研单位，是全国最大的公益性互联网。

表 5-1 中国互联网一览表

互联网名称	单　位	运营性质	成立时间
中国公用计算机互联网（CHINANET）	中国电信集团公司	商业	1995.5
中国金桥信息网（GBNET）	吉通通信有限责任公司	商业	1996.9
中国联通公用计算机互联网（UNINET）	中国联合通信有限公司	商业	1999.4
中国网通公用互联网（CNCNET）	中国网络通信有限公司	商业	1999.7
中国移动互联网（CMNET）	中国移动通信集团公司	商业	2000.1
中国科技网（CSTNET）	中国科学院	商业	1994.4
中国教育和科研计算机网（CERNET）	教育部	公益	1995.11

5.3 常见的网络拓扑结构

网络拓扑结构是抛开网络电缆的物理连接方式,不考虑网络的实际地理位置,把网络中的计算机看成一个节点,把连接计算机的电缆看成连线,从而看到(形成)的几何图形。该图形能够把网络中的服务器、工作站和其他网络设备的关系清晰地表示出来。

网络拓扑结构按形状可以分为 5 种:总线型、星型、环型、总线/星型混和、树型。

1. 总线型

总线型网络是用一条称为总线的中央主电缆作为公共传输线路,每个工作站节点通过一根支线连接到总线上,如图 5-4 所示。

2. 星型

星型结构由一个中心节点和一些外围节点构成,中心节点和外围节点之间采用一条单独的通信电缆相连接,外围节点之间没有连接电缆,节点连接的形状就像向外辐射的星形,星型网络由此得名。公用电话网和最普遍的以太网(Ethernet)都是星型结构。在星型结构的网络中,处于中心位置的网络设备称为集线器(Hub)。集线器提供一个输入端口和多个输出端口,输入端口一般用来连接服务器,输出端口用来连接多个终端用户(即工作站),如图 5-5 所示。

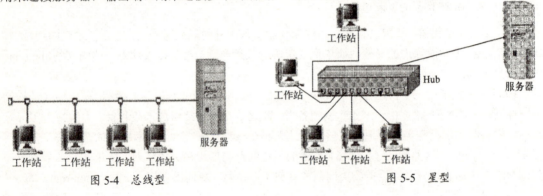

图 5-4 总线型　　　　　　　　　图 5-5 星型

3. 环型

环型网络使用通信电缆,从一个节点(即图 5-6 中的工作站)连接到另一个终端用户,所有的终端用户连成环状,如图 5-6 所示。在环型网络中,环路上的任何节点都可以请求发送信息。请求一旦被批准,就可以向环路发送数据。发送的数据沿固定的方向流动,经过网络中的每个节点。如果某个节点发现环型网络中传输数据的地址与自己的地址相符时,它就接收信息,之后信息继续流向下一个节点,一直流回到发送该信息的节点才停止流动。

环形网络的典型代表是 IBM 公司的令牌环状网(IBM Token Ring)。

4. 总线/星型混合

用一条或多条总线把多个星型网络连接起来,就构成了总线/星型网络的混和结构。这种拓扑结构很容易将多个小型网络组合成一个较大的网络,如图 5-7 所示。

5. 树型

树型结构是总线型结构的扩展,如果总线型网络通过多层集线器连接到主机,主机按级分层连接,使整个网络看上去就像一棵倒立的树,如图 5-8 所示。

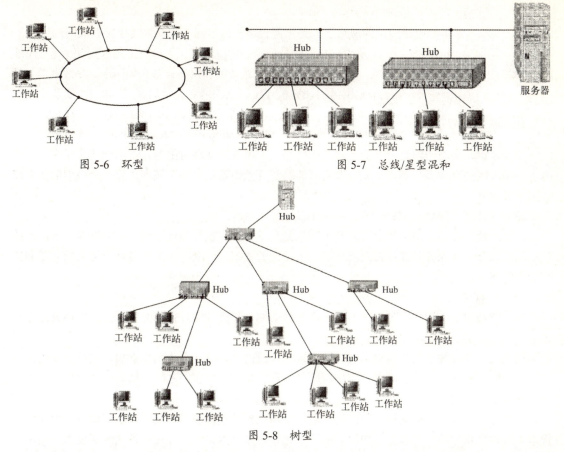

图 5-6 环型   图 5-7 总线/星型混和

图 5-8 树型

  树型网络是一种分层网络，对高层节点的可靠性要求较高，具有一定的容错能力，一个分支节点的故障一般不会影响另一分支节点的工作，任何一个节点送出的信息都可以传遍整个网络。

  Internet 就是树型结构的网络，位于不同层次的节点的地位不同：树根对应于最高层的横穿全美的主干网（广域网），中间节点对应于地区网络（城域网或局域网），叶节点对应于最低层的局域网。

5.4 网络类型

  从不同角度可以将计算机网络分为不同类型,这里主要从网络用户和网络覆盖范围两方面进行划分。

1. 公用网和专用网

  按照网络的用户群体，网络可分为公用网和专用网两种。

  公用网（Public Network）是指国家出资组建的大型网络，如中国移动网和中国电信网。"公用"的意思是指所有愿意按照国家规定缴纳费用的人都可以使用此网络。公用网也称为公众网。

  专用网（Private Network）是指某部门为本单位的特殊业务需要而建造的网络。这种网络只有本单位内部的人员才有使用权，不向本单位以外的人提供服务。例如，军队、铁路、电力等系统均拥有本系统的专用网。

2. 局域网、城域网、广域网和接入网

  概括网络覆盖范围的大小，可以把它分为局域网、城域网和广域网等。

（1）局域网（LAN，Local Area Network）

图5-9或许是世界上最简单的网络了，是由两台微机通过网卡和双绞线连接而成的局域网。

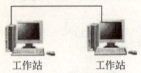

图5-9　最简单的局域网

所谓局域，就是指很小的地理范围，一般是几米到几千米。用通信线（如双绞线、同轴电缆等）和网络设备（如网卡、集线器等）把这个范围内的计算机连接而成的网络就是局域网。如一个实验室或栋商业大楼内、一个公司或一个学校里建立的网络都是局域网。

（2）城域网（MAN，Metropolitan Area Network）

通俗地讲，城域网就是一个城市建立的网络，其覆盖的地理范围为几千米到几十千米。一般而言，城域网的有效范围是一个城市，它可能跨越几个街道甚至整个城市，将一个城市的多个局域网连接起来。

（3）广域网（WAN，Wide Area Network）

广域网覆盖的地理范围较大，从几十千米到几千千米，也称为远程网。广域网是Internet的核心组成部分，其任务是通过长距离传输主机发送的数据，广域网的主干线具有较大的容量和较高的传输速率。

（4）接入网

从组成结构上，通信网可划分为骨干网（核心网）和接入网。骨干网负责数据交换及远距离传输，接入网则负责将用户加入到网络中。

例如，一个大城市的市内电话网在许多地区（或街道）设立电话交换支局，这些交换支局经过局间线路相互连接，传输成群的信号，这些电话交换支局及它们之间的通信线路就构成了市内电话通信的骨干网。

另一方面，每个电话交换支局的程控电话交换机提供了许多用户电缆，这些用户电缆从地下管道一直拉到用户的住宅区，每根用户电缆中包含许多对电话线，每对电话线分别进入不同用户的家中，每对电话线可连接一部电话，且有唯一的号码相对应（即电话号码）。这里所说的电话线，最初被称为sub-scriber line，近来又被叫做Accessline，译为"接入线"。整个电话交换局（或整个城市）的所有"接入线"形成了一个网络，这个网络就称为接入网。如果通信网是无线移动通信的，就称为"无线接入"（wireless access）。图5-10是接入网的示意图。

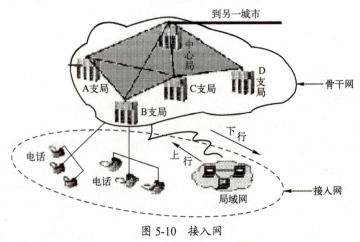

图5-10　接入网

在图5-10中，上半部分是某城市的骨干网，它由4个交换支局、1个中心交换局，以及交换局之间的通信电缆组成；下半部分是B支局的接入网，其他交换支局的接入网则省略未画。在接入网中，数据从用户传输到交换局，称为**上行**，从交换局传输到用户，称为**下行**。

局域网、城域网、广域网和接入网之间存在一定关系，如图5-11所示。

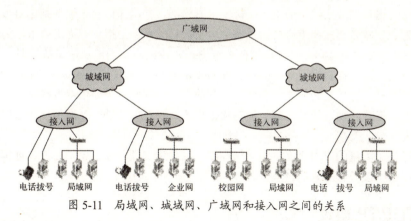

图 5-11 局域网、城域网、广域网和接入网之间的关系

5.5 网络协议

两台联网的计算机要进行数据通信，它们必须遵守共同的信息传递、信息交换规则，这些规则称为网络协议。

网络协议与公路交通规则相似，它制订了网络中的两台计算机在传输数据时必须遵守的规则，告诉发送信息的计算机如何发送数据，一次发送多少，发送的速率如何，数据在通信线路中的传输速率是多少，如果数据在通信线路上丢掉了或发生了错误应当如何处理。同时，网络协议也规定了接收信息的计算机接收数据的方法，一次接收多少，以怎样的速率接收等。如果谁不遵守网络协议，就不能将数据送到对方，结果与不守交通规则的汽车一样。

5.5.1 OSI 七层模型

20世纪70年代末，许多国家都建立起了自己的大型网络。但各国的网络有各自独立的体系结构，采用的通信协议也不一样，彼此并不相同，很难实现互联互通。

为了实现网络互连，国际标准化组织（ISO）于1984年提出了"开放系统互连参考模型"（Open Systems Interconnection Reference Model，OSI/RM），简称OSI模型。"开放"的含义为"只要所有的计算机网络遵循OSI标准，它们就能够互连，进行通信"。

OSI模型在网络结构的标准化方面起到了重要作用，如果全世界所有的网络都遵守该协议，就能够轻易地通信。OSI模型采用了七层体系结构，下层为其上层服务，从低到高依次是物理层、数据链路层、网络层、传输层、会话层、表示层和应用层，如图5-12所示。

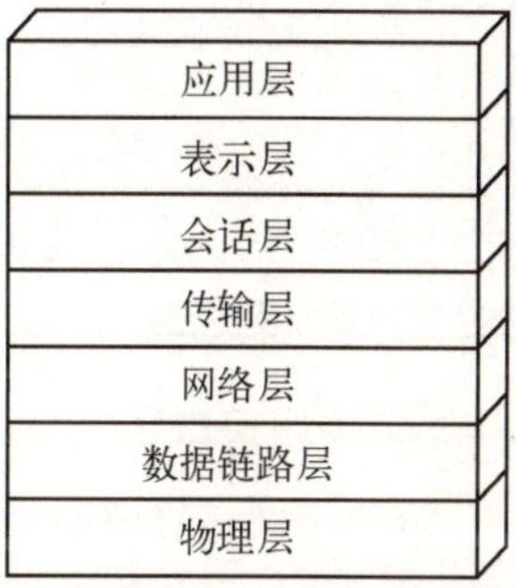

图 5-12 OSI 模型

物理层主要对通信网物理设备的机械特性、电气特性、功能特性等内容进行了定义。解决了单个二进制的0、1从发送方到接收方的物理传输问题。

数据链路层定义了在网络两点之间的物理线路上如何正确传输数据的规程和协议，保证传输的数据有意义。

网络层为建立网络连接和其上层（传输层、会话层等）提供服务，主要实现数据传输过程中的路由选择，数据传输途中的差错检测与恢复，网络流量控制等功能。

传输层的主要功能是接收从会话层传来的数据，建立起从发送方到接收方的网络传输通路，并在必要时将传送数据分成较小的单元，传输给网络层，并确保信息正确地到达对方。

会话层为通信双方建立和维持会话关系（所谓会话关系，是指一方提出请求，另一方应答的关系），并使双方会话获得同步。会话层在数据中插入校验点，当出现网络故障时，只需传输最后一个校验点之后的数据就行了（即已经收到的数据就不传送了），这对大文件的传输非常重要。

表示层为异种计算机之间的通信制订了一些数据编码规则，为通信双方提供一种公共语言，以便对数据进行格式转换，使双方有一致的数据形式，以便能够进行互操作（即通信双方之间的配合与协作）。

应用层提供了大量的应用协议，为应用程序（如传送文件、收发电子邮件、远程提交作业、网络查询、网络会议等程序）提供服务。

5.5.2 TCP/IP 协议

OSI 模型试图达到一种理想的境界，使全世界的网络都遵循这一协议模型，但它过于复杂，最终没能在具体的网络中实现。同 OSI 模型相比，TCP/IP（Transmission Control Protocol/Internet Protocol，传输控制协议/网际协议）则更简略、更实用，由于 Internet 的原因，它成了事实上的网络协议标准。

TCP/IP 实际上由多个协议组成，如文件传输协议 FTP、远程登录协议 TELNET、超文本传输协议 HTTP 等。而 TCP 和 IP 则是其中两个最重要的协议，TCP 协议负责信息传输的正确性，IP 协议则保证通信地址的正确性。

同 OSI 模型一样，TCP/IP 也采用了分层的体系结构，但只有 4 层：应用层、传输层、网络层、网络接口层，与 OSI 模型相对应，如表 5-2 所示。

表 5-2 TCP/IP 与 OSI 模型的对照

OSI 模型	TCP/IP 模型	TCP/IP 协议
应用层	应用层	TELNET、FTP、SMTP、HTTP、Gopher、SNMP、DNS 等
表示层		
会话层		
传输层	传输层	TCP、UDP
网络层	网络层	IP、ARP、RARP、ICMP 各种底层网络协议
数据链路层	网络接口层	FDDI、Ethernet、PDN、SLIP、PPP、IEEE 802.1A，IEEE 802.2 到 IEEE 802.11 等
物理层		

1. 网络接口层

网络接口层等效于 OSI 模型的物理层和数据链路层，具有这两层的功能，定义了通信线路的物理接口和数据传输的细则，负责将数据帧发往通信线路，或从通信线路上接收数据帧。

2. 网络层

网络层也称为互联网层，主要处理分组（分组即传输的数据帧）在网络中的活动，具有网络寻址和路由选择的功能。网络层协议包括 IP（网际协议）、ICMP（互联网控制报文协议）和 IGMP（Internet 组管理协议）。

3. 传输层

传输层主要为通信双方提供端到端的通信，包括以下两种数据传输服务。

TCP（Transport Control Protocol，传输控制协议）：面向连接的可靠传输协议，用于传输大量数据。TCP 为两台主机提供高可靠性的数据通信，把应用程序传来的数据分成合适的小块后（即数据报分组）送到其下的网络层进行发送，如果在规定的时间内没有收到对方的确认信息，则说明对方可能没有收到，它将重发数据。

UDP（User Datagram Protocol，用户数据报协议）：不可靠的无连接的传输协议，用于即时传输少量数据。UDP 提供一种非常简单的服务，只是把数据报的分组从一台主机发送到另一台主机，但并不保证该数据报能到达接收端。

4. 应用层

TCP/IP 没有会话层和表示层，这两层的功能都在应用层实现。应用层定义了许多网络应用方面的协议，提供了许多 TCP/IP 工具和服务。其中，几个常用的协议如下：

- ❖ SMTP（Simple Mail Transfer Protocol）——简单邮件协议，主要用来传输电子邮件。
- ❖ DNS（Domain Name Service）——域名解析协议。域名（Domain Name）是 IP 地址的文字表现形式，DNS 提供域名到 IP 地址之间的转换。
- ❖ FTP（File Transfer Protocol）——文件传输协议，主要用来进行远程文件传输。
- ❖ TELNET——远程登录，可为远程主机建立仿真终端。
- ❖ HTTP（即 WWW）、GOPHER 和 WAIS——既是通信协议，又是实现协议的软件。

在 Internet 的应用层协议中，最重要的是电子邮件、文件传输和远程登录三个协议。

5.6 网络硬件

图 5-13 是某公司的计算机网络示意，可以看出，一个计算机网络是由计算机和不同的网络设备构成的。常见的设备有传输介质（即通信线路）、网卡、中继器、交换机、路由器、网桥等。

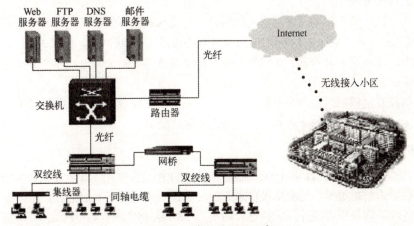

图 5-13 某公司网络示意

1. 传输介质

传输介质用于将计算机和各种通信设备连接成网络，并在其间传输信号，分为有线和无线两种。常见的有线传输介质有双绞线、同轴电缆和光纤，无线传输介质则主要是无线电波。

（1）双绞线

双绞线（Twisted Pair，TP）是最常用的一种传输介质，传输距离在几千米到十多千米内，由两根具有绝缘保护层的铜导线按一定密度相互绞在一起，使每一根导线在传输中辐射的电波被另一根线上发出的电波抵消，以此减少信号在传输过程中的相互干扰。双绞线也由此而得名。

双绞线分为无屏蔽双绞线 UTP（Unshielded Twisted Pair）和屏蔽双绞线 STP（Shielded Twisted Pair）两种。STP 是在双绞线的外面加一个金属屏蔽层构成的，金属屏蔽层具有抗电磁干扰的能力。STP 虽然比 UTP 具有更好的传输性能，但成本较高，故其应用远不及 UTP。图 5-14（a）是无屏蔽双绞线的示意。

（2）同轴电缆

同轴电缆以单根铜导线为内芯，外裹一层绝缘材料，在绝缘材料之外包裹着金属屏蔽层导体，最外面包裹一层保护性塑料。金属屏蔽层能够将磁场反射回中心导体，同时使中心导体免受外界干扰，所以同轴电缆比双绞线的传输性能更好，可用于较高速率的数据传输。图 5-14（b）是同轴电缆的示意。

（3）光纤

光纤就是光导纤维，由直径约为 0.1 mm 的细玻璃丝（多用石英玻璃）构成。光波能够在光纤中传播。图 5-14（c）是光纤的示意。

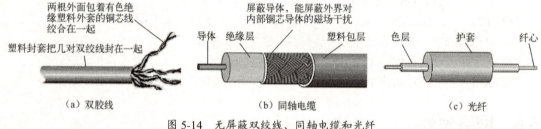

图 5-14　无屏蔽双绞线、同轴电缆和光纤

光纤具有其他传输介质无法比拟的优点：传输信号的频带宽，通信容量大；信号衰减小，传输速度快，能以 2.5 Gbps 的速率传输；传输距离长，在无中继的情况下可达几十千米。

（4）无线传输介质

采用无线传输介质连接的网络称为无线网络。无线局域网可以在普通局域网基础上通过无线 Hub、无线接入点 AP（Access Point，也称为网络桥通器）、无线网桥、无线 Modem 及无线网卡等实现。其中，无线网卡最普遍。无线网采用的传输媒体主要是无线电波和红外线，它们都以空气为传输介质。

无线网络具有组网灵活、容易安装、节点加入或退出方便、可移动上网等优点。随着通信的不断发展，无线网络的地位越来越重要，应用越来越广泛。

2. 网络接口卡

网络接口卡 NIC（Network Interface Card）简称网卡，也叫网络适配器，是插在个人计算机或服务器扩展槽内的扩展卡，与网络操作系统配合工作，控制网络上的信息流动。网卡与网络传输介质（双绞线、同轴电缆或光纤）相连。图 5-15 是一块 PCI 网卡的示意。

每块网卡都有全球唯一的编号，称为网卡的硬件地址或物理地址，它由网卡生产厂家写入网卡的 EPROM 中，在网卡的"一生"中，物理地址都不会改变。在数据传输过程中，本机和目的主机的物理地址将被添加到数据帧中，在网络底层的物理传输过程中，将通过物理地址来识别通信的双方。例如，以太网卡的物理地址是 48 位的整数倍。

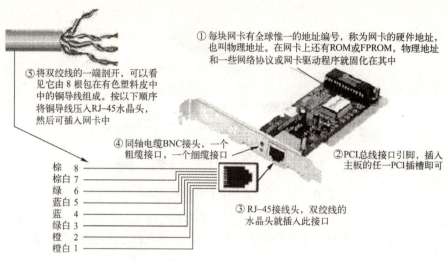

图 5-15　PCI 接口网卡

网卡主要涉及网络协议的物理层和数据链路层。其基本功能包括：数据转换（并行及串行数据通信转换），数据包的装配和拆卸，网络存取控制，数据缓存和网络信号分析。

根据采用的总线类型，网卡可以分为 ISA、VESA、EISA、PCI、PCI-E 等类型。目前的主流网卡是 PCI 和 PCI-E 接口的网卡，两者都是 10/100/1000 Mbps 三种速率的自适应网卡。

3．集线器

集线器工作在 OSI 模型的物理层，只是一个信号放大和中转的设备，不具备交换功能，采用广播方式传递信息，一般有 4、8、16、24、32 等数量的 RJ-45 接口，每个接口可以通过双绞线连接一台计算机。这样，通过集线器可以将多台计算机连接成一个星形网络。集线器在网络中处于"中心"位置，因此集线器也叫做 Hub（在英文中，Hub 有"中心"之意）。图 5-16 是具有 16 个 RJ-45 接口的集线器所连接的星型网络示意，图中只连接了 8 台计算机（还可以再连接 8 台）。

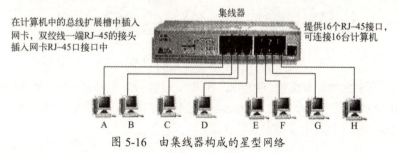

图 5-16　由集线器构成的星型网络

集线器价格便宜，组网灵活，采用星型布线，如果一个工作站出现问题，不会影响整个网络的正常运行。

4．网桥和交换机

网桥（Bridge）也称为桥接器，一般的网桥具有两个接口，可以连接两个网段或两个不同的局域网，是把两个局域网连接起来的桥梁。工作于 OSI 模型的数据链路层，具有数据帧的转发和过滤、协议转换及简单的路径选择功能，可以将相同或相似体系结构的网络系统连接在一起，即使两个网络的传输介质不同（如一个网络采用双绞线，而另一个网络采用光纤），它也能够将信号从一个网络传到另一个网络。图 5-17 是用网桥连接两个局域网的示意。

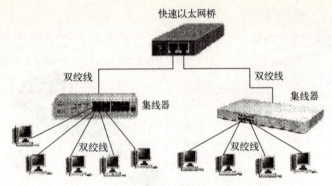

图 5-17 由网桥连在一起的两个局域网

交换机实际是一种功能更强大的网桥,提供了更多的连接端口,通常为 16 个以上(网桥的端口一般只有 2~4 个),能够将十多个网络连接在一起,并允许这些网络通过交换机传递数据。

5. 路由器

路由器是一种网络连接设备,实现 OSI 模型中网络层的功能,具有数据的存储转发和路由选择功能,用于将多个不同的网络连接在一起。只要遵守相同网络层协议的网络都可以通过路由器互连。图 5-18 是路由器在网络连接中的位置示意。

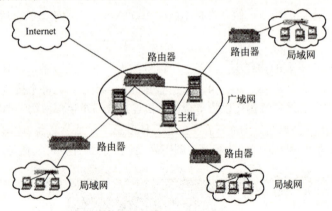

图 5-18 路由器及网络互连

目前,几乎所有的网络都支持 TCP/IP,各国家(地区)、各研究机构、各高校的不同网络正是通过 TCP/IP 才能够连接成今天的 Internet。在这些网络的连接过程中,路由器处于核心地位,其性能优劣对整个网络有着十分重大的影响。

6. 网关

网关(Gateway)又叫协议转换器,是一种复杂的网络连接设备,实现 OSI 模型的第 4~7 层网络协议功能,能够进行协议转换和数据重新分组,以便在两个不同类型的网络系统之间进行通信。网关可以是专门的网络硬件设备,也可以是一台具有网络协议转换功能的计算机。

5.7 网络结构的几种常见模式

在计算机网络的发展过程中,网络组建的模式也在不断地发生变化。

1. 文件服务器结构

在文件服务器的网络结构中，系统主要由服务器和工作站组成，如图 5-19 所示。服务器是整个网络的中心，由功能强大的专用计算机担当，一般具有大容量的内存、高性能的处理器（有的还有多个处理器）、大容量的磁盘或磁盘阵列。它运行网络操作系统，管理网络中的所有资源，各工作站只有以合法身份（用户名和口令）登录到服务器后，才能使用服务器中的资源。如从服务器拷贝文件，将数据存放到服务器硬盘中，通过服务器打印文件，通过服务器向网络中的其他用户传输数据等。

2. C/S 结构

C/S（Client/Server）即客户—服务器，在此结构中，服务器是整个应用系统资源的存储与管理中心，为客户机提供网络资源。服务器上一直运行着服务程序，随时准备为客户机提供服务。如果有用户需要服务，它首先启动客户机上的客户应用程序，连接到服务器上，并向服务器提出操作请求，而服务器则按照此请求提供相应的服务，然后将处理的结果返回客户机。

C/S 是对文件服务器系统的改进，服务器将部分网络功能"下放"到了客户机，使客户机具有处理本地事务的能力，如图 5-20 所示。

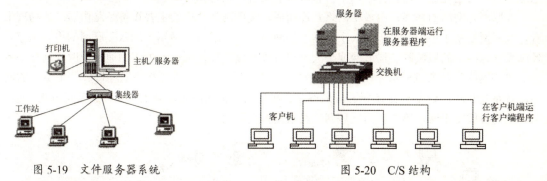

图 5-19　文件服务器系统　　　　　图 5-20　C/S 结构

3. B/S 结构

B/S（Browser/Server）即浏览器/服务器，是利用 Internet 技术对 C/S 改进之后的一种基于 Internet 的网络结构，如图 5-21 所示。它在服务器上运行 Web 服务程序，而在用户工作站计算机上运行浏览器程序，用户通过浏览器获取服务器提供的服务。

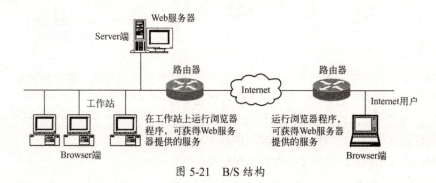

图 5-21　B/S 结构

B/S 结构简化了 C/S 结构中客户机端的功能。在 C/S 结构中，客户机上必须运行与服务器程序相对应的客户端应用程序，才能够与服务器相连接。但在 B/S 结构中，在客户机上只需运行一个网络浏览器软件,就可以登录到 Web 服务器,获取相应服务。而浏览器则可以从任何第三方获取,如 Windows 系统的 IE,在安装 Windows 时就会被自动装载到你的计算机上。

B/S 结构将系统升级与维护成本降到了最低限度,因为整个系统的功能几乎都是在服务器端完成的,无论用户的规模有多大,有多少分支机构,都不会增加系统维护和升级的工作量,因为所有的操作只需要针对服务器进行。

B/S 结构是适合电子商务活动的一种网络结构,企业将其能够提供的服务放到企业内部的 Web 服务器上,用户只需要一台普通的微机就可以通过 Internet 登录到该服务器,获取企业提供的服务,以此实现商务活动。

5.8 互联网及其应用基础

互联网也叫因特网(Internet),采用 TCP/IP 进行通信和数据传输,其中 TCP 负责传输的正确性,IP 则保证通信地址的正确性。互联网不属于任何国家、部门或机构,任何遵守 TCP/IP 的网络都可以接入互联网,成为其中的一员;互联网也不属于任何个人或组织,任何个人或组织只要愿意都可以自由地加入,在互联网中查找或传递信息,也可以将信息发布到互联网上。

互联网是网络的网络,由多个网络互连而成,实现网络互连的主要设备是路由器。从物理上看,互联网是基于多个通信子网(主干网)的网络,这些通信子网属于加入互联网的不同国家。各国家(地区)的城域网、局域网或个人用户可以通过各种技术接入本国的通信子网。这样,各国的"小网络"就通过通信子网而连接而成一个"大网络",再通过路由器连接成一个更大的网络,就是互联网,如图 5-22 所示。互联网是一种层次结构的网络,从上至下,大致可分为三层。第一层为各国主干网,第二层为区域网,最低层为局域网。

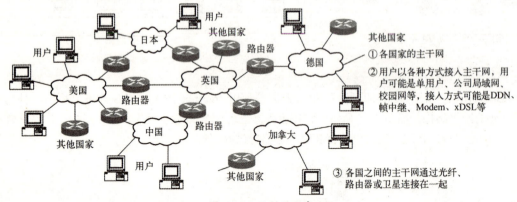

图 5-22 互联网示意

主干网:由代表国家或者行业的有限个中心节点通过专线连接形成,覆盖到国家一级;连接各国主干网的是互联网互连中心,如中国互联网信息中心(CNNIC)。

区域网:由若干个作为中心节点代理的次中心节点组成,覆盖部分省、市或地区,如我国的教育网各地区网络中心、电信网各省互联网中心等。

局域网:直接面向用户的网络,如校园网和企业网等。

5.8.1 IP 地址

快递公司根据个人的家庭地址信息可以将网购商品送到购卖者的手中,与此相似,互联网中的每台计算机也都有一个唯一的网络地址,根据它可以将信息传输到指定的计算机中。在互联网中,计算机的网络地址由 IP 协议负责定义和转换,所以又称为 IP 地址。

最初的 IP 协议用 4 字节存储 IP 地址,称为 IPv4。4 字节能够表示的数字个数是 2^{32} = 4294967296,一个数字代表互联网中一台计算机的地址,最多可有 4294967296 台计算机。记住每台计算机的 32 位二进制数字编号比较困难,所以人们通常用 4 个十进制数字来表示 IP 地址,十进制数之间用"."分开。例如,"11111111111111111111111100000111"就表示为"255.255.255.7",其转换规则是将每个字节转换为一个十进制数即可,因为 8 位二进制数最大为 255,所以 IP 地址中每个十进制数不超过 255。

互联网中的 IP 地址分为 A、B、C、D、E 五类,每类包括的网络数量和主机(互联网中的计算机称为主机)数量不同,这些信息都隐藏在主机的 IP 地址中,结构如下:

| 网络类别 | 网络标识 | 主机号 |

网络类别表示 IP 地址的类型,它与网络标识组合成网络号,是网络在互联网中的唯一编号,主机号表示主机在本网络中的编号,如表 5-4 所示。

表 5-4 IP 地址的结构(其中 bit 表示二进制位)

IP 类型	网络类别	网络标识	主机号
	IP 地址(总长 32bit)		
A 类	0	7 bit	24 bit
B 类	10	14 bit	16 bit
C 类	110	21 bit	8 bit
D 类	1110	组播地址	
E 类	11110	保留后用	

从表 5-4 中可以看出,A 类地址是 IP 地址中最高二进制位为"0"的地址,它的网络标识只有 7 位二进制数,能够表示的网络编号范围为 0000000~1111111,共有 2^7=128 个编号,即最多只有 128 个 A 类地址的网络号。事实上,"0000000"和"1111111"两个编号具有特殊的意义,不能用作网络号。这就是说,具有 A 类地址的网络最多只有 126 个。

A 类地址的主机号为 24 bit,即每个 A 类网络中的主机编号可从 000000000000000000000000 一直编到 111111111111111111111111,共有 2^{24}=16777216 台主机。

A 类网络的网络号(网络类别+网络标识)处于 IP 地址的最高字节,占据 IP 地址的第一个十进制数,范围为 1~127,所以只要看见 IP 地址中的第一个十进制数在此范围内,就可以肯定它属于某个 A 类网络。例如,在 IP 地址 12.12.23.21、26.43.56.11、231.192.192.3 中,前两个是 A 类地址,最后一个不是 A 类地址。

同样可以推算其 B 类、C 类、D 类和 E 类 IP 地址中的网络数和主机数。表 5-5 列出了 A、B、C 三类 IP 的起始编号和主机数。

表 5-5 A、B、C 类 IP 的网络范围和主机数

IP 类型	最大网络数	最小网络号	最大网络号	最多主机数
A	126(2^7−1)	1	126	2^{24}−2=16777214
B	16384(2^{14})	128.0	192.255	2^{16}−2=65534
C	2097152(2^{21})	192.0.0	223.255.255	2^8−2=254

说明:IP 中的全"0"或全"1"地址另做它用,这就是表 5-5 中主机数减 2 的原因。

A 类地址网络数较少,但每个网络中的主机数较多,所以常常分配给拥有大量主机的网络,如大公司(如 IBM、AT&T 等公司)和 Internet 主干网络。B 类地址通常分配给节点比较多的网络,如政府机构、较大的公司及区域网。C 类地址常用于局域网络,因为此类网络较多,而网络中的主机数又比较少。大家熟知的校园网就常采用 C 类地址,较大的校园网可能还有多个 C 类地址。

D 类地址应用较少,E 类地址则保留以备将来使用,到目前为止尚未开放。

IPv4 能够管理的 IP 地址并不多,预计过不了几年就会用完。人们为此设计了 IPv6,它采用 128 位二进制数表示 IP 地址,可以设置 2^{128} 个地址,是个很大的数字,足够人们用许多年。

5.8.2 子网掩码

一个 A 类网络中可以容纳 16777214 台主机,B 类网络中可以容纳 65534 台主机。但据统计,许多 B 类网络中实际所连接的主机数不到 200 台,这就意味着有 6 万多个 IP 地址被浪费掉了。这种不合理的地址方案一方面造成了极大的地址浪费,另一方面又使 IP 地址紧缺。一种解决方案就是把这些网络划分成更多的子网,再将子网分配给不同的单位。对于划分了子网的 IP 地址而言,其结构如下所示:

	互联网部分	本地网络部分	
未划分子网的 IP	网络号	主机号	
划分子网的 IP	网络号	子网号	主机号

从有无子网的 IP 地址结构中可以看出,子网技术是将本地网络部分(即主机号)再划分为多个更小的网络,对原来 IP 地址的网络号则不作修改。子网技术没有增加互联网的任何负担,因为在通信过程中,互联网只需将信息送到相关的网络(由 IP 地址中的网络号确定),再由相关网络将信息送到主机。子网划分并未引起主机 IP 中原有网络号的变化,信息传输也就不会受到子网划分的影响。

子网划分可以通过子网掩码技术实现。所谓子网掩码,实际上是一个与 IP 地址等长(即 32bit)的二进制编码,将一个 IP 地址的网络号部分(包括子网部分)设置为全"1",主机号部分设置为全"0",将 IP 地址与之进行二进制数据的"与"运算,即可得出该 IP 所在的网络 IP 地址。

IP 地址	网络号	子网号	主机号
子网掩码	1……1	1……1	0……0

例如,有 30 个 B 类地址 132.1.2.1~132.1.2.30,要想将它们划同入同一子网中,可以通过子网掩码技术将"132.1.2"设置为网络号,最后一字节表示该网络中的主机编号,则其子网掩码为"11111111111111111111111100000000",如果这 30 台主机都使用这个子网掩码,它们的网络号(包括子网号)就相同。例如,132.1.2.30 地址的网络号计算过程如下:

	网络标识		子网号	主机号	
	132	1	2	30	IP 地址:十进制
	10000100	00000001	00000010	00011110	IP 地址:二进制
and	11111111	11111111	11111111	00000000	子网掩码
and 结果	10000100	00000001	00000010	00000000	所在网络号:二进制
	132	1	2	0	所在网络号:十进制

如果主机 132.1.2.56 也使用这个子网掩码，同样可得出其网络号为 132.1.2.0，它也会被划入到该子网络中。可以看出，子网掩码和 IP 地址相与的结果与将 IP 地址的主机号直接设置为 0 的结果相同。子网掩码常用十进制表示，如上述掩码可以表示为 255.255.255.0。

互联网中的每台主机都有子网掩码，路由器以此来推算 IP 地址所属的网络。网管人员可以借助子网掩码将一个较大的网络划分为多个子网。

5.8.3 网关

网关是用来把两个或多个网络连接起来的设备，工作在网络协议的高层，能够实现不同网络协议的转换。计算机要接入互联网，必须进行 IP 地址的设置。在 Windows 系统中进行主机 IP 配置时，有一项就是网关的设置。但是，这个网关实际上是出入本网的路由器地址，并非真正意义上的网关，这样称呼有其历史原因。图 5-23 是用一个路由器连接两个子网络的网关配置示意。

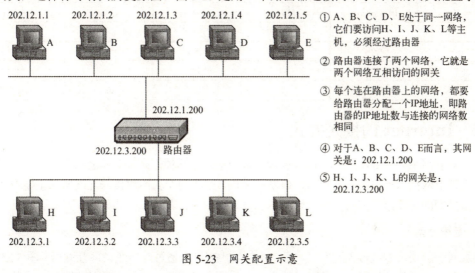

图 5-23 网关配置示意

5.8.4 域名系统

要访问互联网中的任何一台主机，都需要知道它的 IP 地址。IP 地址本质上是一个数字，难以记住，于是互联网允许人们用一个类似于英文缩写或汉语拼音的符号来表示 IP 地址，这个符号化的 IP 地址就称为"域名地址"。

在互联网中，地址由域名服务器管理。域是一个网络范围，可能表示一个子网、一个局域网、一个广域网或 Internet 的主干网。一个域内可以容纳许多主机，每台主机一定属于某个域，通过该域的域名服务器访问该主机。域名系统是一种层次命名结构，如图 5-24 所示。

在设置主机的域名时，必须符合以下规则：① 按层次结构划分，最右边的层次最高；② 域名的各段以小圆点"."分隔；③ 域名从左到右书写，即沿图 5-24 所示的层次结构从下向上定义域名；从右到左翻译，即在图 5-24 中从上向下翻译域名的含义。例如在图 5-24 中，重庆邮电大学的域名为 cqupt.edu.cn，表示的含义为"中国.教育科研网.重庆邮电大学"。

在互联网中，由域名服务器实现 IP 地址与域名地址之间的转换。例如，当在 IE 的地址栏中输入北京大学的域名"www.pku.edu.cn"时，域名服务器会将它转换成北京大学的 IP 地址"162.105.129.12"。表 5-6 给出了常见的域名。

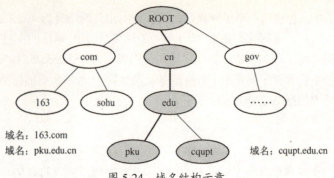

图 5-24 域名结构示意

表 5-6 互联网中常见的域名

常见国家或地区的域名				常见组织机构域名	
域名	国家或地区	域名	国家或地区	域名	组织（行业）
cn	中国	hk	香港特区	edu	教育机构
us	美国	tw	台湾省	gov	政府机构
mil	军事部门	mo	澳门特区	com	商业机构
net	网络组织	uk	英国	int	国际性组织

5.8.5 Internet 的接入方式

接入互联网主要有专线接入、拨号接入和宽带接入等几种方式。专线上网多为局域网用户所采用；宽带上网技术推出的时间较短，但发展较快，是当前个人用户接入互联网的主要方式；拨号上网是早期的主要接入方式，速度较慢，已基本不用了。

1．专线上网

局域网一般采用专线接入互联网，网络中的用户都可以通过此专线访问互联网。图 5-25 是采用专线接入互联网的示意图，局域网通过路由器与数据通信网（如 DDN、帧中继网等）的专线相连接，数据通信网覆盖范围很大，与国内的 Internet 主干网相连，最后由主干网实现国际互连。

专线接入的上网速度比较快，适于大业务量的网络用户使用，接入后网络中的所有终端和工作站均可共享 Internet 服务。

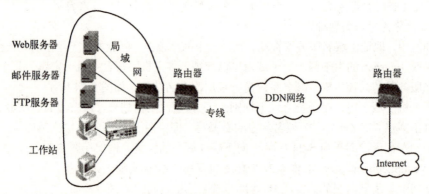

图 5-25 专线接入互联网示意

2. 宽带上网

宽带上网近年发展迅猛，能够进行视频会议和影视节目的传输，适合小型企业、网吧及家庭用户上网。宽带上网主要采用 DSL 技术实现。

DSL（Digital Subscriber Line，数字用户线路）是对普通电话线进行改造，利用电话线进行高速数据传输的技术，包括 HDSL、SDSL、VDSL、ADSL 和 RADSL 等，被称为 xDSL。它们的主要区别是传输速率和传输距离不同。

ADSL（Asymmetrical Digital Subscriber Loop，非对称数字用户线环路）是 DSL 接入技术的一种，它在电话线上支持上行（从用户端到局方）速率 640 kbps～1 Mbps，下行（从局方到用户端）速率 1～8 Mbps，有效传输距离为 3～5 km。ADSL 有效地利用了电话线，只需要在用户端配置一个 ADSL Modem 和一个话音分路器就可接入宽带网，如图 5-26 所示。

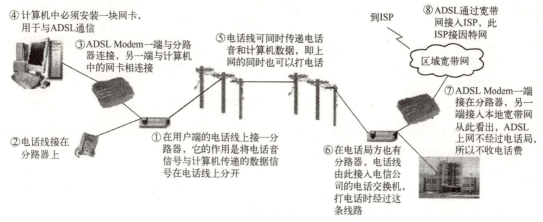

图 5-26　ADSL 上网的过程

5.8.6　在 Windows 中创建互联网连接

1. Windows 中的网络接入方式

Windows 系统具有强大的网络管理功能，能够使你的计算机与其他计算机或网络建立连接，进行信息传递。Windows 系统不仅可以让计算机通过 LAN、调制解调器、ISDN 或 DSL 等方式访问远程服务器，还可以使计算机成为远程访问服务器，让网络中的其他用户访问该计算机。在 Windows 中，至少可以通过以下方法将计算机接入网络：

❖ 通过计算机的串口或并口，使用电缆直接与另一台计算机相连。
❖ 使用调制解调器或网络适配卡连接到局域网或专用网络。
❖ 通过虚拟专用网（VPN）连接网络。

2. Windows 中局域网的 IP 参数设置

通过局域网接入互联网是目前较常用的互联网访问方式之一。在同一局域网中，相同子网中的所有用户通过相同的网络设备和网络线路访问互联网。除了做好硬件设备与互联网的物理连接之外，还必须通过 Windows 系统的网络管理功能建立软件连接，并正确配置网络的 TCP/IP 参数，才能够进行互联网的访问。

在 Windows 系统中，局域网 TCP/IP 参数的设置至少涉及主机的 IP 地址、子网掩码及网关等几个重要参数的设置。只有参数设置正确，才能够访问互联网。下面以图 5-27 所示局域网中的计算机 E 为例，说明 Windows 中 IP 地址的设置过程。从图 5-27 中可以看出，计算机 A、B、C、D、E 处于同一局域网中，它们通过路由器接入上一级网络。这些计算机能够访问上一级的各种服务器，如 FTP 服务器、邮件服务器和域名解析服务器等，并通过上一级网络接入互联网。

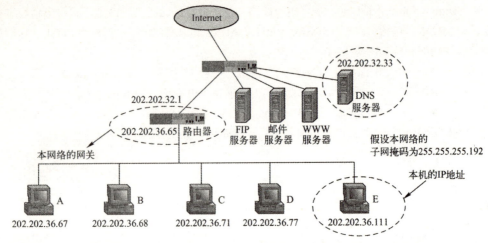

图 5-27 一个接入互联网的局域网示意

路由器通常用于连接两个或多个不同的局域网，以便在多个不同的网络之间转发信息。这就要求路由器具有多个不同的 IP 地址，每个 IP 地址属于不同的网络。例如在图 5-27 中，连接 A、B、C、D、E 的路由器就有两个不同的 IP 地址，其中的一个 IP 地址与 A、B、C、D、E 网络计算机具有相同的网络号，这个 IP 地址就是 A、B、C、D、E 计算机的网关。另一个 IP 地址则具有与之相连的另一个网络的网络号。在本例中，该路由器具有与服务器相同的网络号。路由器的这种地址方案使之能够识别它所连接的不同网络。

在 Windows 7 中，为图 5-27 中的计算机 E 配置 IP 的过程如下：

<1> 选择"开始"|"控制面板"|"网络和 Internet 连接"|"查看网络状态和任务"，出现如图 5-28 所示的"网络连接"窗口。

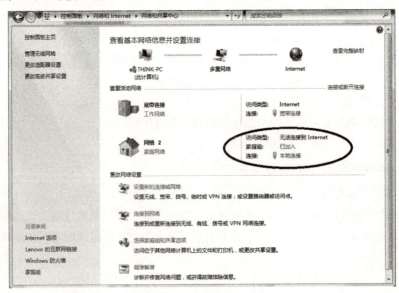

图 5-28 "网络连接"窗口

<2> 单击"本地连接",从弹出的"本在连接状态"窗口中选择"属性",出现该连接的属性对话框,如图 5-29 所示。

<3> 选中"Internet 协议版本 4(TCP/IP)"项,然后单击"属性"按钮,出现如图 5-30 所示的对话框。

 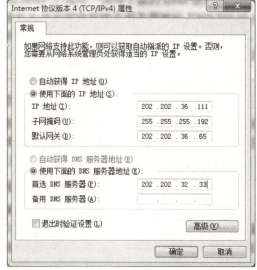

图 5-29 本地连接属性　　　图 5-30 Internet 协议(TCP/IP)属性设置

<4> 设置计算机 E 的 IP 地址、子网掩码、网关和 DNS 的 IP 地址。在图 5-30 所示的对话框中选中"使用下面的 IP 地址(S)",在"IP 地址"框中输入计算机 E 的 IP 地址"202.202.36.111",在"子网掩码"中输入"255.255.255.192",在"网关"中输入路由器的本网地址"202.202.36.65"。选中"使用下面的 DNS 服务器地址",然后在"首选 DNS 服务器(P)"中输入计算机 E 所在网络的域名服务器地址"202.202.32.33"。

经过上述操作步骤,就设置好了图 5-30 中的计算机 E 的 IP 参数。其他几台计算机 A、B、C、D 的 IP 参数配置过程与此相同,它们的子网掩码、网关和 DNS 服务器地址也与计算机 E 相同,不同的是每台计算机的 IP 地址。

3. ADSL 宽带上网

ADSL 上网多用于家庭和个人用户。这种方式通过调制解调器,借助于电话线,通过电话交换网接入特定的 ISP(如电信公司或移动公司),再由 ISP 接入互联网。

要想通过宽带 ADSL 接入互联网,需要首先向其提供商(如当地的电信、移动和联通公司)提出申请,在办理相关手续后,会给你分配相应的用户名和初始密码(用户可以修改此密码),这里填写的用户名和密码就是这样得来的。

(1)安装调制解调器

安装 ADSL 调制解调器的操作步骤如下:

<1> 将电话线接入 ADSL 分路器的 Line 接口,将电话机与分路器的 Phone 接口连接,将连接到计算机网卡的网线与分路器的"ADSL"接口连接,并接好 ADSL 调制解调器的电源。

<2> 启动 Windows,安装好调制解调器的设备管理程序。

说明:在一般情况下,将调制解调器接入计算机后,重新给计算机加电时,Windows 也能自

动识别出调制解调器。

(2) 创建一个新的连接

安装好 ADSL 调制解调器之后，还需要安装支持调制解调器接入互联网的网络协议和拨号程序。Windows 中有单独的拨号网络程序，在正确配置这个程序的参数之后，才能使用调制解调器拨号上网。拨号程序的参数配置过程如下：

<1> 在图 5-28 中，单击"设置新的连接或网络"，弹出如图 5-31 所示的窗口。

<2> 单击其中的"连接到 Internet"选项，如果曾经建立过拨号连接，则该窗口中会将它们显示出来。这时可以单击其中的"仍然设置新连接"，在接下来的对话框中选择"创建新连接"。

<3> 按照向导提示，逐步骤向下执行，直到出现图 5-32 所示的对话框。

<4> 在图 5-32 中，输入从 ISP 服务商（如电信或移动公司）申请到的用户名和密码，在"连接名称"输入宽带连接的名称，此名称用于标识本次创建的宽带连接，由用户自己命名，可以是任意名称，将显示在图 5-28 中的网络连接名称的列表中。双击它，就能够连接到网络。

 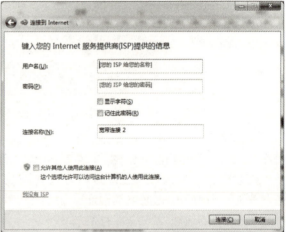

图 5-31 "设置连接或网络"向导　　　　图 5-32 设置网络连接方式

4．拨号接入 ISP

建立了一个拨号连接后，就会在"网络连接"窗口中增加该拨号连接的图标。双击该图标，在出现的对话框中输入用户名和密码，然后单击"连接"按钮，你的计算机就能连接到 ISP 的服务器上，ISP 将向你提供互联网的访问服务，就可以访问互联网了。

5.8.7　Windows 系统的几个常用网络命令

1．ipconfig

Ipconfig 是用来查看主机内 IP 协议配置信息的命令，可以查看的信息包括：网络适配器的物理地址、主机的 IP 地址、子网掩码以及默认网关、主机名、DNS 服务器、节点类型等。该命令对于查找拨号上网用户的 IP 地址及网络适配器的物理地址很有用。其操作过程如下：

<1> 选择"开始"|"全部程序"|"附件"|"命令提示符"，出现 DOS 命令提示符对话框。

<2> 在 DOS 命令提示符后面直接输入 ipconfig 命令，然后按 Enter 键，将显示本机的 IP 地址、子网掩码及默认网关等信息，如图 5-33 所示。

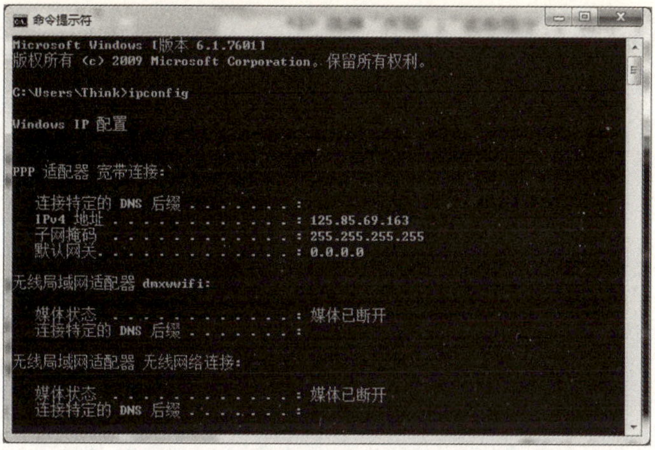

图 5-33 ipconfig 命令的执行结果

如果使用"ipconfig /all"命令，则可以得到更多的信息，如主机名、DNS 服务器、节点类型、网络适配器的物理地址、主机的 IP 地址、子网掩码以及默认网关等。

2. ping

ping 命令用于测试与远程主机的连接是否正确。它使用 ICMP 向目标主机发送数据报，当目标主机收到数据报后，会给源主机回应 ICMP 数据报，源主机收到应答信息后就可确定网络连接的正确性。如果源主机在规定的时间内没有收到回应，就会显示超时（time out）错误。

说明：ICMP（Internet Control Message Protocol，网际消息控制协议）是 TCP/IP 协议套件中的维护协议，每个 TCP/IP 实施中都需要该协议，它允许 IP 网络上的两个节点共享 IP 状态和错误信息。ping 命令使用 ICMP 来确定远程系统的可访问性。

图 5-34 是用 ADSL 宽带上网后，用 ping 命令测试与远程主机连接情况的结果。

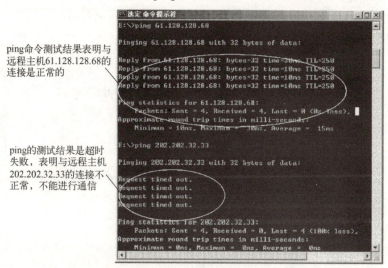

图 5-34 使用 ping 命令测试主机连接是否畅通

执行 ping 命令的方法如下：

<1> 在 DOS 命令提示符后面直接输入"ping 远程主机 IP 地址"，然后按 Enter 键，系统将显示连接的状态信息。

5.8.8 访问互联网

连接到 Internet 以后，要上网查看和搜索信息，必须有一个浏览器。有了浏览器，人们需要做的仅仅是按几下鼠标，做很少的输入，就能够从网络上获得所需的信息。常用的浏览器主要有 Microsoft 公司的 Internet Explorer（简称 IE）、腾讯公司的 TT 和火狐（Mozilla Firefox）等。

1. WWW

WWW（World Wide Web，简称 Web）通常译成万维网，也称为 3W，是一个通过互联网访问的由许多互相链接的超文本文档组成的系统。WWW 中每个有用的东西都称为"资源"，由一个"统一资源标识符"（URI）标识，并通过超文本传输协议（HyperText Transfer Protocol，HTTP）传送给用户，用户通过点击链接来获得资源。

WWW 的管理机构是万维网联盟（World Wide Web Consortium，W3C），又称为 W3C 理事会。W3C 制定了 WWW 的三个标准，也是 WWW 的核心内容，即：统一资源标识符（URI），世界通用的负责给万维网上的资源（如网页）定位的系统；超文本传输协议（HTTP），负责定义浏览器和服务器相互交流的规则；超文本标记语言（HTML），定义超文本文档的结构和格式。

WWW 是欧洲物理粒子研究所的 Tim Berners Lee 发明的，他与 Rogert Cailliau 在 1991 年研制出了第一个浏览器，使世界范围内的科学家在不进行数据格式转换的情况下就能够通过浏览器获得信息。世界上第一个网站成立于 1994 年。现在，世界上已有成千上万个网站，人们可以通过 WWW 进行购物、订飞机票、查询旅游资源、预订旅途餐馆、查看世界各国的新闻、远程学习、远程医疗等，或者进行休闲娱乐，如打游戏、看电影、视频聊天、看演唱会及收看网上电视等。可以说，WWW 包罗万象，社会生活中的所有内容都溶于其中。图 5-35 就是一个 WWW 网页。

图 5-35　包括图文声像多种信息的 WWW 网页

在进行 WWW 浏览时，应该理解以下几个比较重要的概念。

① WWW 服务器：WWW 采用 B/S 模式提供网络服务，在 WWW 服务器中存放有大量的网页文件信息，提供各种信息资源。用户端的计算机中则安装有网络浏览器软件程序，当用户需要访问 WWW 的服务器时，首先与 WWW 服务器建立连接，然后向服务器发出传送网页的请求。WWW 服务器则随时查看是否有用户连接，一旦建立连接，它就随时应答用户提出的各种请求。

② 浏览器（browser）：一个能够显示网页的应用程序，用户通过它进行网页浏览。浏览器具有格式化各种不同类型文件信息的功能，包括文字、图形、图像、动画、声音等信息，并能够将

格式化的结果显示在屏幕上。

③ 主页（Home Page）与页面：WWW 中的信息称为网页，即页面。一个 WWW 服务器中有许多页面。主页是一种具有特殊意义的页面，是用户进入 WWW 服务器所见到的第一个网页。主页相当于介绍信，说明网页所提供的服务，并具有调度各页面的功能，好比图书的封面和目录。

④ HTTP：WWW 的标准传输协议，用于传输用户请求与服务器对用户的应答信息，要求连接的一端是 HTTP 客户程序，另一端是 HTTP 服务器程序。

⑤ HTML（HyperText Markup Language）：用来描述如何格式化网页中的文本信息，将标准化的文本格式化标记写入 HTML 文件中，任何 WWW 浏览器都能够阅读和重新格式化网页信息。

⑥ XML（Extensible Markup Language，可扩展标记语言）：Internet 环境中跨平台的、依赖于内容的技术，是当前处理结构化文档信息的有力工具。XML 是一种简单的数据存储语言，使用一系列简单的标记描述数据，这些标记可以用方便的方式建立和使用。

⑦ URL（Uniform Resource Locator，统一资源定位器）：可以出现在浏览器的地址栏中，也可以出现在网页中。它由三部分组成，分别是协议部分、WWW 服务器的域名部分、网页文件名部分。图 5-36 表示出了三者之间的关系。WWW 中的 URL 协议有多种，如 FTP、Telnet 等。

图 5-36　URL 的组成

2. 电子邮件

电子邮件（E-mail）是 Internet 的主要用途之一，可以完成普通邮件同样的功能，而且比普通邮件更快、更省钱。只要有一台接入 Internet 的计算机，有一个 E-mail 账号，就可以接收或发送电子邮件。电子邮件还可以传输文件，订阅电子刊物，参与各种论坛及讨论组，发布新闻或发表电子杂志，享受 Internet 所提供的各种服务。如果所用的 E-mail 软件功能齐全，还可以利用电子邮件进行多媒体通信，发送和阅读包括图形、图像、动画、声音等多媒体格式在内的邮件，那是普通邮件所不能比拟的。

与普通信件一样，电子邮件也需要地址。电子邮件地址就是用户在 ISP（Internet Service Provider，互联网服务提供商，如移动公司）所开设的邮件账号加上 POP3（Post Office Protocol - Version 3，邮局协议版本 3）服务器的域名，中间用"@"隔开。

例如，"Ashi@sohu.com"，其中的 Ashi 表示用户在 ISP 所提供的 POP3 服务器上所注册的电子邮件账号，也就是用户名；"@"表示"at"，即"位于"、"在"的意思；sohu.com 表示 POP3 服务器的域名。

目前，许多网站提供了免费电子邮件服务，如雅虎（Yahoo）、新浪（Sina）、搜狐（Sohu）、广州网易（Netease）以及中华网（China）等。

3. 搜索引擎

互联网中的信息浩如烟海，包罗万象，只有借助于一些网站提供的搜索引擎才能及时查找到需要的信息。搜索引擎的使用非常简单，只需要输入关键字，搜索引擎就会查找出与关键字相关的信息。但是，网上有许多雷同的信息，搜索引擎都会搜索出来，有用的信息还需要自己去鉴定和筛选。

常用的中文搜索引擎有谷歌（Google）、百度（Baidu）、雅虎（Yahoo）、新浪、搜狐、搜狗等，英文搜索引擎主要有 Infoseek、Altavista 等。

百度是一个世界性的搜索引擎，主要以中文为主，默认为"搜索所有网站"，即搜索结果中包含英文、简体中文和繁体中文网页。百度采用了一系列新技术，如完善的文本对应技术、先进的 Page Rank 排序技术、独特的网页快照等。这些辅助功能会帮助使用者更快速、方便地找到需要的资料。网页快照功能能从百度服务器里直接取出以前曾经查看过的网页，使得搜索速度很快。

4. 远程登录 Telnet

所谓远程登录，就是让你的微机充当远程主机的一个终端，通过网络登录到远程的主机上，并访问远程主机中的软件和硬件资源。在远程登录时，需要向远程主机提供合法的用户账号（该账号可从远程主机管理者处申请获得）。目前许多机构也提供了开放式的远程登录服务，用户可以通过公共账号（如 guest）登录远程主机。

Telnet 其实是一个简单的远程终端协议，也是互联网的正式标准，用户可以通过 Telnet 建立本地计算机与远程主机之间的 TCP 连接注册，并由此登录到远程主机上。Telnet 能够将用户的击键传递到远程主机上，也能将远程主机的输出通过 TCP 连接返回到用户屏幕上（好像你的鼠标、键盘、显示器是连接在远程主机上的一样）。

Windows 系统提供了一条远程登录命令 telnet，该命令运行于 DOS 命令环境。telnet 在 Windows XP 中是默认开放的，但在 Windows 7 中并未开放，需要按如下步骤设置它：依次选择"开始"|"控制面板"|"程序"命令，在出现的"程序"窗口中单击"程序和功能"|"打开或关闭 Windows 功能"，弹出如图 5-37 所示的窗口，选中 Telnet 客户端，Telnet 服务器两项目设置，单击"确定"按钮后就开启了 Telnet 服务功能。

现在，就可以登录 Telnet 了。例如，要登录北京大学的 BBS，操作步骤如下：选择"开始"|"全部程序"|"附件"|"命令提示符"命令，在出现的 DOS 命令提示符对话框中输入"telnet bbs.pku.edu.cn"，按 Enter 键（北大 BBS 站地址是 bbs.pku.edu.cn），屏幕上将显示如图 5-38 所示的北大 BBS 登录界面。

图 5-37 Windows 7 的功能设置

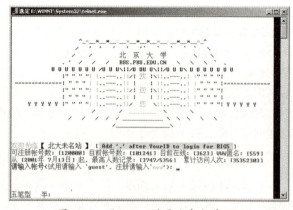

图 5-38 用 Telnet 登录北京大学 BBS

一般的 BBS 都提供了一个公共登录账号 guest，不管是谁，都可以用此账号登录 BBS 并查看其中的各种信息，但 guest 具有较小的权限，如不能上传或下载文件资源等，而合法的用户则具有更多的权限。

5. 电子公告栏 BBS

BBS（Bulletin Board System）是建立在互联网基础上的，用户必须首先连接到互联网上，然后才能通过 Telnet 登录到某个 BBS 站点上。BBS 站点允许很多人同时登录，并允许他们交换信息，传递文件，讨论问题，并发表自己的言论，阅读其他用户的留言。

BBS 是一个名符其实的"网上社会"，在这里还可以与各类社会人士进行网上聊天。用户也可以在这里获取许多共享软件、免费软件，向专家请教各种问题，查找各类网络软件、计算机病毒防范程序、加解密工具以及各类游戏等。

6. 即时通信软件和腾讯 QQ

1996 年，几名以色列青年开发了一种可以让人们在互联网上直接交流的软件，取名 ICQ（I SEEK YOU，意为"我找你"）。ICQ 支持在 Internet 上聊天、发送消息、传递文件等功能，这就是最初的即时通信软件。

即时通信（Instant Messenger，IM）软件是通过即时通信技术来实现在线聊天和信息交流的软件，允许两人或多人使用网络即时传递文字信息、档案文件，并能够进行语音与视频交流。通过 IM 软件，人们可以知道自己的亲友是否正在线上，并能与他们即时通信。

即时通信比传送电子邮件所需时间更短，比拨电话更方便，并且可以提供即时的语音和视频信息，价格更低廉。自其面世以来，即时通信软件的功能日益丰富，逐渐集成了电子邮件、博客、音乐、电视、游戏和搜索等多种功能。

当前，即时通信软件已不再是一个单纯的聊天工具，而是一个成集交流、资讯、娱乐、搜索、电子商务、办公协作和企业客户服务等为一体的综合化信息平台，是网络时代最方便的通信方式，必将同手机一样普及和通用。我国目前应用广泛的 IM 软件有 QQ、POPO、UC、微信等。

腾讯 QQ 的发展深刻地影响和改变着数亿网民的沟通方式和生活习惯，为用户提供了一个巨大的便捷沟通平台，正以前所未有的速度改变着人们的生活方式。如果计算机装有视频摄像头、声卡和麦克风之类的语音设备，就可以用 QQ 进行视频和语音聊天。

5.9 新媒体信息技术基础

媒体是指传播信息的介质，也就是人们常说的宣传平台，相对于报刊、广播、出版、影视四大传统意义上的媒体而言，新媒体是指在新的技术支撑体系下出现的媒体形态，是利用数字技术，网络技术，移动技术，通过互联网，无线通信网，有线网络等渠道以及电脑、手机、数字电视机等终端，向用户提供信息和娱乐的传播形态和媒体形态。

新媒体技术解决了传统媒体固有的枯燥性，延迟性，非互动性等缺限，具有交互性、即时性、海量性、共享性、个性化与社群化等特点。

新媒体特别重要的一个发展方向是自媒体，又称为"公民媒体"或"个人媒体"，是指以个人传播为主，以现代化、电子化手段，向不特定的大多数或者特定的单个人传递信息的媒介，具有私人化、平民化、普泛化、自主化、互动性等特点。在自媒体时代，因其制作流程简单，门槛低，故使传媒发生了前所未有的转变，人人都有麦克风，人人都是记者，人人都是新闻传播者。使得新闻自由度更高。

当前，自媒体平台主要包括博客、微博、微信、百度官方贴吧、论坛/BBS 等网络社区。

5.9.1 播客

播客源于苹果电脑的 iPod 与 broadcast（广播）的合成，是数字广播技术的一种，初期借助一个叫 iPodder 的软件与一些便携播放器相结合而实现。它使用 RSS 2.0 文件格式传输信息，允许个人进行创建与发布，这种新的传播方式使得人人可以通过互联网发表自己的节目。

初期的播客主要用于传播声讯节目，苹果公司称其为"自由度极高的广播"，人人可以制作，随时可以收听。2005 年，苹果公司推出的 iTunes 4.9 推动了播客的发展。iTunes 4.9 是一种播客客户端软件，或者叫做播客浏览器。人们通过它可以在互联网上浏览、查找、试听或预订播客节目，并且可以将网上的广播节目下载到自己的 iPod、MP3 播放器中随身收听，不必坐计算机前，随时随地可以自由收听。

播客技术也可以用来传输视频文件，视频已经成为当前播客的主要内容了。每个人都可以自己制作声音与视频，并将其上传到网上与广大网友分享。因此，也有人说播客就是一个以互联网为载体的个人电台和电视台。当前的播客网站非常多，其中有丰富的各类声讯和视频节目。土豆网、新浪播客、酷 6、优酷等就是其中的代表。

图 5-39 是一个博客制作平台，人人都可以申请注册成为其中的一个用户，然后利用它制作、上传或播放录制的节目。

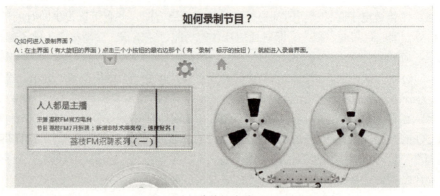

图 5-39　荔枝播客管理网站

5.9.2 博客与微博

博客（blog）与播客非常接近，都是个人通过互联网发布信息的方式，它们都需要借助于博客/播客发布程序（通常为第三方提供的博客托管服务，也可以是独立的个人博客/播客网站）进行信息发布和管理。其主要区别在于，博客所传播的以文字和图片信息为主，播客传递的则以音频和视频信息为主。

博客源于 Web Log，即网络日志，是一种通常由个人管理、不定期张贴新文章的网站。任何人都可以像免费电子邮件的注册、写作和发送一样，完成个人博客网页的创建、发布和更新。在博客文章中，可以充分利用超链接、网络互动、动态更新的特点，将个人工作过程、生活故事、思想心得、新闻信息等及时记录和发布。人们可以通过博客以文会友，进行交流沟通。

博客上的文章通常根据张贴时间，以倒序方式由新到旧排列。一个典型的博客结合了文字、图像、其他博客或网站的链接、其他与主题相关的媒体，能够让读者以互动的方式留下意见，是许多博客的重要要素。大部分博客的内容以文字为主，仍有一些博客专注于艺术、摄影、视频、音乐等各种主题。

博客可以分为许多类型，而微博是其中最受欢迎的博客形式。微博（Weibo）是微型博客的简称，比博客更简短，是一种通过关注机制分享简短实时信息的广播式的社交网络平台。用户可以通过 Web、WAP 等客户端组建个人社区，更新信息，并实现即时分享。微博的关注机制分为可单向、可双向两种。2015 年 1 月，有微博平台取消了 140 字的发布限制，不超过 2000 字都可以。图 5-40 是个人微博空间的示例，可以看出，微博内容简短，可以包括图片、文字等形式。

图 5-40　微博空间

相对于强调版面布置的博客来说，微博对用户的技术要求门槛很低。内容可以只是由简单的只言片语组成，语言的编排组织上也没有任何限定，可以通过手机、网络等方式来开通，并可随着时更新自己的微博内容。

微博作为一种分享和交流平台，更加注重时效性和随意性。每个人既可以作为观众，也可以作为发布者。只要有网络或者手机，就可以在微博上浏览他感兴趣的信息，也可以随时将自己的想法、见闻、最新动态以简短的文字、图片、视频等形式在微博上发布。

微博最大的特点是信息共享便捷快速：信息发布快，信息传播的速度也快。假如你有 200 万听众（粉丝），你发布的信息会在瞬间传播给这 200 万人。一些大的突发事件或引起全球关注的大事，如果有微博客在场，利用各种手段在微博客上发表出来，其实时性、现场感以及快捷性，是许多媒体无法比拟的。

提供微博的网络平台很多，如新浪微博、腾讯微博、网易微博、搜狐微博等等。在不同平台申请使用微博的方法大同小异，现以在新浪网申请微博为例，说明微博的操作方法。过程如下：

<1> 输入新浪微博的官方网址：www.weibo.com，进入新浪微博网，如图 5-41 所示。

<2> 单击图 5-41 中的"注册"按钮，进入微博注册界面，如图 5-42 所示。

注册过程非常简单，可以采用手机和邮箱方式注册。选择相应类型，输入正确的手机号或邮箱号后，系统会发短信激活码到你指定的手机号，输入此激活码后单击"立即注册"，如信息正确，微博注册就算完成了。

<3> 登录微博，添加关注。

新浪微博的特点在于：朋友间的信息分享及讨论。在开通新浪微博后，需要添加关注，关注是一种单向、无需对方确认的关系，只要喜欢就可以关注对方，类似于"添加好友"。添加关注后，系统会将该网友发布的微博内容，立刻显示在你的微博首页中，使可以及时了解对方的动态。而对于你的"粉丝"来说，他们也一样会在第一时间看到你发布的微博内容。"关注"的人越多，获取的信息量越大。"粉丝"越多，发表的微博会被很多人看到。

图 5-41　新浪微博网平台　　　　　图 5-42　注册微博帐号

登录新浪微博后，会显示如图 5-43 所示的微博空间，单击其中的"找人"标签，系统会分类显示各种类型的微博客，发现感兴的朋友时，单击"关注"，你就成了他的"粉丝"，系统会在第一时间将他发布的微博传递给你。

<4> 发布微博。微博是一种便捷的信息发布平台，用电脑或手机合登录微博后，将自己的见闻或想法，微缩成一句话或者一张图片，通过（彩信、短信、WAP）或互联网发到自己的微博空间上，就能够分享给"粉丝"。图 5-44 就是前面注册的微博帐号发布的一条 NBA 总决赛信息的微博信息。

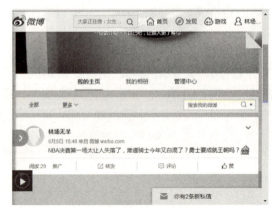

图 5-43　添加微博关注　　　　　　图 5-44　发布微博

5.9.3　微信

微信（WeChat）是腾讯公司于 2011 年推出的一个为智能终端提供即时通讯服务的免费应用程序，支持在不同通信运营商之间，采用不同操作系统平台通过网络快速发送免费的（需消耗少量网络流量）语音短信、视频、图片和文字。微信提供了公众平台、朋友圈、消息推送等功能，用户可以通过"摇一摇"、"搜索号码"、"附近的人"、扫描二维码方式添加好友和关注公众平台，同时微信将内容分享给好友，以及将用户看到的精彩内容分享到微信朋友圈。

微信对全球人们的影响巨大，它确实影响和改变了人们的交流方式。目前，微信已经覆盖中国 90%以上的智能手机，用户覆盖 200 多个国家、超过 20 种语言，月活跃用户达到 7 亿以上。此外，各品牌的微信公众账号总数已经超过 800 万个，移动应用对接数量超过 85000 个，微信支付用户则达到了 4 亿左右。

除了文字聊天、语音聊天和视频聊天以外，微信还有朋友圈、公众号、购物、游戏等功能。

1．注册微信号

注册微信帐号非常简单，可以使用手号号或 QQ 账号直接注册。过程如下：

<1> 根据手机类型，直接在手机浏览器中输入微信官方网址：weixin.qq.com，如图 5-45 所示。

图 5-45　微信 APP 下载

<2> 单击"免费下载"按钮，系统会自动判断手机类型，下载微信应用程序到本机中。

<3> 下载完成并开始安装，系统会显示"隐私相关权限"等的相关说明，单击"安装"按钮，系统显示微信运行方式选项，包括"后台运行"、"开机启动"等。选择某种运行方式后，选择"完成"，将显示如图 5-46 所示的注册界面，单击"注册"按钮，显示如图 5-47 所示的注册向导。

图 5-46　微信号注册界面　　　　　图 5-47　用手机号注册微信号

<4> 输入手机号，并设置登录微信的密码，单击"注册"按钮后，系统会发送一个验证码到对应号码的手机中。

<5> 根据向导提示，输入验证码，并设置和确定登录密码。

经过上述步骤后，微信注册就完成了，启动微信 APP 后，就可以通过该手机号和设置的密码登录微信，并应用其功能。

手机号登录微信固然方便，但不便于与人交流，可以设置更简短的微信号，以便与朋友交流微信号。方法如下：

<1> 在微信应用界面的右下角，选择"我"，进入个人微信设置界面，选择其中的"设置"。
<2> 选择"帐号与安全"进入设置程序。
<3> 选择其中的"微信号"，在弹出的文本框中输入以字母开头的、不少于 6 个字符的字母数据组合或汉字作为微信号。注意，微信号只允许设置一次，设置好后就不能更改了。

经以上设置后，可以用该微信号和前面设置的密码登录微信系统。

2. 微信基本应用

（1）添加好友

要与他人进行微信交流，应先加为朋友。在微信界面右上角，触按"+"，选择"添加朋友"，进入对应程序界面，其中有以下添加朋友的方式（因版本不同而略有差异）：

搜索号码：如果知道朋友的微信号、QQ 号或手机号，可以直接在"搜索"文本框中输入对应号码，按搜索图标🔍后，系统会搜索该号码，并将找到的信息显示出来，选择其中的"添加到通信录"，等待对方确认后就成了朋友，之后就能够交流通信了。

雷达添加朋友：与一直就有的"附近的人"添加朋友相近，两者都是基于位置寻找朋友，但"雷达加朋友"范围更小，目标更集中，适合在聚会、会议等场所，大家同时打开雷达添加朋友，各自的手机就会进行雷达扫描，将当时正在附近打开了雷达加朋友的微信号及头像显示出来，如图 5-48（a）所示，点击对方的头像就可以将它添加为朋友。

　　（a）雷达添加朋友　　　（b）附近的人添加朋友　　（c）摇一摇添加朋友　　（d）面对面建群添加朋友

图 5-48　添加微信朋友

面对面建群：非常适合朋友聚会或会议场所，人多不便逐个添加的时候应用。过程简单，大家都选择"面对面建群"，输入相同的 4 位数字，这些输入了相同 4 位数字的微信号就会自动生成一个群，可以群聊，然后可以添加为朋友，省去输入微信号的麻烦。

扫一扫：适用于单个朋友的添加，进入扫一扫功能后，用手机扫描对方的微信二维码，就能够输入他的微信号，然后可添加为朋友。

手机联系人：选择手机联系人后，系统会显示出本机通信录中的手机号，点击相同的号码，可以申请将对方添加为朋友，如果通过了对方的验证，就成为朋友了。

附近的人：不是"添加朋友"中的选项，但通过它也能够添加朋友。方法是点击微信界面中的"发现"|"附近的人"，系统会搜索距本机一定范围内正在上微信的人，并显示他们的微信号列表，如图 5-48（b）所示。点击其中感兴趣的人，可以进一步聊天，再决定是否添加朋友。"附近的人"和"雷达添加朋友"很相似，但附近的人在距离上可能更远，人们彼此不认识，陌生程

度更高。

（2）聊天

聊天是微信最基本的功能，聊天包括文字聊天、语音聊天和视频聊天，具有个人聊天和群聊两种聊天方式。个人聊天方式为：点击想发送信息的朋友，进入聊天界面，输入想要发送的文字，或者发送语音短信、视频、图片（包括表情）。群聊方式为：单击微信界面右上角的"+"，选择"发起群聊"，然后选择一个群，可勾选若干个微信朋友（最高 40 人），然后就会以选中的人建群，并进入群聊环境，在其中输入的文字或发送的信息可在群内朋友之间共享。

选定聊天对象后，就会进入图 5-49 所示的聊天界面，点击最下面的长横线可以输入文字信息，点击 可以进入语音输入状态，这时按住弹出的语音状态按钮对手机说话，释放按键就会将你说的语音发送出去，会在聊天记录中显示 标志，点击它就可以重放语音信息。

如果要进行实时视频聊天，语音聊天，或者发送图片操作，可以单击 控制按钮，会弹出如图 5-50 所示的列表选项，选择其中的视频聊天，会弹出中包括视频聊天和语音聊天两个选项的列表，选中其中的视频聊天就会启动摄像机，即可进入视频场景，传送视频信息，进行视频聊天了。

图 5-49 微信聊天界面

图 5-50 设置视频、语音聊天或传送图片等

语音聊天是微信最值得称赞的地方，其信息发送近乎免费（与电话相比，仅有低廉的网络流量），但语音质量、传输速度基本一致。对用户而言，它与电话通信没有太大的区别，大大降低了用户的通讯费用，还让用户将更多零碎的时间利用起来。语音聊天的方法和操作过程与视频聊天的基本相同，在此略述。

3．微信支付

（1）微信支付流程

近来，移动支付已经渗透到了小额支付的各种应用领域，也带动了传统行业的移动互联网转型升级。微信支付是移动支付的形式之一，是集成在微信客户端的、以绑定银行卡的快捷支付为基础的支付功能，使用户可以通过手机快速完成支付的流程。

使用微信支付，用户可以用手机互相转账，以及在线付款给线下的合作零售商，或者跟金融服务机构协同合作，同网上银行一样方便，但微信支付随时、随地都可操作，更为便捷。

为了给更多的用户提供微信支付电商平台，腾讯公司于 2014 年取消了微信服务号申请微信支付功能收取 2 万元保证金的开店门槛，使更多的淘宝卖家和新型创业者使用微信公众平台进行支付。据不完全统计，当前微信支付绑卡用户数已超过 3 亿个，线下门店接入微信支付总数已超过 30 万家，每月有近 7 亿的活动用户，还在迅猛发展。

目前，微信支付已实现刷卡支付、扫码支付、公众号支付、APP 支付，并提供企业红包、代金券销售等支付方式，可以满足用户及商户的不同支付需求。用户如想实现微信支付，需要在微信中关联一张银行卡，并完成身份认证，就能够把装有微信 APP 的智能手机变成一个钱包，之后就可以用它购买合作商户的商品及服务，用户在支付时只需在自己的智能手机上输入密码，无需任何刷卡步骤即可完成支付。

当前，微信支付已与多家银行合作，可以绑定招行、建行、光大、中信、农行、平安、兴业、民生等银行的借记卡及信用卡进行支付，绑卡过程如下：

<1> 手机登录微信，点击微信首页下方的"我"，在"我"的设置界面中选择"钱包"。

<2> 进入"我的钱包"操作界面后，点击"银行卡"。

<3> 在"我的银行卡"页面中点击"银行卡"，在弹出的页面中输入银行卡号。输完后，点击"下一步"，系统会自动匹配该卡号的银行。然后填写银行卡信息，包括持卡人的用户名，身份证号，以及该卡在银行预留的手机号等，在"同意协议"前面打上勾，填写完毕后点击"下一步"。

<4> 该步骤是手机验证，系统会发送一个验证码到上面步骤填写银行卡时预留的手机号上。

<5> 收到短信验证码后输入，点击"下一步"，完成手机短信验证，接下来是设置微信支付密码，该密码是在购物的时候，网上的支付密码，一定要记住，设置为 6 位数字，为了安全起见，最好不要跟银行卡的取现密码一样，另外设置一个密码。

完成上述设置后，点击"完成"。这样，银行卡就与微信进行了绑定，以后就可以进行"微支付"了。

（2）微信红包

微信红包是 2014 年初腾讯推出的微信支付 APP，实现了发红包、查询收发记录和提现的支付功能。它利用现有的微信好友关系网络，借助信息通信技术展现国人春节发压岁钱、寿庆、婚礼、生日送礼发红包表示喜庆的传统习俗，具有很强的主动传播性。自上线后，很快就被人们认可和推广，而收到红包后想要提现，就必须绑定银行卡，庞大的发红包用户群体也促进了微信支付用户数量的增加。

微信红包有普通红包和拼手气群红包两种类型。普通红包是一种等额红包，可以一对一或者一对多发送给不同的好友，每人只能领取一次，而且好友之间不会看到对方的信息。拼手气群红包是用户设定好总金额以及红包个数之后，可以生成不同金额的红包，每个红包金额在 0.01～200 元之间随机产生，最大不超过 200 元。发放微信红包的过程很简单，基本步骤如下：

<1> 在微信主页点击"我"，进入我的页面后选择"钱包"，进入钱包设置后选择"微信红包"。

<2> 指定红包类型。在"微信红包"界面中有"拼手气群红包"和"普通红包"两个选择，选择红包的类型。

<3> 填写红包信息。两种红包需要填写的信息基本一致，对于拼手气群红包，填写"红包个数"和"总金额"；对于普通红包，填写"红包个数"和"单个金额"。

〈4〉塞钱进红包。填完红包信息后，就可以点击界面上的"塞钱进红包"了。

这时要指定红包支付方式，有"使用零钱支付"和"添加银行卡支付"两个选项，如果平时收取了红包，留有余钱，可以使用零钱支付。否则就要用银行卡支付，发红包功能不支持信用卡，需要绑定一张储蓄卡，点击"添加银行卡支付"，会显示输入银行卡号的程序界面，可在此添加银行卡。

〈5〉发红包。给红包塞完钱并确认支付后，会显示"红包已包好"的信息，点击"发红包"，系统会显示出微信朋友列表，选择发送红包给你想发送的人。

（3）微信提现

自 2016 年 3 月起，微信支付对转账功能停止收取手续费。同日起，对提现功能开始收取手续费，此费用主要用于支付银行手续费。具体收费方案为：每位用户（以身份证为证）终身享受 1000 元免费提现额度，超出部分按银行费率收取手续费，目前费率均为 0.1%，每笔最少收 0.1 元。微信红包、面对面收付款、AA 收款等功能则免收手续费。

4. 微信公众平台

微信公众平台是腾讯公司在微信基础上增加的功能模块，通过这一平台，个人和企业都可以建立一个微信公众号，并可绑定私人帐号进行群发信息，实现和特定群体的文字、图片、语音的全方位沟通、互动。此外，用户也可以通过电脑和手机查找公众平台帐户或者扫二维码关注微信公众平台，获取感兴趣的知识或信息。

微信公众平台发展很快，从推出至今，仅短短三、四时间，但已开通了超过 1000 万个微信公众平台帐户。许多机关、政府部门也开通了微信公众平台，方便群众办事，节约了群众办事成本；不少企业也开通了微信产品推销公众平台，进行产品二维码订阅、消息发送、品牌传播，建立微社区，发展微会员，实施微推送和微支付，进行线上线下微信互动营销，实现部分轻量级的商务活动，收到了良好的效果。

不少微信公众平台管理网站对微信公众号进行了集中管理，方便用户查询、应用微信公众平台。图 5-51 是 wosao 微信公众平台管理网站的"明星"公众号页面，其中以二维码形式展现了众多明星的微信公众号，若对某信明星感兴趣，用微信的"扫一扫"扫描他的二维码，然后点击"关注"，系统就会将该明星建立在微信公众平台的微信推送到你的微信中。当该明星更新微信公众平台的信息后，新信息也会传到你的微信中。图 5-52 是关注明星唐嫣的微信公众平台的情况。

图 5-51 wosao 微信公众平台管理网站

图 5-52 扫描二维码进入的明星个人微信公众平台

微信公众号分为订阅号和服务号、企业号三类平台。订阅号主要用来为用户提供信息，个人用户只能申请订阅号。这种账号每天可以发送1条群发消息，发给订阅用户（粉丝）的消息，将会显示在对方的"订阅号"文件夹中。

服务号主要用来为用户提供服务，适用于运营机构（如企业、媒体、公益组织），这种帐号1个月内可以发送4条群发消息，发给订阅用户（粉丝）的消息，会显示在对方的聊天列表中，在订阅用户（粉丝）的通讯录中有一个公众号的文件夹，保存着他所关注的所有服务号。

企业号是企业申请的公众号类型，旨在帮助企业、政府机关、学校、医院等事业单位和非政府组织建立与员工、上下游合作伙伴及内部系统间的连接，简化管理流程、提高信息的沟通和协同效率、提升对一线员工的服务及管理能力。

微信公众平台的申请过程很简单，登录"https://mp.weixin.qq.com"网站，显示如图 5-53 所示的注册界面。点击右上角的"立即注册"，进入注册界面并完成"基本信息、邮箱激活、选择类型、信息登记、公众号信息"5方面的信息填写，就可以注册微信公众号。

图 5-53　注册微信公众平台帐号

习 题 5

一、选择题

1. 计算机网络的主要作用有集中管理和分布处理、远程通信以及_____。
   A. 信息交流　　　　B. 辅助教学　　　　C. 资源共享　　　　D. 自动控制
2. 计算机网络是_____相结合的产物。
   A. 计算机技术与通讯技术　　　　　　B. 计算机技术与信息技术
   C. 计算机技术与通信技术　　　　　　D. 信息技术与通讯技术
3. 计算机网络的主要类型分别是局域网、城域网和_____。
   A. 广域网　　　　　B. 局部网　　　　　C. 全球网　　　　　D. 互联网
4. 计算机网络最突出的优点是_____。
   A. 软件、硬件和数据资源共享　　　　B. 运算速度快

C. 可以相互通讯 D. 内存容量大

5. 在计算机网络体系结构中，要采用分层结构的理由是_____。
   A. 可以简化计算机网络的实现 B. 各层功能相对独立
   C. 比模块结构好 D. 只允许每层和其上、下相邻层发生联系

6. 下列不属于Internet（因特网）提供的服务的是_____。
   A. 电子邮件 B. 文件传输
   C. 远程登录 D. 实时监测控制

7. 万维网WWW以_____方式提供世界范围的多媒体信息服务。
   A. 文本 B. 信息 C. 超文本 D. 声音

8. 计算机用户有了可以上网的计算机系统后，一般需找一家_____注册入网。
   A. 软件公司 B. 系统集成商 C. ISP D. 电信局

9. 每台计算机必须知道对方的_____才能在Internet上与之通信。
   A. 电话号码 B. 主机号
   C. IP地址 D. 邮编与通信地址

10. 网络协议主要由以下三个要素组成_____。
    A. 语义、语法与体系结构 B. 硬件、软件与数据
    C. 语义、语法与时序 D. 体系结构、层次与语法

11. 下列各指标中，_____是数据通信系统的主要技术指标之一。
    A. 误码率 B. 重码率 C. 分辨率 D. 频率

12. TCP协议的主要功能是_____。
    A. 进行数据分组 B. 保证可靠的数据传输
    C. 确定数据传输路径 D. 提高数据传输速度

13. 用户在ISP注册拨号入网后，其电子邮箱建立在_____。
    A. 用户的计算机上 B. 发信人的计算机上
    C. ISP的主机上 D. 收信人的计算机上

14. 根据Internet的域名代码规定，域名中的_____表示政府部门网站。
    A. .net B. .com C. .gov D. .org

15. 用于局域网的基本网络连接设备是_____。
    A. 集线器 B. 网络适配器（网卡）
    C. 调制解调器 D. 路由器

16. Internet中不同网络和不同计算机相互通信的基础是_____。
    A. ATM B. TCP/IP C. Novell D. X.25

17. 非对称数字用户线的接入技术的英文缩写是_____。
    A. ADSL B. ISDN C. ISP D. TCP

18. TCP/IP的互联层采用IP协议，它相当于OSI参考模型中网络层的_____。
    A. 面向无连接网络服务 B. 面向连接网络服务
    C. 传输控制协议 D. X.25协议

19. 采用点对点线路的通信子网的基本拓扑结构有4种，它们是_____。
    A. 星型、环型、树型和网状 B. 总线型、环型、树型和网状
    C. 星型、总线型、树型和网状 D. 星型、环型、树型和总线型

20．决定局域网特性的几个主要技术中，最重要的是_____。
   A．传输介质　　　　　　　　　　B．介质访问控制方法
   C．拓扑结构　　　　　　　　　　D．LAN 协议

二、名词解释

计算机网络　　网络拓扑结构　　网关　　　　IP 地址
域名系统　　　微信红包　　　　微信公众平台

三、简答题

1. 什么是网络的拓扑结构？常用的网络拓扑结构有哪几种？
2. 简述 OSI 参考模型与 TCP/IP 模型之间的区别和联系。
3. 简述网卡、网桥、路由器及网关的作用。它们有什么区别？
4. 常见的传输介质有哪些？
5. C/S 结构与 B/S 结构有什么差异？
6. 什么是局域网？以太网采用的网络协议是什么？
7. 目前常用的无线网络协议有哪几种？
8. 如何进行微信支付。

四、实践题

1. 在 Internet 上找到压缩软件 WinRAR 并将其下载下来，然后安装试用。
2. 用搜索引擎，在 Internet 上搜索关于"计算机之父"方面的文章，了解 IT 先驱的业绩和贡献。
3. 用 Telnet 以 guest 的身份登录清华的"水木清华"BBS 站（bbs.tsinghua.edu.cn）。
4. 从网络上下载并注册一个免费 QQ 账号，并通过它添加几个好友，然后聊天并传送文件。
5. 在搜狐或新浪网中创建自己的微博。
6. 登录 https://mp.weixin.qq.com，创建自己的微信公众号。

第 6 章 Windows 操作系统应用基础

本章介绍 Windows 操作系统的应用，包括 Windows 的基本操作、文件系统、磁盘管理、用户管理等内容，借此了解 Windows 系统中的基本概念和计算机操作系统的主要功能。

6.1 Windows 操作系统概述

Windows 是美国微软公司开发的计算机操作系统，具有适用于服务器、微机和手机等不同机型的系统版本，功能强大且简单易用。

操作系统（Operating System，OS）是运行于计算机硬件之上的第一层系统软件，是计算机系统的"管家"，负责管理计算机系统的全部硬件和软件资源，如 CPU、硬盘、显示器、打印机、网络、高级语言编译程序、网络浏览器及财务管理软件等。操作系统又是计算机系统的"接待员"，为用户提供操纵计算机的友好界面，负责用户和其他软件与计算机系统之间的交互。离开了操作系统，人们就只能用类似于"110100"这样的机器指令去摆弄计算机，那难度可就大了。图 6-1 是计算机硬件、软件及操作系统之间的关系示意图。

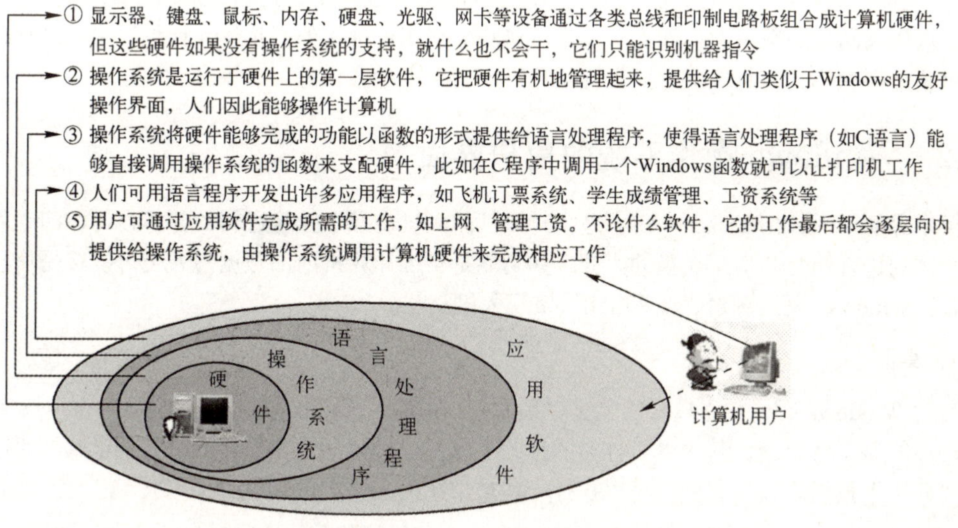

① 显示器、键盘、鼠标、内存、硬盘、光驱、网卡等设备通过各类总线和印制电路板组合成计算机硬件，但这些硬件如果没有操作系统的支持，就什么也不会干，它们只能识别机器指令

② 操作系统是运行于硬件上的第一层软件，它把硬件有机地管理起来，提供给人们类似于Windows的友好操作界面，人们因此能够操作计算机

③ 操作系统将硬件能够完成的功能以函数的形式提供给语言处理程序，使得语言处理程序（如C语言）能够直接调用操作系统的函数来支配硬件，此如在C程序中调用一个Windows函数就可以让打印机工作

④ 人们可用语言程序开发出许多应用程序，如飞机订票系统、学生成绩管理、工资系统等

⑤ 用户可通过应用软件完成所需的工作，如上网、管理工资。不论什么软件，它的工作最后都会逐层向内提供给操作系统，由操作系统调用计算机硬件来完成相应工作

图 6-1 计算机硬件、软件及操作系统之间的关系

目前，应用最多的操作系统有 Windows、UNIX 和 Linux 等，以及 Android、iOS、Windows mobile 等智能手机操作系统。

6.1.1 Windows 操作系统的特点

Windows 操作系统是一种面向对象的图形用户界面操作系统，计算机中的所有内容都以生动形象的图形表示，单击鼠标就可以打开文件、关闭窗口或执行程序，使计算机的操作更加方便，减轻了用户的学习负担，它主要有以下特点。

① 即插即用的硬件管理。Windows 操作系统具有强大的设备管理功能，当在计算机中安装了新设备之后，系统能够自动识别，并自动为它安装设备管理程序，整个过程不需要人工管理，这对非专业人士而言非常方便。

② 支持多线程、多任务和多处理。所谓线程，是指程序内的一个程序段，即将一个运行的程序分成若干个段（每个段称为一个执行单元），这些程序段可以同时运行。多任务是指操作系统在同一时间内可以执行多个任务，也就是说，多个程序（或线程）可以同时运行。

③ 多语言支持。Windows 采用了 Unicode 双字节编码技术（16 位），能够容纳大量的字符集，支持多种语言，可以在同一应用程序环境下浏览、查询、编辑和打印由多国语言组成的文档。

④ 真正的 Web 集成。通过 Windows 操作系统中提供的"Internet 连接向导"可以方便地连接到互联网，使用 World Wide Web 则可以进行网页浏览。借助 Microsoft FrontPage Express，可以创建自己的 Web 页。借助 Web 风格的活动桌面，可在任何窗口中查看 Web 页，甚至可以将最佳 Web 页作为桌面墙纸使用。

⑤ 强大的安全功能。当前的 Windows 操作系统都采用 NTFS 文件系统，支持多种加密技术，能够对用户文件进行数据加密保护，还具有强大的用户管理能力，能够对访问计算机资源的人员进行身份识别，防止特定资源被用户不适当地访问。Windows 操作系统还具有强大的数据恢复能力，当系统出现故障时，可以将系统恢复到以前的某一正确状态。

⑥ 支持多媒体，娱乐性更强。目前使用的 Windows 版本都支持 DVD 和数字音频，可以在计算机上播放高品质的数字电影和音频，也可以将数码相机拍摄的照片读入计算机中，进行处理，还可以利用摄像头、麦克风进行网上视频聊天、召开视频会议等。

6.1.2 Windows 操作系统的用户界面

用户界面（User Interface，UI）是指对软件的人机交互、操作逻辑的整体设计，即软件系统和用户之间进行交互和信息交换的媒介，其功能是实现计算机内部数据与人类可以接受信息之间的转换。Windows 采用图形界面（GUI）实现人机交互。

1．桌面

启动 Windows 后，最先接触的就是"桌面"，如图 6-2 所示。桌面实际上是 Windows 操作系统启动后的显示器画面，其中具有称为图标的小图片、按钮和任务栏，如"我的电脑"、"网上邻居"、"开始"按钮。双击它们，可以执行一些最常用的应用程序功能。

2．图标

从图 6-2 可见，桌面的左边放置了一些图标，这些图标代表不同的文件夹或应用程序。桌面上的图标会因安装软件的不同而有所区别，但一般都会放置以下几个常用的图标。

：："我的电脑"是一个文档图标，包含了系统中所有资源的可视标志。双击该图标，可以看到计算机的所有硬件和软件资源，如软盘驱动器、硬盘驱动器、打印机、所有文件夹、文档及程序的对应图标。

：："回收站"是 Windows 操作系统的"垃圾桶"。在操作计算机过程中删除的文件、文件夹等内容，Windows 先将其临时放在回收站里，如果需要，还可以将其中的文件复原。

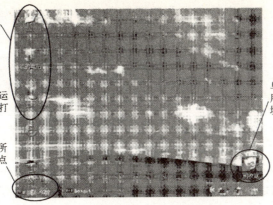

图 6-2 Windows 的桌面

![icon]:"我的文档"对应硬盘中的 My Documents 文件夹,用来保存经常使用的文件。

3. 任务栏

图 6-3 所示桌面底部的横条就是任务栏,有 4 个区域:"开始"按钮、工具栏区域、任务按钮区域和通知区域,如图 6-3 所示。

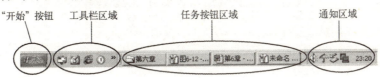

图 6-3 Windows 的任务栏

"工具栏"区域可以简化日常工作,单击其中的图标,就可以执行相应的功能或任务。

每个启动的程序或打开的文件夹窗口在"任务按钮区域"都有一个相应的按钮,只要查看任务按钮区域,就可以知道所有的活动程序(被调入系统内存,正在运行的程序),通过任务栏的按钮,可以方便地在各个程序窗口之间进行切换。

"通知区域"常常显示一些后台程序运行时的图标,表达了一些后台程序的信息。例如,若计算机中装有声卡,就显示音量调节图标 ；执行打印时,打印机图标 就显示出来;一般还有输入法和时钟的图标,通过它可以查看和设置系统时间,或者选择输入法。双击这些图标,就可以显示这些程序的运行状态。

4. "开始"按钮

单击任务栏上的"开始"按钮,出现"开始"菜单,其中显示出了 Windows 的功能列表,以及在本计算机中安装的全部应用程序名称。单击其中的任何列表项目,就会执行相应的程序功能。Windows 操作一般从"开始"按钮开始,在此可以启动应用程序、打开文档、进行系统设置、获取帮助、查找文件、关闭系统等。

在"开始"菜单中,那些后面有小黑箭头▶的菜单项(如"所有程序")还有下一级子菜单,只要将鼠标指针移到小黑箭头上,Windows 就会自动将它的下一级菜单显示出来。以下是"开始"菜单中比较重要的几个菜单项。

"所有程序":Windows 系统的程序管理器,包括各种可以在 Windows 中运行的应用程序名称。当在 Windows 中安装一个应用程序后,系统会在其中为该程序建立一个菜单项。从这里执行程序是用户操作的主要方式。

"控制面板"：包含许多系统设置程序，提供了许多管理计算机软件、硬件的工具，如网络配置、拨号连接、打印机安装、任务栏设置及定制"开始"菜单等。

"计算机"：包括全部计算机资源，可以操作计算机中的所有内容，如查找文件、打开文档、管理磁盘文件等。

5. 窗口

窗口是显示屏幕上查看相应程序或文档的一块矩形区域，运行程序或打开文档时，Windows 都会在桌面上建立一个窗口，并在其中显示程序或文档的内容。

Windows 窗口大致可以分为两种：应用程序窗口和文档窗口。应用程序窗口表示一个正在运行的程序，应用程序窗口可以放在桌面上的任何位置。文档窗口是在应用程序窗口中出现的其他窗口，用来显示文档或数据。文档窗口有自己的名字，但没有自己的菜单栏，它共享应用程序窗口的菜单栏，影响应用程序窗口的命令，也会影响文档窗口。文档窗口只能在与它相关的应用程序窗口中放置，当文档窗口最大化后，就会充满应用程序的整个窗口。

窗口的常用操作有打开、关闭、移动或缩放等，图 6-4 是一个典型的 Windows 窗口示意。

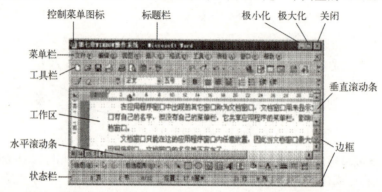

图 6-4 典型的 Windows 窗口

一个窗口大致包括以下几部分。

① 边框与窗口角。限定窗口边界的四条边线称为边框，边框和角除了标志窗口的轮廓外，还有改变窗口大小的作用，用鼠标拖动边框或窗口角就可改变窗口的大小。

② 标题栏。标题栏是位于窗口最上方的长条，是窗口的控制部分，主要包括：

❖ 控制菜单图标：窗口左上角的小图标称为控制菜单图标，代表窗口所对应的应用程序，而且是一个下拉式菜单的控制按钮。单击该图标时，会弹出一个控制菜单，包括操作该窗口的命令（如最大化、最小化、还原、移动、关闭……）。

❖ 窗口标题栏：位于控制菜单图标旁边，表示应用程序（窗口）的名称。窗口标题栏还有移动窗口的功能，用鼠标拖动窗口标题栏，窗口会随着鼠标的移动而移动。

❖ 极小化、极大化和恢复按钮：位于标题栏右侧，可以放大或缩小窗口。

❖ 菜单栏：位于标题栏的下面，包括一系列菜单命令或子菜单项，让用户完成各种操作。不同软件的菜单选项是不同的，但大多数都有"文件"、"编辑"和"帮助"等菜单。

③ 工具栏。工具栏位于菜单栏下面是工具栏，包含一系列小按钮，用于提供最常用的程序功能。若对某些按钮的名称不清楚，可以将鼠标指针停留在该按钮上，一两秒钟后将出现对该按钮的提示，包括该按钮的名称及其功能介绍等。

④ 工作区。窗口内部的区域称为工作区，是用户操作应用程序的地方。

⑤ 滚动条。滚动条包括位于窗口右边框的垂直滚动条和下边框的水平滚动条。单击滚动条中的箭头，窗口中的内容就会朝着箭头的方向滚动，以便查看窗口中的其他内容。

⑥ 状态栏。状态栏中会显示当前窗口状态的提示信息。

6. 菜单

Windows 的操作一般都是通过菜单、工具栏或对话框进行的。菜单的类型主要有系统菜单、快捷菜单和下拉式菜单。

（1）系统菜单（控制菜单）

每个应用程序窗口的左上角都有一个系统菜单，一般包括"恢复"、"移动"、"大小"、"最大化"、"最小化"和"关闭"等命令，用来实施对该窗口的操作，如更改窗口的大小、位置、关闭窗口等。单击窗口中的控制菜单按钮，将弹出如图 6-5 所示的系统菜单。

图 6-5　画笔程序的系统菜单

（2）快捷菜单

快捷菜单也称为"弹出式菜单"。其用法是：右击要操作的对象，如果该对象有快捷菜单，就会立即在屏幕上显示出该快捷菜单，然后选择要执行的命令。图 6-6 是打开桌面上"计算机"后显示的窗口，右击"Lenovo_Recover(E)"图标，会弹出快捷菜单。从中可以发现，某些命令的前面或后面有各种不同的符号，这些符号是有特定意义的。

图 6-6　"画笔"程序的系统菜单

❖ 高亮度显示：表示当前选中的命令，如图 6-6 中的"分组依据"命令。
❖ 热键：菜单项后面小括号中的字母称为热键。如果按住 Ctrl 键，再按该字母键，就可以选择对应的命令。

- ❖ 后带"…"：选择后会出现一个对话框。
- ❖ 前有"√"：称为选中标记，控制某些选项的开关。如果处于选中状态（前面有"√"），再选一次就取消选中。
- ❖ 前有"•"：单选标记，用于切换程序的不同状态，选择其他选项，该标记就移动到其他选项的前面。在图 6-6 中，如选择"递减"菜单项，则"递增"选项前面的"•"将移到"递减"选项的前面，表示以列表方式显示程序图标。
- ❖ 后有 ▶：下级菜单箭头，表示该菜单项还有下一级菜单。

7．对话框

对话框是 Windows 操作系统与用户进行信息交互的场所，人们通过它将信息和数据提供给 Windows 操作系统处理，Windows 操作系统将处理结果显示在对话框中。例如，在 Windows 操作系统中，进行文件操作的常用对话框有"打开"（如图 6-7 所示）、"保存"和"另存为"对话框等，通过它们可以保存或打开磁盘文件。"保存"和"另存为"对话框的外形与"打开"对话框完全相同，其操作过程也一样，只是对话框的标题和功能不一样。

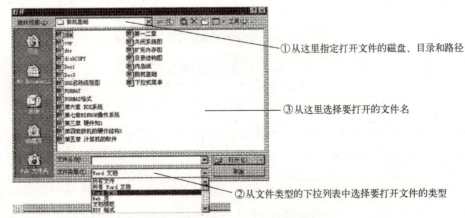

图 6-7 "打开"对话框

（1）标签式对话框

把多个有关联的对话框合并成为一个多功能对话框，通过标签实现对话框的选择，这种对话框称为标签式对话框。如图 6-8 所示，其中的"常规"、"设备管理器"等就是标签，每个标签对应一个不同的对话框。如果单击某个标签，就会显示该标签对应的选项卡，各选项卡都在相同的窗口工作区中显示。标签式对话框减少了对话框的总数，方便了用户的操作。

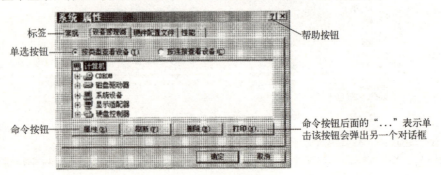

图 6-8 标签式对话框

（2）对话框中的控件类型

对话框中的按钮、文本框等内容称为控件。一个对话框中通常包括多种类型的控件，按键盘上的 TAB 键，可以在对话框的各项目之间进行切换。

常用的控件有命令按钮、文本框、列表框、下拉式列表框、单选按钮、复选框等。

- ❖ 命令按钮。命令按钮用于执行某种操作，如关闭系统、打印文件等。图 6-8 中的"属性"、"刷新"、"删除"和"打印"都是命令按钮。后面有"…"的命令按钮表示单击该按钮后会弹出另一个对话框。如单击图 6-8 中的"打印"按钮，就会弹出打印设置的对话框。
- ❖ 单选按钮。前面有一个圆圈的按钮称为单选按钮，如同选择题中的单项选择题一样，一次只能在所提供的多个选项中选择一项，选中的圆圈中有"●"。图 6-8 中的"按类型查看设备"和"按连接查看设备"两个选项就是单选按钮，表示一次只能按一种方式查看设备。
- ❖ 复选框。前面有方框的控件称为复选框，相当于多项选择题，可以选择多个不互相排斥的选项。复选框中的选项可以根据需要任意选定，单击某个项目前面的方框，就会在其中显示"√"，表示选中；单击有"√"的方框就会取消该项目的选择。在如图 6-9（a）所示的"效果"复选框中，选中了"双删除线"、"上标"和"阳文"三个复选框。
- ❖ 文本框。文本框也称为编辑框，用来输入文本信息。图 6-9（a）中的"字号"下面就是一个文本框，可以在其中输入字号大小。
- ❖ 列表框。列表框就是把所有可选项目都列示出来，让用户从中选择所需选项。当列表项过多时，就会出现一个垂直滚动条。列表框可以减少输入，并能使数据和操作标准化，是用户与 Windows 通信的主要手段之一。列表框主要有三种：普通列表框、下拉列表框和组合列表框，如图 6-9（a）所示。

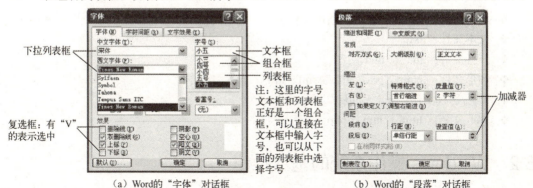

（a）Word的"字体"对话框　　　　　　（b）Word的"段落"对话框

图 6-9　对话框中的控件

- ❖ 加减器。在图 6-9（b）中可以看到两个右边具有上下箭头的文本框，它就是加减器。上箭头称为增加按钮，单击它，可以使文本编辑框中的数字增加；下箭头称为减少按钮，单击它，可以使文本编辑框中的数字减少。除了通过单击增减按钮输入数据外，也可以直接在文本框中输入数据。

普通列表框通常用来显示一系列选项。下拉列表框表现为一个矩形，矩形框的右边有一向下箭头按钮▼，单击该按钮时，就会"拉下"该列表框，显示其中的选项，可以用鼠标选择其中的列表项目。组合列表框由一个文本框和一个列表框合成（这也是其名字的来由）。使用组合列表框时，可以在其文本框中输入所需的内容，也可以从所包含的列表框中选择。

在通常情况下，列表框只允许选择其中的一个选项。也有列表框允许同时选择多个选项，选择多项时,应先按住 Ctrl 键,再依次选择所需的选项。如果要选择连续的多个选项,可先按住 Shift 键,再用鼠标分别单击第一项和最后一项即可。

6.1.3 文件关联

Windows 中有一个叫"注册表"的系统信息文件,该文件保存了在系统中安装的所有应用程序的相关信息,以及每个应用程序能够打开的文档的扩展名。例如,Word 能够打开扩展名是 .doc 的文件,Excel 能够打开扩展名为 .xls 的文件,记事本能够打开扩展名为 .txt 的文件,等等。

文档与应用程序之间的这种对应关系称为关联。每当安装一个应用程序时,系统会自动为它建立对应的文档关联。当双击一个文档名时,Windows 先检查它的扩展名,根据扩展名首先运行与它关联的应用程序,再由应用程序打开该文档。例如,当双击 XX.doc 文档名时,由于 .doc 与 Word 关联,所以先运行 Word,再由 Word 打开 XX.doc 文档。

表 6-1 列出了 Windows 中的一些常见文件关联。

表 6-1 Windows 中的常见关联

类型名	关联应用程序名	类型名	关联应用程序名
.doc .docx	Word	.c、.cpp、.rc、.clw、.h	VC++
.xls .xlt .xlsx	Excel	.dat、.bmp、.avi、.asf.wmv	Windows Media play
.prg .dbf	FoxPro	.bas	Basic
.mdb .accdb	Access	.mov	Move Play
.wri	Write	.pdf	Adobe Reader

在 Windows 系统中,还有许多通用文件类型,这些类型的文件可以用多种应用程序打开。
- ❖ 文本文件:.txt。
- ❖ 声音文件:.mav、.mid。
- ❖ 图形文件:.bmp、.pcx、.tif、.wmf、.jpg、.gif。
- ❖ 动画/影视文件:.avi、.mpg、.dat。
- ❖ Web 文档:.html、.htm、.php。

6.2 Windows 操作系统的基本操作

6.2.1 鼠标的基本操作

1. 鼠标的指针类型

认清鼠标的指针外形,会给操作 Windows 系统带来许多方便。

▶ :普通选定指针,表示可以进行选择对象的操作,进行双击、单击或拖动的操作。

▶? :帮助指针,把它移到某对象上单击,可以获得关于该对象的帮助。

▶⌛ :启动应用程序指针,表示正在启动应用程序,不能执行其他操作。

⌛ :忙状态指针,指针为沙漏状,表示系统正忙,不能进行其他操作。

十 :精确选定指针,常用于绘画时的精确定位,如在画笔应用程序中常出现这种光标。

I :文本编辑指针,文本编辑的输入点,表示可以从键盘输入符号。

✎ :手写输入指针,指示此时可以进行手写输入。

◎：不可用指针，表示操作无效。
✥：移动指针，这时可以使用键盘的方向键移动窗口或对话框。
👆：超文本链接指针，表示可以链接到其他文档，甚至远程计算机中的文档。
↕ ↔：垂直（水平）改变大小指针，可以沿竖直（水平）方向改变窗口的大小。
↖ ↗：改变对角线指针，沿对角线方向改变窗口的大小。

2．鼠标操作

指向：移动鼠标，将鼠标指针放在某一项目上。

单击和双击：将鼠标指针指向某个项目，然后迅速按下并释放鼠标左键称为单击，迅速按下并释放鼠标左键两次称为双击。通过单击，用户可以选择屏幕上的项目、执行菜单命令或操作对话框等。双击一个文件或应用程序图标，可以运行程序或打开文档。

右击：即右键单击，将鼠标指向某个项目，按下并释放鼠标右键，主要用来弹出快捷菜单。

拖动：将鼠标指向某个项目，按下鼠标左键，然后移动鼠标就能够移动所指项目。

6.2.2　窗口的管理与操作

双击桌面上的一个图标或打开一个文档，都会出现一个窗口。当打开多个窗口时，当前正在使用的窗口称为活动窗口，其余窗口都是非活动窗口。活动窗口的标题栏一般为深蓝色，而非活动窗口的标题栏则是灰色的。

用鼠标拖动窗口的标题栏，可以移动窗口。把鼠标移到窗口的边框或角上，当鼠标指针形状变成 ↔、↕、↗、↖ 中的一个时，按下鼠标左键并移动鼠标，可以扩大或缩小窗口。

当窗口中的内容太多，一屏显示不完时，可用垂直滚动条（或 Page Up 或 Page Down 键）上下移动窗口中的文本，用水平滚动条左右移动文本。

如果打开的窗口太多，必然会产生窗口的重叠。为了让用户更方便地查看窗口的内容，Windows 系统提供了以下 3 种排列方案。

❖ 层叠：使窗口纵向排列，且每个窗口的标题栏都可见。
❖ 平铺：使每个窗口都可见而且均匀地分布在桌面上。
❖ 最小化窗口：使所有窗口最小化为一个标题栏按钮。

排列窗口的操作方法是：右键单击任务栏上的空白处，在弹出的快捷菜单中选择需要的排列方法，如层叠或平铺等。

单击窗口右上角的"最大化"按钮 ▢，窗口就会布满整个桌面，再单击"恢复"按钮 ▢，窗口会恢复到最大化之前的状态。单击窗口的"最小化"按钮 ▬，窗口会最小化为一个停放在任务栏上的按钮。此时窗口对应的应用程序仍在运行，单击它在任务栏上的按钮，窗口又会复原。

单击窗口上的"关闭"按钮 ✕，会关闭窗口所对应的应用程序，当然窗口也随之消失。除此之外，通过系统控制菜单，按 Alt+F4 快捷键，以及通过应用程序提供的"退出"菜单，都可以关闭窗口。

6.2.3　文档操作基础

1．文档和文件的概念

在 Windows 中，文档是指应用程序创建的任何内容，包括数据、资料、图形、图像及声音等类型的文件，如用写字板编写的信件和备忘录、用画图软件创建的图形、用 Word 建立的个人档案、用 Excel 创建的表格、用 PowerPoint 建立的演示文稿、用 Access 建立的数据库等。

文件是指具有名称并保存在磁盘上的信息的集合，这些信息可以是文档或者应用程序。而文档是指由应用程序创建的资料或数据，包括用于输入、输出、打印、查看等方面的计算机信息，但不包括可执行的应用程序，文件的概念比文档更大，是程序和文档的集合。

文件名是用来标识文件的名称，是计算机用来保存和查找文件的唯一标识符，每个操作系统都有一套定义文件名的规则。例如，DOS 系统规定"文件名只能以字母开头，由字母或数字组成，其长度不超过 8 个字符，扩展名最多允许 3 个字符"。

2．文档的磁盘操作

文件保存位置：许多应用程序（如 Word、Excel、记事本、写字板、画图等）常常将文件保存在"我的文档"文件夹中。"我的文档"文件夹是 Windows 操作系统中使用最多的文件夹，多数时候，都可以从该文件夹中找到所需要的文档。

打开文档：在通常情况下，只要是能够进行文档处理的 Windows 应用程序，一般都有"文件"菜单，该菜单提供文件管理方面的功能，包括文件打开、文件保存、文件打印等方面。此外，Windows 系统通常都会自动建立文档和应用程序之间的文件关联，双击要打开的文件名，就可以启动相应的应用程序，并打开该文件。

保存文档：在对文档进行编写时，所做的工作（文字录入、修改、删除等）都暂存在内存中，若关闭计算机，内存中的数据将会完全丢失。因此，在编辑文档的过程中要对文档进行保存。Windows 的所有应用程序中都提供了相同或相似的文件保存方法。

- ❖ 选择"文件"|"保存"菜单命令。
- ❖ 单击工具栏上的"保存"按钮 。
- ❖ 按 Ctrl+S 快捷键。
- ❖ 选择"文件"|"另保存"菜单命令。

如果是一个之前曾经保存过的文档，前三种方法都会直接用当前的文档覆盖原来的旧文档，若不想覆盖旧文档，可用第四种方法保存文档。如果要保存的是新建文档（此前从未保存过），四种操作中都会弹出一个"另存为"对话框，从中可以指定文件保存的磁盘位置和类型。

3．文档编辑基础

虽然不同应用程序处理的文档类型不一样，但它们提供的文档操作方法基本相同。

（1）选定文本

在文档操作的大多数情况下，常常需要选定文本，进行某些操作。选定方法有如下几种。

方法一：将光标移到要选定文本区域的开始位置，拖动鼠标到要选中文本区域的最后一个符号的后面，松开鼠标即可。在拖动鼠标的过程中，可以看见鼠标指针经过的文本被反相显示（背景为黑色）。

方法二：将光标移到要选择文本的开始处单击鼠标，然后把鼠标指针移动到选择文本的结束处，按下 Shift 键的同时单击鼠标的左键。

方法三：将光标移到要选择文本的开始行处，把鼠标尽量向编辑屏幕的左边空白处移，当鼠标的指针变成 时，按下鼠标左键并向下移动鼠标，鼠标移动过程中所经过的行就被选中。

（2）复制、删除、移动文本

复制文的方法如下：先选定要复制的文本，然后选择"编辑"|"复制"菜单命令（或单击工具栏上的 按钮，或按快捷键 Ctrl+C），把选择的文本复制到剪贴板中；把光标移到需要复制文

本的地方，选择"编辑"|"粘贴"菜单命令（或单击工具栏中的 按钮，或按快捷键 Ctrl+V）。

在上述操作过程中，如果选择"编辑"|"剪切"菜单命令，则可将选中文本移动到粘贴的位置。如果不执行"粘贴"命令，则可以删除选中的文本。当然，也可以先选中文本，然后按键盘上的 Delete 键删除它。

复制或移动文本也可以直接用鼠标操作：选中文本后，把光标移到选择的文本中的任何位置，当鼠标指针的形状变成 后，按下左键，并把鼠标拖放到目标位置，就可以将选中文本移动到光标位置，如果在释放鼠标按钮的同时按住 Ctrl 键，就可以将选中的文本复制到光标位置。

（3）撤销误操作

如果出现误操作，如错误的删除、剪切、复制等，在大多数 Windows 应用程序中都提供了撤销误操作的方法，通过"编辑"|"撤消"菜单命令或工具栏中的 按钮都能够撤销误操作。

6.3 文件管理

6.3.1 文件系统简介

1. 文件的概念

通俗地讲，文件是指保存在存储介质中（如软盘、光盘、磁带、硬盘等）的程序或数据，是有顺序、有名称的信息的集合，其内容可以是文字、程序、表格、图表、图像、电影、歌曲等。文件是计算机存取磁盘内容的基本形式和最小单位，每个文件都必须有一个名称，它是计算机用来区分不同文件的唯一标识。

文件的大小没有限制，内容多，文件就大，内容少，文件就小。例如，可以把一本书保存为一个文件，也可以把每一章都保存为一个文件。

从存储文件的介质来看，文件存储在磁盘上就称为磁盘文件，存储在磁带上就称为磁带文件，存储在光盘上就称为光盘文件。从文件保存的时间来看，保存时间长的文件称为永久文件，保存时间短的文件称为临时文件。从文件的读写性能来看，只能读出不能修改的是只读文件，既能读出又能被修改的称为读/写文件。

2. 文件标识符

文件标识符是计算机系统能够唯一区别磁盘上各个文件的符号，由磁盘标号（磁盘驱动器号）、目录路径和文件名组成。文件名又由基本文件名和类型扩展名两部分组成。结构如下：

<磁盘驱动器号:><目录路径><基本文件名><.扩展名>

其中，基本文件名一定要有，其余 3 项则可视具体情况而省略。

（1）磁盘驱动器号

磁盘驱动器号是保存文件的磁盘标志符，它是一个逻辑符号，指出文件存放在哪个磁盘上。在计算机系统中对于磁盘驱动器有一个简单的约定："A"和"B"一般表示软盘驱动器，如果只有一个磁盘驱动器，则用"A"表示；"C:"表示第一个硬盘驱动器，"D:"表示第二个硬盘驱动器，"E:"表示第三个硬盘驱动器……如此类推，最后一个硬盘驱动器字母的后一个字母表示光盘驱动器。例如，某计算机只有一个软盘驱动器、一个硬盘驱动器，一个光盘驱动器。则"A:"表示软驱，"C:"表示硬盘，"D:"表示光驱。如果把这个硬盘分为两个逻辑盘，则"C:"和"D:"分别表示两个逻辑硬盘，"E:"则表示光驱。

注意：在表示磁盘驱动器时，驱动器字母后的冒号":"是不能少的。

（2）文件名

文件名一般由基本文件名和类型扩展名两部分组成，形式为"基本名.扩展名"。扩展名可以没有，没有扩展名的文件名也是合法的，所以文件名也常表示为"基本名[.扩展名]"。

说明：在计算机类型的书籍中，写在[　]中的内容表示可能有，也可能没有。

在 Windows 操作系统中允许使用长文件名，只要文件名的总长度（文件名和类型扩展名的字符总数）不超过 256 个字符都可以。在文件名中不能使用以下符号：\、|、?、:、*、"、<、>。对长文件名，在 DOS 中无法全部显示，因为 DOS 的文件名长度为 8，扩展名长度为 3，所以在 Windows 9X 以后的版本中采用了两套文件系统：FAT 和 NTFS。FAT 文件系统是 DOS 采用的文件系统，用于兼容 DOS 和 Windows 3.x，符合 8.3 命名规则。长文件名转化为短文件名（8.3 文件名规则）的规则是：取长文件名的前 6 个字符加上"～"和一个数字，就构成可以在 DOS 中显示和使用的短文件名。也就是说，在 Windows 系统中，对任意一个文件都有两个文件名，一个长文件名和一个短文件名。如长文件名"MyWordFile98"的短文件名为"MyWord～1"。

文件名的作用是区分众多不同的文件，文件基本名的选用应尽量反映出文件本身的含义，可用英文或汉语拼音来表示，文件的扩展名用来区分不同的文件类型。表 6-2 列出了当前常用的文件类型名。

表 6-2　常见的文件类型名

扩展名	文件类别	扩展名	文件类别
.bmp	位图文件	.gif	图形文件
.asm	汇编语言源程序文件	.dat	数据文件
.bak	备份文件	.dbf	FOX 系列的数据库文件
.mdb　.accdb	Access 数据库文件	.exe	DOS 可执行文件
.bas	BASIC 语言源程序文件	.hlp	帮助文件
.bin	二进制类型文件	.xls　.xlsx	Excel 表格类型文件
.doc　.docx	Word 文档类型文件	.ini	系统初始化文件
.ppt　.pptx	PowerPoint 演示文件	.sys	系统配置或设备驱动程序文件
.c　.cpp　.h	C++（或 C）语言源程序文件	.tmp	暂存文件（临时文件）
.com	DOS 系统命令文件，是可执行文件	.txt	文本文件
.zip	使用 WinRAR、ZIP 压缩的文件	.wav	音频文件
.gif	GIF 图像文件	.html、.htm	HTML 文件
.jpg	JPEG 图像文件	.wps	WPS 办公类型文件
.pdf	文档的电子映像；PDF 代表 Portable Document Format（可移植文档格式）		

注意：下面几个标识符不能用作文件名，它们有特殊的含义。

CON 常用来表示标准的输入/输出设备（键盘或显示器），AUX 表示第一个串行通信口，COM1 或 COM2 表示第一个或第二个串行通信口，LPT、LPT1、LPT2 表示并行通信口（打印机接口），PRN 表示打印机，NUL 表示测试使用的虚拟设备。

此外，.$$$、.BAK、.TEM 是 DOS 的保留扩展名，它们是 DOS 运行过程中要使用的临时文件，由 DOS 对之进行管理。在 WPS 系统中，.%A%、.%B%也不用作文件的扩展名，WPS 用它们作为临时文件的扩展名。

（3）可执行文件和数据文件

可执行文件包含了控制计算机执行特定任务的指令，文件的内容按照计算机可以识别的机器指令格式进行存储，扩展名通常是.exe 或.com。普通的编辑软件不能识别这种文件的格式。例如，

在 Word 中打开一个可执行文件（如 format.com），就会显示出一些不可识别的、无意义的符号（如 O、õ、š、Œ、●、■、ɑ̂、ɯ 等）。

数据文件是指包含可以查看、编辑和打印的词语、数字、字母、图形、图像、表格等内容的文件。数据文件常由一些应用程序创建，如 WPS、Word、Excel、Edit 等都可以建立相应的数据文件。许多软件系统在运行过程中会自动使用一些数据文件，如 Windows 操作系统在运行过程中会使用 system.ini、win.ini、user.dat 等数据文件。

3．文件通配符

为了简化磁盘文件名的查找，方便用户操作计算机，文件系统引入了两个特殊的字符："?"和"*"，称为通配符。"*"表示该位置可以为多个任意字符，"?"表示该位置可以是一个任意字符。

通配符可以用在基本文件名或扩展名中，使用通配符的文件名称为广义文件名，通过它可以同时操作一组文件，提高文件操作的效率。例如，"*.ini"表示所有扩展名为 .ini 的文件名，"*.*"表示所有的文件，"Foxplus.*"表示所有基本名为 Foxplus 的文件名（即任意扩展名都可以），"A*.com"表示所有的以 A 开头的 COM 类型的文件，"H???????.??b"表示以"H"开头共 8 个字符，扩展名以"b"结束的文件名。

4．文件属性

出于文件管理的需要（如文件的安全、更新与备份等），文件系统常为不同类型的文件定义某些独特的性质，称为文件属性。常见的文件属性有系统文件、隐藏文件、只读文件和归档文件。了解和利用文件属性，可以更好地使用和保护磁盘文件。

系统属性（S）：具有系统属性的文件是系统文件，将被隐藏起来。在一般情况下，系统文件不能被查看，也不能被删除，是操作系统对重要文件的一种保护属性，防止这些文件被意外损坏。

隐藏属性（H）：在查看磁盘文件的名字时，系统一般不会显示具有隐藏属性的文件名。具有隐藏属性的文件不能被删除、复制或更名。

只读属性（R）：对于具有只读属性的文件，可以查看它的名字，它能被应用，也能被复制，但不能被修改或删除。如果将可执行文件设置为只读文件，不会影响它的正常执行。将一些重要的文件设置成只读属性，可以避免意外的删除或修改。

归档属性（A）：一个文件被创建之后，系统会自动将其设置成归档属性，这个属性常用于文件备份。

右击某个文件夹或文件，从弹出的快捷菜单中选择"属性"命令，就会弹出"文件属性"对话框，从中可以更改文件夹或文件的属性。

6.3.2　文件夹和路径

办公室文件柜的抽屉中保存的是一叠一叠的文件夹，同一个文件夹中通常保存的是彼此相关的信息，如学生档案、学院文件、教师档案、中央文件等常被存放在不同的文件夹中。

所有的计算机文件都保存在磁盘中。磁盘就是计算机的大文件柜，同样具有许多文件夹，有一定关系的文件存放在同一个文件夹中。在一个文件夹中可以存放文档、应用程序、数据及其他文件夹（好比大文件袋中还可以装小文件袋一样）。

一个硬盘能够存放成千上万的计算机文件，如果没有有效的、科学的组织与管理方法，就会造成磁盘文件的混乱。计算机的磁盘文件采取与图书目录结构相似的方式进行组织，图 6-10 是

Windows 操作系统的一个文件结构。

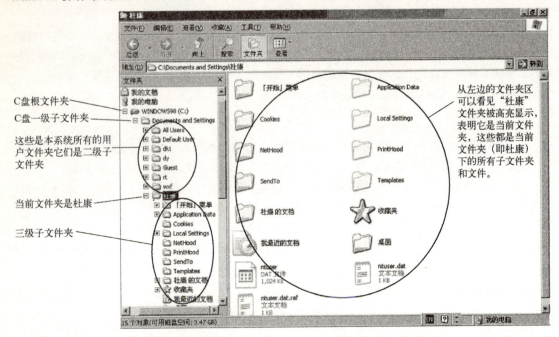

图 6-10 Windows 资源管理器下的目录结构

① 子文件夹与父文件夹。子文件夹与父文件夹是一个相对的概念，在一个磁盘的文件夹结构中，除最上层的磁盘文件夹之外的所有文件夹都称为子文件夹。对一个具体子文件夹而言，其上一级文件夹就是它的父文件夹，其下一级文件夹又是它的子文件夹。任何目录（除根文件夹外）都只能有一个父文件夹，但可以有许多子文件夹。

② 当前文件夹，是指当前正在使用的文件夹，也称为工作文件夹或活动文件夹。

注意：在 Windows 操作系统中，在同一个文件夹中不能有两个相同的文件名，即同一文件夹中的所有文件的名字都不同，但在不同文件夹中可以有相同名字的文件。

在图 6-10 所示的树型文件结构中，因为不同文件夹中允许有同名的文件，所以要引用一个文件就必须指明该文件在哪个文件夹中，有时在一个文件名前要用若干个文件夹名才能够表示该文件所在的位置。查找一个文件所顺序经过的子文件夹称为路径。路径名由若干个子文件夹名组成，各子文件夹之间用"\"分开。如在图 6-10 中，ntuser.dat 文件的路径为：

\Documents and Settings\杜康\

如果加上磁盘驱动器符号，则为

C:\Documents and Settings\杜康\

注意：有人认为路径还应该包括文件名在内，这样 ntuser.dat 的路径就是

C:\Documents and Settings\杜康\ntuser.dat

6.3.3 文件系统

1. FAT 文件系统

FAT 是 MS-DOS 系统用来管理磁盘文件的系统，伴随 DOS 系统盛行了 20 多年，拥有大量的用户，支持 MS-DOS 和各个版本的 Windows 系统。

FAT 系统的文件名由 1~8 个以字母开头的字符和数字串组成，扩展名由 1~3 个合法字符组成，在 DOS（采用 FAT 系统）的文件名中合法的字符有：英文字母 A~Z 的大小写；数字 0~9；特殊符号 !、^、%、#、$、-、{、}、&、~、@ 等。

不能用作 DOS 文件名的字符有：空格、|、<、>、\、/、+、=、[、]、:、;、?、* 等。

FAT 文件系统应用两个文件来确定文件在磁盘上的存储位置：一个是目录文件，另一个是文件分配表 FAT（File Allocation Table）表。在目录文件中保存的主要内容是文件名、文件类型、文件大小、文件属性、建立日期、修改日期、起始簇号等。FAT 表中则记录了每个文件由哪些簇组成，每个簇在磁盘上的具体位置，哪些簇已经被占用，哪些簇空闲可用等信息。FAT 表的内容相当重要，如果它被破坏，操作系统就不知道各个文件在磁盘上存储的具体位置，整个磁盘上的数据就读不出来了。FAT 是 16 位的文件系统，用 16 bit 表示簇的编号，最多只能有 2^{16}=65536 个簇。

说明：FAT 是微机较早期的文件系统，非常简单，是为小硬盘和简单的文件结构设计的，适用于 500 MB 以下的磁盘，在超过 1 GB 的磁盘上使用 FAT 效率就很低了。FAT 的磁盘管理能力相当有限，在 DOS 系统中只能管理 2 GB 以下的磁盘，一个具有 120 GB 的硬盘对 FAT 系统而言，也只有 2 GB（如果只有一个逻辑分区），Windows 中也不能超过 4 GB。另外，FAT 文件系统的安全性也较低。

2. FAT32 文件系统

FAT32 是 Windows 95 开始推出的 32 位文件系统，与 FAT 文件系统兼容。其最大特点为使用较小的簇（每簇为 4 KB）分配文件单元，大大提高了硬盘空间的利用率，减小了空间的浪费。FAT32 是 FAT 系统的增强版，具有 FAT 文件系统的所有特性，同时在以下几方面进行了增强。

① 支持更大的磁盘存储空间。FAT32 支持 512 MB~2 TB 的磁盘，不能识别小于 512 MB 的磁盘。

② 更高效的文件存取效率。FAT32 采用了比 FAT 更小的簇存取文件，可以更有效地保存信息。例如，两个大小都是 2 GB 的磁盘，一个采用 FAT 文件系统，另一个用 FAT32 文件系统，那么采用 FAT 系统的硬盘的簇的大小是 32KB，采用 FAT32 系统的硬盘的簇的大小是 4 KB（因为两种文件系统用于保存簇的编号的字节数不同）。这样，FAT32 比 FAT 的存储效率可以提高 15%。

③ FAT32 文件系统可以重新定位根目录和使用 FAT 的备份副本。另外，FAT32 分区的启动记录被包含在一个含有关键数据的结构中，减少了计算机系统崩溃的可能性。

④ FAT32 突破了 FAT 的 8.3 文件名的限定，支持长文件名。

3. NTFS 文件系统

NTFS 文件系统最初用于 Windows NT，现有有 32 位和 64 位两种类型，兼有 FAT 和 FAT32 文件系统的优点，提供了这两种文件系统所没有的高性能、高可靠性和兼容性，能够快速地读写和搜索大容量的磁盘，具有较强的容错和系统恢复能力。

NTFS 提供了文件服务器和企业环境下的高端个人计算机所要求具备的安全特性，支持数据访问控制和所有权等级，对于维护数据的完整性非常重要。安全性和稳定性是 NTFS 系统的最大特点，NTFS 为磁盘目录与磁盘文件提供了安全设置，可以指定磁盘文件的访问权限，使病毒难以侵袭计算机。此外，NTFS 能够自动记录文件的变更操作，具有文件修复能力，当出现错误时能够迅速修复系统，稳定性好，不易崩溃。

NTFS 支持大容量的磁盘分区，32 位的 NTFS 允许每个分区达到 2 TB（1 TB=1024 GB），支持小到 512 字节的簇，硬盘利用率最高；支持长文件名，只要文件夹或文件名的长度不超过 255

个字符都可以。与 DOS 相比较，NTFS 主要有以下区别：
- ❖ 扩展名可以使用多个分隔符，如可以创建一个名为"P.A.B.FILE98"的文件。
- ❖ 文件名中可以使用空格，但不能使用以下符号：'、'、"、"、?、\、*、<、>。
- ❖ 文件名中可以使用汉字。

Windows 系统的长文件名在转换为 DOS 的 8.3 短文件名时，只取文件名的前 6 个符号，这样会产生很多重复的文件名。为了区别重名，将第一个文件名的后两个字符取为"~1"，前 6 个字符相同的第二个文件名的后两个字符为"~2"，以此类推，并将扩展名的前 3 个字符作为扩展名。

例如，Windows 的两个长文件名：WindowsFILE1.incdos 和 WindowsFILE2.incdos，与其对应的 DOS 文件名为 Window~1.inc 和 Window~2.inc。

6.3.4 Windows 7 中的"计算机"和"资源管理器"

Windows 7 中的"计算机"和"资源管理器"相当于整个计算机系统的总文件夹，通过它们可以管理计算机系统的全部软、硬件资源，包括进行系统设置，文件查找，磁盘管理等工作。而磁盘驱动器则是某个磁盘的总文件夹，查看某个磁盘的任何一个文件都可以从"计算机"或"资源管理器"开始，找到并双击该磁盘所在的磁盘驱动器图标，在其中可以找到该磁盘上的任一个文件。若要查看某一个文件夹的内容，只需双击该文件夹图标，就可以打开该文件夹。

概言之，通过"计算机"和"资源管理器"至少可以实现以下文件管理功能：进行文件的复制、移动、删除以及重命名，更改文件或文件夹的属性，建立文件夹，设置驱动器卷标名称，搜索、查看磁盘中的文件或文件夹。

选择"开始"|"计算机"，将显示"计算机"窗口，当前计算机系统的所有软件、硬件资源都会显示在该窗口中，如图 6-11 所示。右击"开始"按钮，从弹出的快捷菜单中选择"打开 Windows 资源管理器"命令，也会显示出本窗口。"计算机"窗口分为左右两部分，左边列出了在当前计算机中的软硬件资源，包括所有的磁盘驱动器、光驱、控制面板、打印机等。双击某个文件夹或磁盘驱动器图标，就会在右边窗口中显示出该文件夹或磁盘上的全部内容，包括所有子文件夹和文件图标。一个文件夹中可以包括更多的文件夹、各种图标，不同的图标表示不同的文件类型。

图 6-11　Windows 7 中的"计算机"窗口

图 6-12 是双击 C 盘的图标后所显示的内容。从图 6-12 中可以看出，所有的文件夹图标都是一样的，而文件图标则有所区别。一个文件夹中还可以包括其他文件夹，也可以包括文件。图 6-11 和图 6-12 是默认状态下的文件与文件夹的信息显示方式，信息并不全面，如看不到文本的建立日期等，右击窗口中的空白区域，弹出的快捷菜单中列出了不同的查看方式，可以改变文件信息的显示方式。

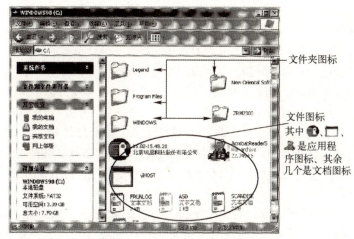

图 6-12 文件夹和文件图标的区别

- 图标：包括超大图标、大图标、中等图标、小图标。
- 平铺：用大图标形式显示文件夹或文件，图标按水平方向排列，使同一屏幕能够显示更多的图标。
- 列表：用小图标显示文件夹，同时显示文件名，且按竖直方向排列。
- 详细信息：显示名称、文件大小、类型建立或编辑的日期和时间等信息。
- 内容：显示文件或文件夹的名称、修改日期等信息。

6.3.5 文件与文件夹操作

文件与文件夹的操作包括复制、打开、移动、删除和创建等。

1．选定文件的方法

选定单个文件：将鼠标指向要选定的文件图标，单击鼠标时可以看见该文件图标的颜色与其他图标不同，就表示该文件已经被选定了。

选择多个文件：如果要选定的文件是不相邻的，可按住 Ctrl 键，然后单击每个要选定的文件。如果要选定的文件是相邻的，可首先单击第一个要选择的文件，接着按住 Shift 键，再用鼠标单击最后一个要选定的文件。如果要选定一组文件，而这些文件的名字是相邻的，只要用鼠标指针将它们"围住"就可以了。具体操作是：将鼠标指针移到第一个文件旁边的空白处（注意，必须离开文件名或图标），然后拖动鼠标，在鼠标拖动过程中会出现一个虚线框，所有落在框中的文件都将被选定。

2．文件或文件夹的复制或移动

复制文件或文件夹的方法和步骤如下：

<1> 通过"计算机"或"资源管理器"窗口，找到要复制或移动的文件或文件夹；

<2> 选中要复制的文件或文件夹，并单击右键，从弹出的快捷菜单中选择"复制"命令。此操作会把所选定的文件（文件夹）复制到 Windows 的剪贴板中。

<3> 找到存放所选内容的目标文件夹并单击右键，从弹出的快捷菜单中选择"粘贴"命令。

如果要移动文件或文件夹，只需在第 2 步操作中选择"剪切"命令，其余步骤相同。

也可以使用拖放方式进行文件或文件夹的复制。步骤如下：

<1> 在桌面上同时打开两个窗口，一个显示源文件夹，另一个显示目标文件夹。

<2> 复制时，把鼠标指向要复制的文件或文件夹（若要一次复制多个文件，应先选定它们），按住 Ctrl 键，同时将它拖放到目标文件夹。在拖动过程中，鼠标指针的下面将显示一个带"+"的小方框，提示用户正在复制文件。

<3> 把文件或文件夹拖放到目标文件夹后，释放鼠标，然后释放 Ctrl 键（应先释放鼠标后释放 Ctrl 键，否则会变成移动文件），文件或文件夹就被复制到了目标文件夹或目标磁盘。

如果被复制文件（文件夹）与目标文件夹位于不同的磁盘，在拖放复制的过程中不需要按住 Ctrl 键。

还可以用鼠标右键进行拖放式的文件复制：选定要复制的文件，用鼠标右键把选定的文件拖动到目标文件夹，然后释放鼠标右键，将弹出一个快捷菜单，选择其中的"复制到当前位置"命令。

如果要将文件复制到本机硬盘之外的其他磁盘（如 U 盘、移动硬盘），除了使用上面的方法进行复制外，还可以选中要复制的文件或文件夹并单击右键，从弹出的快捷菜单中选择"发送到"命令，并从其二级菜单选择目标文件夹。

3．重命名文件夹或文件

改变文件或文件夹名字的过程如下：右击要更名的文件或文件夹，从弹出的快捷菜单中选择"重命令"命令，删掉旧文件名，输入新的文件名即可。

4．删除文件夹或文件

硬盘或软盘中的文件如果不再需要，就应该把它们删除，以释放出更多的磁盘空间供其他程序使用。删除文件的步骤如下：选择要删除的文件或文件夹（一次可以选定多个文件或文件夹），然后按 Delete 键。也可以右击文件或文件夹，从弹出的快捷菜单中选择"删除"命令，就可以把文件或文件夹删除。

5．创建新文件夹

在计算机的使用过程中，为了更好地组织和管理磁盘上的文件，用户随时都可以创建新文件夹和删除旧文件夹。在创建新文件夹之前，首先应该确定新文件夹放在什么地方，可通过"计算机"或"资源管理器"找到新文件夹的父文件夹。进行如下操作即可：

在要创建新文件夹的父文件夹窗口中，右键单击空白区域，然后选择快捷菜单中的"新建"|"文件夹"命令。

6．控制文件信息是否显示

打开"计算机"或"资源管理器"窗口，单击窗口工具栏中的"组织"命令按钮，从弹出的下拉菜单中，选择"文件夹和搜索"选项，弹出"文件夹选项"对话框，如图 6-13 所示。

（1）不显示隐藏文件或系统文件

在图 6-13 所示的对话框中可以看到关于隐藏文件和系统文件是否被显示的设置，在默认情况下，隐藏文件或系统文件被设置为不显示。如果隐藏文件或系统文件已被显示，则可在"文件夹选项"对话框的"查看"标签中选择"不显示隐藏的文件、文件夹或驱动器"和"受保护的操作系统文件(推荐)"，隐藏文件的类型主要有.dll、.sys、.vxd、.drv、.ini 等。

（2）显示所有文件

显示全部文件，包括隐藏文件和系统文件，可在"文件夹选项"对话框的"查看"标签中选择"显示所有文件、文件夹和驱动器"选项。使用该选项要慎重，因为当所有的文件都显示出来之后，如不小心破坏了系统文件，则可能影响系统的正常运行。

图 6-13 "文件夹选项"对话框

（3）显示文件扩展名

在默认情况下，Windows 操作系统将常见的文件类型扩展名隐藏起来不显示，所以在查看磁盘上的文件时，经常看不见文件的类型名，在很多时候这是不方便的。可以通过图 6-13 所示对话框中的"隐藏已知文件类型的扩展名"选项对此进行重新设置，使文件类型扩展名被显示出来。

6.3.6 文件搜索

如果只记得文件或文件夹的名称，而忘记了它们在磁盘上的存储目录，就可以通过查找功能找到其所在的磁盘位置。至少可从以下两个地方进行文件搜索："开始"菜单中的"搜索程序和文件"搜索窗口，或者"计算机"或"资源管理器"窗口中的"搜索"命令。

下面是通过第 2 种方法搜索计算机中的 DOC 文档，过程如下：右击"开始"按钮，从弹出的快捷菜单中选择"打开 Windows 资源管理器"命令，弹出如图 6-14 所示的资源管理器对话框；在左边窗口中单击"计算机"图标，在右上角的搜索编辑框中输入搜索条件"*.doc"，按回车键后，计算机将进行搜索，将全部磁盘所有文件夹中的 DOC 文件列示出来。

从图 6-14 中可以看出，除了按文件或文件夹的名称进行查找外，还可以按照文件建立或修改的日期，或文件的大小进行查找。

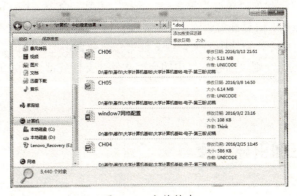

图 6-14 文件搜索

6.3.7 使用"回收站"

无论是从"计算机"、"资源管理器"还是其他窗口中被删除的文件，Windows 操作系统并不真正从磁盘上将它们删除，而是把这些文件的删除信息放到了"回收站"中（与直接将文件拖放到"回收站"中的效果完全相同），只要没有执行"清空回收站"操作，就可以将它们恢复到原来的保存位置。这样，当不慎删除了有用的文件后，还能够从"回收站"中把它们找回来，挽回不必要的损失。

"回收站"是被删除文件的集中堆积站，所有执行删除操作的文件都被堆在这个"废品站"中，有时还可以从这里找回一些有用的文件。

（1）查看"回收站"中的文件

双击桌面上的"回收站"图标，就可以打开"回收站"，从中可以看到所有被删除的文件或文件夹，如图 6-15 所示。如果要查看"回收站"中的详细内容，如被删除的文件名、删除前所在的文件夹、文件大小、被删除的日期及文件的类型等，只需选择"回收站"窗口中的"查看"|"详细资料"命令，就会以列表的方式显示"回收站"中的内容。

图 6-15 查看"回收站"的内容

"回收站"中的每个图标就是一个被删除的文件或文件夹，它们的图标与"资源管理器"或"计算机"中看到的图标相同。但在"回收站"中双击一个图标却不能打开它，系统将弹出一个关于该图标所对应的文件或文件夹被删除的属性，从中可以查看到该文件的名称、删除前的位置、删除的日期和时间、文件的类型和大小等。

（2）删除、还原、清空"回收站"中的文件

在"回收站"窗口中右击要恢复的文件或文件夹，会弹出操作"回收站"的一个快捷菜单，有"还原"、"剪切"、"删除"、"属性"等命令。选择"还原"命令，相应的文件就会被放回到原来的位置，而且所有数据、信息都与删除前一样。文件被还原后，它在回收站中的图标就消失了。

如果选择"删除"命令，被选中的文件或文件夹就会被真正地删除掉。单击图 6-15 的工具栏中的"清空回收站"按钮，则"回收站"中的全部文件或文件夹都会被从磁盘上删除掉。

6.4 磁盘管理

6.4.1 磁盘分区和引导记录

1. 磁盘分区的概念

磁盘分区本质上是对硬盘的一种格式化，将一个物理硬盘划分成几个逻辑上的虚拟磁盘，

划分之后,每个逻辑盘的操作方法都与独立硬盘的使用方法相同。图 6-16 是磁盘分区的示意图。

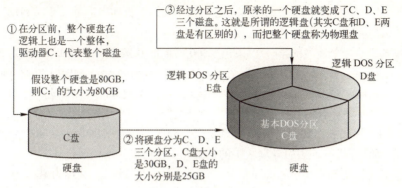

图 6-16　磁盘分区示意

分区是磁盘管理的常规性操作之一,分区的原因很多。例如:新硬盘只有进行分区之后,才能够被格式化为可用的磁盘;要在同一个硬盘上安装多个操作系统,如同时安装 Windows 和 Linux 系统。不同的操作系统只能安装在不同的磁盘分区上,必须对磁盘进行分区;为了有效地管理各类文件,将硬盘划分为多个分区,然后将操作系统和应用程序安装在同一个分区上,将数据存放在另一个单独的分区中,当系统遭遇病毒或操作系统不能启动时,即使重新格式化系统分区,也不会造成数据的损坏。

2. 磁盘分区的类型

磁盘分区有两种:主分区和扩展分区。

主分区(Primary Partition)也称为基本分区,是用于装载操作系统,启动计算机工作的磁盘分区。每个物理磁盘最多可以划分为 4 个主分区。多个主分区共存的主要目的是允许计算机装载不同的操作系统,或存放不同类型的数据。在主分区中不能够再划分子分区,因此每个主分区与一块物理区域相对应,只能给每个主分区分配一个磁盘盘符。

扩展分区(Extended Partition)是为了突破一个硬盘上只能有 4 个分区的限制而引入的,通过扩展分区,可以将硬盘划分成 4 个以上的逻辑分区。

一个硬盘上最多只能有一个扩展分区,但是一个扩展分区却可以被划分成多个逻辑分区。因此在对硬盘进行分区时,应该把主分区以外的全部自由空间都分配给扩展分区。再将扩展分区划分为一个或多个逻辑分区,也可以叫做逻辑盘。多个逻辑盘的好处是可以把应用程序和数据文件分类存放,便于管理。例如,D 盘存放数据,E 盘存放游戏,F 盘存放 MP3 音乐等。图 6-17 是一个硬盘所有分区方案的示意。

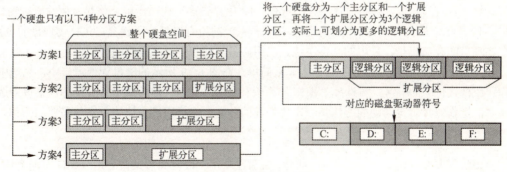

图 6-17　磁盘分区方案

3. 主引导扇区和分区引导扇区

在磁盘分区中有两个至关重要的扇区,它们关系到计算机加电后能否正常启动,这就是主引导扇区和分区引导扇区。

主引导扇区位于每个硬盘的第一个扇区,即 0 磁面的 0 磁道(即柱面 0)上的 1 扇区,主引导扇区中的记录称为主引导记录。主引导记录(Master Boot Record,MBR)共有 446 字节,这些信息用于硬盘启动时将系统控制权转移给用户指定的操作系统分区,以便进一步进行操作系统的引导。主引导记录不属于任何操作系统,其内容是类似于 Fdisk 这样的磁盘分区工具在对磁盘进行分区时写入的,包括整个磁盘的分区信息及引导分区的信息(即指出从哪个分区装入操作系统)。在每次启动计算机时,主引导扇区中的记录先于任何操作系统而执行。

分区引导扇区是硬盘的 0 扇区(即某一主分区的第一个扇区),又称为 Boot 区。分区中的内容称为分区引导记录,分区引导记录是由类似于 Format 命令的磁盘格式化工作写入的,用于将操作系统载入内存(分区引导记录记载了系统文件在磁盘中的位置)。图 6-18 是引导扇区的系统引导过程示意图。

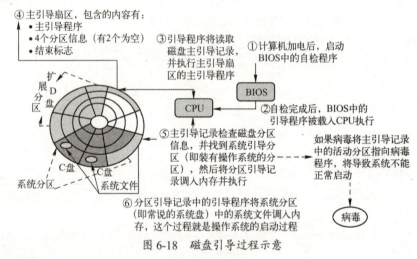

图 6-18 磁盘引导过程示意

6.4.2 Windows 操作系统中的磁盘管理

1. 磁盘分区

利用磁盘管理工具可以对磁盘进行格式化、分区或删除已有分区等,操作过程如下:选择"开始"|"计算机"并单击右键,从弹出的快捷菜单中选择"管理"命令,弹出计算机管理窗口;选择"计算机管理"窗口左边目录区中的"存储"|"磁盘管理"选项,屏幕将显示磁盘管理窗口,如图 6-19 所示。磁盘管理窗口列出了当前计算机系统的所有磁盘分区状况,包括物理盘的个数、每个物理盘的存储容量、采用的文件系统、已用磁盘空间和空闲磁盘空间等信息。

在 Windows 中删除或划分磁盘分区非常简单。在图 6-19 所示的磁盘管理窗口中,先选中要删除(或格式化)的分区,再选择"操作"|"所有任务"命令,然后从"所有任务"菜单中选择所需要的操作选项。更简便的方法是右击要处理的分区,然后通过快捷菜单实现需要的操作。

2. 磁盘格式化

新磁盘需要格式化后才能够使用。此外,磁盘在使用一段时间后某些磁道或扇区可能会坏掉,格式化可以将磁盘中的坏磁道和扇区标识出来，计算机就不会在已经损坏的扇区中写入数据，从而提高磁盘信息的可靠性。磁盘格式化具有破坏性，会删除磁盘上的所有数据，所以要小心使用。

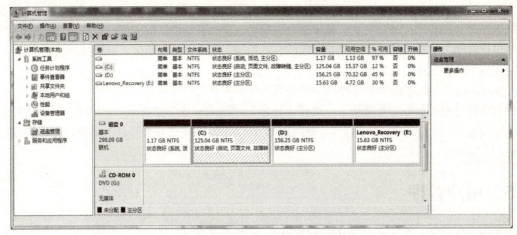

图 6-19　Windows 7 的计算机管理

　　格式化磁盘的过程如下：在"计算机管理"窗口中右击要格式化的磁盘，从弹出的快捷菜单中选择"格式化"命令，弹出磁盘格式化对话框，从中可以指定磁盘的文件系统（FAT、FAT32或 NTFS）。快速格式化只把磁盘的文件分配表和文件目录表等文件抹掉，但并不清除磁盘上的其他数据，所以格式化的速度很快。

　　说明：也可在"资源管理器"窗口中对磁盘进行格式化，右击任务栏中的"开始"按钮，从弹出的快捷菜单中选择"打开 Windows 资源管理器"命令，即可进入"资源管理器"窗口，在此窗口中格式化磁盘的方法与上面的方法相同。

　　3．清除垃圾文件

　　Windows 操作系统提供了一个"磁盘清理"程序，能够清除磁盘中无用的垃圾文件。在某些情况下，这个程序还会自行启动。例如，当向空闲空间小于磁盘总容量 3%的硬盘分区复制文件时，"磁盘清理"程序会提示磁盘空间已经很少，并且询问是否运行"磁盘清理"程序删除不必要的文件。运用"磁盘清理"程序清理垃圾文件的操作步骤如下：

　　<1> 选择"开始"|"所有程序"|"附件"|"系统工具"|"磁盘清理"命令，将运行"磁盘清理"程序，显示"选择驱动器"对话框。

　　<2> 选择要清理的磁盘后，弹出一个"磁盘清理程序"对话框，从中可以对不同类型的文件进行清除，其中较常用的如下。

- ❖ Temporary Internet Files：存放 Internet 临时文件的目录。
- ❖ 已下载的程序文件：用户在浏览 Internet 时自动下载的小程序。
- ❖ 回收站：从别的文件夹中删除到回收站中的文件。
- ❖ 临时文件：一些程序在执行过程中所产生的临时性文件。一般情况下，程序会在关闭之前自行清除这些文件，但当程序非正常关闭时（如断电），这些临时文件就会因为来不及清除而保存在临时文件夹中，积少成多，时间长了也可能占用较大的磁盘空间。

　　4．整理磁盘碎片

　　一般说来，文件的内容在磁盘中是连续存放的，但随着无用文件的删除（磁盘使用时间长了之后），磁盘上会产生一些不连续的空闲小区域，重新写入的同一个文件就可能被拆分成多块，每块被保存在一个或多个空闲小区域中，这就是碎片。

计算机使用的时间越长，产生的碎片就越多，每次打开碎片文件时，计算机都必须搜索硬盘，查找碎片文件的各组成部分，这会减慢磁盘访问的速度，降低磁盘操作的综合性能。对磁盘上的文件进行移动，将破碎的文件合并在一起，并重新写入硬盘上相邻扇区，以便提高访问和检索的速度，这个过程就称为碎片整理。

Windows 7 提供了磁盘整理程序，用于重新组织磁盘上的文件，以提高计算机的访问速度。运行磁盘碎片整理程序的步骤如下：选择"开始"|"所有程序"|"附件"|"系统工具"|"磁盘碎片整理程序"命令，弹出"磁盘碎片整理程序"对话框，从中选择要整理的磁盘，然后单击"碎片整理"按钮。

6.5 用户管理

Windows 提供了较全面的多用户管理功能，能够为每个用户建立自己的账号，设置每个用户独立的工作环境。概括如下：

- ❖ 可以为每个有权使用计算机的用户建立单独的访问功能，使每个用户有自己的用户名和用户密码。
- ❖ 用户可以配置自己的工作桌面、图标、收藏夹和设置，建立真正属于自己的"我的文档"文件夹。
- ❖ 用户可通过共享文件夹交换信息，个人文件夹只能在用户的授权下才能访问。

1. 创建用户账户

在建立用户账户之前，应先确定所建用户的类型。Windows 至少有以下几种用户：计算机管理员、受限用户和来宾。

在同一系统中可有一个或多个计算机管理员，计算机管理员是最高级的用户，能够创建、更改和删除其他账户，进行计算机系统的配置，安装应用软件并访问所有文件。

受限用户只能更改或删除自己的密码，更改、设置自己的桌面，查看与建立自己的文档，查看和使用共享文件夹中的文件。但不能修改系统配置，也不能安装软件。

来宾即用户名为"Guest"的特殊用户，在登录系统时不需要密码，不需要建立，任何人都可以此身份登录系统，进行有限的系统访问（权限很小）。在一般情况下，应禁止来宾登录系统，因为它可能给系统的应用带来潜在的安全隐患。

现以建立一个名字叫"灰衣老僧"、密码为"123"的计算机管理员账户为例，说明在 Windows 7 中建立用户账户的操作过程。

<1> 以计算机管理员的身份登录系统，然后选择"开始"|"控制面板"命令，在"控制面板"窗口中，单击"用户账户和家庭安全"下面的"添加或删除用户"，将弹出如图 6-20 所示的"用户账户"对话框，其中列出了所有已经建立的用户账户名。在这里可以进行账户的集中管理，如建立新用户名、修改用户密码、删除用户名、修改用户的类型等。

<2> 在图 6-20 中，单击"创建一个新帐户"选项，显示设置用户账户名对话框，如图 6-21 所示，从中输入用户名为"灰衣老僧"。

<3> 输入用户账户名后，选择用户类型，然后单击"创建帐户"按钮，将建立"灰衣老僧"账户，它的类型是标准用户。

 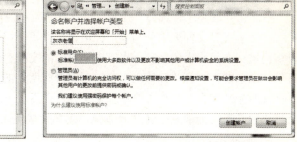

图 6-20 管理和建立新账户名窗口　　　图 6-21 指定用户名和用户类型

2. 设置、修改用户密码

Windows 在创建用户时不会为新用户账户设置密码。但账户建好之后，随时可设置、修改或删除已有用户账户的密码。图 6-20 中会显示所有的"用户账户"，单击用户图标，如刚建立的新用户"灰衣老僧"，弹出如图 6-22 所示的对话框，从中可以为新用户创建密码、修改密码、删除密码、修改用户的图标、修改用户名，也可以删除账户。

图 6-22　更改账户资料

3. 用户切换与注销

用户切换是指在不关闭当前正在运行的用户程序，不退出当前工作的情况下，让其他用户登录系统并进行工作。在 Windows 7 中切换用户的操作步骤如下：单击"开始"|"关机"命令的右三角形，从弹出的快捷菜单中选择"切换用户"命令。该操作将显示用户登录的欢迎屏幕，其他用户可以从此登录系统，完成任务后，该用户可以以相同的方式注销账户，然后就可以轻易地返回到打开文件的原先状态。

注销是停止当前用户正在执行的任务，关闭当前用户打开的所有应用程序，使该用户从系统退出。注销只是使用户从系统退出，并不会删除或修改用户的任何数据，被注销的用户在任何时候都可以重新登录系统。

说明： 由于 Windows 可以让多个用户同时登录，所以在关机之前应注销所有的用户，以免造成数据丢失（因为即使在用户没有完全注销的情况下也能关闭系统）。

4. 个人文件夹与共享文件夹

建立一个新用户账户后，Windows 会为新建用户创建个性化的桌面，用户也可以自行设置桌面的图标，桌面设置的变化不会影响其他用户的桌面布局。每个用户账户都可以拥有不同于其他用户的桌面，每个用户都可以安装属于自己的软件。

系统还会为新用户建立一个完全个性化的"我的文档"，存入该文件夹的文件只有用户自己才能打开，其他用户的文件不会存入该文件夹，因为每个用户都有他自己的"我的文档"。

在多用户环境下，选择"开始"|"计算机"，将打开计算机窗口，在"库"中的"视频"、"文档"、"音乐"等文件夹中分别有"公用视频"、"公用文档"、"公用音乐"文件夹。每个用户都可以访问这些文件夹中的文件，也可以把自己的文件存入其中，供其他用户访问。以系统管理员的身份登录系统，打开"计算机"窗口，将看到所有的用户文件夹和共享文件夹。

说明：只有在 NTFS 文件系统中才能实现上述个人文档的保密与共享文档的公用，以及其他个性化的设置，如果是 FAT 文件系统，则不能实现上述功能。

5．删除用户

如果要取消某个用户的系统使用权限，则应当从系统中删除该用户账户。账户删除与账户注销是完全不同的概念，注销仅是使用户退出系统，但他的账户名、账户密码、他的文档、他的程序和软件都保留在系统中，任何时候还可继续登录系统。删除则是从系统中去掉用户账户名、用户密码等，用户不能再用已被删除的账户名登录系统了。

删除用户的操作很简单，在用户账户管理对话框中选择要被删除的账户，选择"更改账户"（见图 6-22），然后在更改用户账户的对话框中选择"删除账户"选项，再按屏幕提示进行操作。

6.6 系统安装

6.6.1 安装/卸载应用程序

当把含有新软件的光盘插入光驱时，绝大多数应用程序都包含有自动安装程序（setup.exe），安装程序就会自动启动，并在屏幕上显示安装向导，根据向导提示就能够完成安装。

如果要安装的软件没有自动安装功能，则可以打开该软件所在的软盘或光盘。在软盘或光盘中找到安装程序的程序图标（通常为 setup.exe 或 install.exe）并双击它，即可进行软件的安装。

删除一个应用程序非常简单，可以使用前面介绍的文件或文件夹的删除方法。如果删除的是文档，这样做问题不大。但删除的若是应用程序，这样的删除就不一定彻底，会留一些"垃圾"在磁盘上，因为在 Windows 中安装一个应用程序时，通常会把一些系统信息写入 Windows 的系统文件或注册表文件中，直接删除文件的时候，这些文件中的内容是不会被删除的。

Windows 应用程序中一般包含了自动卸载工具（uninstall.exe），如果要删除一个应用程序，可以运行它的反安装程序（uninstall.exe），这样就能彻底地把它删除。如果要删除一个不包括自动卸载工具的程序，可以利用 Windows 提供的卸载工具来删除。其操作步骤如下：打开"控制面板"窗口，单击其中的"程序"选项，在出现的"程序"对话框中单击"程序和功能"下边的"卸载程序"选项，从卸载程序窗口的列表中选择要卸载的程序后，单击"确定"按钮。

6.6.2 安装硬件设备

随着计算机技术的发展，微机的配置十分灵活，随时可以为计算机增加设备。增加设备除了要进行硬件的物理连接外，还必须在 Windows 操作系统中安装相应的设备驱动程序，并分配合适的硬件资源，这一过程称为添加新硬件。

1. 自动检测方式

Windows 操作系统具有即插即用的（Plug and Play，pnp）功能，一些新硬件插入计算机的扩展槽后，能够被自动识别出，并自动安装相应的驱动程序，不需要人工设置。

绝大多数计算机扩展卡（如声卡、网卡、调制解调器等）都具有即插即用的功能。安装这类设备的基本过程是：先关闭计算机的电源，打开计算机的主机箱，选择一个合适的总线扩展槽，把新增硬件插入扩展槽中；插好之后，重新启动计算机，Windows 操作系统会检测到新连接的设备，此时屏幕上就会出现一个提示对话框，告诉用户找到了一个新的硬件设备，并询问是否安装该设备的驱动程序；根据屏幕向导的提示安装设备驱动程序后，该硬件就安装好了。

2. 手动添加方式

对于某些不能被计算机自动检测到的设备或自动安装过程中出现故障的硬件，需要用手工方式，利用系统的安装向导来进行安装。操作过程如下：打开"控制面板"窗口，选择"硬件和声音"|"添加硬件"选项，将弹出添加硬件的向导，根据添加硬件向导的提示，一步一步地执行完安装向导，就能够安装好硬件设备。

3. 安装打印机

如果系统连接了打印机，则可以将生产商提供的安装光盘插入光驱，运行光盘中的安装程序，然后根据安装向导的提示，很快就能够完成打印机的安装。

如果没有打印机安装盘，或者并没有打印机连接到计算机上，也可以为计算机安装打印机，以便在 Word 和 Excel 之类的程序中实现打印预览功能。以后若有打印机，直接将它连接到计算机就可用了。安装过程如下：选择"开始"|"设备和打印机"命令，显示"设备和打印机"窗口，如图 6-23 所示；双击"添加打印机"图标，将弹出打印机安装向导的第一步对话框，单击其中的"下一步"按钮；根据安装向导的提示，指定打印机的类型、型号和驱动程序等内容，很容易完成整个安装过程。

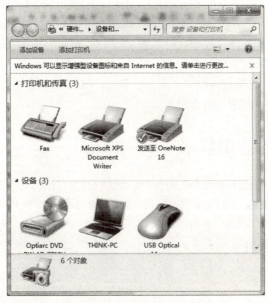

图 6-23 "设备和打印机"窗口

6.7 任务管理器

Windows 任务管理器是集成了程序运行、进程管理、计算机性能与网络监控及用户调度的多功能管理程序，非常实用，不仅具有管理程序和用户的功能，还具有计算机安全保护的能力。任务管理器可以随时中止非法程序和进程的运行，也能够立即停止非法用户对计算机的操作权。

通过任务管理器可以查看哪些应用程序正在运行，也可以中止某些程序的运行，这为停止某些非法程序的执行提供了一种控制手段。在系统运行的任何时候，按 Ctrl+Alt+Del 组合键，从弹出的快捷菜单中选择"启动任务管理器"选项，就会弹出如图 6-24 左图所示的任务管理器窗口。

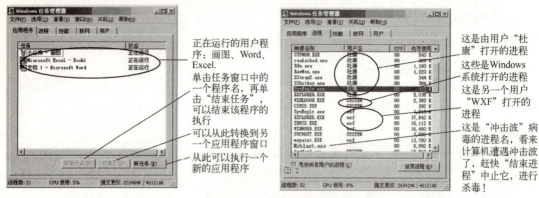

图 6-24 应用程序管理

选中"任务"列表中的一个程序名，然后单击"结束任务"按钮，就会结束该程序的运行。单击"切换至"按钮，可以转换到另一个应用程序。

正在运行的程序段称为进程，操作系统的功能由许多进程来完成，应用程序在运行过程中也会产生若干个进程。黑客程序、病毒程序也是通过进程入侵和破坏系统的。

任务管理器的"进程"标签具有监管进程的功能，单击任务管理窗口的"进程"标签，即可弹出如图 6-24 右图所示的对话框。对话框的进程列表将当前正在运行的进程全部列示出来，通过该列表能够查看哪些进程和程序正处于执行状态。如果对 Windows 系统非常了解，可以借此分析系统的运行是否正常。若突然发现一个前所未有的进程名，则很有可能是系统被病毒感染了。例如，"冲击波"病毒在发作时会在内存中形成一个名为"Msblast.exe"的进程名（见图 6-24 右），这时应该立即结束该进程，并进行病毒清查。

6.8 "附件"中的应用程序

Windows 的"附件"中提供了几个应用程序，这些应用程序会给人们的日常工作带来许多方便，如写小文章、浏览 DOS 下的文本文件、制作或编辑图像、拨号上网，或者工作之余玩玩小游戏等。打开任务栏中的"开始"菜单，选择"所有程序"|"附件"，就会显示出附件中的程序列表，现对其中几个常用程序加以介绍。

1. 记事本

记事本（Notepad.exe）是一个功能单一的文本文件编辑器，要编写短小的说明性文本或修改文本文件（如 .txt），用它非常方便。记事本只能打开并编辑文本文件，对其他非文本文件则是不能打开和编辑的，在记事本中不能设置文件内容的格式，如标题居中、给文字加下划线、加粗字体、插入图表等都是不行的。

记事本与文本文件关联，双击 .txt 文件的名称或图标时，系统就会启动记事本程序，并打开选中的文件。

2. 写字板

写字板（Write.exe）是 Windows 操作系统提供的一个简单文字处理软件，可以建立、编辑、修改和打印简要的文稿，用写字板可以编写的文件类型有写字板文档（*.wri）、文本文件（*.txt）、Word 文件（*.doc）、Rich Text 文件（ .rtf 是与 .txt 文件相似的一种文件格式，但在这种格式的文件中不仅可以保存 ASCII 字符，而且可以保存图形、表格等多种形式的信息，而在 .txt 格式的文件中只能保存 ASCII 字符）。

写字板与磁盘上扩展名为 .wri 的文件相关联，双击这种类型的文件时，系统就会在写字板中打开该文件。

3. 画图

"画图"（Mspaint.exe）是一个简单的作图软件，没有 Photoshop、CorelDraw、Micrographx Designer 这些专业图形软件的强大功能，但方便、实用，不需要专门安装，只要装有 Windows 操作系统就有"画图"。用画图绘制的图形是位图，存盘后就是一个扩展名为 .bmp 的文件，Windows 操作系统默认位图文件与画图相关联，所以双击扩展名为 .bmp 的文件，系统会自动在画图中打开相应的图形。

4. 计算器

计算器的功能与我们日常所用的计算器一样，图 6-25 是它在屏幕上显示的界面（当运行该程序时，你见到的计算器可能只有图 6-25 的一半，选择计算器的"查看"菜单，然后选择"科学型"命令，就会显示出该图）。普通的数字加、减、乘、除以及其他按钮与我们平常所用的计算器的功能一样，不同进制的转换就更简单了，如把十进制数 256 转换成二进制数，只需要先输入十进制的 256，然后选中"二进制"，立即可以看到该数的二进制数。

图 6-25 计算器

5. 了解你的计算机

选择"开始"|"所有程序"，然后右击"计算机"，从弹出的快捷菜单中选择|"属性"命令，Windows 7 将弹出"系统"窗口，从中可以看到当前计算机系统的主要信息，如图 6-26 所示。"系统信息"窗口详细地列出了当前计算机系统中的软、硬件配置信息，从中可以查看 CPU 的型号、内存大小、安装的软件等信息。

图 6-26 "系统信息"窗口

习 题 6

一、选择题

1. Windows 操作系统中的"桌面"指的是_____。
   A．资源管理器窗口　　　　　　　B．屏幕上的活动窗口
   C．放计算机的桌子　　　　　　　D．窗口、图表或对话框等的屏幕背景
2. 启动 Windows 操作系统时，要想直接进入最小系统配置的安全模式，按_____。
   A．F7 键　　　　B．F8 键　　　　C．F9 键　　　　D．F10 键
3. 屏幕保护程序的主要作用是保护_____。
   A．CRT 显示器　　B．键盘　　　　C．主机　　　　D．打印机
4. 桌面上的图标可以用来表示_____。
   A．最小化的图标　　　　　　　　B．关闭的窗口
   C．文件、文件夹或快捷方式　　　D．没有意义
5. 在菜单中，前面有"√"标记的项目表示_____。
   A．单选选中　　B．有对话框　　C．复选选中　　D．有级联菜单
6. 窗口标题栏中最左边的小图标表示_____。
   A．应用程序控制菜单按钮　　　　B．开关按钮
   C．"开始"按钮　　　　　　　　　D．工具按钮
7. 快捷方式的含义是_____。
   A．特殊磁盘文件　　　　　　　　B．指向某对象的指针
   C．特殊文件夹　　　　　　　　　D．各类可执行文件
8. "回收站"是_____。
   A．硬盘上的一个文件　　　　　　B．软盘上的一个文件夹
   C．内存中的一个特殊存储区域　　D．硬盘上的一个文件夹

9. "控制面板"是_____。
A. 硬盘系统区的一个文件   B. 硬盘上的一个文件夹
C. 一组系统管理程序   D. 内存中的一个存储区域

10. "控制面板"上显示的图标数目与_____。
A. 系统安装无关   B. 系统安装有关
C. 随应用程序的运行变化   D. 不随应用程序的运行变化

11. Windows 系统的"任务栏"上存放的程序是_____。
A. 系统正在运行的程序   B. 系统中保存的程序
C. 系统前台运行的程序   D. 系统后台运行的程序

12. 用鼠标拖放功能进行文件或文件夹的复制时,一定可以成功的是_____。
A. 用鼠标左键拖动文件或文件夹到目标文件夹上
B. 按住 Ctrl 键,然后用鼠标左键拖动文件或文件夹到目标文件夹上
C. 按住 Shift 键,然后用鼠标左键拖动文件或文件夹到目标文件夹上
D. 用鼠标左键拖动文件或文件夹到目标文件夹上,然后在弹出的菜单中选择"复制到当前位置"命令

13. 若微机系统需要热启动,应同时按下组合键_____。
A. Shift+Esc+Tab   B. Ctrl+Shift+Enter
C. Ctrl+Alt+Del   D. Alt+Shift+Enter

14. 下列关于"回收站"的说法中正确的是_____。
A. "回收站"可以暂时或永久性保存被删除的磁盘文件
B. 放入回收站中的信息不能恢复
C. "回收站"所占用的磁盘空间是大小固定、不可修改的
D. "回收站"只能存放软盘中被删除的文件

15. 有关 Windows 窗口的叙述中,正确的是_____。
A. 窗口最大化后都将充满整个屏幕,不论是应用程序窗口,还是文档窗口
B. 在窗口之间切换时,必须先关闭活动窗口,才能使另一窗口成为活动窗口
C. 文档窗口只存在于应用程序窗口内且没有菜单栏
D. 应用程序最小化就意味着该应用程序停止运行

16. 在某个文档窗口中进行了多次剪切、复制的操作,当关闭了文档窗口后,剪贴板中的内容为_____。
A. 第一次剪切、复制的内容   B. 空白
C. 最后一次剪切、复制的内容   D. 所有剪切、复制的内容

17. 小李记得在硬盘中有一个主文件名为 ebook 的文件,现在想快速查找该文件,可以选择_____。
A. 按名称和位置查找   B. 按文件大小查找
C. 按高级方式查找   D. 按位置查找

18. 在 Windows 操作系统中所采用的目录结构为_____。
A. 树型   B. 星型   C. 环型   D. 网络型

19. 在 Windows 中,需要查找以 n 开头且扩展名为 com 的所有文件,查找对话框内的名称框中应输入_____。
A. n.com   B. n?.com   C. com.n*   D. n*.com

20. 设置屏幕显示属性时,与屏幕分辨率及颜色质量有关的设备是_____。
A. CPU 和硬盘   B. 显卡和显示器

C. 网卡和服务器　　　　　　　　　　　D. CPU 和操作系统

二、判断题

1. 在 Windows 的窗口中，单击末尾带有省略号的菜单意味着该菜单项已被选用。（　）
2. 在"桌面"上不能为同一个应用程序创建多个快捷方式。（　）
3. 用鼠标移动窗口，只需在窗口中按住鼠标左按钮不放，拖曳移动鼠标，使窗口移动到预定位置后释放鼠标按钮即可。（　）
4. 磁盘上不再需要的软件卸载，可以直接删除软件的目录及程序文件。（　）
5. 在"Windows 资源管理器"同一驱动器中的同一目录中，允许文件重名。（　）
6. 磁盘上刚刚被删除的文件或文件夹都可以从"回收站"中恢复。（　）
7. 在 Windows 中，如果多人使用同一台计算机，可以自定义多用户桌面。（　）
8. 当改变窗口的大小，使窗口中的内容显示不下时，窗口中会自动出现垂直滚动条或水平滚动条。（　）
9. Windows 的任务栏只能位于桌面的底部。（　）
10. 窗口和对话框中的"?"按钮是为了方便用户输入标点符号中的问号设置的。（　）
11. 在 Windows 中，对文件夹也有类似于文件一样的复制、移动、重新命名以及删除等操作，但其操作方法与对文件的操作方法是不相同的。（　）
12. 剪贴板可以共享，其上信息不会改变。（　）
13. 前台窗口是用户当前所操作的窗口，后台窗口是关闭的窗口。（　）
14. 在"Windows 资源管理器"中，单击第一个文件名后，按住 Shift 键，再单击最后一个文件，可选定一组连续的文件。（　）
15. 墙纸的排列方式有平铺、拉伸、居中三种。（　）

三、简答题

1. Windows "任务栏"上的"开始"按钮有哪些功能？
2. GUI 的含义是什么？PNP 指的是什么？
3. 在 Windows 操作系统中怎样查看、修改文件或文件夹的属性？
4. "回收站"有哪些功能？
5. 在 Windows 操作系统中怎样运行 DOS 下的应用程序？
6. 什么是"关联"？它有什么意义？如何把一个文件关联到一个应用程序上？
7. 简述剪贴板的功能。
8. 在 Windows 操作系统中怎样格式化软盘？
9. 文件复制有哪些方法？
10. 在 Windows 操作系统中运行程序有哪些方法？
11. "控制面板"有什么作用？

四、实践题

1. 在 D 盘根目录下分别建立 AAA 和 BBB 两个文件夹。
2. 在 AAA 文件夹中新建一个名为 TEST1.txt 的文件，在 BBB 文件夹中新建一个名为 TEST2.docx 的文件。
3. 将 AAA 文件夹压缩，并命名为 A 包，放在 BBB 文件夹中。
4. 将 BBB 文件夹建立名为 B 的快捷方式，存放在 AAA 文件夹中。
5. 请使用两种方式查出所操作计算机的物理地址、IP 地址、子网掩码及默认网关，并将所查询的结果采用截图的方式将所截图形保存到 TEST2.docx 文件。

第 7 章 文字处理软件 Word

本章介绍 Word 的文档管理功能，包括文档编辑、表格制作、图文混排、文档打印等日常办公中的常用内容。

7.1 Microsoft Word 基础

Word 是美国微软公司办公套装软件 Microsoft Office 中的文字处理软件，该套装软件中的常用组件还有 Excel、Access、PowerPoint、FrontPage 等。Word 主要用于制作办公应用中的各类文档、表格，并具有编写网页、博客，以及收发电子邮件等网络方面的功能。

1. Word 工作界面

自从 2007 版起，Microsoft Office 采用了功能区界面取代早期版本中的菜单、工具栏和大部分任务窗格。新用户界面旨在帮助人们能够更加方便地找到完成各项任务的功能命令，提高工作效率。启动 Word 2016，将显示如图 7-1 所示的程序界面。

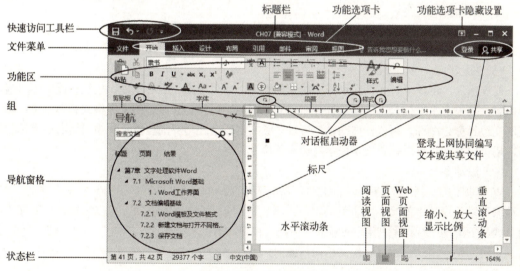

图 7-1 Word 2016 界面

（1）文件菜单

"文件"是 Word 2016 中唯一的菜单，提供了 Word 文件操作的常用功能，包括"新建"、打开"、"保存"、"另存为"、"打印"、"共享"、"导出"、"账户"、"信息"等命令。其中，"共享"、"账户"是 Excel 2016 新增的命令，用于在云环境中多人共建、共享文件。

（2）选项卡

"开始"、"插入"、"布局"、"引用"、"邮件"、"审阅"、"视图"等称为选项卡，为用户提供了可视化的简便操作方法。各选项卡是面向任务的，每个选项卡以特定任务或方案为主题组织其中的功能控件。例如，"开始"选项卡以文档编辑的日常应用为主题设置其中的控件（即按钮），包含了实现文本的复制、粘贴，设置字体、字号、对齐方式、标题样式等常见操作的控件。每个选项卡中的控件又细分为几个逻辑分组，每个组中再放置实现具体功能的控件。图 7-1 显示的是"开始"选项卡中的内容。

选项卡是动态的，为了减少屏幕混乱，某些选项卡平时是隐藏的，在执行相应的操作时，它们会自动显示出来。

（3）组

自 Word 2007 之后，就将以前版本中那些隐藏在菜单和工具栏中的命令和功能，以面向任务的方式放置在不同的逻辑组中，每个逻辑组能够完成某种类型的子任务。例如，在图 7-1 中，剪贴板、字体、段落和样式等都是组，每个组都与某项特定任务相关，剪贴板中包括实现复制和粘贴等功能的控件，字体组则包括了设置字体大小、型号、颜色等功能的控件。

（4）快速访问工具栏

位于 Word 窗口左上角的 是快速访问工具栏，其中包含一组独立于各选项卡的命令，无论用户选择哪个选项卡，它将一直显示，为用户提供操作的便利。在默认情况下，快速访问工具栏中只有文件保存、撤销和恢复最近操作三个命令按钮，但它实际上是一个允许用户自定义的工具栏，用户可以将经常使用的命令按钮添加到其中。

单击"文件"|"选项"菜单命令，弹出"Word 选项"对话框，选择其中的"快速访问工具栏"，即可通过该对话框实现"快速访问工具栏"的自定义。

（5）标题栏和状态栏

位于功能区最上边的是标题栏，在其中显示当前正在使用的 Word 文件的名称。状态栏与当前工作窗口有联系，其中显示的内容与当时进行的操作有关。

（6）标尺

通过标尺，可以了解文档在纸张中的布局情况，如页边距、版心宽度、栏宽、段落缩进格式等内容。其中，水平标尺上的 是首行缩进标记图标，可以定义首行的缩进格式和缩进量； 为段落左边界标记图标，用鼠标拖动它，可以设置文本段落左边界的位置； 为段落右边界标记图标，用鼠标拖动它可以设置文本段落右边界的位置。

（7）滚动条

Word 提供了水平滚动条和垂直滚动条。水平滚动条可以使文档窗口中的文本左右移动，垂直滚动条可以使窗口中的文本上下移动。单击垂直滚动条上的 或 按钮，可以使窗口中的文本将向上或向下滚动一行； 和 为向前或向后翻页按钮，单击它，可使文档向上或向下翻一页； 为垂直滚动块，拖动它可以实现文档向前或向后连续滚动。

（8）文本区

文本区是 Word 输入文字的区域，也称为工作区。在此区域中有一个不断闪烁的"|"符号，它就是插入点（也称为光标），从键盘中输入的文字符号就会出现在插入点位置。文本区是进行正文编辑、排版的工作区，从中可以输入汉字、字符，插入图片和图形，选定、删除、复制、移动特定的文档内容。

（9）文件查看方式与缩放

工作表下边框的右侧提供的 按钮用于切换文档的查看方式和缩放文档比例，单击"+"或"-"，可以放大或缩小文档区域内文字符号的显示比例，每单击一次缩放 10%。此外，左右拖动其中的 按钮，也可以实现缩放操作。

（10）导航窗格

导航窗格可以显示出文档中的各级标题，对于设置了各级标题的大文档而言，单击其加的标题可以快速定位到相应的文档位置，便于快速查看指定位置的文档内容。

2．文件格式和模板

文件格式是文件内容的存储方式，程序据此来打开或保存文件。文件格式一般由文件的扩展名来标识。在安装 Word 时，系统会自动安装多种文件格式，这些文件格式可以在"保存"对话框的"保存类型"下拉列表中找到。Word 早期版本采用 .doc 文档格式，自 Word 2007 版起，默认的文件格式为 .docx 或 .docm，区别在于 .docm 类型的文档中可以包括 VBA 宏程序，而 .docx 中不应该有宏程序。此外，当前的 Word 版本与早期版本是兼容的，也可以创建或打开 .doc 文档。

Word"另存为"文件对话框的"保存类型"下拉列表可以用来指定 Word 文档的保存类型，即确定文件格式。该对话框具有以下两个主要用途：

① 使用其他文件格式共享文档。当需要与使用其他程序或其他 Word 版本的用户共享文档时，可将文档按其他文件格式保存。例如，可在 Word 中打开用写字板创建的文档并修改它，再将它以 Word 或 WordPerfect 的文件格式保存。

② 改变默认文件格式。Word 2016 文档在一般情况下以 .docx 文档格式保存，存盘的内容除包含文本外，还包含文本的格式化信息，诸如段落标记、页码、缩进及字体等。如果用其他文字处理软件打开 Word 2016 的 .docx 文档，在屏幕上会显示一些不可识别的乱字符，这是因为两种文字处理软件采用的文件格式不同。

选择适当的格式可让 Word 只保存文件中的文本信息，不保存文件的格式信息，这样的文件就能被所有的编辑软件所识别，这种不含格式控制符的文件称为文本文件。常见的文本文件有以下 2 种。

① 纯文本（*.txt）。当用这种格式保存 Word 文档时，格式信息不予保存，回车换行字符、分节符及分页符等都被转换为段落标记符。当目标软件不能识别 Word 文档时，使用纯文本进行数据交换是可行的，因为任何一个具有编辑功能的软件都能够识别纯文本。

② RTF（Rich Text Format）格式。用这种格式存盘时，原文档的全部格式予以保留，但这些格式信息不是被直接保存，而是被转换为多数软件都能够识别的格式化指令。

模板实质上是一种文档样式（即样板），它已经预先设了置好文档标题、正文文字及文档排版布局的各种格式，打开模板时会创建模板本身的副本。在模板创建的副本基础上工作，可以省去诸如设置文档标题、排版、制表等诸多方面的麻烦，便捷地制作出需要的文档。

模板采用特定的文件扩展名，Word 97-2003 版本中模板的扩展名为.dot，自 Word 2007 版起，模板可以是.dotx 或.dotm 文件（.dotm 文件类型允许在文件中启用宏）。平时建立文档使用的默认模板是 normal.dot 或 normal.dotx。

Word 总是根据模板来建立各种类型的文档，当要建立某种类型的文档时（如 Web 页、电子邮件），可以选择相应的模板，然后修改模板中的部分内容就能够快速地建好相应的文件。例如，大学毕业生找工作的自荐书是在 Word 中编写的一种常用文档。可以使用具有预定义页面版式、字体、边距和样式的模板，而不必从零开始创建自荐书的结构。只需打开一个模板（即别人已做好的自荐书样式），然后填充自己的文本和信息即可。

模板是可以编辑、修改和新建的，人们也可以对系统创建的模板进行修改，设计出符合自身需要的模板。Word 还允许用户将自建的文档保存为模板，并在今后用它来创建类似的新文档。

自 Office 2007 版起，许多模板都是"在线模板"。即在安装 Microsoft Office 时，仅将使用最频繁的极少数模板安装在用户计算机端,而将大量的模板被放置在网站中,需要时才从网站中下载。这种方式不仅便于模板的维护,还可以随时将新创建的模板放置到网站中,用户也能随时用到新创建的模板。微软在线网站中的模板种类众多,包括个人理财、家庭收支、财务预算、个人简历、会议安排、采购订单、回执和收据、旅行度假、单位考勤、日程安排以及工作计划等。

3．自动存盘与备份文件

在输入、编辑文档的过程中,许多人经常在文档输入完并设置好格式后才会想到保存。如果此过程中出现异常,如停电了或计算机故障,所有工作都可能白做,因此要养成在编辑文件的过程中随时保存文件的良好习惯。

Word 具有自动存盘功能,间隔一个固定的时间后,就自动将正在编辑的文档存盘。系统的默认存盘间隔时间为 10 分钟,即使出现故障,也只有最近 10 分钟的工作受到影响。可以修改自动存盘的默认时间间隔,方法如下:

<1> 选择"文件"|"选项"菜单命令,出现如图 7-2 所示的"Word 选项"对话框。

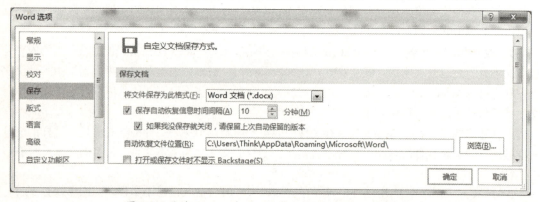

图 7-2　通过"Word 选项"设置自动保存文件的时间间隔

<2> 选择"Word 选项"对话框中的"保存"标签,选中"保存自动恢复时间间隔"复选框后,Word 将定时自动地将所有打开的文件保存。该复选框生效后,可在"分钟"编辑框中以分钟为单位输入自动存盘的时间周期。

如果要对文件建立备份副本,可选择图 7-2 中的"高级"标签,并在其对话框的"保存"组中设置"始终创建备份副本"复选框。此后每次将文档正式存盘时,Word 会自动为该文档创建一个扩展名为 .wbk 的同名备份文件。备份文件与原文件在同一个文件夹中。创建新的备份文件时,原来的备份文件就被新的备份文件所替代。

4．保护文档

在 Word 中,可以通过下面的方法保护文档。

(1) 设置打开或修改文档的密码

通过设置密码可以防止对文档未经授权的查阅或修改,别人要想打开你的文档,首先就要知道密码,否则 Word 不会打开该文档。

密码分为强密码和弱密码两类。强密码是使用由大写字母、小写字母、数字和符号组合而成的字符串,弱密码不混合使用这些元素。例如,Y6dh!et5 是强密码,而 pnd223 是弱密码。密码长度应大于或等于 8 个字符,因为字符个数越多,别人要破解它就越困难。

保护文档的密码分为两种:打开文件密码和修改文件密码。前者用于防止未经授权者打开文档,后者用于防止未经授权者修改文档。设置文档保护密码的操作过程如下：

<1> 选择"文件"|"另存为"菜单命令，出现"另存为"对话框，如图 7-3 所示。

<2> 单击图 7-3 中的"工具"按钮，并从弹出的快捷菜单中选择"常规选项"，出现"常规选项"对话框，从中可以设置"打开文件时的密码"和"修改文件时的密码"，还可以指定"建议以只读方式打开文档"。

（2）设置"宏安全性"

宏是一种可以内嵌于 Office 软件所创建的文件内（如 Word 文档、Excel 表格、PowerPoint 演示文稿）的 Visual Basic 程序代码，用户可以编写宏代码以增强文档的通用性、灵活性和自动性。一些恶意程序员会编写具有破坏性的宏代码，并附于 Word 文档、Excel 表格文件或 PowerPoint 演示文稿中，然后通过网络或电子邮件进行传播扩散，对接收或打开这些文档的计算机进行破坏，这就是宏病毒。

在 Word 中可以设置或限定宏的运行方式，以提高 Word 文档的安全性。单击图 7-3 中的"宏安全性"按钮或图 7-2 中的"信任中心"，都可以显示出图 7-4 中所示的"信任中心"对话框，从中可以设置宏代码的运行方式，禁止运行来历不明的宏代码，可在一定程度上抵御宏病毒的入侵。

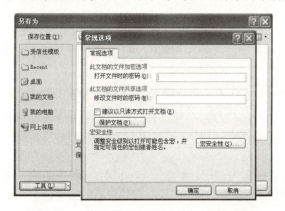
图 7-3 "选项"对话框中的"安全性"标签

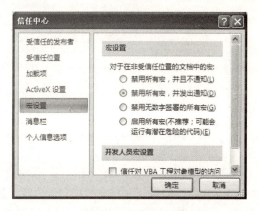
图 7-4 宏安全设置

（3）通过"保护文档"命令保护文档

单击图 7-3 中的"保护文档"按钮，会在文档编辑窗口右边显示出"限制格式和编辑"的任务窗格，如图 7-5 所示。在"编辑限制"区域中，"不允许任何更改"列表选项可以限制他人对文档进行修订、加批注、或填写窗体等操作。

若选择"修订"，则文档审阅者可以修改文档的内容，但 Word 会对修改内容加上修改标记。被修改的内容最终要由文档拥有者取舍。选择"批注"，则文档审阅者可选择"插入"|"批注"菜单命令为文档加批注，但只能加在批注窗口中，不能直接插入文档。批注内容最终要由文档拥有者取舍。选择"填写窗体"，则可将设计好的窗体保护起来，使用户只能查看窗体，并在指定的区域中输入信息，不能对窗体进行非法修改。

说明：窗体是一种具有特殊格式的 Word 文档，其中可以包含下拉列表框、选择框等控件，并且能够接受输入信息的空白区域，使文档能够接受用户的输入信息或选择信息。

（4）插入"数字签名"

"数字签名"是计算机对文件进行加密保护的算法，用于证实此文档编著者的身份真实可靠而非他人伪造的。单击"插入"选项卡，然后选择"文本"组中"签名行"按钮的下拉列表箭头，可以在当前文档中插入数字签名图片，以证实此文档的作者身份。

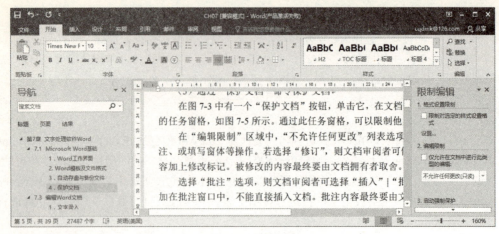

图 7-5 文档保护

7.2 编辑 Word 文档

1．文字录入

启动 Word 后，在窗口的工作区域中有一个"|"光标，称为"插入点"，表明此时可以使用键盘输入文字符号，且输入的文字符号就出现在"|"光标所在的位置。

在 Word 中输入文字时，可以使用任务栏中的输入法图标进行输入法的选择。例如，要用"智能 ABC"输入文字，就可以单击窗口右下角的输入法图标，从输入法的快捷菜单中选择"智能 ABC"。组合键 Ctrl+Space 也可以在中/英文输入法之间进行切换，组合键 Ctrl+Shift 则可以在不同输入法之间进行切换。

在 Word 中输入同一段落的文字，当输到一行的最右边时，不用按 Enter 键，只管不断输入文字，Word 会自动换行。只有在输完一段时，才按 Enter 键。因为 Enter 键是段落的结束标志，而不是一行的结束标志。如果在每行的结束处按 Enter 键，会影响系统的自动排版功能。

键盘的←、↑、→、↓称为光标移动键，箭头的指向就是敲击该键时光标移动的方向。在输入文字的过程中，如果发现某行文字中有错误，把"|"光标移到错字的前面，按 Delete 键就能够删掉错字，也可以把"|"形光标移动到错字的后面，使用键盘上的 BackSpace 键删掉错字。

也可以用鼠标来定位，先把鼠标移到要输入或改正的字符位置，然后单击鼠标左键，这样就把插入点"|"移动到了目标位置。

2．插入与改写方式

"插入"与"改写"是编辑文本的两种方式。在插入方式下，输入的字符被放到光标位置，光标和它后面的所有文本向后（右）移动。在改写方式下，输入的字符将取代原有位置的字符，其他位置的字符不会发生变化。

Word 的默认状态是插入方式，按 Insert 键，可以进行改写与插入方式的转换。

3．选定文本

为了快速地复制、移动或删除一段文本，必须首先选定这些文本。选定文本的方法很多，可以用键盘，也可以用鼠标，还可以把键盘和鼠标结合起来使用。在选定文本时，选定的文本将变成黑底白字（正常的文本则是白底黑字）。表 7-1 列出了用鼠标选择文本的一些常用方法。文本选定后，若按键盘上的任何光标移动键，或单击鼠标左键，都会取消选定的文本。

表 7-1 用鼠标选定文本和图形

选　　定	操　　作
任何数量的文本	用鼠标拖过这些文本
一个单词	双击该单词
一个图形	单击该图形
一行文本	将鼠标指针移动到该行的左侧，直到指针变为指向右边的箭头，然后单击
多行文本	将鼠标指针移动到该行的左侧，直到指针变为指向右边的箭头，然后向上或向下拖动鼠标
一个句子	按住 Ctrl 键，然后单击该句中的任何位置
一个段落	将鼠标指针移动到该段落的左侧，直到指针变为指向右边的箭头，然后单击。或者在该段落中的任意位置快速三击鼠标左键
多个段落	将鼠标指针移动到该段落的左侧，直到指针变为指向右边的箭头，然后双击，并向上或向下拖动鼠标
一大块文本	单击要选定内容的起始处，然后移动鼠标到要选定内容的结尾处，在按住 Shift 键的同时单击
整篇文档	将鼠标指针移动到文档中任意正文的左侧，直到指针变为指向右边的箭头，然后三击
一块垂直文本	按住 Alt 键，然后将鼠标拖过要选定的文本

4．复制文本或移动文本

选定一段文本、一幅图像或任何其他文档内容后，单击"开始"选项卡"剪贴板"组中的"复制"按钮 （或按快捷键 Ctrl+C），就会把选定的文本复制到剪贴板。将光标移到要插入复制内容的位置，再单击"粘贴"按钮 （或按快捷键 Ctrl+V），就能够实现选定内容的复制。在此过程中，若单击"剪切"按钮 ，则能够实现选中文档的移动。

此外，可以在选定要复制的文本之后，右键单击选定的文本，从弹出的快捷菜单中选择"剪切"、"复制"和"粘贴"命令来进行文本的复制或移动操作。

更直接的文档复制方法是：选定要复制的文档内容后，同时把鼠标指向选定区域中的任何位置，然后用鼠标把选定文档内容拖到目的位置。如果先按住 Ctrl 键，再释放鼠标，就会将选中文档复制到鼠标位置；如果直接释放鼠标而不按 Ctrl 键，就会将选中文档移动到鼠标位置。

5．删除文本

删除单个字符很简单，可以使用 BackSpace 或 Delete 键。不断地使用这两个键可以删除整行或整段的文本内容。如果要删除的文本较多，则可以先选定要删除的文本区域，然后按 Delete 键，或单击工具栏中的"剪切"按钮。

6．撤销误操作及重复操作

单击"快速访问工具栏"中的"撤销"按钮 一次或多次，就可以撤销此前发生的一次或多次操作。"重复"操作 是与 相反的操作，将取消最近一次撤销操作。

7．查找和替换

在编辑文档的过程中，可能发现文档中某一用词不恰当，需要更换为另一个词语；或将某一类型的格式设置为另一种格式更合理。最原始的方法是逐个查找并修改，不但效率低，而且可能更改不完全。使用 Word 提供的"查找和替换"功能来完成，快速且准确、彻底。在 Word 中，可以进行查找和替换的对象主要有单词、短语、字符串、字体格式、段落格式、制表位格式、边框格式、语言格式、图文框格式、样式、特殊字符等。

例如，要把当前文档中的所有"以力服人"替换为"以理服人"，操作步骤如下：

<1> 单击"开始"选项卡的"编辑"组中的"替换"按钮,或按快捷键 Ctrl+F,出现"查找和替换"对话框,如图 7-6 所示。

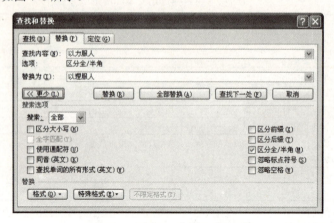

图 7-6 "查找和替换"对话框

<2> 在"查找内容"框内输入要查找的文字"以力服人",在"替换为"框内输入替换文字"以理服人"。

<3> 设置其他选项,如区分大小写,使用通配符等。如果在对话框中没有看见这些选项,请单击"高级"按钮。

<4> 单击"查找下一处"、"替换"或者"全部替换"按钮,就能够将全文的"以力服人"全部替换成"以理服人"。

8. 符号

在一篇文稿中,有时会需要键盘上没有的文字符号,如在一份数学试题中,可能需要Ⅳ、ⅲ、∪、∮、∽、∏、∑等键盘上没有的数学符号,它们应怎样输入呢?其操作步骤如下:在"插入"选项卡的"特殊符号"组中单击 符号 按钮,从弹出的符号列表中选择"更多"命令,出现如图 7-7 所示的"插入特殊符号"对话框;找到要使用的符号,选中后,再单击"确定"按钮,就会将选中的文字符号就插入到"|"光标位置。

9. 图形和图片

可以使用图形对象和图片来增强 Word 文档的效果,Word 中的图形对象包括自选图形、曲线、线条和艺术字。单击"插入"选项卡"插图"组中的形状按钮 形状 ,出现如图 7-8 所示的"自选图形"列表选项,包括了许多图形工具,可绘制各种类型的图形,如各种箭头线、流程图形、几何图形等。

图片是由其他文件创建的图形,包括位图、扫描的图片和照片以及剪贴画。Word 2016 提供了从计算机或网络上查找图片的功能,可以查找各类图片并插入文档中。过程如下:

<1> 在"插入"选项卡的"插图"组中单击"联机图片"按钮,弹出图片搜索对话框,如图 7-9 所示。

<2> 在"bing"的文本框中输入图片类型,例如"人物",单击搜索按钮后,Word 会按指定的条件从网站中搜索图片,并将结果显示出来,参考图 7-9。

<3> 单击需要的图片,再单击"插入"命令按钮。

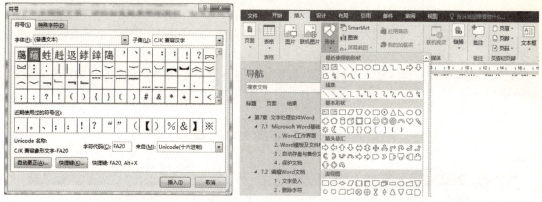

图 7-7 特殊符号　　　　　　　　　图 7-8 各种"形状"工具

图 7-9　Word 2016 联机图片搜索

　　Word 具有图文混排的功能，可以直接在文档中插入图片或图像。例如，可以用 Word 制作名片，制作具有照片的自荐书，或在文章中插入一幅图形。图形、图像或图画可以来自数码相机，或从 VCD 中剪辑，或从 Word 提供的剪贴画中选取。图 7-10 所示是一首诗，为了让它更有"诗意"，从 Word 中插入了几幅剪贴画，组成"登高望远"图。

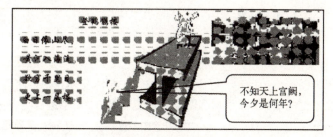

图 7-10　图文混排

　　当插入一幅图画后，它的大小、长宽比例和字体环绕格式等往往不合人意，需要对它进行修改（该修改方法适用于所有的图形、图像）。图片大小的修改步骤如下：

　　<1> 单击已经插入到文档中的图片，图片周边将出现控制柄（黑色或空白小方块），表示该图片已被选中。

<2> 拖动四个角的控制柄,将按水平和垂直两方向等比例缩放图片。拖动上下两边中间的控制柄,可以沿垂直方向改变图片的高度。拖动左右两边中间的控制柄,将沿水平方向改变图片宽度。

如果在拖动图片控制柄时按住 Shift 键,则图片比例不会改变,缩小的部分被隐藏起来不显示,放大的部分将以空白填充。如果要删除图片,只需选中它后按 Delete 键即可。

当插入一幅图片后,它的对齐方式等格式可能也需要改变,操作步骤如下:

<1> 双击图片的任何位置,进入"图片工具"的"格式"设置任务工作窗口对话框,如图 7-11 所示。

图 7-11 "图片工具"|"格式"选项卡

<2> 在图 7-11 所示的工作窗口中,可以对图像的颜色、大小、版式、图片、文本框等进行设置。版式中提供了图形与文本的关系,如图像的四周是否允许文字环绕,文本框中文字的颜色,图形的对齐方式等,从中选择所需要的对齐方式。

<3> 在文本中插入一幅图画之后,发现如果在图形的前面删除一行文字(或增加若干行文字)后,图形并不随着文字行的删除或增加而移动,图形在文档中的位置就不对了。这就需要进一步设置图形与文本的位置关系。其操作方法是:单击图 7-11 中的"文字环绕"按钮,从其下拉列表中选择需要的文字环绕和对齐方式;通过"位置"按钮可以设置图片与文字的位置关系。

此外,还可以右键单击图片,从弹出的快捷菜单中选择"图片(I)...",然后在弹出的"设置图片格式"对话框中设置图片的线条、填充、文字环绕和对方方式。

10. 文本框

使用文本框可以为图形添加标注、标签和其他文字。插入文本框后,可以使用"绘图"工具栏中的工具来增强文本框的效果,就像增强图形对象的效果一样。也可以在自选图形中添加文字,将自选图形作为文本框使用。在图 7-12 所示的例子"梦"中,左边是一个自选形状图形,右边是一个文本框,图像是从 Word 的图片中插入的。

在 Word 的默认情况下,文本框和自选图形一般以"浮于文字上方"的文字环绕方式插入,人们可以根据需要更改它。插入文本框的操作步骤如下:

<1> 单击"插入"选项卡"文本"组中的文本框按钮,并从弹出的文本框式样中选择所需的类型。Word 预置了许多精美的文本框,已经设置好了这些文本框的字型、字号、文字对齐方式、文本框内的填充色彩、文本框的大小及文本框外的文字环绕方式等。

图 7-12　自选图形和文本框的使用

<2> Word 会在光标位置插入选定类型的文本框，输入文本框内容。

<3> 插入的文本框可能在对齐方式、文字环绕和大小等方面都不符合需要，对它进行设置修改。插入或激活文本后，就会进入"文本框工具"|"格式"选项卡工作，类似于图 7-11 中的"图片工具"|"格式"选项卡，从中可以方便地设置文本框的文字方向、对话方式、填充色彩和样式、阴影、三维效果及环绕方式等内容。

使用"形状"工具中自选图形的操作方法与处理其他图形对象没有区别。插入自选形状的步骤如下：

<1> 单击"插入"选项卡的"插图"组中的"形状"按钮。

<2> 从"自选图形"下拉列表中选择一种自选图形，图 7-12 左边插入的是"星与旗帜"自选图形中的"竖卷形"。

<3> 在文档中需要插入自选图形的位置单击鼠标或进行拖动。

将文字插入自选图形的步骤如下：

<1> 如果是首次添加文字，右键单击图形（线条和任意多边形除外），从弹出的快捷菜单中选择"添加文字"命令，然后输入文字。

<2> 要在已有文字的文本框中增加文字，用右键单击图形（线条和任意多边形除外），然后从弹出的快捷菜单中选择"编辑文字"命令，就可以输入文字了。

11．艺术字

在 Word 文档或网页中，可以使用艺术字来增加文字或版面的美感。艺术字是一种能够被装饰的文字，可以是带阴影的、扭曲的、旋转的或拉伸的文字，也可以按预定义的形状创建艺术字。在 Word 2016 中添加艺术字的操作过程如下：在"插入"选项卡的"文本组"中单击"艺术字"按钮 ，从弹出的艺术字式样列表选项中选择一种艺术字（注意形状，它将与最终的结果相同），然后单击"确定"按钮，在出现的文本框中输入艺术字的文本内容，从中设置其字体、字号，就能够得到所需要的艺术字。

创建艺术字后，如果对其大小、形状或色彩不满意，双击对应的艺术字，就会激活"艺术字工具"的"格式"选项卡，其中有许多对艺术字进行格式化的工具按钮，可以对艺术字的字间距离、字号大小、阴影、形状及文字环绕等方面进行格式化，如图 7-13 所示。

12．对象的链接与嵌入（OLE）

在 Word 中，对象（Object）是指用 Word 之外的其他应用软件创建并编辑的表格、图表、公式、声音、图形、动画等形式的信息。对象有两种加入到 Word 文档中的方式：对象链接（Object Linking）和对象嵌入（Object Embedding）。

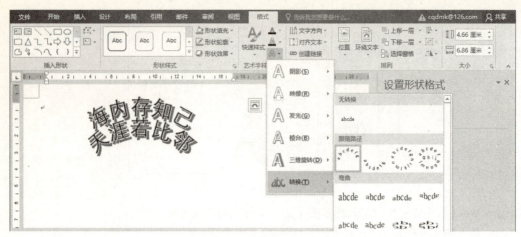

图 7-13　编辑文字艺术字

　　链接是指对象在计算机中只有一个存储，当其他文档要使用该对象时，只需在文件中指明它的地址（实际上是对象的路径和文件名）。要编辑或修改该对象时，双击链接对象名，就可以启动创建该对象的应用程序，该应用程序启动后会自动打开该对象，并提供修改、编辑该对象的方法。

　　对象的嵌入则是指将对象插入到 Word 文档中，被嵌入的对象是源对象的一个拷贝，对象被嵌入多次就会被独立存储多次。要编辑对象时，只需双击该对象，就能够启动创建对象的程序，并在该程序中修改对象。

　　链接与嵌入的区别是：被链接的对象在磁盘上是单独存在的，只有一个存储，即使它被 100 个文档链接，也只有一个这样的对象，所有文件共用这个对象。任何一个文件修改了该对象，这个对象就会发生变化，结果将会影响到其他文档的链接。而嵌入只是把源对象复制到文档中，有 100 个文档嵌入了该对象，这个对象就有 100 个存储。在一个文档中修改嵌入的对象不会影响其余文档中嵌入的相同对象，因为它们是独立存在的。

　　复制某个对象（如另一个 Word 中的文本、图形、Excel 的工作表等），然后在"开始"选项卡中单击"粘贴"按钮，并从弹出的命令列表中选择"粘贴为链接"，若选择"粘贴"命令（或按 Ctrl+V 快捷命令），则会将复制的对象嵌入到文档中。另外，要插入超链接，也可以先单击"选择性粘贴"，再从弹出的对话框中选择"粘贴链接"。

7.3　格式化文档

　　一般来说，文档格式化工作包括三方面的任务和内容：字符格式化、段落格式化和页面格式化。许多格式化工作都可以通过"开始"选项卡中的工具按钮来实现。

7.3.1　字符格式化

　　字符（包括中文汉字、英文字母、标点符号等）的格式化工作主要包括：字体类型（如宋体、楷书、隶书等）、字号（即字体大小）、色彩、粗体、倾斜、下划线、上标或下标、阴影及加边框等。

1．字体、字号、粗体、斜体字和下划线

　　Word 2016"开始"选项卡的"字体"组中提供了对字符进行格式化的各种工具按钮。

——设置选中文本的字体（黑体、楷体、行书等）、字号（即字体大小）；单击 和 按钮，可以增大或缩小选中文本的字号；单击 按钮，可以清除选中文本的格式，将其恢复为默认格式（如去除色彩，并将文字恢复为五号字）；单击 按钮，可在选中的文字上面加汉语拼语；单击 ，会为选择文字加边框。

——B 将选中的文本设置为粗体字，I 将选择的文字设置为斜体字，U 给选择的文字加下划线。

——选中一行或多行文本后，单击 工具按钮，可以为选择的文本设置背景色， 用于设置选择文本的色彩， 用于设置文字的底纹， 为选中文字加一个圆圈。

——为选择的文字加删除线、设为下标、上标，或进行字母大小写转换。

2. 设置阳文、阴文、空心或阴影格式

字体可以被设置为阳文、阴文、空心字等形式，以增加文档的表现形式。单击"开始"选项卡的"字体"组的对话框启动器按钮 ，可以显示出图 7-14 所示的"字体"格式设置对话框，从中设置字体、字号、字间距、上标、下标等内容，还可以将选中文字设置为阴文或阳文。

如果选中某段文本，再单击对应的工具按钮，就可以实现选中文本的格式化。图 7-15 是通过格式工具栏中的字体、字号、下划线、加圈等工具格式化字符的案例。

图 7-14 "字体"格式对话框

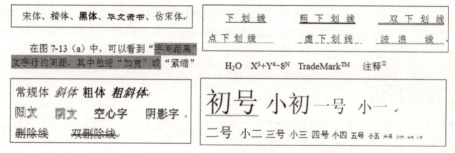

图 7-15 字体格式化设置示例

7.3.2 段落格式化

段落是文档格式化的单位,介于字符和节之间。在 Word 中,段落不一定全由语句组成,任何数量的文本或图形后加一个段落标记(回车换行符)就构成了一个段落,段落的全部格式化信息都保存在段落标记中。在编辑 Word 文档的过程中,当按下 Enter 键时,就结束了一个段落并开始另一个段落,新段落具有与前一段落相同的特征。例如,新、旧段落具有相同的首行缩进、字体、字号、字间距、行间距以及段落间距等。

Word 中的段落是独立的信息单位,具有自身的格式特征,如对齐方式、间距和样式,每个段落的结尾处都有段落标记。文档中段落格式的设置取决于文档的用途以及用户所希望的外观,通常会在同一文档中设置不同的段落格式。例如,假设你正在撰写一篇论文,需要把标题放在页首的中间位置,并且采用较大的字号,姓名以及日期放在页面底端靠右的位置。正文中的段落则采用两端对齐方式,具有双倍行距。论文中可能还包含自成段落的页眉、页脚、脚注或尾注。

单击"开始"选项卡"段落"组中的对话框启动器按钮 ,可以显示图 7-16(a)所示的"段落"对话框,其中提供了所有的段落格式设置项目。

(a)段落格式设置对话框　　　　　(b)段落不同对齐方式

图 7-16 "段落"对话框和段落设置示例

7.3.3 对齐方式

Word 为段落提供了 5 种对齐方式,分别是左对齐、右对齐、居中对齐、两端对齐和分散对齐。在图 7-16(a)的"段落"对话框中,通过"对齐方式"的下拉列表,可以设置文本行的对齐方式。

此外,"开始"选项卡"段落"组中的 按钮分别可以设置文本行的左、中、右、两端对齐,分散对齐和行间距。图 7-16(b)就是通过对齐工具按钮设置了段落对齐方式的文档。

7.3.4 缩进格式

缩进格式可以设置段落左、右缩进距离,以及特殊的缩进设置(如首行缩进、悬挂缩进等)。表 7-2 是几种段落缩进的式样。

表 7-2　段落缩进

段落外观	段落格式
	具有首行缩进效果的文本
	具有悬挂缩进效果的文本。悬挂缩进常用于参考书条目、词汇表词条、简历及项目符号和编号列表中
	具有反向缩进效果的文本。单击"格式"菜单中的"段落"命令，用"缩进和间距"标签中的"度量值"框在反向缩进的段落中设置首行缩进或悬挂缩进效果

1. 通过段落格式或工具按钮设置缩进格式

通过段落格式对话框设置段落缩进格式的操作步骤如下：选中要设置缩进格式的段落后，通过图 7-16（a）中的"缩进"栏设置要缩进的字符个数。如果要"悬挂缩进"或"首行缩进"，则单击"特殊格式"列表框的下拉箭头，从弹出的下拉列表中选择需要的缩进格式。

此外，单击"开始"选项卡的"段落"组中的 按钮，也可以将选择的段落向左缩或向右移动一个制表符位置。

2. 用水平标尺设置缩进位置

在进行段落格式设置时，经常要用到水平标尺，如图 7-17 所示。拖动水平标尺上的缩进标记可以随意调整段落的首行缩进、左边界和右边界等。

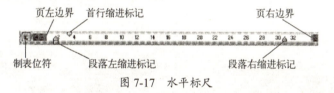

图 7-17　水平标尺

单击要设置缩进格式的段落的任意位置（使之成为当前正在编辑的段落），用鼠标拖动水平标尺上的标记 ，可以调整首行的缩进位置；拖动标记 ，可以调整段落的左边距；拖动标尺右标记 ，可以调整段落的右边距。在拖动这些标记的过程中，有一垂直虚线跟随移动，它指示段落缩进的位置。当你认为缩进位置合适时，松开鼠标即可。

说明：① 要进行精确定位时，可按住 Alt 键再拖动缩进标记，可以精确到任意位置。② 水平标尺上的页左边界和页右边界对整个文档有效，其余标记只对当前段落或被选中的段落有效。

7.3.5　行间距与段间距

行间距表示各行文本间的垂直距离，在默认情况下，Word 采用单倍行距。段落间距决定了段落前后的空间。如果需要将某个段落与同一页中的其他段落分开，或者改变多个段落的间距，可以增加这些段落的段前或段后的间距。

通过"段落"格式对话框（见图 7-16（a））设置行间距或段间距，新设置的行间距和段间距将影响所选段落或当前段落。如果某行包含大字符、图形或公式，Word 将自动增加行距。设置行间距的操作步骤如下：选中要设置行间距的文本行，单击"开始"选项卡的"段落"组中的对话框启动器按钮 ，出现"段落"对话框，在"行距"下拉列表中选择需要的行间距，在"段前"和"段后"增减框中输入段落的前后间距值。如果系统提供的这些行间距值中没有所需的值，可以选择"多倍行距"选项，然后在"设置值"框中输入所需的间距值。

此外，单击工具栏的按钮，从弹出的下拉列表中选择需要的行间距，或者通过"页面布局"选项卡的"段落"组中的"间距"按钮都可以设置段间距。

7.3.6 首字下沉

在某些时间，需要一些特殊的版式（如报刊、杂志等），以便吸引观众，段落的首字下沉是其中的一种常用排版方式。下面的文字便是采用首字下沉做出的。

路上只有我一个人，背着手踱着。这一片天地即便是我的；我也像超出了平常的自己，到了另一个世界里。我爱热闹，也爱冷静；爱群居，也爱独处。像今天晚上，一个人在这茫茫的月下，什么都可以想，什么都可以不想，便觉着是一个自由的人。白天里一定要做的事，一定要说的话，现在都可以不理。这是独处的妙处，我且受用这无边的荷香月色好了。

设置首字下沉的操作步骤如下：将光标移到要首字下沉的段落中，在"插入"选项卡的"文本"组中单击"首字下沉"按钮，在弹出的"首字下沉"列表中选择某种首字下沉的样式。

7.3.7 项目符号与编号

对含有列表的文本，为了方便阅读，常添加符号或编号，其操作步骤如下：选定要添加项目符号的段落，单击"开始"选项卡"段落"组中的"项目符号"按钮或"编号"按钮，如图 7-18 所示。

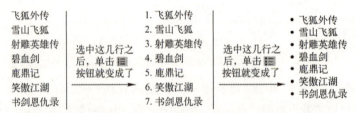

图 7-18 项目符号和编号应用示例

要想去掉项目符号或编号，恢复文本的本来面目，可以先选中带有编号或项目符号的文本行，再次单击"项目符号"或"编号"按钮，项目符号或编号就被取消了。

7.3.8 分栏

Word 可以对整个文档或部分文档建立多栏排版格式，这种版式在简报或公告中经常用到。用"分栏"命令进行格式化时，Word 将自动在分栏的文本内容上、下各插入一个分节符，以便与其他文本相区分。分栏的效果只有在页面视图或打印预览中才看得到。进行分栏操作的步骤如下：

<1> 选中要进行分栏的文本。

<2> 在"布局"选项卡的"页面设置"组中单击分栏按钮，从其下拉列表中选择"更多分栏"，将弹出如图 7-19 所示的"分栏"对话框。

<3> 在"栏数"编辑框中输入分栏数，在"宽度和间距"栏中设置栏宽和间距。

<4> 如果仅对文档中的某部分进行分栏设置，应选择"应用于"中的"插入点之后"。

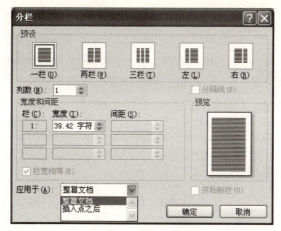

图 7-19 "分栏"对话框

另外,也可以先通过"布局"选项卡的"页面设置"组中的 分隔符 按钮,首先在每个要分栏的位置插入分隔符,再按照上面的方法进行分栏,这种方法更准确。

图 7-20 把一段文字分为了 3 栏。

> 　　月光如流水一般,静静地泻在这一片叶子和花上。薄薄的青雾浮起在荷塘里。叶子和花仿佛在牛乳中洗过一样;又像笼着轻纱的梦。虽然是满月,天上却有一层淡淡的云,所以不能朗照;但我以为这恰是到了好处——酣眠固不可少,小睡也别有风味。月光是隔了树照过来的,高处丛生的灌木,落下参差的斑驳的黑影;弯弯的杨柳的稀疏的倩影,却又像是画在荷叶上。塘中的月色并不均匀;但光与影有着和谐的旋律,如梵婀玲上奏着的名曲。

图 7-20 文字分栏

7.3.9 分页

在一般情况下,Word 将根据文档所设置的页面大小、页边距等参数对文档进行排版,并在每页的末尾插入一个软分页符(分页符是页与页之间的间隔标记符号)。在编辑或移动文本时,Word 会重新确定每页的行数并移动软分页符。

在某些情况下,需要强行性地从文本的某一行或某一段落分页,就需要手工插入硬分页符号。插入分页符号的操作步骤如下:单击要插入分页符的位置,在"插入"选项卡的"页面"组中单击 分页 按钮,或者单击"布局"选项卡的"页面设置"组中的 分隔符 按钮,然后从弹出的列表中选择"分页符"命令。插入分页符的另一种方法是:先把光标移动到要分页的文本位置,再按 Ctrl+Enter 组合键即可。

插入分页符后,也可以把光标移动到硬分页符处,按 Delete 键删除该硬分页符,这时下一页的文本就会自动补充到本页。

7.3.10 页眉、页脚和页码

页眉与页脚是指每页顶端或底部包含的特定文本,通常用于打印文稿。在页眉和页脚中可以包括页码、日期、公司徽标、文档标题、文件名或作者名等文字或图形,这些信息通常打印在文档中每页的顶部或底部。页眉打印在上页边距中，而页脚打印在下页边距中。

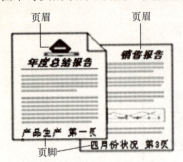

图 7-21　页眉、页脚示例

在文档中可以自始至终用使用相同的页眉和页脚，也可在文档的不同部分用不同的页眉和页脚。例如，可以在首页上使用不同的页眉和页脚，或者在奇数页和偶数页上使用不同的页眉和页脚。图 7-21 是页眉和页脚的一个样例子。

在"插入"选项卡的"页眉和页脚"组中包括"页眉"、"页脚"和"页码"按钮，单击它们，就会下拉对应栏目的许多式样，选择需要的式样后，再输入相应内容，就可以为文档添加页眉、页脚或页码。

特殊的页眉、页脚或页码（如要设置首页不同的页码或奇偶页不同的页码）还需要通过页眉和页脚的设计工具实现。方法是双击页眉或页脚的对应区域，显示"页眉和页脚工具"的"设计"选项卡，如图 7-22 所示。

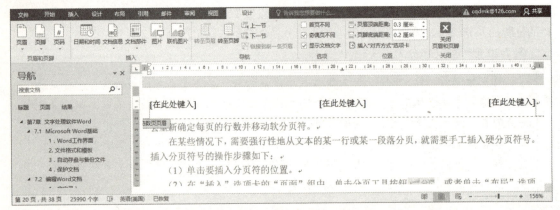

图 7-22　页眉与页脚设置

说明：在"插入"选项卡的"页眉和页脚"组中单击"页眉"或"页脚"命令按钮，然后从下拉列表中选择"编辑页眉"或"编辑页脚"命令，也可以显示图 7-22 所示的工作界面。

奇数页和偶数页可以设置为具有不同格式的页眉或页脚，其操作步骤为：在图 7-22 的"选项"组中勾选"奇偶页不同"复选框，然后分别设置奇数页和偶数页的页眉或页脚。

设置"首页不同"的方法与此相似。

当设置了页眉或页脚后，如果要修改它们，只需在页面视图下双击页眉、页脚的编辑区域，然后在图 7-22 中进行修改。

在页眉或页脚中输入的文字或图形将自动靠左对齐。通过"开始"选项卡的"段落"组中的 按钮，也可以设置其对齐方式。

在图 7-22 "页眉和页脚"组中，单击 ，可以插入页码，从弹出的列表中选择"设置页码格式"，还可以设置起始页码从指定页（如第 20 或 37 页）开始；通过"插入"组中的"日期和时间"按钮，可以插入日期和时间，它们都可以作为页眉和页脚。

7.3.11　页面设置

用户编辑一个文档时，调整页面是必不可少的工作，其目的是使页面布局与客观要求（如打印纸张的大小）和主观愿望（如页边距等）相一致。如果页面设置不合理，文字可能显得杂乱无章。例如，若页面设置的纸张大小与实际的打印纸张大小不一致，往往会造成打印时的分页错误，致使某些打印纸张上只有一两行内容就分页了。

页面设置主要包括页边距、文本边界、装订参数、纸张大小以及文档内容在打印纸张上的打印方向（横向或纵向）。页面设置好之后，可以通过"打印预览"观察设置后的效果。

打印纸张的物理边界称为纸边界。在打印文档时，打印在纸上的文本距离打印纸张的上、下、左、右四边都有一段距离，纸张边界距离打印文本之间的空白区域称为页边区，页边区的宽度称为页边距。Word 的页面设置功能都集中在"页面设置"对话框中，操作步骤如下：

<1> 在"布局"选项卡的"页面设置"组中单击对话框启动器按钮 ，弹出如图 7-23 所示的"页面设置"对话框。

<2> 从中设置打印纸的上、下、左、右各种边界。

<3> 设置好边界后，单击"纸张方向"，可以设置横向打印或纵向打印

<4> 选择"纸张"标签，从中可以设置打印纸的类型。然后，单击"确定"按钮。

在页面设置过程中最重要的是设置纸张大小（如图 7-24 所示）。如果设置的纸张大小与打印机中装载纸张的实际大小不同，打印结果会有问题，如页眉、页脚可能会出现在打印纸的中间。

图 7-23 "页面设置"对话框

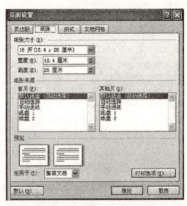

图 7-24 设置打印纸张的大小

7.3.12 打印预览和打印

1. 打印预览

打印预览具有"所见即所得"的效果，它按比例缩小的方式显示一页或多页文档的布局情况，看见的效果与之后实际打印的结果完全相同。在页面视图中，通过打印预览功能可以边看边修改文档的内容和页面布局，直到满意时再打印输出，这样能够提高工作效率。

选择"文件"|"打印"菜单命令，进入"打印预览"工作界面，如图 7-25 所示，水平标尺和垂直标尺很有用，可以用来调整文档的左、右和上、下边界。

将鼠标指针指向水平标尺或垂直标尺上的页边距边界，当鼠标指针变成双向箭头时，拖动它就可以设置页边距边界。如要指定精确的页边距值，在拖动边界的同时按住 Alt 键，标尺上会显示页边距值。此外，也可以通过图 7-25 中的"页面设置"按钮来完成纸张边距的设置。

2. 打印

当设置好页面之后，在打印预览中可以看见设置的效果。如果预览满意，就可以打印了。在打印之前，应先装好打印纸，打开打印机的电源，并连好打印机。

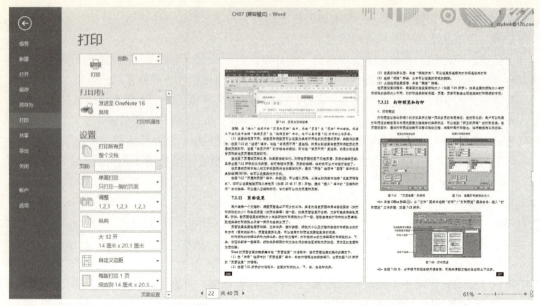

图 7-25　打印预览

单击图 7-25 中的打印按钮 ![icon]，文档将直接按默认方式输送到打印机，进行全文档的打印。一般说来，打印时需要注意以下几种情况：

① 如果计算机连接了多台打印机，可以单击图 7-25 中"打印机"右边的下拉箭头，从弹出的打印机列表中选择其中的一台进行打印。

② 如果要进行特殊打印，如打印指定的页或页码范围。可以单击图 7-25 中"设置"下面的"打印所有页"右边的下拉箭头，然后从"打印所有页"、"打印所选内容"、"打印当前页面"和"自定义打印范围"等选项中选择需要的打印方式。

选中"打印当前页"则打印当前光标所在的页；选中"打印所选内容"则打印当前选定的内容。若选中"自定义打印范围"选项，还需要在"页数"文本框中输入要打印的页码，页码之间用"，"间隔，连续打印的页码则用"-"连接。例如，如果输入"3,6-8,10"表示打印第 3、6、7、8、10 页。

③ 如果要打印多份重复的文档，可以在"份数"文本框中设置打印的份数。

④ 如果要设置打印的质量，选择不同的打印纸张等，可以单击图 7-25 中的"打印机属性"按钮，然后从弹出的对话框中设置相应的打印属性。

⑤ 还可以通过图 7-25 设置奇数页与偶数页分开打印，或者设置内容在打印纸上按横向或纵向的方式打印。

7.4　在不同视图中加工文档

视图是按特定方式显示文档的窗口。Word 2016 提供了草稿视图、页面视图、大纲视图、Web版式视图和阅读版式视图 5 种视图，如图 7-26 所示，分别从不同角度、按不同方式显示文档。

在不同的文档视图中切换时，不会改变文档的内容，也不会改变当前光标的位置。

1. 页面视图

页面视图中的文档显示与打印页面相同，可以进行常规的文字输入和编辑，或者在文档中插

 (a) 页面视图 (b) Web 视图 (c) 草稿视图 (d) 大纲视图 (e) 阅读版式

图 7-26 Word 2016 中的文档视图

入图文框，用绘图工具绘图，编辑页眉、页脚及脚注，查看文档页面中的文字、图片和其他元素在打印纸中的位置，调整页边距、分栏和图形对象在文档中的位置，以及对文档进行分栏排列。

2．Web 视图

在 Web 视图中，可以创建能在屏幕上显示的网页或文档，在 Web 版式视图中，背景可见，文本为适应窗口而换行显示，图形位置与在 Web 浏览器中的位置一致。

3．草稿视图

草稿视图中能够显示出一些其他视图不可见的符号和格式，如分页符、分节符等，而且可以对这些格式符进行删除等操作。

草稿视图简化了页面的布局，不显示页边距、页眉和页脚、背景、图形对象等，可以便捷地输入和编辑文字，便于跨越分页符（横向虚线）和分节符（双向虚线）编辑文本。因为在普通视图中，整个文档连接在一起，易于选择文本区域。

4．大纲视图

大纲视图能够显示文档的结构，采用缩进文档标题的形式代表标题在文档结构中的级别。标题内置了 9 种样式：标题 1～标题 9。标题样式也称为大纲级别，用于文档中的段落指定等级结构（1～9 级）的段落格式。指定了大纲级别后，就可以在大纲视图或文档结构图中处理文档。

在大纲视图中见到的缩进文本和符号并不影响文档在其他视图中的外观，也不会影响打印效果。单击"视图"|"大纲视图"，文档窗口中的内容就会以大纲视图的样式显示，并在工具栏中会显示出大纲视图的工具栏，如图 7-27 所示。其中：

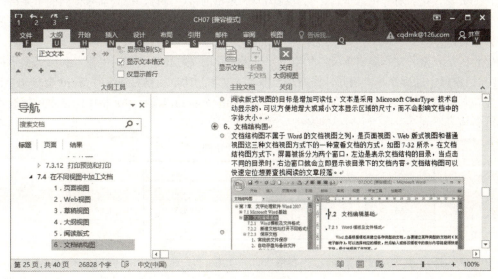

图 7-27 大纲视图

──升级。把正文升级为标题，把二级标题升级为一级标题，把三级标题升级为二级标题，以此类推；　　直接把当前项目升级为一级标题。

　　　──降级。把二级标题降级为三级标题，把三级标题降级为四级标题，以此类推。

　　　──把标题降级为正文（不论是哪级标题都降级为正文）。

　　　──把当前文本段落上移一个段落；　　──把当前文本段落下移一个段落。

　　　──展开折叠的文本；　　──折叠文本，只显示标题。

在大纲视图中，双击标题旁边的展开按钮　，可以显示（若文本隐藏）或折叠文本（若文本显示）。当编写了一篇很长的文档，如一本书或一篇篇幅较长的论文时，在大纲视图下查看或调整文档的结构最方便。如果要移动文档段落的顺序时，可以先把文档折叠起来，然后直接拖动折叠的标题，就可以完成整个文字段的移动。

利用"大纲"工具栏中的工具，可以很方便地设置和取消文档中的各级标题，快捷地创建文档的目录。

5. 阅读版式

阅读版式视图的目标是增加可读性，文本是采用 Microsoft ClearType 技术自动显示的，可以方便地增大或减小文本显示区域的尺寸，而不会影响文档中的字体大小。

6. 文档结构图

文档结构图不属于 Word 的文档视图之列，它将当前的视图窗口划分为左右两个窗口，左边是导航窗格，显示文档结构的目录，见图 7-27。选择不同的目录，右边窗口就会立即显示该目录下的文档内容。文档结构图可以快速定位到指定的文章段落。

7.5　表格设计

表格是由许多水平和竖直方向的直线交错而成的网格，每个网格称为一个单元格，在每个单元格中可以填入数字、文本或插入图片。日常工作中的表格大致有两种类型：一种是形如三角函数表、工资表、花名册等由若干行、列直线构成的矩形网格，每行、每列都有相同的单元格；另一种表由多个栏目组成，如健康调查表、履历表，但各行通常并不含有相同的列数，这种表通常称为自由表格。

单元格是表格的文本编辑单位，相当于一个微型化的文档窗口，在其中输入和编辑文本都与 Word 文档窗口中的操作基本相同。例如，当输入的文本到达单元格右边线时 Word 会自动换行；如果在输入过程中按回车键，就会在该单元格中开始一个新的段落；单元格中的文本可被设置成粗体或斜体等。表 7-3 是一个简单的表格示意。

表 7-3　表格与单元格的结构

A1	B1	C1	D1	E1
A2	B2	C2	D2	E2
A3	B3	C3	D3	E3
A4	B4	C4	D4	E4

每个单元格由 4 个边线围起来。在表格中，单元格可以用一个相对位置来表示，见表 7-3。A1 表示第一列的第一个单元格，A2 表示第一列的第二个单元格，C1 表示第三列的第一个单元，

C3 表示第三列的第三个单元格。

7.5.1 创建表格

1．插入简单表格

如果表格每个单元格的大小都相同，即表格完全由一些长短相同的水平线和垂直线所构成，这种表格就称为简单表格，创建方法如下：

<1> 把插入点光标"|"移到要插入表格的位置，在"插入"选项卡中单击"表格"按钮，弹出设置表格的列表选项和模拟表格，如图 7-28 所示。在模拟表格中移动鼠标指针，屏幕上就会显示出鼠标在模拟表格中移动时所构造的表格，单击鼠标，表格就确定了。若未单击鼠标，文档中的表格就被取消。

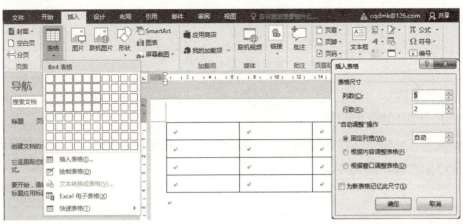

图 7-28 插入简单表格

<2> 在图 7-28 中单击"插入表格…"命令，出现"插入表格"对话框，在"列数"和"行数"编辑框中输入表格的列数和行数，也会在文档当前位置插入设置行、列数的简单表格。其中，"固定列宽"表示插入的表格每个单元格都是一样宽，"根据窗口调整表格"表示桌面的页面有多宽，插入的窗口就布满该页面（不方便，建议少用）。

"根据内容调整表格"建立的表格最初看上去都很窄，但在单元格中输入内容后，单元格会自动扩展，最终以输入的文字多少来决定单元格的大小，文字越多，单元格就越宽。

2．创建复杂表格

在实际工作中，某些表格中每行、每列的单元格个数、形状都不一样，同一表格中存在大小不一的单元格，这就是所谓的自由表格。这种类型的表格应采用"绘制表格"工具来制作，或者先插入一个简单表格，然后利用表格工具对它进行修改。

利用表格工具制作表格的方法与在方格纸中绘制矩形的方法类似，操作过程如下：

<1> 在"插入"选项卡中单击"表格"按钮，从下拉列表中选择"绘制表格"，见图 7-28。

<2> 光标会转换为笔形，要确定表格的外围边框，可以先绘制一个矩形，然后在矩形内绘制行、列框线。使用按钮可以在表格内的任意位置画线，如图 7-29 所示。

<3> 在用画线后，Word 界面会切换成"表格工具"|"设计"选项卡，如图 7-30 所示。如果要清除一条或一组框线，可单击"擦除"按钮，然后拖过要擦除的线条。用拖过后，释放鼠标就可以了（相当于用重新绘制要删除的线）。

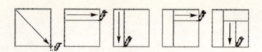

图 7-29 绘制表格线

图 7-30 绘制表格线

<4> 表格创建完毕后,单击其中的单元格,就可以在其中输入文字或插入图形了。

3. 将已有文本转换成表格

Word 提供了一种将文本转换成表格的功能,能够非常方便地将已经输入的文本转换成表格,操作过程如下:

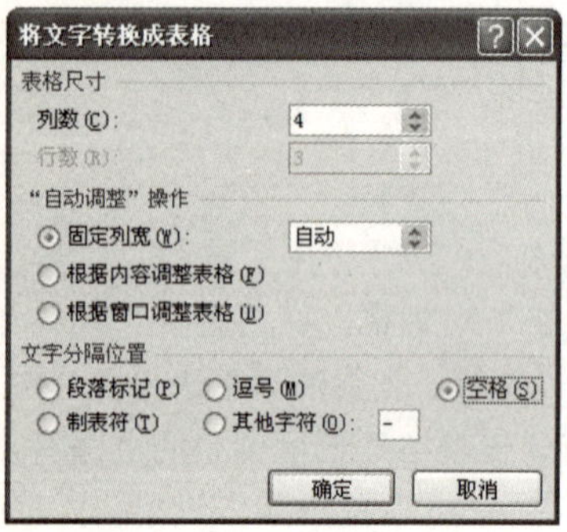

<1> 在要放入不同单元格的数据之间插入空格或逗号之类的分隔符。

<2> 选定要转换的文本区域。

<3> 在"插入"选项卡中单击"表格"|"文字转换成表格",出现如图 7-31 所示的对话框。其中,"列数"用于设置文本转换后的表格列数,"行数"用于设置文本转换后的表格行数,"'自动调整'操作"用于指定表格列宽的调整方式,"文字分隔位置"用于指定文本分隔符。用文本分隔符隔开的各部分内容分别成为相邻的各单元格中的内容。

图 7-31 文本转换成表格

"段落标记"把选择的段落转换成为表,每个选择的段落成为一个单元格的内容,转换后的表中只有一列,行数等于选择的段落数。

"制表符"(即 Tab 键)、"逗号"、"空格"用于指定同一行中各个单元格数据之间的分隔符。

"其他字符"指定其他字符隔开的内容作为单元格的内容。

<4> 根据转换文本的实际情况,在"文字分隔位置"栏下,选择所需的分隔符选项。

在转换过程中,每个文本段落(一个回车换行符隔开的文本就称为一个段落)被转换成一行单元格。例如,图 7-32 是把文本转换成表格的示意。

国名	首都	洲	人口(百万)
中国	北京	亚洲	1200
美国	华盛顿	北美洲	140
英国	伦敦	欧洲	60

转换成表格

国 名	首 都	洲	人口(百万)
中国	北京	亚洲	1200
美国	华盛顿	北美洲	140
英国	伦敦	欧洲	60

图 7-32 把文字转换成表格

既然文本可以被转换成表格，表格也就能被转换成为文本。其过程与文本转换成表格相似：双击要转换成文本的表格，激活"表格工具"选项卡，然后单击"数据"组中的"转换为文本"按钮，在弹出的对话框中设置转换后的文本间隔符即可将当前表格转换为文本。

7.5.2 编辑表格

在编辑表格时，应首先双击表格，将"表格工具"窗口激活，在此窗口的"设计"和"布局"选项卡中有许多完成表格操作的按钮，可以删除或添加表格线、单元格合并和拆分等。

1. 选定单元格

在表格中选定不同内容的操作方法如表 7-4 所示。

表 7-4 选定表格中的内容

操　　作	方　　法
选定一个单元格	把鼠标移到欲选单元格的左边，当箭头变成右箭头时，单击单元格左边框，如右图所示
选定一行	把鼠标移到欲选行的左边，当箭头变成右箭头时，单击该行的左侧，如右图所示
选定一列	把箭头移到欲选列的上边，当箭头变成实心黑箭头时，单击该列顶端的虚框或边框，如右图所示
选定多个单元格、多行或多列	在要选定的单元格、行或列上拖动鼠标；或者先选定某个单元格、行或列，然后在按住 Shift 键的同时单击其他单元格、行或列
选定下、下一个单元格中的文本	按 Tab 或 Shift+Tab 键，可分别选定上一个或下一个单元格
选定整个表格	当将鼠标指向表格内任何位置时，表格左上角会出现光标，单击它会选中整个表格

2. 删除表格或表格中的内容

可以删除单个或多个单元格、行或列，也可以删除整个表格。其操作步骤如下：选定要删除的单元格、行或列，在"表格工具"|"布局"选项卡中单击"行和列"组中的"删除"按钮，然后根据要删除的实际内容（单元格、指定列或指定行），从弹出的快捷菜单中选择"删除行"、"删除列"或"删除表格"或"单元格"命令。

如果只清除单元格中的内容，不删除表格（清除后，原来的单元格为空白），应当选定要清除内容的单元格，然后按 Delete 键。

3. 移动或复制表格内容

① 选定要移动或复制的单元格、行或列。如果只将文本移动或复制到新位置，而不改变新位置的原有文本，则只选定单元格中的文本而不包括单元格结束标记。如果要覆盖新位置上原有的文本和格式，须选定要移动或复制的文本和单元格结束标记。

② 要移动选定内容，应将选定内容拖至新位置（或在选中文本后，单击"开始"选项卡的"剪贴板"组中的剪切按钮，然后把光标移到目标单元格，再单击"粘贴"按钮）；要复制选定内容，则在按住 Ctrl 键的同时将选定内容拖到新位置，或者在选中文本后，单击"开始"选项卡中的"复制"按钮，然后把光标移到目标单元格，再单击"粘贴"按钮。

4. 插入行、列、单元格以及单元格的拆分、合并

如果要在表尾插入新行，将当前光标移动到表格的最后一行的最后一个单元格中，然后按 Tab 键，或在最后一个单元格的右边线外按 Enter 键，就会在原表的最后一行后面增加一个新行。

如果要在表格的中间插入一新行（列）或单元格，其操作步骤为：双击表格某单元格激活表格，出现"表格工具"|"布局"选项卡窗口，如图 7-30 所示，通过"行和列"、"合并"组中的按钮，可以方便地实现单元格和表格的合并和拆分。

5．更改表格单元格中文字的对齐方式

在默认情况下，Word 单元格的文本采用左对齐方式，很多时候需要调整单元格文字的对齐方式为垂直对齐（顶端对齐、居中对齐或底端对齐）和水平对齐（左对齐、居中对齐或右对齐）。图 7-33 是表格对齐方式的示例。

左对齐	水平居中	右对齐
顶端对齐	垂直居中	
		底端对齐

图 7-33　表格对齐方式示例

通过"表格工具"|"布局"选项卡的"对齐方式"中的按钮，可以方便地调整单元格内容的对齐方式。

6．改变表格列宽或行高

将指针停留在要更改其宽度的列（或要更改高度的行）的边框上，直到指针变为 ↔（ ↕），然后向左或向右（向上或向下）拖动边框，直到满意为止。在拖动表格的同时按住 Alt 键可以实现表格的精确定位。

7.5.3　表格排序

排序就是按照一定的次序排列数据，包括升序和降序两种方法。升序将数据按照从小到大的次序排列，降序则将数据从大到小排列。

1．排序规则

① 按拼音排序。Word 将以标点或符号（如 !、#、$、% 或 &）开头的项目排在最前面，然后是以数字开头的项目，随后是以字母开头的项目，以汉字开头的项目排在最后。Word 将日期和数字视为文字。例如，"Item 12"会排在"Item 2"之前。

② 按数字排序。Word 将忽略数字以外的其他字符。数字可以位于段落中任何位置。

③ 按日期排序。Word 将下列符号作为有效的日期分隔符：连字符、斜杠、逗号、句点和冒号。如果 Word 无法识别某个日期或时间，就会把它置于列表的开头或结尾处（取决于排列顺序是升序还是降序）。

2．排序方法

选定要排序的表格后（或单击某一个单元格），显示"表格工具"|"布局"选项卡，单击排序工具按钮 ⬇，出现"排序"对话框，如图 7-34 所示。选择所需的排序选项。首先在"主要关键字"框中选择排序的列，然后在"类型"列表框中选择排序类型（拼音、数字或日期等），最后选择是按升序还是按降序排序。

图 7-35 是某次综合比赛的成绩表，若要把该表中的数据按照总分从高分到低分的顺序打印出来，排序功能就大有用处了。单击表中任意一个单元格，然后选择"表格工具"|"布局"选项卡

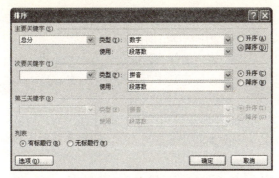

图 7-34 "排序"对话框

的"数据"组中的排序按钮 ↕,出现如图 7-34 所示的"排序"对话框,从中可以进行如下处理:在"主要关键字"下拉列表中选择"总分",在"类型"下拉列表中选择"数字",然后选择"降序",最后单击"确定"按钮,就得到了如图 7-36 所示的名次表。

班级	学号	姓名	总分
201	9701	李海燕	670
201	9702	张碳	759
204	7605	王浩	632
204	9803	刘一	721
204	9703	王明至	590
302	9703	赵大海	570
202	9702	王鹏	732

图 7-35 期末原始成绩表

班级	学号	姓名	总分
201	9702	张碳	759
202	9702	王鹏	732
204	9803	刘一	721
201	9701	李海燕	670
204	7605	王浩	632
204	9703	王明至	590
302	9703	赵大海	570

图 7-36 按分数高低排序后的表

7.6 图表处理

图表是指根据数据表中的数据而生成的各种图形,依赖于数据而存在,如股票分析图、折线图等。Microsoft Office 系统(包括 Word、Excel、PowerPoint 等)都共用一套相同的图表软件 Microsoft Graph,可以方便地把数据表转换成为图表。

1. 图

Microsoft Graph 的图表包括多个组成部分,如图 7-37 所示。

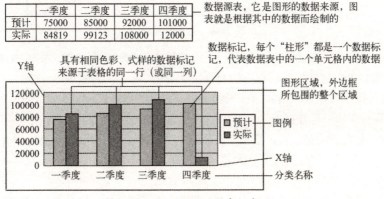

图 7-37 Word 的图表组成

① 坐标值。Word 根据数据表中的数据来创建坐标值。在图 7-37 所示的例子中，坐标值的范围是 0～140000，它覆盖了数据表中数据值的范围。

② 分类名称。Word 会将数据表中的行或列标题作为分类轴的名称使用。在上面的例子中，工作表的"一季度"、"二季度"等行标题是作为分类坐标的名称显示的。可以改变分类坐标的名称，也可以使用行或列标题。

③ 图表数据系列名称。Word 将数据表中的行或列标题作为系列名称使用。系列名称会出现在图表的图例中。在图 7-37 中，行标题"预计"和"实际"是作为系列名称显示的，可以修改系列名称。

④ 数据标记。具有相同图案的数据标记代表一个数据系列。每个数据标记都代表一个数据。在图 7-35 所示的例子中，最右边的数据标记代表第四季度的实际值 120000。

⑤ 提示。将鼠标指针停留在图表项上时，就会显示图表的提示信息，指出该图表项的名称。例如，将鼠标指针停留在图例上，就会显示图表提示信息"图例"。

⑥ 图表区域。图 7-37 中最外部的矩形方框所圈定的区域。

⑦ 绘图区域。图 7-37 中由轴线所包围的区域（即 X 轴和 Y 轴所包围的区域）。

⑧ 图例。位于图表中适当位置处的一个方框，内含各个数据系列名称。数据系列名左侧有一个标识数据系列的小方块，称为图例图标，标识该数据系列中数据图形的形状、颜色及填充图案等特征。

⑨ 刻度。图 7-37 中与轴线相交的短线，这是绘制数据图形的比例尺。

⑩ 刻度线标记。图 7-37 中沿轴线所附加的文本。

2. 数据表

图表包括图形和数据表两部分，其中的图形是根据表中的数据制作出来的。数据表用于输入和保存绘制图表所需要的数据，图表中的数值和文字来源于与之相链接的数据表。当修改工作表或数据表中的数据时，图将随之更新。数据表如图 7-38 所示。

图 7-38 图表数据表

① 列标题。位于窗口标题之下、标题行之上的按钮称为列标题按钮，如图 7-38 中标有"A"、"B"……的按钮。单击这些按钮，相应的列会被选中。

② 行标号。位于数据表中最左边一列的按钮，标有数据"1"、"2"、"3"……。单击这些按钮，将会选中其对应的一行数据。

③ 标题行。数据表的第一行，它位于列标题的下面。"第一季度"、"第二季度"……所在的行就是标题行；标题列。数据表的第一列就是标题列，如图 7-38 中的"东部"、"西部"……所在的列。

④ 单元格。数据表中的格子称为单元格，它用列标题与行标号来标识，如 A1、B3 等。

⑥ 数据系列。数据表中的一行数据或一列数据，用于绘制数据图形。数据系统用标题行或标题列中的名称标识，如在默认的样本数据中（见图7-38）有3个数据系列名，它们是"东部"、"西部"、"北部"。

7.6.1 创建图表

表 7-5 2010 级 4 个班的平均成绩表

课程	2001 班	2002 班	2003 班	2004 班
微机	90	83	82	88
高数	78	84	92	67
英语	64	70	74	67

假设要建立表 7-5 所示数据表的柱形图。

在 Word 2016 中的操作步骤如下：

<1> 在"插入"选项卡的"插图"组中单击"图表"按钮，屏幕上显示如图 7-39 所示的默认图表。从图中可以看出，当插入图表时，Word 首先启动 Excel，并在 Excel 中建立一个默认数据表，然后以此数据表为依据制作图表。

<1> 修改 Excel 表中的数据，修改后的数据表如图 7-40 所示。数据表修改完成后，单击图表外的文档区域，就会得到图 7-40 所示的图表。

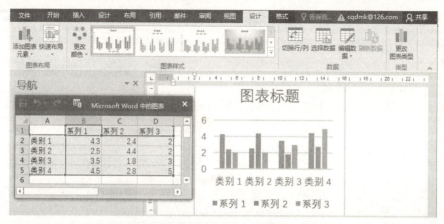

图 7-39 Word 的默认图表

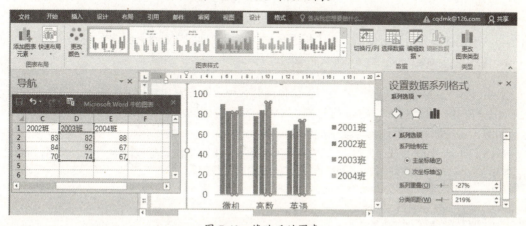

图 7-40 修改后的图表

7.6.2 图表设计和格式化

双击图表的任何位置，激活"图表工具"窗口，显示出"设计"、"布局"或"格式"选项卡，如图 7-40 所示。通过这些选项卡，可以对图表进行设计、格式化和美化工作，如修改图表类型、设置图表标题、添加坐标轴标题、取消图例、填充图表图像、添加图表趋势线和误差线等。

1. 数据标签的增加和删除

在图表中显示数据标签,可以对图表起说明作用,使之意义更加明确。数据标签有 4 种形式:数值、百分比、数值和百分比、文本。

数据标签与图表类型有着密切联系,某些图表可以使用全部数据标签,如饼图;而有些图表则不能使用任何形式的数据标签,如三维曲面图;还有些图表只能使用数值和文本两种形式的数据标签。

不同图表显示数据标签的方式也不一样,柱形图的数据标签显示在顶部。饼图和环图中的数据标签显示在图形的旁边,折线图中的数据标签显示在折线的顶点位置。散点图中的数据标签显示在数据点的旁边。

添加(或取消)数据标签的方法是:在图 7-41 中,单击"图表布局"组中的"添加图表元素"按钮,然后从弹出的快捷菜单中选择"数据标签",即可进行数据标签的设置与取消。

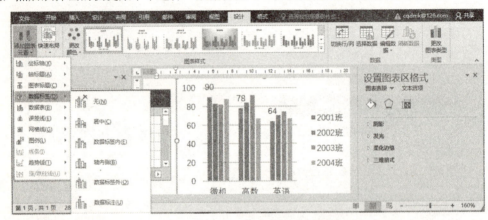

图 7-41 添加数据和标题后的图表

图表标题、坐标轴标题的设置和取消方法与数据标签处理过程完全相同。只不过需要通过图 7-41"添加图表元素"组中的"图表标题"和"坐标轴标题"命令按钮来完成。

2. 修改图表类型

Word 提供了 14 种基本的图表类型供选择,有 8 种二维图表和 6 种三维图表,包括面积图、条形图、柱形图、折线图、饼图、圆形图、XY 散点、三维面积图、三维柱形图、三维折线图和雷达图等,每种图表类型还有许多子类型供选择使用。

单击图 7-41 中的"设计"选项卡,然后在"类型"组中单击"更改图表类型"按钮,将显示 Word 中所有的图表类型,从中可以选择需要的图表类型。

7.7 编辑数学公式

在 Word 文档中可以建立和编辑数学公式或数学表达式,如分数、积分、矩阵等。在"插入"选项卡的"符号"组中,单击 π 公式 按钮可以显示出图 7-42 所示的"公式工具"。

"公式工具"|"设计"选项卡中包括"结构"、"符号"和"工具"三个组。"结构"组中包括分子式、微积分、求和、极限之类的结构,每个类都有许多子类。"符号"组中包括数学符号、关

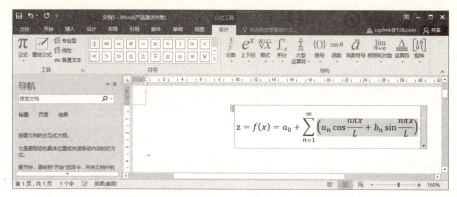

图 7-42 Word 2016 中的"公式工具"栏

系运算符、几何符号等各种类型的符号。"工具"组中包括许多常用的数学公式,如求解一元二次方程的解、傅里叶级数公式等。

在输入数学公式时,最重要的是先选择结构的形状,再选择符号或输入字符,对于公式每部分的输入也是如此。

7.8 制作文档目录

如果编写了大文档,如一篇论文或一本书,常常需要为它编制目录。Word 具有自动生成目录的功能,利用此功能可以快速生成目录。如果要让 Word 自动生成目录,首先需要按 Word 的要求设置目录中的各项标题。例如,假设有图 7-43(a)所示的文章结构,要为它生成目录。

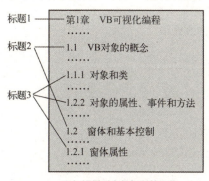
(a) 设置了各级标题的文档

(b) 设置目录式样

图 7-43 自动生成文档目录

自动为文章生成目录的方法如下:

<1> 选中"第 1 章 VB 可视化编程",单击"开始"选项卡的"样式"组中的"标题 1"按钮,设置"第 1 章 VB 可视化编程"为 1 级标题。

<2> 仿照步骤(1)设置所有的二级标题为"标题 2"、三级标题为"标题 3"。对于大文档而言,设置标题的工作在"大纲"视图中进行最方便(参考第 7.4 节)。

<3> 所有标题设置完成后,在"引用"选项卡的"目录"组中单击"目录"按钮,并选择弹出的快捷菜单中的"插入目录"。

<4> 在弹出的"目录"对话框中设置目录采用的标题级别和式样。单击"确定"按钮,就会在当前光标处插入生成的目录。

习题 7

一、选择题

1. Word 2016 是一种文字处理软件，用它编辑产生的文档的默认扩展名为_____。
   A．.wps   B．.txt   C．.docx   D．.wri
2. 在 Word 中若使被插入的文档不再和源文档产生联系，这种操作称为_____。
   A．嵌入对象   B．连接对象   C．插入对象   D．建立对象
3. 在 Word 中，打印页的上、下边距和页码等内容进行设置和修改，在_____选项卡中。
   A．页面布局   B．开始   C．引用   D．视图
4. 在 Word 的编辑状态，执行"文件"菜单中的"保存"命令后_____。
   A．将所有打开的文档存盘
   B．只能将当前文档存储在原文件夹内
   C．可以将当前文档存储在原文件夹内
   D．可以先建立一个新文件夹，再将文档存储在该文件夹内
5. 在 Word 的编辑状态，执行编辑菜单中的"复制"命令后_____。
   A．被选择的内容被复制到插入点处   B．被选择的内容被复制到剪贴板
   C．插入点后的段落内容被复制到剪贴板   D．光标所在的段落内容被复制到剪贴板
6. 删除一个段落标记符后，前后两段文字将合并为一段，原段落格式的变化为_____。
   A．前一段采用后一段的格式   B．后一段采用前一段的格式
   C．后一段变成无格式   D．没有变化
7. 下面对中文 Word 的特点描述正确的是_____。
   A．一定要通过使用"打印预览"才能看到打印出来的效果
   B．不能进行图文混排
   C．所见即所得
   D．无法检查常见的英文拼写及语法错误
8. 在使用 Word 进行文字编辑时，下面的叙述中_____是错误的。
   A．Word 可将正在编辑的文档另存为一个纯文本（TXT）文件
   B．使用"文件"菜单中的"打开"命令可以打开一个已存在的 Word 文档
   C．打印预览文档时，打印机必须是已经开启的
   D．Word 允许同时打开多个文档
9. 若要从光标处将文档重新分页，应当插入一个_____符号。
   A．分节   B．分栏   C．换行   D．分页
10. 如果要只打印文档的第 4 页到第 10 页，应该在"打印"对话框的"页码范围"编辑框中输入_____。
    A．4,1   B．4-10
    C．4...10   D．第 4 页至第 10 页
11. 在 Word 中选定一个句子的方法是_____。
    A．单击该句中的任意位置   B．双击该句中的任意位置
    C．按住 Ctrl 键的同时单击句中的任意位置   D．按住 Ctrl 键的同时双击文件中的任意位置
12. 保存 Word 文件的快捷键是_____。
    A．Ctrl+V   B．Ctrl+X   C．Ctrl+S   D．Ctrl+O

13. 在Word中，选择"文件"菜单下的"另存为"命令，不能将当前打开的文档另存为的文档类型是_____。

   A．.txt B．.pdf C．.xls D．.rtf

14. 关于Word中的多文档窗口操作，以下叙述中错误的是_____。

   A．文档窗口可以拆分为两个文档窗口
   B．多个文档编辑工作结束后，只能一个一个地存盘或关闭文档窗口
   C．允许同时打开多个文档进行编辑，每个文档有一个文档窗口
   D．多文档窗口间的内容可以进行剪切、粘贴和复制等操作

15. 在 Word 编辑状态下，若要将另一文档的内容全部添加在当前文档插入点处，应该选择的操作是_____。

   A．单击"文件"—"打开" B．单击"文件"—"新建"
   C．单击"插入"—"对象" D．单击"插入"—"超级链接"

16. Word的查找、替换功能非常强大，下面的叙述中正确的是_____。

   A．不可以指查找文字的格式，只可以指定替换文字的格式
   B．可以指定查找文字的格式，但不可以指定替换文字的格式
   C．不可以按指定文字的格式进行查找及替换
   D．可以按指定文字的格式进行查找及替换

17. 在Word编辑状态下，格式刷可以复制_____。

   A．段落的格式和内容 B．段落和文字和格式
   C．文字的格式和内容 D．段落和文字的格式和内容

18. 在Word编辑状态下，绘制一个文本框，要使用的菜单是_____。

   A．插入 B．开始 C．视图 D．页面布局

19. Word具有的功能是_____。

   A．表格处理 B．绘制图形
   C．自动更正 D．以上三项都是

20. 在Word的编辑状态，连续进行了两次"插入"操作，当单击一次"撤消"按钮后_____。

   A．将两次插入的内容全部取消 B．将第一次插入的内容取消
   C．将第二次插入的内容取消 D．两次插入的内容都不取消

二、问答题

1. 在用 Word 编写文档的过程中，怎样实现长距离文本的移动或复制（如在编写一本书的过程中，想把一段文字从第100页移动到第1页）？
2. 怎样实现一次性将一篇文章的所有段落的首行都缩进两个字符？
3. 什么是模板？它有什么用途？
4. 如何实现文本与表格的转换？
5. 页面设置涉及哪些方面的内容？
6. Word有几个编辑和浏览文档的视图？
7. 什么是文本框？它有什么用途？可否在文本框中插入图形、表格、剪贴画和用户自绘图形？
8. Word的表格具有哪些功能？
9. 水平标尺上的制表符有哪几种类型？简述它们的作用。
10. 在Word文档中插入表格有哪几种方法？

三、实践题

1. 将图 7-44 中的文字录入到 Word,保存命名为 XT1.docx,并按要求进行排版。

(1) 为 word 文档加上页眉,内容为"计算机基础考试",字体为宋体五号常规,插入页脚,即添加页码;

(2) 将文中所有词语"业务"替换为"Service";将标题段文字("多业务 TD-SCDMA 系统容量分析")设置为三号黑体、红色、加粗、居中,段后间距设置为 16 磅。文中所有正文字体中文为宋体常规小四,西文为 Times New Roman,常规小四。

> 多业务 TD-SCDMA 系统容量分析
>
> 根据各类业务不同得时延要求,3G 系统将其提供的业务种类划分为以下四大类[9,10]:第一类是会话型业务(Conversational Class),这类业务对时延很敏感,如话音业务(包括电路交换的话音业务及基于 IP 的分组话音业务)和视频电话业务;第二类是流式多媒体业务(Streaming Class),这类业务对时延较为敏感,如 MP3 在线播放、网络电影等业务。相对于会话型业务而言,流式业务因为采用了缓存机制,因而能够容许一定的时延变化,如 WEB 浏览,数据库检索等业务。为保证更好的响应时间,应当为这类业务不同的流赋予不同的优先权;第四类是后台业务(Background Class),这类业务对时延不敏感,如 EMAIL,短消息,文家传输业务等,即传统的尽力而为(Best Effort)型业务。这四类业务中,会话型业务与流式多媒体业务属于实时业务,可以采用面向连接的方式传输;交互式业务与后台业务属于非实时业务,可以采用无连接方式传输。不同业务具有不同的 QoS 要求,比如实时话音业务对时延敏感,但允许 10^{-3} 量级的较高误码率,非实时数据业务对时延不敏感,但要求极低的误码率,通常在 10^{-6} 到 10^{-9} 量级[11]。

图 7-44 文字录入并排版

(3) 将正文部分设置文档网格,要求每行 25 个字符,每页 25 行。

(4) 在正文下插入艺术体字,内容为"intel",居中,样式自定。设置艺术字的版型为上下型,距正文上为 1 厘米,下为 1.5 厘米。

2. 按照下面所示的表格样式,制作表格,并将结果保存到 XT2.docx 文档的最后。

姓名		学号		班级	
学院			专业		
个人爱好					

第 8 章　电子表格软件 Excel

本章介绍 Excel 应用的基础知识，包括单元格和工作表操作、数据输入方法、引用、常用工作表函数、工作表数据管理及图表操作的方法。

8.1　Microsoft Excel 基础

Microsoft Excel 是一款优秀的电子表格软件，能够制作日常工作中的各种报表，并且能够对表格中的数据进行排序、分类、汇总及统计分析，可以快捷地制作出诸如饼图、折线图、趋势图等类型的图表。此外，Microsoft Excel 还为财政、金融、会计、工程、数学、证券等专业领域提供了大量的函数，从而可以方便地进行财务管理、会计运算、投资理财及证券投资分析等。Microsoft Excel 已经成为国内外广大用户进行数据管理的得力助手，被学校、机关及各类企事业单位用来处理办公事务、进行财务分析、制作统计报表和各类数据分析图表。

8.1.1　Excel 2016 的用户界面

启动 Excel 2016 后，会显示如图 8-1 所示的工作界面，包括功能区和工作表区两部分，以直观的方式将操作命令提供给用户，并且为命令提供了描述性的提示或示例预览，使用户能够快速地找到需要使用的操作命令。

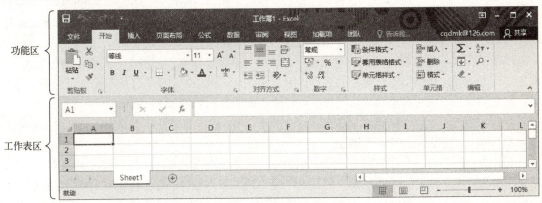

图 8-1　Excel 2016 的工作界面

1．功能区

自 Excel 2007 版起，Excel 的功能区取代了早期版本中的菜单、工具栏和大部分任务窗格，包括按钮、库和对话框内容，如图 8-2 所示。

功能区由选项卡构成，每个选项卡中包括多个逻辑分组，每个逻辑分组中包括许多命令按钮，每个命令按钮取代了早期版本中某个菜单命令或工具按钮。功能区的结构、涉及的基本概念和操作方法在 Microsoft Office 系统中是统一的，在第 7 章中已介绍，不再赘述。

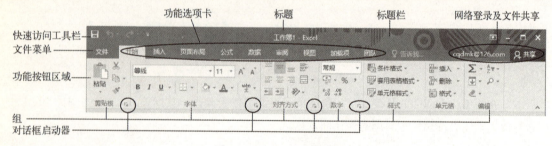

图 8-2　Excel 2016 功能区

2. 工作表区

工作表区是 Excel 用户的"日常办公区域",由多个工作表构成,如图 8-3 所示。每个工作表相当于人们日常工作中的一张表格,可以在其中的网格内填写数据,执行计算,处理财务数据,并在此基础上制作各种类型的工作报表。

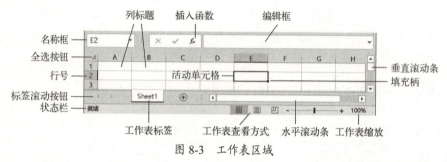

图 8-3　工作表区域

图 8-3 中的 Sheet1 称为工作表标签,标签名即工作表的名称,因此 Sheet1、Sheet2 和 Sheet3 实为三个工作表名称,代表了三个不同的工作表。当工作表较多,其中某些工作表的标签不可见时,可以单击标签滚动按钮　　,显示出被遮住的工作表标签。

单击工作表标签按钮,可以使对应的工作表成为活动工作表(即当前正在应用的工作表);双击工作表标签按钮,可改变它们的名称,因为 Sheet1、Sheet2 这样的名称不能说明工作表的内容,把它们改为"学生名单"、"成绩表"这样的名称更有意义。

在默认情况下,Excel 2016 只打开一个工作表:Sheet1,但是往往不够使用。单击插入新工作表按钮 ⊕,就会插入一个新工作表。

工作表右下角的三个按钮 ⊞ ▦ ▣ 用于切换工作表的查看方式,其中 ⊞ 是普通查看方式,这是 Excel 显示工作表的默认方式,图 8-1 和图 8-3 就是用这种方式显示工作表的。▦ 是页面布局显示方式,单击它,将以打印页面的方式显示工作表。▣ 是分页预览方式,如果工作表数据较多,需要多张打印纸才能打印完成时,在此查看方式下,Excel 将以缩小方式显示出整个工作表的数据,并在工作表中显示出一些页边距的分割线,相当于将所有打印出的纸张并排在一起查看。──▮── + 100% 可以用来放大或缩小工作表。

8.1.2　Excel 的基本概念

正确理解 Excel 的基本概念,是学好 Excel 的基础。现在结合图 8-3 介绍几个在 Excel 中经常用到的概念。

1. 工作簿

在 Excel 中创建的文件被称为工作簿。工作簿由一个或多个工作表组成。Excel 2002 之前的工作簿中最多能容纳 256 个工作表，在 Excel 2002 及之后的版本中，工作簿中工作表的数目仅受内存限制，只要内存能够容纳，再多的工作表也可以。在默认情况下，Excel 2016 自动将新建的工作簿命名为"工作簿 1.xlsx"，在其中包含一个名为 Sheet1 的工作表，工作簿的扩展名是".xlsx"（Excel 2007 之前的为 .xls）。

Excel 可同时打开若干个工作簿，每个工作簿对应一个窗口。

2. 工作表

工作表（见图 8-3）就是人们平常所说的电子表格，是 Excel 中用于存储和处理数据的主要文档。工作表与我们日常生活中的表格基本相同，由一些横向和纵向的网格组成，横向的称为行，纵向的称为列，在网格中可以填写不同的数据。当前正在使用的工作表称为活动工作表。

3. 行号

Excel 的工作表每行用一个数字进行编号，也称为行标题，最多有 1048576 行。在图 8-3 中，左边的数字按钮 1，2，3，…都是行号。单击行号，可以选定工作表中的整行单元格，如果右键单击行号，将弹出相应的快捷菜单。上下拖动行号下端的边线，可改变该行的行高。

4. 列标题

一个工作表最多可包括 16384 列，每列用英文字母进行标识，称为列标题。在图 8-3 所示工作表上边的 A、B、C、D…就是列标题。当列标题超过 26 个字母时就用两个字母表示，如 AA 表示第 27 列，AB 表示第 28 列……当两个字母的列标题用完后，就用 3 个字母标识，最后的列标题是 XFD。

单击列标题可选定该列的全部单元格；右键单击列标题，将弹出相应的快捷菜单。左右拖动某列标题右端的边线，可以改变该列的宽度；双击列标题的右边线，可自动调整该列到合适的宽度。

5. 单元格、单元格区域

工作表实际上是一个二维表格，单元格就是这个表格中的一个"格子"（见图 8-3）。单元格由它所在的行号、列标题所确定的坐标来标识和引用。在标识或引用单元格时，列标题在前面，行号在后面，如 A1 表示第 1 列、第 1 行的交叉位置所代表的单元格，B5 表示第 2 列、第 5 行的交叉位置所代表的单元格。

当前正在使用的单元格称为**活动单元格**。活动单元格的边框不同于其他单元格，是粗黑的实线，且右下角有一实心方块，称为**填充柄**。活动单元格代表当前正在用于输入或编辑数据的单元格。图 8-3 中的 A3 就是活动单元格，从键盘输入的数据就会出现在该单元格中。

单元格是输入数据、处理数据及显示数据的基本单位，数据输入和数据计算都在单元格中完成。单元格中的内容可以是数字、文本或计算公式等，最多可包含 32767 个字符。

6. 单元格区域

单元格区域是指多个连续单元格的组合。单元格区域常用其左上角和右下角单元格表示，形式为"**左上角单元格:右下角单元格**"。例如，A2:B4 代表一个单元格区域，包括 A2、B2、A3、B3、A4、B4 单元格；C3:E5 单元格区域中的单元格有 C3、D3、E3、C4、D4、E4、C5、D5、E5。

只包括行号或列号的单元格区域代表整行或整列。例如，1:1 表示第一行的全部单元格组成的区域，1:5 则表示由第 1 到 5 行全部单元格组成的区域；A:A 表示第一列全部单元格组成的区域，A:D 则表示由 A、B、C、D 四列的全部单元格组成的区域。

7. 全选按钮、插入函数按钮、名称框和编辑框

行号和列标题交叉处的按钮称为全选按钮，单击它，可以选中当前工作表中的所有单元格。

单击插入函数按钮 f_x 时，弹出"插入函数"对话框，从中可向活动单元格的公式中输入函数。

名称框用于指示活动单元格的位置。在任何时候，活动单元格的位置都将显示在名称框中。名称框还具有定位活动单元格的能力。比如，要在单元格 A1000 中输入数据，可以直接在名称框中输入"A1000"，按 Enter 键后，Excel 就会使 A1000 成为活动单元格。名称框还具有为单元格定义名称的功能。

编辑栏用于输入、修改活动单元格中的数据。当在一个单元格中输入数据时，用户会发现输入的数据同时也会出现在编辑栏。事实上，在任何时候，活动单元格中的数据都会出现在编辑栏中。当单元格中数据较多时，可以直接在编辑栏中输入、修改数据。

8.1.3　Excel 的工作簿和文件管理

1. 工作簿和工作表的关系

工作簿是 Excel 管理数据的文件单位，相当于人们日常工作中的"文件夹"，它以独立的文件形式存储在磁盘上。在日常工作中，可以将彼此关联的数据表格保存在同一工作簿中，这样有利于数据的存取、查找和分析。例如，某班主任管理了 2003 级的 5 个班级，他可以为每个班建立一个成绩表，然后把这 5 个成绩表存放在一个工作簿"2003 级学生成绩表.xlsx"中，如图 8-4 所示。

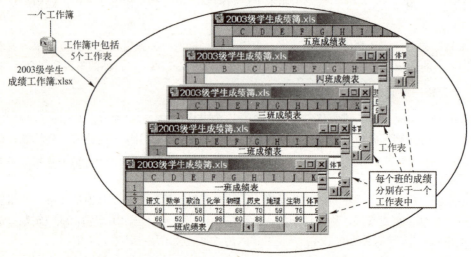

图 8-4　在一个成绩工作簿中保存了 5 个存有成绩的工作表

工作簿、工作表、单元格的逻辑关系是：一个工作簿中包括若干个工作表，每个工作表中包括许多单元格。工作簿以文件形式保存在磁盘文件中，工作表只能存在于工作簿中，不能以独立的文件形式存储在磁盘文件中。

2. 工作簿与模板

Excel 总是根据模板或现有工作簿来创建新工作簿。模板即模型、样板，是一种预先建立好的特殊工作簿，已在其中的工作表中设计好了许多功能，如单元格中的字体、字型，工作表的样

式和功能（如财务计算、学生成绩统计、会议安排等），Excel 可以创建与模板具有相同功能和结构的工作簿。

启动 Excel，或者没有指定模板就新建工作簿时，Excel 会根据默认模板创建一个空白工作簿"工作簿1"（见图8-1），第二个新建空白工作簿的名称则为"工作簿2"……

在实际工作中，常常需要建立具有相同（相近）结构和功能的工作簿。在这种情况下，可以将原来的工作簿制作为模板，然后根据它创建新工作簿，可以多快好省地完成工作。例如，将单位每年的工资保存在一个工作簿中，每个月的工资保存在其中的一个工作表中。对一个单位而言，每年的人员信息、工资结构、工资计算方法和报表样式等内容基本相同，不会有太大的变化，在上月的工资工作簿基础上进行修改，很快就能制作出本月的工资工作簿。因为这样可以复用相同的职工信息、工资结构数据、报表样式和工资计算公式，减少工作的重复性。

微软公司的网站上提供了丰富的"在线工作簿模板"，如图 8-5 所示，包括个人理财、家庭收支、财务预算、个人简历、会议安排、采购订单、回执和收据、旅行度假、单位考勤、日程安排以及工作计划等。在用这类模板创建新工作簿时，Excel 会自动从微软的网站将其下载到相关模板，并用它创建新工作簿。

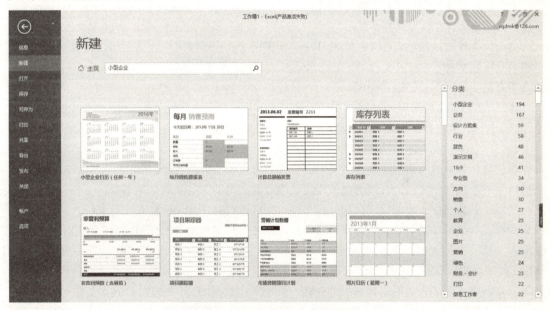

图 8-5　Excel 2016 的"在线模板"

当然，一些模板工作簿中的某些计算方法可能与各单位的实际计算方法存在差别，可以在模板的基础上进行修改，从而创建出符合实际工作需要的工作簿，提高工作效率，节省工作时间。

通过在线模板创建新工作簿的过程如下：选择"文件"|"新建"菜单命令，出现"新建工作簿"对话框（见图8-5）；在"主页"文本框中输入要建立的工作簿类型，如个人、财务、销售等，单击搜索按钮 🔍 后，Excel 就会从在线模板中找到对应的模板类型并列示在图 8-5 的中间区域中。双击某个模板名称，它就会被下载到本地计算机中。下载完成后，Excel 将自动用该模板创建一个新工作簿。

图 8-6 是用"在线模板"中的"商务旅行预算"模板建立的工作簿。在该工作簿中，只需要输入 D 列的费用和 F 列的数字，Excel 就会自动计算出 H 列的费用，这一功能是由"商务旅行模板"提供的。

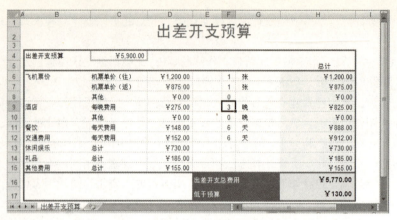

图 8-6　通过"商务旅行预算"模板建立的工作簿

3．文件格式与兼容性

从 Office 2007 开始，采用了基于 XML 的文件格式：Microsoft Office Open XML Formats，适用于 Office 套装软件中的所有软件，包括 Word、Excel 和 PowerPoint 等。Office XML Formats 有许多优点，主要体现在以下几方面。

其一，文件自动压缩。Office XML Formats 采用 ZIP 压缩技术来存储文档，在保存文件时，它将自动压缩文件，在打开文件时，则会自动解压文件。在某些情况下，文档最多可以缩小 75%，减少了存储文件所需要的磁盘空间。

其二，改进的文件结构。Office XML Formats 格式以模块形式组织文件结构，文件中的不同数据组件彼此分隔。其优点是如果文件中的某个组件（如图表或表格）受到损坏，文件仍然能够打开。

其三，更强的安全性。以前文件格式的 Office 文件可以使用文档检查器轻松地识别和删除个人身份信息和业务敏感信息，如作者姓名、批注、修订和文件路径等。Office XML Formats 格式支持以保密方式共享文档，可以避免使用文档检查器之类的工具获取这类信息。

其四，更好的业务数据集成性和互操作性。Office XML Formats 格式支持文档、工作表、演示文稿和表单都可以采用 XML 文件格式保存，同时支持用户定义的 XML 架构，用于增强现有 Office 文档类型的功能。这意味着用户在现有系统中可以轻松解除信息锁定，然后使用熟悉的 Office 程序对相应信息进行操作。同样，在 Office 中创建的信息也很容易被其他业务应用程序所采用，只需要一个 ZIP 实用工具和一个 XML 编辑器，就可以打开和编辑 Office 文件。

在默认情况下，Office 中创建的文档、工作表和演示文稿都以 XML 格式保存，文件的扩展名是在以前版本文件扩展名后添加"x"或"m"。例如，在 Word 2016 中创建的文件，其默认文件扩展名为 .docx 而不是 .doc，在 PowerPoint 2016 中创建的文件扩展名为 .pptx。

采用"x"后缀（如 .docx 和 .pptx）保存的文件不能包含 Visual Basic for Applications（VBA）宏或 ActiveX 控件；扩展名以"m"结尾（如.docm 和 .xlsm）的文件则可以包含 VBA 宏和 ActiveX 控件，这些宏和控件存储在文件内单独的一节中。这种命名方式使包含宏的文件和不包含宏的文件更加容易区分，从而使防病毒软件更容易识别出包含潜在恶意代码的文件。

Office 2016 在采用新文件格式的同时，还提供了对以前 Office 版本文件格式的支持。在 Office 2016 中可以直接打开以前版本的 Office 文件，也可以将文件保存成为以前版本的文件。例如，可以在 Excel 2016 中创建 Excel 2003 版格式的工作簿，方法是：在图 8-5 中选择"另存为"，然后在弹出的"另存为"对话框中选择需要的文件类型。

8.2 行、列、单元格及工作表操作

8.2.1 工作表行、列操作

1. 选择行、列

单击要选择行的行号可以选中该行，选择连续多行的操作方法是把鼠标移到最前面的行号上按下鼠标左键，并拖动鼠标到最后的行号上，鼠标拖过的行都会被选中。

图 8-7 选择了第二、三行和第二、三列。其操作方法是：把鼠标移动到行号 2 上按鼠标左键，并拖动鼠标到行号 3 上释放，在拖动的过程中会出现一个较粗的十字形光标。还可以先用鼠标选中第一行，然后按住 Shift 键，再用鼠标单击要选择的最后一行，即可选定连续的行。按住 Ctrl 键，再用鼠标依次单击要选择的行号，可选定不连续的行。

图 8-7 工作表行、列选择

列的选择方法与行的选择方法大致相同，请参照执行。

2. 删除行、列

选中要删除的行或列，然后单击"开始"选项卡的"单元格"组中的 删除 按钮。

也可以选择相应行或列后，单击右键，然后从弹出的快捷菜单中选择"删除"命令。

3. 插入行、列

在工作表中输入数据时，若在某个表格位置少输了一行数据，就需要在相应位置加一行数据。插入一行或一列数据的方法如下：选中要插入行（或列）的行号（或列标题），单击"开始"选项卡的"单元格"组中的 插入 按钮，Excel 将在选中行（或列）前增加一新行（列）。

此外，右键单击要插入数据的行号（或列标题），然后从弹出的快捷菜单中选择"插入"命令，也能够插入行（或列）。

如果在插入前选中了多行（或列），Excel 就会插入同样多行（或列），如选中了 6 行再执行插入命令，就会在选中行的前面插入 6 行。

4. 调整行高和列宽

工作表的默认列宽为 8.43 个字符，默认行高为 12.75 点（1 点约等于 1/72 英寸）。可以对默认的行高和列宽进行修改，列宽可以指定为 0～255 之间的字符数，行高可以设置为 0～409 之间的点数，如果设置为 0，则隐藏该行（或列）。

在默认情况下，Excel 的所有行都一样高，但某些表中需要不同高度的行。例如，很多报表的表头就比表中其余的表格要高。Excel 中改变行高（列宽）的方法如下：选中要调整行高的行中任一单元格，在选择"开始"选项卡的"单元格"组中单击 格式 右边的下三角形，从弹出的下拉列表中选择"行高"（或"列宽"）命令，然后在弹出的对话框中输入新的行高（或列宽）数值。

更直观的方法是：把鼠标移向要调整行高（列宽）的行号下边（列标题的右边）的表格线附

近，当鼠标变成一个黑色的十字形光标时，按下鼠标左键并拖动鼠标，这样就可以改变该行（列）的行高（列宽），如图 8-8 所示。

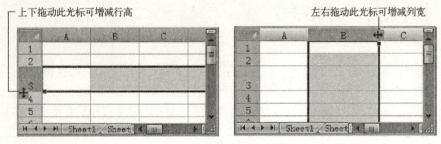

图 8-8　调整行高和列宽

如果要同时调整多行（多列）的行高（列宽），就先选中这些行（列），然后拖动其中任一行（列）的边框线，就可以同时调整所有选中行（列）的宽度（高度）。

双击某列的右边线，Excel 会自动调整该列的列宽，以适应该列最宽（即字符最多）的单元格；双击某行的下边线，Excel 会自动调整该行的高度，以适应该行最高（即字号最大）的单元格。

8.2.2　单元格操作

1. 选择单元格或单元格区域

选中一个单元格很简单，单击要选择的单元格即可。选择连续的多个单元格的方法是：在选择区域左上角第一个单元格中按下鼠标左键，然后拖动鼠标到右下角的最后一个单元格释放即可；也可以单击左上角第一个单元格后，按住 Shift 键，然后单击右下角单元格。

选择不连续的多个单元格的方法是：按住 Ctrl 键，然后用鼠标依次单击所有要选择的单元格。

2. 清除单元格内容、删除单元格

当单元格的内容不再需要或有错误时，可以先选中这些单元格，然后按 Delete 键，就可清除选中单元格中的内容。

删除单元格区域与清除是不同的，清除仅仅是把原单元格中的内容去掉，而删除则是把内容与单元格本身都要去掉，去掉后原单元格就不复存在了，它所在的位置由它的下边（上边）或者右边（左边）的邻近单元格移过来代替它。

例如，在图 8-9 中，从"张汉成"开始成绩就错位了，他的成绩应是 45 分，其余人的成绩应依次前移。解决的方法是把张汉成所对应的高等数学单元格删掉，后面的单元格依次前移。其操作步骤如下：右键单击 B4 单元格，从弹出的快捷菜单中选择"删除"命令，弹出"删除"对话框，从中选择"下方单元格上移"，如图 8-10（a）所示，然后单击"确定"按钮。

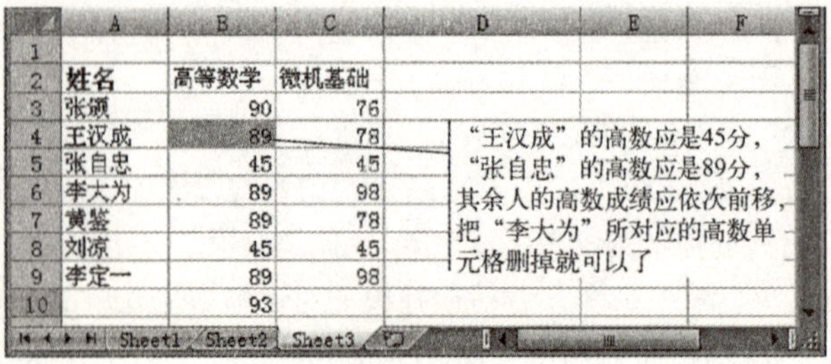

图 8-9　删除单元格

（a）　　　　　　　　　（b）

图 8-10　删除与插入单元格

3．插入单元格

有时候需要在某个单元格位置插入一个单元格。例如，在前面所举的例子中，把"张自忠"的成绩漏掉了，而把"李大为"的"微机基础"成绩输成了他的成绩，以后的依次类推。可见，只要在"张自忠"的成绩处插入一新的单元格，其余的依次下移就对了。

其操作方法是：右键单击"张自忠"的"微机基础"成绩（C5 单元格），然后从弹出的快捷菜单中选择"插入"命令，出现如图 8-10（b）所示的对话框，选择其中的"活动单元格下移"。

4．移动单元格或单元格区域

移动单元格（区域）的操作步骤如下：选中要移动的单元格或单元格区域，单击"开始" | "剪贴板"组中的剪切按钮，把鼠标移到目标单元格位置，再单击"剪贴板"组中的粘贴按钮。

此外，也可以右击相应单元格，然后通过快捷菜单中的"剪切"和"粘贴"命令实现单元格（区域）的移动。最直接的方法是：选中要移动的单元格或单元格区域，然后用鼠标直接将它拖放到目标单元格或单元格区域的左上角单元格。

5．单元格合并和对齐方式

在各类日常报表中，表格的标题往往会跨越多列且位于表头的中央，表格各列的第一行往往是对应列的标题，它们常常被加粗或采用更大的字号，这样才会使表格意义清晰。图 8-11 就是其中的一个例子，表格标题"XX 学院年度奖金"位于 A1:G1 区域的中央，A1:G1 区域被合并成了一个单元格；第二行的"制表人：张三"位于 A2:G2 的右侧，A2:G2 也被合并为了一个单元格；第三行是各列的标题，比其他行都高，其中的 A3 单元格采用了竖直向上、水平向左对齐，B3 单元格则采用了水平向左、竖直向下对齐，C3:G3 采用的是单元格水平向左、垂直居中对齐方式。

图 8-11　单元格合并与对齐方式

表中前三行的制作方法如下：

<1> 在 A1 单元格中输入"XX 学院年度奖金"，在 A2 单元格中输入"制表人：张三"。

<2> 选中 A1:G1 单元格区域，然后在"开始"选项卡的"对齐方式"组中单击跨列居中按钮，设置字体大小。

<3> 选中 A2:G2 单元格,单击跨列居中按钮■,再单击"对齐方式"组中的文本右对齐按钮■。

<4> 加粗 A3:G3 单元格区域中的字体,增加第 3 行的行高。

<5> 单击 A3 单元格,然后在"开始"选项卡的"对齐方式"组中单击顶端对齐按钮■;选中 B3 单元格,再单击底端对齐按钮■;选中 C3:G3 区域,再单击垂直居中按钮■。

注意:在合并多个单元格时,如果参与合并的每个单元格中都有数据,则合并后单元格中的数据是参与合并的第一个单元格(即合并区域左上角的单元格)中的数据,其余单元格中的数据都会丢失。如果参与合并的单元格区域中只有一个单元格(可以不是合并区域左上角的单元格)有数据,则这个单元格中的数据将被保留给合并后的单元格。

提示:选中已合并的单元格后再单击■,就会取消合并,将它还原成合并前的状态。

6. 单元格内的数据换行

某些时候,表格中各列的标题文本可能太长,但对应列中的数据内容都不太多,需要将同一单元中的内容分成多行。

第一种方法是在单元格中输入数据时按 Alt+Enter 键,会将输入光标换到同一单元格中的下一行,再输入数据时,就会输入在新行中。

第二种方法是在输入数据时,一个单元格中的内容应在同一行中输入,即使它的内容较多覆盖了右边的若干单元格,也在一个单元格中输完。当单元格的内容输入完成后,选中那些需要将数据显示在多行中的单元格或单元格区域,然后在"开始"|"对齐方式"选项卡组中单击单元格自动换行按钮■,Excel 就会根据各列的宽度自动将其中的内容显示在多行中。当重新调整了各列的宽度后,Excel 就会根据单元格新的列宽,重新调整设置了自动换行的单元格中的内容,使它们适应新的列宽,可能被自动显示在一行或多行中。

再次单击■按钮时,就会取消单元格自动换行的显示方式,将单元格的内容显示在一行中。

8.2.3 工作表操作

在 Excel 中,操作数据主要通过工作表进行,工作表包含在工作簿中。

1. 工作表的切换、插入和删除

在 Excel 2016 中新建一个工作簿时,会显示工作表签按钮 Sheet1 ⊕。在默认情况下,其中只有一个工作表,单击其中的⊕按钮,可以插入一个新工作表。

此外,右击指定的工作表标签,从弹出的快捷菜单中选择"插入"或"删除"命令,或者在"开始"选项卡中单击"单元格"组中的■插入▼或■删除▼按钮右侧的下三角形,从弹出的快捷菜单中选择"插入工作表"或"删除工作表",也可以在工作簿中插入或删除工作表。

当一个工作簿中有多个工作表时,单击工作表标签可使对应的工作表就会成为活动工作表。

2. 工作表的移动和复制

在一个工作簿中,有时需要调整每个工作表的先后次序,其操作步骤如下:在要移动的工作表标签上按下鼠标左键,鼠标所指示的位置会出现一个□图标,拖动鼠标到目标位置释放,该标签所对应的工作表就被移到了相应位置。

例如,在 Sheet3 Sheet1 Sheet2 Sheet4 ⊕ 四个工作表中,要把 Sheet3 移动到 Sheet2 与 Sheet4 之间,只需用鼠标把 Sheet3 标签拖放到 Sheet4 的前面即可。

复制工作表的方法是：先按住 Ctrl 键，再用鼠标拖动要复制的工作表，在拖动过程中会出现图标，将标签拖到一个新位置后释放鼠标，就会产生该工作表的一个副本。

3．工作表的重命名

在默认情况下，工作表标签名为 Sheet1……含义不清楚，如果它们分别存放的是班级成绩表……不如改名为"一班"、"二班"……意义更明确。

双击工作表标签，然后删除已有标签名，输入新的标签名字就可以了。

8.3 输入数据

Excel 单元格中可以包括的数据类型有数值、日期和时间、文本和逻辑型数据 4 类。数据输入的方法很简单，其操作过程为：

<1> 选定要输入数据的单元格。单击该单元格，或移动键盘上的方向键，使要输入数据的单元格成为活动单元格。

<2> 从键盘上输入数据。

<3> 按 Enter 键后，本列的下一单元格将成为活动单元格，也可用键盘方向键或鼠标选择下一个要输入数据的单元格。当光标离开输入数据的单元格时，数据输入就算完成了。

在输入数据时，要注意不同类型数据的输入方法。

8.3.1 输入数值

数值可以采用普通记数法与科学记数法输入。例如，输入"123343"，可在单元格中直接输入"123343"，也可以输入"1.23343E5"；"0.0082"可直接输入，也可输入"8.2E-3"或"8.2e-3"。其中，E 或 e 表示以 10 为底的幂。

输入正数时，前面的"+"可以省略；输入负数时，前面的"-"不能省略，但可用( )表示负数。例如，输入"-78"，可在单元格中直接输入"-78"，也可输入"(78)"。在输入时，"( )"表示负数。

输入纯小数时，可省掉小数点前面的 0，如"0.98"可输入为".98"。输入数值时，允许输入千分号，如可输入"536,433,988"。

在数字的前面可加"$"或"￥"，表示输入的数字是美元或人民币，在计算时，"$"（或"￥"）不影响数值的大小。例如，在 A3 单元格中输入"￥123"，表示 123 元人民币，单元格中是一个数值而非文本。数值在单元格中默认的对齐方式是右对齐。

8.3.2 输入文本、日期和时间

文本数据是指不以数字开头的符号串，可以是首字符为字母、汉字、非数字符号的多个符号组成的字符串。

在输入数字型的字符串时，为了不与相应的数值混在一起，需要在输入数据的前面加单引号"'"，或输入="数字串"。如输入邮政编码 430065，则应输入"'430065"，或输入"=""430065"""。

在默认情况下，一个单元格中只显示 8 个字符，如果输入的文本宽度超过了单元格宽度，应该接着输入，表面上它会覆盖右侧单元格中的数据，实际上它仍是本单元格的内容，不会丢失。不要因为看见输入的内容已到达该单元格的右边界时就把后面的内容输入到右边的单元格中，这

样会给单元格数据的格式化带来麻烦。

输入日期的格式为"年/月/日"或"月/日"。如输入"2001/7/9",可输入"2001/7/9",也可输入"7/9"。输入时间的格式为"时:分",如输入10点12分,则应输入"10:12"。

按"Ctrl+;"组合键,可输入当前系统日期;按"Ctrl+Shift+;"组合键,可输入当前系统时间。

8.3.3 输入公式

在Excel中,可以用公式对工作表的数据进行计算,包括算术的加、减、乘、除、乘方、开方,以及大小比较运算等。

在输入公式时,应先输入"="或"+",然后在其右边输入公式的内容。例如,在B3单元格中计算5!,输入的方法是:单击B3单元格,然后在B3单元格中输入"=5*4*3*2*1",输入完按Enter键后,在B3单元格中就会显示120,这就是该公式的计算结果。

8.3.4 特殊数据的输入

当输入有规律的数据或特殊的文本时,采用复制的方式可以提高输入效率,如输入学生的学号、连续的电话号码、月份等。

1. 相同数据的复制输入

【例8-1】 某班主任要为高三年级的5个班建立如图8-12所示的成绩表.

由于每个班所开设的课程都一样,所以只需要建立第一个成绩表的表头,其余成绩表的表头从第一个表中复制即可。操作步骤如下。

<1> 建立一班的成绩表。建立表头,输入学生成绩,如图8-12(a)所示。

<2> 格式化一班的成绩表,然后选中表头A1:E5,见图8-12(b)。

(a)一班的成绩表

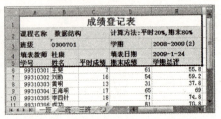
(b)选中并复制一班的成绩表表头

图8-12 选中成绩表的表头并复制

<3> 在"开始"选项卡的"剪贴板"组中单击"复制"按钮。

<4> 单击"二班"的工作表标签,切换到"二班"的工作表,单击A1单元格,再单击"开始"选项卡的"剪贴板"组中的"粘贴"按钮,就完成了工作表数据复制。

<5> 用同样的方法创建其他班级的成绩表表头。

2. 用填充复制或Ctrl+Enter键输入相同数据

【例8-2】 某班学生的档案表如图8-13所示,其中的入学时间、班级、专业都相同。

在图8-13中,同一个班的所有学生都具有相同的入学时间、相同的班级编号、相同的专业名称。在Excel中,至少有两种方法可以较快地输入这类数据。

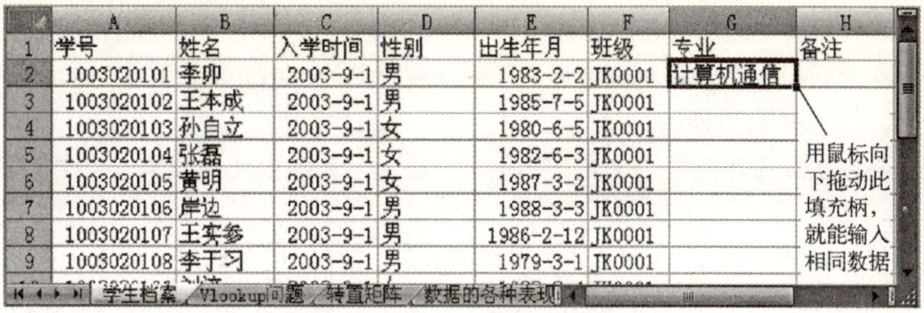

	学号	姓名	入学时间	性别	出生年月	班级	专业	备注
2	1003020101	李卯	2003-9-1	男	1983-2-2	JK0001	计算机通信	
3	1003020102	王本成	2003-9-1	男	1985-7-5	JK0001		
4	1003020103	孙自立	2003-9-1	女	1980-6-5	JK0001		
5	1003020104	张磊	2003-9-1	女	1982-6-3	JK0001		
6	1003020105	黄明	2003-9-1	女	1987-3-2	JK0001		
7	1003020106	岸边	2003-9-1	男	1988-3-3	JK0001		
8	1003020107	王实参	2003-9-1	男	1986-2-12	JK0001		
9	1003020108	李于习	2003-9-1	男	1979-3-1	JK0001		

图 8-13　某校的学生档案表

第一种方法：用 Ctrl+Enter 组合键进行输入。其方法如下。

<1> 用鼠标选中要输入相同数据的单元格区域（也可以是多个不连续的独立单元格）。

<2> 输入数据，输入后不是按 Enter 键，而是先按住 Ctrl 键，再按 Enter 键，则所有被选中的单元格中都会输入相同的数据。

例如，输入图 8-14 中所有同学的“入学时间”，首先用鼠标选中 C2:C11 单元格区域，然后直接输入“03/9/1”，再按组合键 Ctrl+Enter，则 C2:C11 区域内的每个单元格中都被输入了“2003-9-1”。用同样的方法可输入 F 列的班级和 G 列的专业。

第二种方法：用填充柄进行复制。以图 8-13 中 G 列数据的输入为例，其方法如下：

<1> 在 G2 单元格中输入“计算机通信”，然后按 Enter 键。

<2> 单击 G2 单元格，会看见该单元格右下角有一个黑色的小方块，这个小方块就称为填充柄。将鼠标指向填充柄并按下鼠标左键，然后向下拖动鼠标，鼠标拖过的单元格都被填入了“计算机通信”。

此外，在 G2 中输入数据后，双击 G2 单元格的填充柄，Excel 也会自动将 G2 单元格中的数据向下填充到 G11 单元格中。

3. 编号的输入

在表格中常会用到不同形式的编号，这些编号往往具有一定的规律，有的呈现出等差数列形式，有的呈现出等比数列形式，有的编写号具有特殊的格式。在输入这类数据时，应具体问题具体分析。

（1）复制输入连续的编号

连续编号（或具有等差、等比性质的数据）如企业的职工编号、学生的学号、电话号码、手机号码和产品的零件编号等，应该采用复制或序列填充的方式进行输入。

【例 8-3】 建立如图 8-14 所示的成绩表，其中 1003020101～1003020200 是 100 个连续的学号。

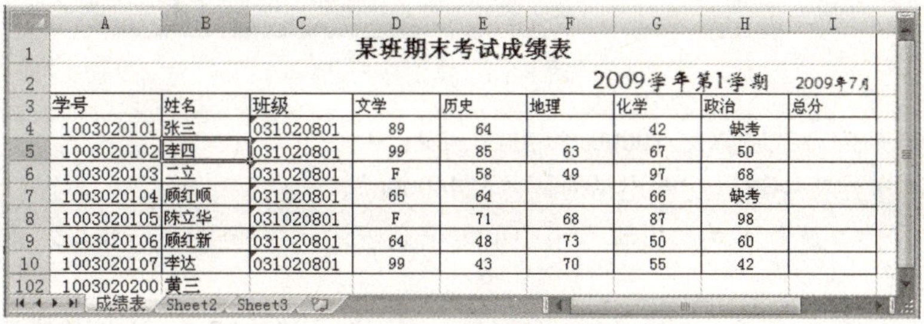

某班期末考试成绩表

2009学年第1学期　2009年7月

	学号	姓名	班级	文学	历史	地理	化学	政治	总分
4	1003020101	张三	031020801	89	64		42	缺考	
5	1003020102	李四	031020801	99	85	63	67	50	
6	1003020103	二立	031020801	F	58	49	97	68	
7	1003020104	顾红顺	031020801	65	64		66	缺考	
8	1003020105	陈立华	031020801	F	71	68	87	98	
9	1003020106	顾红新	031020801	64	48	73	50	60	
10	1003020107	李达	031020801	99	43	70	55	42	
102	1003020200	黄三							

图 8-14　学生成绩表

在 Excel 中，像 1003020101～1003020200 这类连续编号的输入方法如下：

<1> 在 A4 单元格中输入"1003020101",在 A5 单元格中输入"1003020102"。

<2> 在 A4 单元格中按住鼠标左键并向下拖动鼠标到 A5 单元格,选中 A4、A5 两个单元格后,释放鼠标,结果如图 8-15(a)所示。

<3> 把鼠标移到 A5 单元格右下角的黑色小方块上,直到出现一个黑色"十"字形指针时,按下鼠标左键,如图 8-15(b)所示。

<4> 向下拖动鼠标,在拖动的过程中会发现 A6 单元格中出现了数据 1003020103,A7 单元格中出现数据 1003020104……当发现所有的数据都已产生时,释放鼠标,学号的输入就完成了。

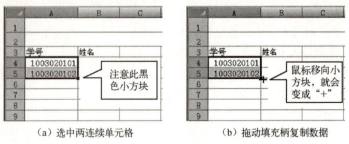

图 8-15 连续编号的输入

其实,这只是单元格复制方法的一种应用形式,在任何时候拖动单元格右下角的填充柄,其作用都是进行单元格数据的复制。

(2)用填充序列产生连续的编号

当输入具有一定规则的数据,如相同、等差、等比之类的数列或连续日期时,如果数据量很大,有成千上万行,采用上面的复制输入方法虽然方便,却不好控制鼠标的拖放过程。对于这类数据的输入,采用填充序列的方式输入最简便。

【例 8-4】 某电信分公司有电话号码档案如图 8-16 所示,其中的电话号码为 62460000~62480000,共 20000 个。假设电话号码 62460000 放在 A2 单元格,62460001 放在 A3 单元格,然后依次向下,试在 Excel 中输入这些电话号码。

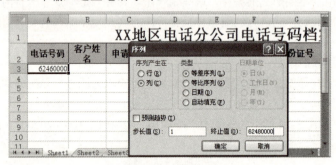

图 8-16 填充序列

采用填充序列的方式输入这 20000 个号码的过程如下:

<1> 在 A3 单元格中输入起始电话号码"62460000"。

<2> 在"开始"选项卡的"编辑"组中单击填充按钮 右侧的下三角形,出现"序列"对话框,见图 8-16。

<3> 选中"序列"对话框中的"列"和"等差序列"单选按钮,在"步长值"文本框中输入"1",在"终止值"中输入"62480000"。

<4> 单击"确定"按钮,所有电话号码的输入就完成了。

4. 利用下拉列表方式输入少而规范的数据

在工作表中经常见到一些少而规范的数据，如职称、工种、单位及产品类型等，这类数据适宜采用 Excel 的"数据验证"以下拉列表的方式输入。

【例 8-5】 某次学生成绩抽查表如图 8-17 所示。该表 B 列的专业包括会计学、经济学、信息管理与信息系统、工程管理、市场营销等。

图 8-17 通过下拉列表输入数据

可见，B 列的专业数据比较固定和规范，如果直接输入各位学生的专业，肯定不如从下拉列表框中选择方便。建立"专业"的下拉列表方法如下。

<1> 选中 B 列要输入职称的单元格区域 B3:B11，然后选择功能区中的"数据"选项卡，单击"数据工具"组中的数据验证按钮 ，出现"数据验证"对话框（见图 8-17）。

<2> 选择"设置"标签，然后从"允许"下拉列表中选择"序列"选项。

<3> 单击"来源"文本框右侧的 按钮，输入专业"经济学,会计学,信息管理与信息系统,工程管理,市场营销"，专业之间的逗号必须是西文方式的","。

<4> 单击"确定"按钮，Excel 就会为选中的单元格设置专业名字的下拉列表。

建立专业的下拉列表后，每次要输入专业时，只需单击对应的单元格，Excel 就会将专业名称显示在下拉列表框中，然后用鼠标选择需要的专业名称即可。

说明：也可先建立第一个单元格（即 B3）的下拉列表框，然后向下填充或复制 B3 单元格，就能够建立其余单元格的下拉列表输入方式。

5. 用"&"连接两个数字

在有的工作表中，某列数据可能由另外两列或多列数据组合而成，这类数据常见于考试编号、零件编号或银行账号之类的表格中。采用"&"进行不同数据的连接组合，就能够较快地构造这类数据。

【例 8-6】 某信用社的顾客身份识别码采用区域编号和顾客编号组合而成，如图 8-18 所示。

怎样建立图 8-18 所示的表格呢？其中的区域代码有 17 位数据，顾客身份识别码由同行的区域代码和顾客编号组合而成，有 20 位数据。这样的数据不仅输入困难，容易出错，一旦出错，还不容易发现。比较简单的建表方法如下：

<1> 在 C2 单元格中输入"'35680099310215500"，然后将 C2 单元格的数据向下填充复制，产生 C 列数据。注意，在 C2 中输入的第一个符号是西文方式下的单引号。

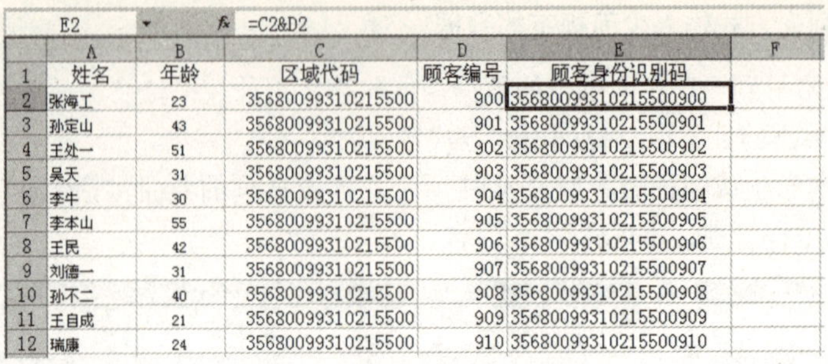

图 8-18 采用 "&" 连接数据

<2> 在 D2 单元格中输入 900，在 D3 单元格中输入 901，然后同时选中 D2、D3 单元格，向下填充复制，产生 D 列数据。

<3> 在 E2 单元格中输入公式 "=C2&D2"，然后将此公式向下填充复制，产生 E 列数据。

8.4 公式

公式是具有计算能力的数学表达式，表达式中可以包括数字、函数、运算符、变量等内容，经过运算后，公式能够为表达式计算出一个准确的结果值。

在 Excel 的单元格中，凡是以 "=" 或 "+" 开头的输入数据都被认为是公式。公式中可以数字、运算符、变量或函数，在公式中还可以使用括号。例如，在 B5 单元格中输入 "=6+7*6/3+(6/3)*5"，它就是一个公式，Excel 将把该公式的计算结果 30 显示在 B5 单元格中。

8.4.1 运算符及其优先级

在公式中可以进行多种运算，如算术运算、比较运算、文本运算及引用。各种运算有不同的运算符和运算先后次序。表 8-1 列出了各种运算符及其运算的先后次序。

表 8-1 Excel 的运算符及优先级

运算符	运算功能	优先级
( )	括号	1
-	负号	2
%	百分号	3
^	乘方	4
*与/	乘、除法	5
+与-	加、减法	6
&	文本连接	7
=、<、>、<=、>=、<>	等于、小于、大于、小于等于大于等于、不等于	8

说明：① 括号运算的优先级别最高，在 Excel 的公式中只能使用圆括号，圆括号可以嵌套使用，没有方括号和花括号。当有多重圆括号时，最内层括号优先运算，同等级别的运算符从左到右依次进行。

② "&" 为字符连接运算，其作用是把它前后的两个字符串连接为一个字符串。如"ADKDKD" & "DKA" 的结果为 "ADKDKDDKA"，"中国" & "人民" 的结果为 "中国人民"。

③ ">=" 表示大于或等于。如 3>=3 的结果是对的，因为 3>3 虽然不成立，但 3=3 成立，所以整个表达式的结果为 "成立"。同理可理解 "<="、"<>" 表示的含义。

8.4.2 引用

可以简单地将"引用"理解为：在公式中用到了其他单元格在表格中的位置，通过此位置来使用对应单元格中的值。

引用的作用在于标识工作表中的单元格或单元格区域，并指明公式中所用数据的单元格位置。通过引用，可以在公式中使用工作表不同部分的数据，或者在多个公式中使用同一个单元格的数值。还可以引用同一个工作簿中不同工作表内的单元格或其他工作簿中的数据，引用不同工作簿中的单元格称为链接。

Excel 支持两种引用：R1C1 引用和 A1 引用。在默认情况下，Excel 使用 A1 引用，在 A1 引用中用字母标识列（A~XFD，共 16 384 列），用数字标识行（从 1~1 048 576 行），这些字母和数字称为列标题和行号。若要引用某个单元格，只需输入列标题和行号。例如，B2 引用列 B 和第 2 行交叉处的单元格。

在 R1C1 样式中，Excel 指出了行号在 R 后面，列号在 C 后面的单元格的位置，这是同时统计工作表上行号和列号的引用方式。比如，"R2C4"是指 2 行、第 4 列交叉处的单元格，R6C6 则是指第 6 行、第 6 列交叉处的单元格。表 8-2 是 R1C1 引用的几个例子。

表 8-2 R1C1 引用举例

引用	含义
R[-2]C	对活动单元格的同一列、上面两行的单元格的相对引用
R[2]C[2]	对活动单元格的下面两行、右面两列的单元格的相对引用
R2C2	对在工作表的第二行、第二列的单元格的绝对引用
R[-1]	对活动单元格整个上面一行单元格区域的相对引用
R	对当前行的绝对引用

R1C1 引用常见于宏程序中。在录制宏时，Excel 常用 R1C1 引用方式产生程序代码。但在工作表中，通常采用 A1 方式引用单元格。

1. 相对引用

相对引用也称为相对地址引用，是指在一个公式中直接用单元格的列标题与行号来取用某个单元格中的内容。比如，在 A1 单元格中输入了一个公式"=A2+B5/D8+20"，该公式中的 A2、B5、D8 都是相对引用。如果含有引用的公式被复制到另一个单元格，公式中的单元格引用也会随之发生相应的变化，变化的依据是公式所在原单元格到目标单元格所发生的行、列位移，公式中所有的单元格引用都会发生与公式相同的位移变化。

例如，将 A1 中的公式"=A2+B5/D8+20"复制到 B2，公式从 A 列到 B 列，列向右偏移了 1 列，所以公式中所有单元格引用的列都要向右移一列，即公式中的 A 列变 B 列，B 列变 C 列，D 列变 E 列；从 A1 到 B2，公式向下移了 1 行，所以原公式中所有单元格引用的行号都会在原来的基础上加 1，这样 A1 中的公式复制到 B2 单元格就变为了"=B3+C6/E9+20"。

图 8-19 是相对引用的图解说明，如果把 F2 中的公式复制到 H8 中，应该是什么呢？

在电子表格中，相对引用具有非常重要的作用，现举一个例子来说明相对引用的意义。

【例 8-7】 某班某次期末考试成绩如图 8-20 所示，计算各同学的总分，即 F 列的数据。

从图 8-20 可以看出，总分一列的数据应该通过 C、D、E 列数据的总和计算出来，而不该通过输入产生。在 Excel 中，这样的数据计算非常简单。方法如下：

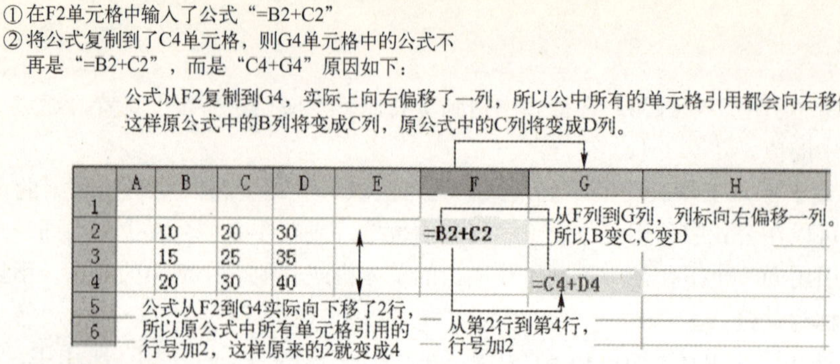

① 在F2单元格中输入了公式"=B2+C2"
② 将公式复制到了C4单元格，则G4单元格中的公式不再是"=B2+C2"，而是"C4+G4"原因如下：

公式从F2复制到G4，实际上向右偏移了一列，所以公中所有的单元格引用都会向右移偏移一列，这样原公式中的B列将变成C列，原公式中的C列将变成D列。

图 8-19　相对引用

图 8-20　"相对引用"示例

<1> 在 F2 单元格中输入"张三"的"总分"计算公式"=C2+D2+E2"，当输完该公式，并按 Enter 键或激活其他单元格后，F2 单元格中将显示这三个单元格中数值相加的结果值 120。

其他行的"总分"也是对应行中的数据之总和，如 F3= C3+D3+E3，F4 =C4+D4+E4……这里就可以采用相对引用的方式复制 F2 单元格中的公式到 F3、F4、…、F8。如果复制 F2 单元格中的公式到 F3 单元格，Excel 就会自动在 F3 单元格中填入公式"= C3+D3+E3"。

<2> 选中 F2 单元格，向下拖动 F2 单元格右下角的填充柄到 F3、F4……中，释放鼠标后，所有同学的总分就被自动计算出来了。

2. 绝对引用

绝对引用总是在指定位置引用单元格。如果公式所在单元格的位置改变，绝对引用保持不变。绝对引用的形式是在引用单元格的列号与行号前面加"$"。例如，"$A$1"就是对 A1 单元格的绝对引用。下面的例子说明了绝对引用的意义和用法。

【例 8-8】　某品牌皮鞋批发商 3 月份的销售数据如图 8-21 所示，每双皮鞋的单价相同，计算各皮鞋代销商场应支付的总金额。计算方法如下：

<1> 在 D6 单元格中输入计算公式"= $C$3*C6"。"$C$3"是单价，"C6"是销售给"李家庄老王鞋庄"的皮鞋数量，该公式将把"李家庄老王鞋庄"应支付的总金额计算在 D6 单元格中。

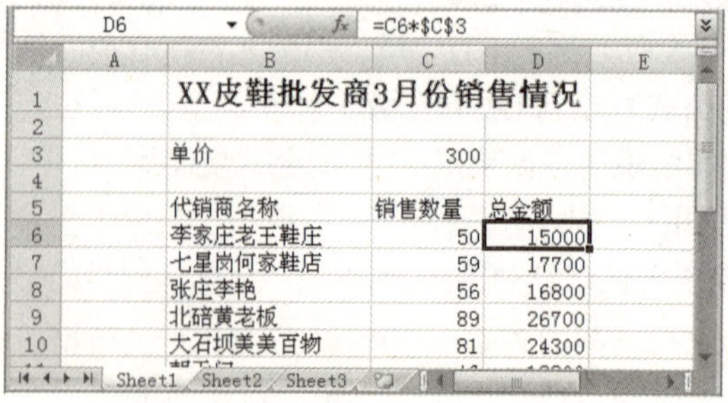

图 8-21　"绝对引用"示例

<2> 选中 D6 单元格,用鼠标向下拖动 D6 单元格的填充柄(即右下角的黑色小方块)到 D7、D8……这样就把各鞋店应支付的总金额计算出来了。

如果在 D6 单元格中输入公式"= C3*C6",就不能采用复制公式的方法计算其余商场的销售总额。因为"C3*C6"是相对引用的方法,当把它复制到 D7 单元格时,该公式就变成了"C4*C7",这显然是错误的。"$C$3"则表示不管公式被复制到了哪个单元格,都将只会引用 C3 单元格进行计算,这就是绝对引用的含义。

从上面的例子可以看出,复制应用了单元格引用的公式能够减小数据的输入量。公式从源单元格复制到目标单元格后,在公式中的单元格引用地址可能会发生变化:当使用相对引用时,目标单元格中的地址要发生变化,变化规律是:目标单元格公式中单元格引用的行、列数分别加上了公式从源单元格到目标单元格的行增量和列增量;当使用绝对引用时,公式中单元格地址不变。

3. 混合引用

混合引用具有绝对列和相对行,或是绝对行和相对列。例如,$A1、$B1 就是具有绝对引用列的混合引用,A$1、B$1 就是具有绝对引用行的混合引用。如果包含有混合引用的公式所在单元格的位置改变,则混合引用中的相对引用改变,但其中的绝对引用不变。

例如,假设 C3 单元格中有一个包含混合引用的公式"=A$1",如果将 C3 单元格中的公式复制到 E5 单元格,则 E5 单元格中的公式是"=C$1"。如果将 C5 单元格中的混合引用公式"=$A1"复制到 E7 单元格,该公式将变成"=$A3",如图 8-22 所示。

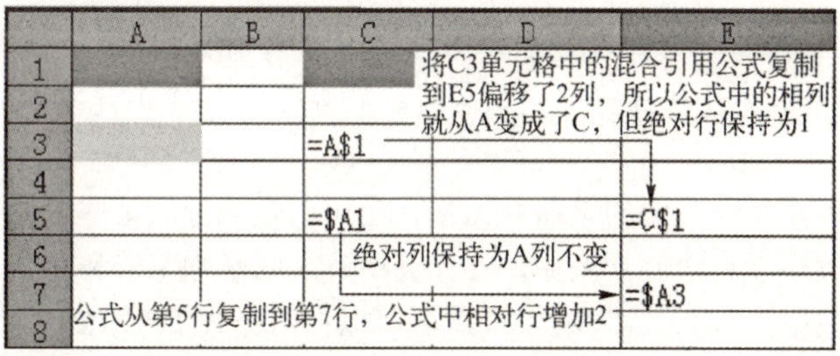

图 8-22 混合引用

4. 三维引用

对同一工作簿内不同工作表中相同引用位置的单元格或区域的引用称为三维引用。其引用形式为"Sheet1:Sheetn!单元格(区域)"。例如,Sheet1:Sheet8!C5 和 Sheet1:Sheet8!B2:D6 都是三维引用,前者包括 Sheet1~Sheet8 这 8 个工作表中每个工作表的 C5 单元格,后者包括此 8 个工作表中每个工作表的 B2:D6 单元格区域。

8.5 函数

函数是 Excel 提供的具有特定功能的程序,也可以认为它是 Excel 预定义好的一些公式,通过使用一些称为参数的数值来按特定的顺序或结构执行计算。例如,ROUND 函数可以对指定单元格中的数字进行四舍五入。

Excel 提供了许多类型的函数,涉及各专业领域,具有非常强大的功能。概括而言,这些函数大致可以分为数据库函数、日期和时间函数、工程函数、财务函数、信息函数、逻辑函数、查找和引用函数、数学和三角函数、统计函数以及文本函数等。

1. SUM 和 AVERAGE 函数

SUM 是求和函数，其调用形式为 "=SUM($X_1, X_2, X_3, \cdots, X_{255}$)"。AVERAGE 是求平均值函数，其调用形式是 "=AVERAGE($X_1, X_2, X_3, \cdots, X_{255}$)"。

其中，$X_1, X_2, X_3, \cdots, X_{255}$ 可以是数据、单元格引用或单元格区域。SUM 函数是对指定单元格、单元格区域或参数表中的数据求总和，AVERAGE 函数是求出指定参数的平均值。例如，SUM(1,-3,A1,B1:D10,$E$2,$F$2:$G$5)将求出括号中的所有数据、单元格或单元格区域中的数据之和。

【例 8-9】 假设有如图 8-23 所示的工资表，计算基本工资、奖金、水费、电费、总额的总数与平均值。

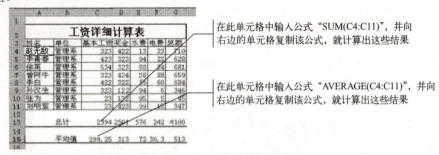

图 8-23 某单位的工资表

在图 8-23 中，计算基本工资总计时，在 C13 单元格中输入公式 "=SUM(C4:C11)"，这里的 C4:C11 表示一个单元格区域。在计算奖金总额时，只需要把 C13 单元格中的公式复制到 D13 单元格就行了。

单元格区域不仅可以是一列中的某些单元格，也可以是一行的某些单元格，还可以是一个矩形单元格区域，区域大小没有限制。例如，要计算所有人的基本工资和奖金总额，则可以输入公式 "=SUM(C4:D11)，计算"赵无敌"的工资总额可以使用公式 "=SUM(C4:D4)-SUM(E4:F4)"。

2. MAX 和 MIN 函数

MAX 函数的用法是 "MAX($X_1, X_2, X_3, \cdots, X_{255}$)"，其功能是找出 $X_1, \cdots, X_{255}$ 中的最大数；MIN 函数的用法是 "MIN($X_1, X_2, X_3, \cdots, X_{255}$)"，其功能是找出 $X_1, \cdots, X_{255}$ 中的最小数。

其中，$X_1, X_2, X_3, \cdots, X_{255}$ 可以是数据、单元格引用或单元格区域。

3. COUNT 和 COUNTIF 函数

COUNT 函数的用法是 "COUNT($X_1, X_2, X_3, \cdots, X_{255}$)"，其功能是统计出 $X_1, \cdots, X_{255}$ 中的数据个数。其中，$X_1, X_2, X_3, \cdots, X_{255}$ 可以是数据、单元格引用或单元格区域。

说明：函数 COUNT 在计数时，将把数字、日期或以文本代表的数字计算在内，但是错误值或其他无法转换成数字的文字将被忽略。

如果参数是一个数组或引用，那么只统计数组或引用中的数字，数组或引用中的空白单元格、逻辑值、文字或错误值都将被忽略。如果要统计逻辑值、文字或错误值，应当使 COUNTA 函数，COUNTA 的用法、参数表及意义都与 COUNT 函数相同，其功能是统计非空白单元格的个数。

COUNTIF 函数的用法是 "COUNTIF(单元格区域,条件)"，其功能是统计满足条件的单元格个数。其中的"条件"是确定哪些单元格将被计算在内的条件，其形式可以为数字、表达式或文本。例如，条件可以表示为 32、"32"、">32" 或 "apples"。

例如，COUNTIF(A1:D20,"hello")将统计出 A1:D20 单元格区域中英文单词 hello 的个数，COUNTIF(A1:D20,">60")将统计出 A1:D20 单元格区域中大于 60 的数据的个数。

4. IF 函数

IF 函数非常有用，其用法是“IF(条件,表达式 1,表达式 2)”，其功能是当条件成立时计算出表达式 1 的值，当条件不成立时，计算出表达式 2 的值。

【例 8-10】 MAX、MIN、COUNT、COUNTIF 及 IF 函数的应用。假设有一个学生考试成绩表，如图 8-24 所示。

学生成绩计算表

姓名	高数	政治	计算机	英语	总分	补考
赵无敌	59	6	46	61	172	
李青春	93	23	77	40	233	
徐英	29	56	10	86	181	
曾阿牛	88	67	83	67	305	
李白	48	58	16	14	136	
孙汉生	60	88	27	88	263	
张为	44	18	58	91	211	
刘明军	77	89	88	81	335	

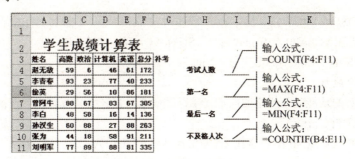

图 8-24 函数运用举例

现在要统计考试人数、最高总分、最低总分和不及格人次，并在有补考的同学后边加一个“*”，表示有补考。按图 8-24 的标注在相应的单元格中输入公式，结果如图 8-25 所示。

学生成绩计算表

姓名	高数	政治	计算机	英语	总分	补考
赵无敌	59	6	46	61	172	*
李青春	93	23	77	40	233	*
徐英	29	56	10	86	181	*
曾阿牛	88	67	83	67	305	
李白	48	58	16	14	136	*
孙汉生	60	88	27	88	263	*
张为	44	18	58	91	211	*
刘明军	77	89	88	81	335	

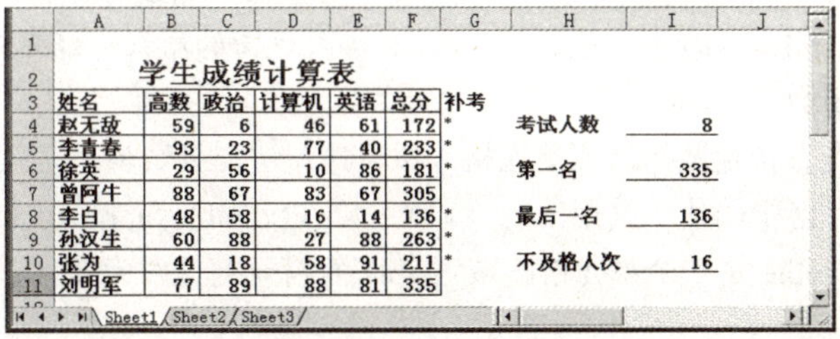

图 8-25 函数应用结果

在图 8-25 中，补考一列显示的“*”用到了 IF 公式的多重组合，在单元格 G4 中输入公式“=IF(B4<60,"*",(IF(C4<60,"*",IF(D4<60,"*",IF(E4<60,"*","")))))”，然后把此公式复制到单元格 G5、G6…

还可以在单元格 G4 中输入公式“=IF(OR(B4<60,C4<60,D4<60,E4<60),"*","")

OR 函数的形式为 OR(log1, log2, log3, …)，其中的 log1, log2…是条件表达式。OR 的功能是只要有一个条件成立，函数的结果就为真值，当所有的条件都不成立时，其结果才为假值。

5. 查找引用函数

查找引用函数能够通过地址、行、列对工作表的单元格进行访问，也可以通过这些函数从单元格引用的地址中求出单元格所在的行或列，进而获得更多的信息。当需要从一个工作表中查询特定的值、单元格内容、格式或选择单元格区域时，这类函数特别有用。

查找引用函数用处极大，可以在一个工作表中用它查询另一工作表中的数据，在工作表之间进行信息的自动传递。Excel 提供了十几个查找引用方面的函数，读者可以通过 Excel 的帮助信息获得这些函数的用法，这里仅介绍几个常用的查找函数。

（1）CHOOSE 函数

CHOOSE 函数利用索引从参数清单中选择需要的数值，用法为“CHOOSE(n, v_1, v_2,…, v_{254})”。

n 是用以指明待选参数序号的参数值，必须为 1～254 之间的数字或者是包含数字 1～254 的公式或单元格引用。如果 n 为 1，函数的值就为 v1；如果 n 为 2，函数返回 v2，以此类推。如果 n 小于 1 或大于列表中最后一个值的序号，函数返回错误值“#VALUE!”。如果 n 为小数，则在使用前将被截尾取整。

v_1、v_2、…为 1～254 个数值参数，可以是数字、单元格引用，或者已定义的名称、公式、函数或文本。

例如，CHOOSE(5,"一月","二月","三月","四月","五月","六月","七月")的结果是“五月”；SUM(A1:CHOOSE(3,A10,A20,A30))的结果是 SUM(A1:A30)；如果 B5 包含 3，则 CHOOSE(B5, "Nails","Screws","Nuts","Bolts")的结果是“Nuts”。

（2）LOOKUP 函数

LOOKUP 函数的功能是从给定的向量（单行区域或单列区域）或数组中查询出需要的数值，其用法为“LOOKUP(x, array)”。

LOOKUP 函数在数组 array 中查找 x，如果找到就返回 array 数组中的值，否则返回数组中小于 x 的最大值。例如：

LOOKUP("C",{"a","b","c","d",1,2,3,4})的结果为“c”。

LOOKUP("p",{"a",1,"b",2,"c",3})的结果为“c”。

说明：array 中的数据，文本不区分大小写，但所有数据必须按升序排列，即…，−2，−1，0，1，2，…，A～Z，FALSE，TRUE，否则 LOOKUP 函数返回的结果可能不正确。

（3）VLOOKUP 函数

VLOOKUP 函数查看指定数组（或单元格区域）最左边一列数值，若找到要查找的值，就返回同一行指定列的单元格中的值。其用法为“VLOOKUP(x, table, n, range_lookup)”。

x 是要查找的值，table 是一个单元格区域。table 的第一列可以为文本、数字或逻辑值，不区分文本的大小写。

n 是 table 中待返回的匹配值的列序号。n=1 时，返回 table 第一列中的数值；n=2 时，返回 table 第二列中的数值，其余以此类推。

VLOOKUP 函数在数据表（或单元格区域）table 的第一列中查找值为 x 的数据，如果找到，就返回同一行中第 n 列的单元格中的数据。当 range_lookup 为 1 时，VLOOKUP 函数进行模糊查找，且要求 table 的第一列数值按升序排列，否则找到的结果可能不正确。

模糊查找也就是常说的近似查找，常用于数据转换或数据对照表中的数据查找。

【例 8-11】 假设所得税的税率如图 8-26 的区域 A1:B10 所示，0～500 的税率为 0%，500～1000 的税率为 1%，1000～1500 的税率为 3%……4000 以上的税率为 20%。某公司的职工收入数据如区域 D1:J11 所示，现在计算每位职工应缴的所得税。

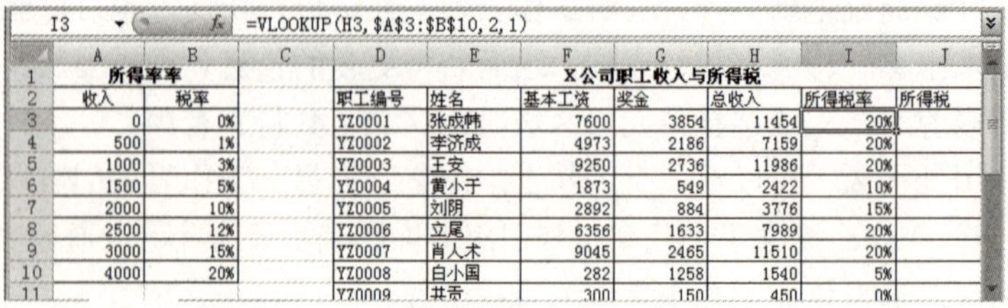
I3 =VLOOKUP(H3,$A$3:$B$10,2,1)

	A	B	C	D	E	F	G	H	I	J
1	所得率率			X 公司职工收入与所得税						
2	收入	税率		职工编号	姓名	基本工资	奖金	总收入	所得税率	所得税
3	0	0%		YZ0001	张成帏	7600	3854	11454	20%	
4	500	1%		YZ0002	李济成	4973	2186	7159	20%	
5	1000	3%		YZ0003	王安	9250	2736	11986	20%	
6	1500	5%		YZ0004	黄小于	1873	549	2422	10%	
7	2000	10%		YZ0005	刘阴	2892	884	3776	15%	
8	2500	12%		YZ0006	立尾	6356	1633	7989	20%	
9	3000	15%		YZ0007	肖人术	9045	2465	11510	20%	
10	4000	20%		YZ0008	白小国	282	1258	1540	5%	
11				YZ0009	共贡	300	150	450	0%	

图 8-26 VLOOKUP 模糊查找

I 列的所得税率计算方法如下：在单元格 I3 中输入公式 "=VLOOKUP (H3,$A$3:$B$10,2,1)"，然后向下复制此公式。公式中的 H3 表示要查找的值，"$A$3:$B$10" 是要查找的区域，"2" 表示返回查找区域第 2 列的数据，最后的 "1" 表示模糊查找。合起来看，该公式的含义是：在 A3:B10 区域中的第 1 列数据中（即 A3:A10）查找与 H3 单元格内容（即 11454）最接近的单元格，然后返回 A3:B10 区域第 2 列（即 B 列）与找到单元格（即 A10）同行单元格的内容（即 B10）。

注意：在实际应用中，类似于所得税率的数据表常位于不同的工作表中，但查找方法完全相同。查找区域的第 1 列（即 A 列）必须升序排列，否则结果很有可能不正确。

当 VLOOKUP 函数的 range_lookup 参数为 0 时，该函数将进行精确匹配查找。

【例 8-12】 某电话公司的电话收费系统进行了系统升级，图 8-27（a）是系统升级前的电话号码和收费账号对照表，图 8-27（b）的是升级后的收费表。升级后系统新加了一些号码，新加的号码要重新编制账号，但原有号码的账号则需要从旧系统中查询。也就是说，图 8-27（b）中的绝大部分号码的账号（B 列数据）要从图 8-27（a）的 B 列查询。

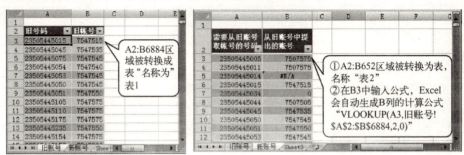

（a）系统升级前的账号　　　　（b）根据A列的电话号码从旧账号表中查出B列的账号

图 8-27　用 VLOOLUP 函数从另一工作表的查找数据

采用 VLOOKUP 函数的精确查找功能很快就能找出这些号码的账号，方法如下：在单元格 B3 中输入查找公式 "=VLOOKUP(A3,旧账号!$A$2:$B$6884,2,0)"，然后向下复制此公式。

说明：① 公式中的第 2 个参数 "旧账号!$A$2:$B$6884" 表示查找区域是 "旧账号" 工作表的 A2:B6884 区域，采用绝对引用$A$2:$B$6884 是便于向下复制公式。若采用相对引用，在复制过程中就会出错误。

② 查找结果 "#N/A" 表示该号码是一个新号码，在图 8-27（a）所示的工作表中不存在这样的号码。查找结果为 0 的那些号码是图 8-27（a）中存在的，但原来就没有账号。

③ 从图 8-27（b）中可以看见有不同电话号码存在相同账号的情况，并不是错误，而是一个单位或一个家庭有多部电话，它们采用了同一个缴费账号。

8.6　简单的数据管理

Excel 具有强大的数据分析和管理能力，提供了许多具有数据分析和透视功能的函数，可用于模拟运算、财务分析、工程分析等。此外，Excel 还具有简单的数据库功能。这里仅介绍办公应用领域中的几种常用数据管理方法。

8.6.1　数据排序

数据排序是最常用的数据管理方法之一。例如，一个学生成绩表，有时需要从高分到低分排列,以便于查看优秀的同学;对于工资单,有时需要从高到低排列,以便查看收入的分布情况。

【例 8-13】 假设有一个如图 8-28 所示的成绩表,现在要按总分从高到低排列。

图 8-28　一个学生成绩表

将总分从高到低进行排序的过程如下:

<1> 单击图 8-28 的 F 列(F3:F11)中的任一单元格。

<2> 在"开始"选项卡的"编辑"组中单击排序按钮，从弹出的快捷菜单中选择"升序"。此外,如果要同时对多个关键字排序,则在弹出的快捷菜单中选择"自定义排序",弹出图 8-28 右侧的"排序"对话框。

<3> 单击"排序"对话框中的"主要关键字"列表的下拉箭头,发现图 8-28 中成绩表的所有标题都出现在其中,这些都是可以进行排序的关键字。选择其中的"总分"选项,表示第一排序关键字是"总分",并设置其排序次序为"降序"。

<4> 单击"排序"对话框中的"添加条件"按钮,就会在"主关键字"的下面增加"次要关键字"行,可以设置第二排序关键字。

反复执行第<4>步,可以设置第三、第四等多个排序关键字。

8.6.2　数据筛选

筛选是将数据表中满足条件的数据显示出来,将不满足条件的数据隐藏起来。Excel 提供了自动筛选和高级筛选两种方式,这里只介绍自动筛选。

【例 8-14】 假设在图 8-28 所示的成绩表中,想查看政治不及格的同学名单,使用自动筛选就能够完成这一要求。其操作步骤如下:

<1> 单击图 8-28 中的数据区域 A2: F11 中的任何一个单元格。

<2> 在"开始"选项卡的"编辑"组中单击排序和筛选命令按钮，从弹出的快捷菜单中选择"筛选";图 8-28 就变成了如图 8-29 所示的式样,每个标题的右侧有一下拉列表。

<3> 单击"政治"右侧的下拉列表箭头,从弹出的下拉菜单中选择"数字筛选"|"自定义筛选"命令,出现"自定义自动筛选方式"对话框。

<4> 在"自定义自动筛选方式"对话框中,在"政治"下面的列表框中选择"小于",然后在其右边的编辑框中输入 60。这样做的含义是:选出政治分数小于 60 分的数据行。

<5> 设置好筛选条件后,单击"确定"按钮。

图 8-29 工作表自动筛选

经过上述操作步骤之后,在原工作表中就会只显示出政治不及格的学生成绩表。

【例 8-15】 有时需要在数据量巨大的工作表中查询包含某些中文字词的数据行,编制相应的工作报表。图 8-30 左图是某单位的资产登记表,其中有 10000 多行数据,现在需要将其中各种类型的椅子统计在另外的报表中,如图 8-30 右图所示。

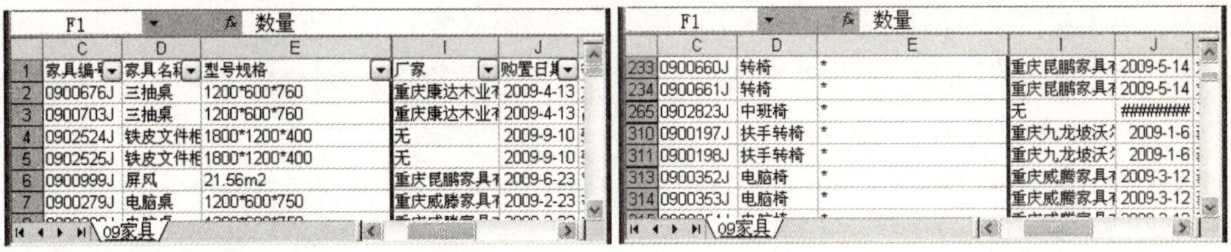

图 8-30 某学校家具报表

利用自动筛选方式,可方便地从原始数据表中筛选出包括某些中文字词的数据表。方法如下:

<1> 为图 8-30 左图的家具表设置自动筛选,然后从"家具名称"(D1) 自动筛选的下拉列表中选择"自定义...",出现"自定义自动筛选方式"对话框(见图 8-29)。

<2> 单击"自定义自动筛选方式""小于"右边的下拉列表,从中选择"包含",并在"60"所在的组合框中输入"椅"字。

<3> 确定后,将筛选出由"家具名称"列中包含了"椅"字的数据行构成的家具表,将此筛选结果复制到其他工作表中,就可以制作出需要的报表。

8.6.3 分类汇总

1. 分类汇总概述

如果一个工作表中数据行太多,就很难从中看清某些信息。分类汇总能够对工作表数据按照不同的类别进行汇总统计(求总和、平均值、最大值、最小值、统计个数等),并采用分级显示的方式展示工作表数据,可以折叠或展开工作表的数据行(或列),快速创建各种汇总报告。分级显示可以汇总整个工作表或其中的选定部分,Excel 允许多达八层的分级显示。

【例 8-16】 某公司工作人员的档案如图 8-31 所示。现在需要从该数据表中统计出以下信息:每个部门的平均工资和平均年龄。

利用 Excel 的分类汇总功能,只需点几下鼠标就能很快统计出上述信息。分类汇总为分析汇总数据提供了非常灵活的方式,可以完成以下事情:

- ❖ 在数据表中显示一组数据的分类汇总及总和。
- ❖ 在数据表中显示多组数据的分类汇总及总和。
- ❖ 在分组数据上完成不同的计算,如求和、统计个数、求平均数、求最大(最小值)、求总体方差等。

图 8-31 某公司的职工档案表

2．分类汇总的准备工作

在使用分类汇总前，须确定以下两件事情已经做好：① 要进行分类汇总的数据表的各列必须有列标题；② 必须对要进行分类汇总的数据列排序。这个排序的列标题称为分类汇总关键字，在进行分类汇总时，只能指定已经排序的列标题作为汇总关键字。

要完成图 8-31 所示的人员档案表分类汇总统计，首先要按部门进行排序。

3．建立分类汇总

在对分类汇总字段排序之后，就可以插入 Excel 的自动分类汇总了，其操作步骤如下：

<1> 单击要进行分类汇总的工作表中的任一非空单元格，单击"数据"选项卡的"分级显示"组中的"分类汇总"按钮，出现如图 8-32（a）所示的"分类汇总"对话框。

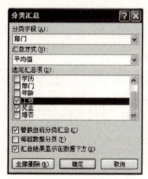 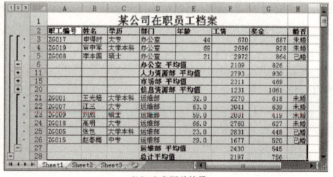

（a）分类汇总设置对话框　　　　　　　　（b）分类汇总结果

图 8-32 "分类汇总"对话框及汇总统计结果

<2> 从"分类字段"下拉列表中选择要进行分类的字段，其中汇集了数据表中的所有列标题，分类字段必须是已经排序的字段。如果选择没有进行排序的列标题作为分类字段，最后的分类结果是不准确的。本例应选择"部门"作为分类字段。

<3> "汇总方式"下拉列表中列出了 Excel 所提供的所有汇总方式（如求总和、求平均数、统计个数、求乘积等），从中选择需要的汇总方式。本例应选择"平均值"汇总方式。

<4> "选定汇总项"列出了数据表中的所有列标题，从中选择需要汇总的列标题。本例中选择"年龄"和"工资"列作为汇总项。

注意：选择的列标题所对应的数据类型一定要与汇总方式相符合。例如，选择的汇总方式是"平均值"，但选择"姓名"作为汇总项，就会产生错误。因为"姓名"列的数据是汉字或字符，不能求它的平均值。

<5> 选择汇总数据的保存方式，从图 8-32（a）可以看出有以下 3 种方式可选：

❖ 替换当前分类汇总——最后一次的汇总会取代以前旧的分类汇总。

- ❖ 汇总结果显示在数据下方——原数据的下方会显示汇总计算的结果。
- ❖ 每组数据分页——各种不同的分类数据将分页保存。

上述 3 种方式可同时选中，Excel 的默认选择是前 2 项。

经过上述操作后，最后的汇总结果如图 8-32（b）所示，从中可以清楚地看出各部门的平均工资和平均奖金。

在图 8-32（b）的左边可以看到一些分级按钮，它们的用法如下。

- ❖ 隐藏明细按钮 ——单击此按钮，将折叠数据行，隐藏全部明细数据。如在图 8-32（b）中，若要隐藏"办公室"的明细数据，只需单击行号 6 前面的 即可。
- ❖ 显示明细按钮 ——单击此按钮，将展开数据行，显示本级的全部明细数据。
- ❖ 行分级按钮 1 2 3 ——指定显示明细数据的级别。例如，单击 1 就只显示 1 级明细数据，整个表的汇总数据是一级明细数据，按分类汇总的数据是 2 级数据，其余以此类推。

8.7 图表

把数据转换为图形更直观、易于理解。Excel 与 Word 采用的是同一套图表系统，它们的操作方法基本一样，读者可参考 Word 中的图表处理，把它用于 Excel 中。

【例 8-17】已知某公司上半年的销售数据，要由这些数据得出彩电上半年的销售折线图和上半年各种产品所占百分比的饼图，如图 8-33 所示。

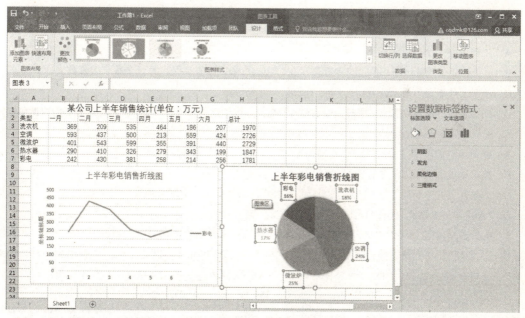

图 8-33 图表示例

要从图 8-33 中的数据表得出彩电销售的折线图，其操作过程如下。

<1> 选中图 8-33 中的 A7: G7 单元格区域，然后单击"插入"选项卡的"图表"组中的折线图按钮 ，从弹出的快捷菜单中选择一种折线图的式样，Excel 就会在工作表中插入一个折线图。

<2> 调整折线图的大小，然后单击"布局按钮"选项卡的"标签"组中的图表标题，从弹出的下拉列表中选择"图表上方"，然后在标题文本框中输入"上半年彩电销售折线图"。

百分比饼图的制作过程如下。

<1> 选中图 8-33 中的 A2: A7 单元格区域，按住 Ctrl 键，再选中 H2:H7 单元格区域，即同时选中这两个区域。

<2> 单击“插入”选项卡的“图表”组中的饼图按钮，从弹出的快捷菜单中选择一种饼图的式样，Excel 就会在工作表中插入一个饼图。调整饼图的大小，并设置其标题。

<3> 在“设计”选项卡中单击“添加图表元素”按钮，从弹出的快捷菜单中选择“数据标签”，然后在数据标签的命令列表中选择“数据标注”命令。

Excel 具有十分强大的功能，在日常办公事务和财务管理工作中非常实用，限于篇幅，本书仅介绍了 Excel 很少一部分功能，建议读者多参考 Excel 方面的书籍，并多多上机实践，为将来的工作打下基础。

习 题 8

一、选择题

1. Excel 2010 工作簿文件的默认扩展名是_______。

A. doc　　B. xlsx　　C. xls　　D. wri

2. 工作表与工作簿之间的正确关系是_______。

A. 一个工作表可以有多个工作簿　　B. 一个工作簿只能拥有 3 个工作表

C. 一个工作簿只能最多有 255 列　　D. 一个工作簿可以有多个工作表

3. 下面说法中正确的有_______。

A. 工作表是一个二维表格

B. 在 Excel 工作窗口中，单击“保存”按钮，会把每个工作表都保存为一个独立的磁盘文件

C. 一个工作表最多有 256 列

D. 在单元格中输入数据或文字时，如果输入的数据超过了该单元格的右边界，则超出边界的数据会丢失

4. 关于单元格绝对地址的描述中，正确的是_______。

A. 绝对地址的表示方法是“$+行号+$+列号”

B. 绝对地址的表示方法是“$+列号+$+行号”

C. 如果在公式中引用了绝对地址，则复制该公式到其他单元格中绝对地址会发生变化

D. “A8”与“$A$8”代表的是同一单元格

5. 在图 8-34 中，如果把 C1 单元格中的公式复制到 D3 单元格中，则 D3 单元格的值是_______。在图 8-35 中，如果把 C1 单元格中的公式复制到 D3 单元格中，则 D3 单元格的值是_______。在图 8-36 中，如果把 C1 单元格中的公式复制到 D3 单元格中，则 D3 单元格的值是_______。

A. 15　　B. 50　　C. 36　　D. 26

	A	B	C	D
1	1	5	=sum(A1:B2)	
2	2	6		
3	3	7		
4	4	8		

图 8-34　题 5 图（一）

	A	B	C	D
1	1	5	=sum($A$1:B2)	
2	2	6		
3	3	7		
4	4	8		

图 8-35　题 5 图（二）

	A	B	C	D
1	1	5	=SUM(A$1:$B2)	
2	2	6		
3	3	7		
4	4	8		

图 8-36　题 5 图（三）

6. 有关单元格的描述中正确的是_______。

A. 单元格的宽度和高度是固定的　　B. 单元格的格式可以设置

C．同一列的单元格高度相同　　　　　D．同一列单元格的宽度相同

7．删除单元格与清除单元格的区别是_____。

A．按 Delete 键清除单元格，删除单元格需要选择"编辑"菜单的"删除"命令来完成

B．清除是清除单元格中的内容和格式等，而删除将连同单元格本身一起删除

C．清除单元格后可以取消，删除单元格后不能取消

D．删除单元格后会改变其他单元格的位置，而清除不会

8．在单元格中输入数值"-0.789"，正确的输入方法有_____。

A．-.789　　　　B．(.789)　　　　C．(-.789)　　　　D．0.789

9．在单元格中输入数值"100000"，正确的表达式是_____。

A．100000/1　　B．=100000/1　　C．1E5　　　　D．100,000

10．Excel 不支持的数据类型是_____。

A．时间型　　　B．日期型　　　　C．备注型　　　D．货币型

11．Excel 的主要功能包括_____。

A．电子表格、图表、数据库　　　　　B．电子表格、文字处理、数据库

C．电子表格、工作簿、数据库　　　　D．工作表、工作簿、图表

12．在 excel 中，最适合反映某个数据在所有数据构成的总和中所占的比例的一种图表类型是_____。

A．散点图　　　B．折线图　　　　C．柱形图　　　D．饼图

13．在 Excel 工作表中，每个单元格都有唯一的编号叫地址，地址的使用方法是_____。

A．字母+数字　B．列标+行号　　C．数字+字母　D．行号+列标

14．用 Excel 可以创建各类图表，如条形图、柱形图等。为了描述特定时间内，各个项之间的差别情况，用于对各项进行比较应该选择哪一种图表_____。

A．条形图　　　B．折线图　　　　C．饼图　　　　D．面积图

15．在 Excel 中，在 A1 单元格中输入=SUM(8, 7, 8, 7)，则其值为_____。

A．15　　　　　B．30　　　　　　C．7　　　　　　D．8

二、判断题

1．Excel 是 Microsoft 公司推出的电子表格软件，是办公自动化集成软件包 Office 的重要组成部分。(　　)

2．当完成工作后，要退出 Excel，可按 Ctrl+F4 键。(　　)

3．保存旧工作簿时，必须指定保存工作簿的位置及文件名。(　　)

4．Excel 在建立一个新的工作簿时，所有的工作表以"Book1"、"Book2"等命名。(　　)

5．在一个单元格输入公式后，若相邻的单元格中需要进行同类型计算，可利用公式的自动填充。(　　)

6．比较运算符用以对两个数值进行比较，产生的结果为逻辑值 true 或 false。比较运算符为：=、>、<、>=、<=、<>。(　　)

7．SUM 函数用来对单元格或单元格区域所有数值求平均的运算。(　　)

8．只有活动单元格才能接受输入的信息。(　　)

9．Excel 具有复杂运算及分析功能。(　　)

10．图表只能和数据放在同一个的工作表中。(　　)

三、实践题

1．某班期末考试成绩如下所示，上机完成下列各题。

	A	B	C	D	E	F	G
2		期末考试成绩表					
3	学号	微机基础	英语	数学	政治	总分	平均分
4	A199101	92	46	90	52		
5	A199102	99	82	85	69		
6	A199103	91	48	56	53		
7	A199104	99	85	56	55		
8	A199105	98	46	45	84		
9	A199106	67	65	54	92		
10	A199107	71	90	60	85		
11	A199108	93	80	62	64		
12	A199109	67	90	90	61		
13							
14	单科总评						

（1）求出每位同学的总分和平均分。

（2）求出各单科的平均分。

（3）按平均分从高到低的次序排列该学生成绩表。

（4）求出单科的最高分和最低分。

（5）把有补考的学号打印出来。

（6）做出总分的饼图。

2．某培训机构收费表格如下所示，上机完成下列各题。

	A	B	C	D	E	F	G	H
1	课程名称	主讲老师	课时	课程原单价（元/课时）	优惠单价格（元/课时）	优惠幅度（百分比）	学生人数	优惠后的课程收入（千元）
2	一级 MS OFFICE	朝乐门	20	125	80		25	
3	Word	丁威	12	110	98		36	
4	Excel	郑莉	18	280	265		29	
5	Powerpoint	丁威	12	210	203		25	
6	Outlook	刘丽	5	215	207		31	
7	二级 C	洪娇梅	30	165	120		27	
8	二级 VF	刘丽	40	165	120		33	
9	二级 VB	赵倩	40	165	120		28	
10	二级公共基础	朝乐门	15	60	40		42	
11	三级网络	刘建国	30	165	120		34	
12	C++专题讲座	郑莉	30	165	120		30	
13	Word、excel、powerpoint及outlook课程收入占总收入的比例							

（1）计算优惠幅度（保留2位小数）。

（2）计算优惠后的课程收入（保留2位小数）。

（3）计算 Word、Excel、PowerPoint 及 Outlook 课程收入占总收入的百分比（保留2位小数）。

（4）对各位主讲老师的学生人数和课程收入进行分类汇总，要求每位老师只有一条汇总数据并插入三维柱形图，标题为"主讲老师的学生人数及课程收入情况"，其中显示各位老师的总学生人数及总课程收入，要求 X 轴显示各老师名字，Z 轴为数据，显示两个系列的名称即"学生人数"和"优惠后的课程收入"。

第 9 章　演示文稿软件 PowerPoint

本章介绍在 PowerPoint 中制作演示文稿的方法，包括演示文稿的制作过程和在演示文稿中添加声音、链接、影像、图形、图表、动画等内容。

9.1　Microsoft PowerPoint 基础

1. PowerPoint 概述

Microsoft PowerPoint 是 Microsoft Office 办公套装软件中的常用软件之一，用于制作信息交流的演示文稿，进行产品介绍、学术讨论、多媒体教学、项目论证汇报、论文答辩等工作。在 PowerPoint 制作的演示文稿中，除可以包括普通的文字外，还可以添加各类图形、图表、图片、视频、影像和 Flash 动画，插入演示者的旁白或背景音乐等，使演示文稿图文并茂、生动活泼。

PowerPoint 通常根据模板（即事先制作好的演示文稿样板）制作演示文稿，演示文稿中的每一页称为幻灯片。制作好的演示文稿以 .pptx 或 .ppt 为类型名的文件形式保存在磁盘上，模板则以 .potx 或 .pot 类型名的文件形式保存。.pptx 和 .potx 是 2007 版后的扩展名，.ppt 和 .pot 则是 2007 版之前的类型扩展名。

演示文稿不是简单的文字和幻灯片的堆积，而是一个富于思想的创造性过程，在设计过程中尽量使每张幻灯片图文并茂、主题突出、有声有色，这样的演示文稿才能使演讲更能突出观点，吸引听众，增强效果。

2. PowerPoint 视图

视图即为用户显示信息、提供各种操作的窗口式样。PowerPoint 2016 向用户提供了 4 种视图：普通视图、幻灯片浏览视图、幻灯片放映视图和备注页视图。

（1）普通视图

启动 PowerPoint 2016 后，会显示如图 9-1 所示的程序界面。其中选项卡和命令按钮的用法与 Word、Excel 大同小异，能够方便地完成 PowerPoint 的各项常规操作，如保存、打开、另存文件，设置字体、字号、段落对齐方式，插入图表、图形和声音，添加编号或项目符号等。

图 9-1 的程序界面就是普通视图，是 PowerPoint 最主要的编辑视图。在此视图下，屏幕的编辑区中只显示一张幻灯片，可以看到幻灯片的静态效果。普通视图主要用来对演示文稿中的每一张幻灯片进行详细设计和编辑。该视图有 4 个工作区域：大纲窗格、幻灯片窗格、备注窗格和任务窗格。

大纲窗格位于左边，其中的 1、2、3…是幻灯片编号，单击它或其后的图片，就会激活此幻灯片，在幻灯片窗格中显示它。当此窗格较宽时，其中的内容会显示为文本或图像的本来面目；当窗格变窄时，其中的内容就会变成图标。大纲窗格中有"大纲"和"幻灯片"两个选项卡。单击"大纲"标签时，此窗格中显示演示文稿的文本内容，不显示图形、图像、图表等对象，可以通过此窗格从全局的高度审视演示文稿的整体内容。单击"幻灯片"标签时，将以缩略图的形式显示各幻灯片。

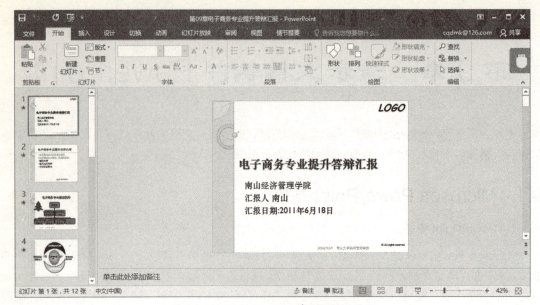

图 9-1　PowerPoint 2016 普通视图的界面

幻灯片窗格是 PowerPoint 的工作窗口，制作幻灯片的工作，如添加标题、输入幻灯片中的文本、添加表格或图表等都在此窗格中进行。

备注窗格是在普通视图中为幻灯片添加备注说明的窗口，在其中可以输入幻灯片备注，备注在打印时可以被打印为备注页，在将演示文稿保存为网页时也会被显示出来。

（2）幻灯片浏览视图

幻灯片浏览视图以缩略图形式并排显示多张幻灯片，如图 9-2（a）所示。在此视图下可以看到全部幻灯片连续变化的过程，用户可以从中同时选中多张幻灯片进行统一设置（如同时设置字体、背景等），还可以复制、删除幻灯片，调整幻灯片的顺序，但不能对幻灯片进行编辑修改。结束创建或编辑演示文稿后，常常需要在幻灯片浏览视图中显示演示文稿，以了解其整体情况，调整次序，或者删除个别不需要的幻灯片。

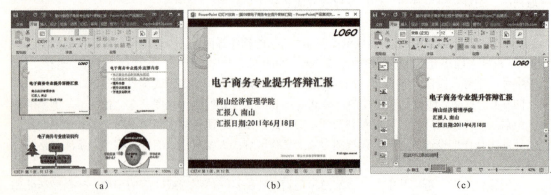

图 9-2　PowerPoint 2016 中的视图

（3）幻灯片阅读/放映视图

幻灯片阅读或放映视图在外观和功能上基本相同，占据整个计算机屏幕，如图 9-2（b）所示。在这种全屏幕视图中看到的演示文稿就是将来在投影仪中观众所看到的，其中的图形、时间、影片、动画等元素以及将在实际放映中看到的切换效果都与将来用投影仪展示给观众的完全相同。

（4）备注页视图

备注页视图模式用来建立、编辑和显示对幻灯片的备注，如图9-2（c）所示。在备注页视图中，每张幻灯片被分为上下两部分，上半部分是幻灯片的缩略图，下半部分是备注编辑区域，可以添加、修改、删除和查看当前幻灯片的备注。

9.2 制作演示文稿

本章以一个简单的虚构会议汇报材料的设计过程为例，介绍在PowerPoint的幻灯片中添加图形、图表、视频、音像和动画，制作出生动形象、丰富多彩的幻灯片一般过程。案例的背景如下。

某大学为了提高教学质量，提升专业竞争力，决定实施专业提升计划，获得提升计划的专业将获得学校的一笔建设经费，学校的二级学院南山经济管理学院决定首选电子商务专业参加学校的提升计划。现在制作一个向学校专家组答辩汇报的演示文稿，拟从本校专业现状、发展与机遇、实习实践、师资等方面向专家组汇报专业提升的计划。

本案例的目的是介绍PowerPoint幻灯片的制作方法，其内容并不重要，或许还有不当之处。

9.2.1 设计演示文稿的外观

启动Power point 2016，系统会显示一个极其简单的空白演示文稿，白底黑字，设计者可以在此基础上充分展示才华，设计出优美精彩的演示文稿，但需要付出辛勤的劳动，亲自设计背景、标题色彩、文本格式和布局等。

1. 应用模板创建演示框架

在很多时候，从空白模板开始创建演示文稿的方式并不可取，因为PowerPoint和其他有经验的演示文稿制作者已设计好了许多模板，这些模板涉及各种主题，如会议、项目论证、论文答辩、财政预算等方面，对幻灯片的标题、背景、字体、布局、色彩、图表等内容已进行了设置，看上去非常精美。借鉴应用他人或系统的模板创建演示文稿，对其不满意的内容进行修改，可以快捷地制作出优美的演示文稿，提高工作效率。

PowerPoint 2016的模板分为本机模板和在线模板。在安装PowerPoint时，仅有少量模板被安装到了本地计算机中，大量模板则存放在微软的官方网站上，需要时再从网站下载到本地计算机中。这种方式灵活、方便、实用，可以不断添加新模板到网站上，全世界的用户可以随时下载最新的模板，创建自己的演示文稿。此外，PowerPoint还可以根据已有的演示文稿创建新演示文稿，包括以前版本的PowerPoint演示文件。

【例9-1】 根据模板创建"电子商务专业提升答辩汇报"演示文稿的样板。

<1> 选择"文件"|"新建"菜单命令，弹出"新建演示文稿"对话框，如图9-3所示。其中列出了PowerPoint可以建立演示文稿的各类模板和主题。

<1> 在"主页"后面的文本框中输入需要的模板类型，就会从微软网站中进行模板搜索，微软官方网站中的模板丰富多彩，其内容涉及社会生活的各领域。在图9-3的窗格中，单击某模板类型后，就会在中间的窗格中显示出此类别中的所有模板，右边任务窗格中会显示所选模板的首页预览。

选中满意的模板后，PowerPoint将先下载此模板到本机，再据此模板创建一个演示文稿，如图9-4所示。该演示文稿已具有模板的初始幻灯片。

图 9-3 根据模板建立演示文稿

图 9-4 根据模板建立的"提升计划"演示文稿

<2> 修改演示文稿首页的标题和汇报人为实际的汇报标题和汇报人信息,见图 9-4。

2. 幻灯片母版设计

无论是根据模板创建还是自我创建的演示文稿,常常都需要对其中的某些部分进行调整,如对标题的字体、字号、文本的字体及色彩、幻灯片的背景图案、页眉页脚的位置、字形和背景,以及幻灯片的放映方式等内容不满意,需要调整。如果要调整的幻灯片比较多,可以通过幻灯片母版设计一次性实现。

【例 9-2】 重新设计"电子商务专业提升答辩汇报"演示文稿的幻灯片母版。

<1> 在"视图"|"演示文稿视图"中单击"幻灯片母版"按钮,进入母版修改模式。在此模式下,可以对正文幻灯片(如图 9-5 所示)和幻灯片首页进行修改,包括字体、字号、颜色、位置、背景图案等。其中,首页母版的修改只影响演示文稿的首页,对正文幻灯片母版的修改将影

响除首页之外的全部幻灯片。

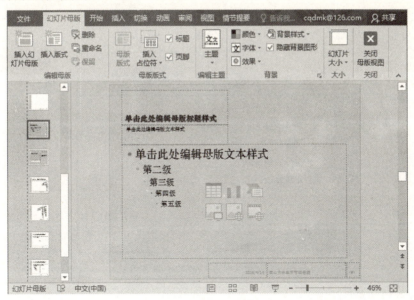

图 9-5 修改幻灯片母版

<2> 在"开始"选项卡的"字体"组中单击相应的按钮，设置幻灯片首页的标题为隶书、大小为 60，设置副标题为楷书、大小为 40；移动调整正文幻灯片标题位置，设置其标题为楷书、红色、大小为 44。

<3> 文档主题。主题是一组统一的设计元素，使用颜色、字体和图形设置了文档的外观。文档主题是一组格式选项，包括一组主题颜色、一组主题字体（包括标题字体和正文字体）和一组主题效果（包括线条和填充效果）。应用文档主题可以快速而轻松地设置整个文档的格式，制作出精美的演示文稿。

为演示文稿设置主题的方法是：单击图 9-5 "编辑主题"组中的"主题"按钮，然后从其下拉列表的众多主题中选择某种主题。

如果对主题的某些部分不满意，可以通过"编辑主题"组中的"颜色、字体、效果"等按钮进行修改。这些按钮的下拉菜单列表中预设好了许多方案，可以直接引用，也可以进行修改。

<1> 图形设计。可以在幻灯片设计或母版设计过程中使用图片、剪贴画或形状等图形来丰富和美化幻灯片。在"插入"选项卡的"插图"组中单击"形状"按钮，从"线条"下拉列表中选择"直线"，然后在标题下面画一条直线，此时将显示出"绘图工具"程序界面。选择其中的"格式"选项卡，在"形状样式"组中，为所画的直线指定一种线条样式。单击 形状填充 按钮，为标题的文本框设置一种填充色彩。

<2> 如果要对演示文稿中全部幻灯片的放映方式进行统一设置，在"幻灯片母版"模式下，单击"动画"选项卡（该选项卡在幻灯片母版模式下可见，平常是隐藏的），显示出"动画"设计用户界面，如图 9-6 所示，从中可以设置幻灯片的切换方式和幻灯片的动画方案。

图 9-6 幻灯片动画方案设计

<3> 母版设计好后,单击"幻灯片母版"选项卡中的"关闭母版视图"按钮,返回幻灯片页面视图,在第 2 张幻灯片的标题栏中输入"电子商务专业提升主要内容",并在正文中输入相关内容,最后可以看到经过母版设计后的幻灯片外观如图 9-7 所示。

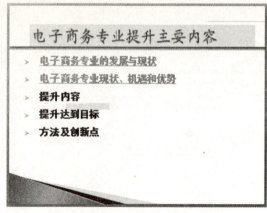

图 9-7　修改母版之后的幻灯片外观

3. 幻灯片背景设计

背景可以美化幻灯片,增强视觉效果。背景可以用组合图形、背景样式、填充色彩、纹理或图片充当。纹理其实是一种花纹,PowerPoint 提供了许多可以用作背景的纹理。背景图片则可以用 WMF、EMF、JPG 或 GIF 之类的图形文件充当。

组合图形是在设计母版的时候,利用绘图工具直接绘制在母版上的多个图形,这些图形常位于幻灯片的边角,绘制好之后再将它们组合成一幅图形。在 PowerPoint 提供的模板中,有不少模板是用组合图形来美化幻灯片边角的。

组合图背景其实不能算作幻灯片真正意义上的背景图,而是幻灯片的构成部分,它是在设计母版时直绘制在幻灯片上的图形,与在图 9-7 的标题框中绘制直线的方法一样。组合图可以进行拆分和再组合,也就是说,可以取消组合图中的某些图形,也可以再向它添加某些图形。

PowerPoint 设计了许多精美的背景,可以应用它们快捷地设计出漂亮的演示文稿。

【例 9-3】 重新设计"电子商务专业提升答辩汇报"演示文稿的背景组合图,扩大标题文本框的区域,让它的左右两边与幻灯片的边界对齐,在幻灯片的左下角添加当前日期,在右下角添加"南山大学经济管理学院"。方法如下:

<1> 在"视图"选项卡中单击"幻灯片母版"按钮,进入母版修改模式。可以看见,母版的页脚位置有"日期"和"页码"文本框,将"日期"文本框拖放到母版左下角。

<2> 单击"插入"选项卡中的"日期和时间"按钮,从弹出的下拉列表中选择一种时间样式母版,然后单击"文本"组中的"文本框",在母版右下角添加一个文本框,并在其中输入"南山大学经济管理学院"。调整标题的左右边线,让它与幻灯片左右边线对齐,最后将得到图 9-8 所示的幻灯片。由于修改的是母版,以后添加的每张幻灯片都是这种样式。

真正的幻灯片背景图需要通过 PowerPoint 的"设计"|"背景"|"背景样式"按钮进行设置。

【例 9-4】 有一幅名为"thx.jpg"的图像(如图 9-9(a)所示),将它设置为"电子商务专业提升答辩汇报"的背景图像(如图 9-9(b)所示)。

<1> 单击"设计"选项卡中的"设置背景格式"按钮,出现"设置背景格式"任务窗格,如图 9-9(b)所示,选择"填充"|"图片或纹理填充"项目。

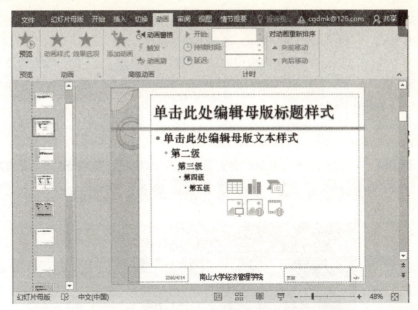

图 9-8 通过幻灯片母版设计修改幻灯片的组合图背景

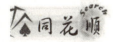

（a）this.jpg　　　　　　　　　　　　　（b）设置填充图片背景

图 9-9 设置幻灯片的背景图

<2> 单击"文件"按钮，弹出"插入图片"对话框，从中找到并选择磁盘的"this.jpg"文件。

<3> 单击"全部应用"按钮，会将选定图片用作本演示文稿中全部幻灯片的背景，即使以后新增加的幻灯片也会使用此图片作为背景；若单击其中的"应用"按钮，则所选图片将成为当前幻灯片的背景，其余幻灯片的背景保持不变。

还可以用纹理或填充色彩作为幻灯片的背景，其方法与用图片作背景的方法基本相同，只需要在"填充效果"对话框中选择"纹理"、"图案"或"渐变"标签，并在相应的对话框中进行设置就行了。

4．使用主题重设幻灯片

主题实际上起到了模板的作用，它设计好了幻灯片中的项目符号与字体的类型和大小、占位符大小和位置、背景设计和填充、配色方案以及幻灯片母版和可选的标题母版。应用主题可以快速改变演示文稿的外观。

【例 9-5】 利用背景图案设计的"电子商务专业提升答辩汇报"演示文稿的色彩和外观并不协调,背景图太明亮,如图 9-9(b)所示。通过主题重新设计演示文稿,去掉其背景图。

<1> 单击"设计"选项卡中的主题组中的某个主题(见图 9-10),如果没有合适的,可以单击"主题"组后面的按钮,弹出所有主题的列表,将鼠标指向各主题,PowerPoint 会立即显示出幻灯片应用该主题后的样式。

<2> 发现合适的主题后,单击对应的主题,PowerPoint 就会用选择的主题重新设计所有的幻灯片。图 9-10 是应用新主题后的演示文稿界面。

图 9-10 利用配色方案和设计模板设置幻灯片的色彩与外观

当然,若仅仅是取消背景图案,只需要显示出图 9-9(b)所示的"设置背景格式"对话框,单击其中的"重置背景"按钮即可。

9.2.2 编辑幻灯片

根据模板创建好演示文稿后,接下来就应该修改、完善、添加或删除其中的幻灯片了。

① 选择幻灯片。单击 PowerPoint 界面左边"大纲"窗口中的幻灯片编号,就可以选中该幻灯片;如果同时选择多张幻灯片,可以先按住 Ctrl 键,再依次单击要选择的幻灯片编号;如果要选择多张连续的幻灯片,则先按住 Shift 键,再单击第一张和最后一张幻灯片编号。

② 删除幻灯片。选中要删除的幻灯片(单张或多张),再按 Delete 键。

③ 复制幻灯片。选中要复制的幻灯片,单击"开始"|"剪贴板组"中的复制按钮(或按 Ctrl+C 快捷键),再右键单击要粘贴幻灯片的两张幻灯片之间的空白位置,从弹出的快捷菜单中选择"粘贴"命令,可将复制的幻灯片粘贴到右击的位置。

④ 移动幻灯片。选中要移动位置的幻灯片,然后用鼠标将其拖放到目标位置。也可以先剪切要移动的幻灯片,再将它粘贴到目标位置。

⑤ 新增幻灯片。在"开始"选项卡的"幻灯片"组中单击"新建幻灯片"按钮,然后在弹出的幻灯片类型中,单击某种类型的幻灯片,PowerPoint 就会在当前幻灯片的后面插入一张新幻灯片,新幻灯片的式样与母版一致。

⑥ 编辑幻灯片内容。在每张幻灯片中输入文本、删除文字、修改与设置字体的格式、添加图形图表等,与 Word 中的处理方法相同。

9.2.3 编号与项目符号

在演示文稿的幻灯片中会大量应用编号和项目符号来标识各级标题，以使演示文稿的条理更清晰，重点更突出。它们的应用都很简单，方法如下：

<1> 选中要添加编号或项目符号的所有段落（有回车换行符的即为段落，编号与项目符号是以段落为单位设置的），然后单击"开始"|"段落"|"编号"按钮 或"项目符号"按钮 。

<1> 如果对项目符号的图形不满意，单击 按钮右侧的下三角形，然后从弹出的下拉列表中选择"项目符号和编号"，会弹出如图 9-11（b）所示的设置对话框。

<1> 如果对图 9-11（b）的项目符号图形仍不满意，可单击其中的"图片"按钮，会弹出如图 9-11（c）所示的"图片项目编号"对话框，从中或许能够找到满意的图形符号。

（a）设置项目符号

（b）设置项目符对话框

（c）设置图片作为项目符号

图 9-11 设置项目符号

9.2.4 插入图形

图形可以使幻灯片更加美观，更具表现力。在 PowerPoint 中，可以为幻灯片添加各种图形，包括艺术字、组织结构图、图片、剪贴画、思维图、射线图等。

1. 组织结构图、图形和剪贴画

组织结构图常用于表示机构设置或部门的上下级关系，是一种分层的图形，由多个文本框组合而成。当要建立层次分明的图形时，用组织结构图非常方便，因为组织结构图提供了一个工具栏，通过它可以方便地添加、删除图中的文本框，并可以快捷地调整组织结构图的布局。

组织结构图中有 4 种角色：上级、助手、下属和同事，它们的关系通过图形中的位置来反映。在图 9-12（a）中，最上面的部门"教育部"是上级，中间的"电子商务教育指导委员会"和"电子商务协会"则是"教育部"的助手，最下面的"重庆市教育委员会"、"四川省教育委员会"等则是教育部的下属。当然，无论助手还是下属，都可以再有自己的助手和下属，在这种情况下，他们又是别人的上级。

图形主要指用绘图工具制作的由点、线和几何图形构作的各类图形，PowerPoint 为用户提供了一个自选图形库，包括形状、图片、剪贴画、图表、SmartArt 等，其中有许多可用于设计幻灯片的图形素材。

剪贴画即从其他图形、图画中剪辑而来的图画，Microsoft Office 提供了一个剪辑管理器来收集并保存剪贴画、照片、动画、视频和其他媒体文件，以便在文档、演示文稿、电子表格和其他文件中使用。

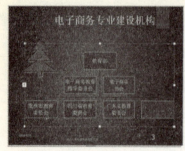  

(a) 插入组织结构图和图片的幻灯片　　(b) SmartArt图库　　(c) 联机图片库中搜索图片

图 9-12　组织结构图和剪贴画库

【例 9-6】 在"电子商务专业提升答辩汇报"演示文稿中添加一张关于电子商务专业建设指导机构的组织结构图，并在其中添加自选图形或剪贴画的幻灯片，如图 9-12（a）所示。

<1> 单击"开始"|"幻灯片"|"新建幻灯片"按钮，在弹出的幻灯片类型列表中选择"标题和内容"幻灯片，就会在第 2 页幻灯片的后面插入一张新幻灯片，将此幻灯片的标题改为"电子商务专业建设机构"。

<2> 单击"插入"|"插图"|"SmartArt"按钮，从弹出的图形列表中选择"组织结构图"按钮，为幻灯片插入一个组织结构图。当插入组织结构图后，只要激活它（单击组织结构图中的任何文本框），就会显示出"组织结构图工具栏"。刚插入的组织结构图只有一个上级和三个下级。单击最上面的文本框，即上级，然后在"SmartArt"|"设计"选项卡的"创建图形"组中单击"添加形状"按钮，从弹出的快捷菜单中选择"添加助理"为"教育部"添加一个下属。再单击最下边的任何一个下级，用同样的方法为它"在后面添加形状"。然后按照图 9-12（a）修改组织结构图中的文本框内容。

<3> 单击"插入"|"图像"|"联机图片"按钮，显示搜索网站图片的任务窗格，如图 9-12（c）所示。在"bing"右边的文本框中输入图片类别并搜索，然后从显示的图片列表中单击满意的图片，就可以把它插入幻灯片中。

2. 图像和自绘图形

PowerPoint 中有一个绘图工具栏，其中提供了线条、箭头和许多基本的几何图形，可以利用它们绘制组合几何图形，再加上必要的文字，配以适当的色彩，也可以设计出表现力超强，效果良好的幻灯片来。

【例 9-7】 利用绘图工具栏中的工具在"电子商务专业提升答辩汇报"演示文稿中，绘制一张社会人才需求与电子商务专业毕业生就业需求矛盾的幻灯片。制作过程如下：

<1> 单击"开始"|"幻灯片"|"新建幻灯片"按钮，并在弹出的幻灯片类型列表中选择"空白"幻灯片，在第 3 页幻灯片的后面插入一张新的空白幻灯片。

<2> 单击"插入"|"插图"|"形状"按钮，利用"基本形状"中的圆（如图 9-13（a）所示），在幻灯片中绘制一个大椭圆和两个小椭圆；然后单击"绘图工具"（在图形激活时才出现）中的"格式"选项卡，通过其中"图形样式"中的"形状填充"和"形状轮廓"用某种色彩填充它们，并为大椭圆添加阴影。

<3> 利用图 9-13（a）中"基本形状"中的月牙形绘制图中的大小月牙形，并用不同的色彩填充它。单击各个月牙形，当出现绿色实心圆时，用鼠标旋转它们成图 9-13（b）中的月牙形方向。

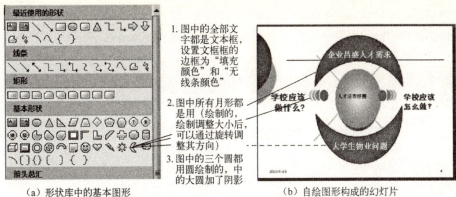

(a) 形状库中的基本图形　　　　　　　(b) 自绘图形构成的幻灯片

图 9-13　在幻灯片中添加自绘图形

<4> 单击"插入"|"文本"|"文本框"按钮，在图中添加 5 个文本框，分别输入图 9-13 (b) 对应的文本。

如果有好的图形、图像可以说明当前问题，可以直接将它们粘贴到幻灯片中，这是制作 PowerPoint 演示文稿过程中经常使用的方法。

【例 9-8】 在中国电子商务网站上有说明我国电子商务发展情况的统计图表，如图 9-14（a）所示，这幅图有利于提高"电子商务专业提升答辩汇报"演示文稿的说服力，可以制作一张包括它的幻灯片，如图 9-14（b）所示。

<1> 在"电子商务专业提升答辩汇报"中添加一张新幻灯片，将其标题修改为"我国电子商务服务企业的发展"，在幻灯片的正文文本框中输入"根据中国 B2B……"文本内容，并向左边拖放其边框线，使之成为图 9-14（b）中的文本框形状。

<2> 右击图 9-14（a）中网站上的柱形图，从弹出的快捷菜单中选择"复制"，然后在图 9-14 (b) 的空白区域中右击，从弹出的快捷菜单中选择"粘贴"，就会将此图形粘贴到幻灯片中。调整图表和文本框的大小，使其比例适当，协调美观。

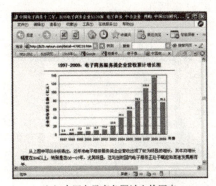 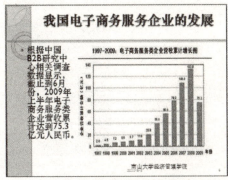

(a) 中国电子商务网站上的图表　　　　(b) 从网站上复制到幻灯片中的图表

图 9-14　复制图表制作演示文稿的幻灯片

说明：Word、Excel 及其他软件中的图形、文本、表格等内容，都可以采用相似的方法复制到幻灯片中。

3. 图表

图表是根据数据表制作的图形，它反映了数据的大小或比例，在演示文稿中通常采用图表来增加视觉效果,加深印象。使用图表,可以通过柱形图、条形图、折线图、饼图、气泡图和曲线图等不同图形加深幻灯片对观众的吸引力。PowerPoint、Word、Excel等办公软件采用的是同一套图表工具,它们的制作方法完全相同。

【例 9-9】 2009 年有一个关于电子商务服务企业在国内的分布统计数据表如下,为了说明在南山大学办好电子商务专业的必要性,在演示文稿中制作此数据表的饼图,如图 9-15 所示。

长三角	珠三角	北京	其他地方
33.52%	32.04%	8.86%	25.58%

<1> 在"电子商务专业提升答辩汇报"演示文稿中插入一张新幻灯片,将其标题改为"我国电子商务服务业的分布情况"。

<2> 单击"插入"|"图表"|"图表"按钮,从弹出的图表类型列表中选择"饼图",PowerPoint将启动 Excel 2016,在其中建立一个默认数据表(见图 9-15),并以此表数据在当前幻灯片中插入一个饼图。

<3> 修改 Excel 数据表中的数据为实际图表数据,即将原图中的"第一季度"至"第四季度"分别改写为"长三角"、"珠三角"、"北京"、"其他地方",并将它们所占的百分比分别输入在其右边对应的单元格中。将标题"销售额"改为"2009年我国电子商务服务业的分布情况"。

<4> 刚建立的饼图标志不明显,需要进行格式化。激活饼图后,选择"设计"选项,然后从"图表样式"中选择需要的式样。如果"图表式样"中没有满意的样式,就需要进行自主设置了,这些工作可以通过图 9-15 中的"图表布局"组、"数据组"中的工具,及右侧的"格式"任务窗格进行。

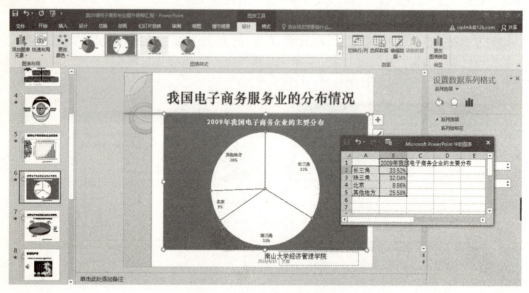

图 9-15 插入图表到幻灯片中

9.2.5 音像

在 PowerPoint 演示文稿中可以添加声音(如 MP3、CD)、影像、视频和动画(如 Flash),这些内容可以生动形象地说明问题,增强演示文稿的感染力。例如,在幻灯片中插入一段采访视频或录音,在演示报告的过程中添加背景音乐等,可以起到活跃气氛,增加表现力的效果。

【例9-10】 在"电子商务专业提升答辩汇报"演示文稿中添加影视和声音,如图9-16所示。

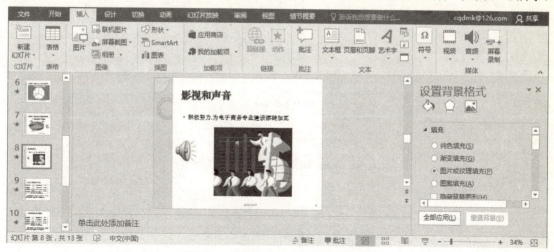

图9-16 在幻灯片中添加声音和影像

<1> 在"电子商务专业提升答辩汇报"演示文稿中插入一张新幻灯片,将其标题改为"影视和声音"。

<2> 单击"插入"|"图像"|"图片"或"联机图片"按钮,通过弹出的对话框,可以搜集本地计算机或网络中的图片,并将其插入到幻灯片中,见图9-16。

如果要插入自录的视频或其他影像,应当在图9-16的"媒体"组中单击"视频"按钮,并在弹出的列表项中选择"联机视频"或"PC上的视频",然后通过弹出的"打开"文件对话框,找到磁盘上的文件名,并将它们插入幻灯片中。

<3> 声音的添加方法与影片的添加方法完全相同。添加了声音之后,会在幻灯片中显示一个喇叭,若设置其放映方式为"单击",则在演示幻灯片时用鼠标单击它就会发声。

9.2.6 表格

在幻灯片中还可以添加表格,PowerPoint中的表格与Word中的表格是同一软件,它们的绘制方法完全相同。如果表格比较规范(表格线长短相同),则可以通过PowerPoint的"插入"|"表格"组中的"表格"命令直接插入;如果表格不规范,则可以通过"表格"组中的"表格绘制"命令绘制;也可以先插入一个规范的表格,再通过表格工具进行修改。

【例9-11】 在"电子商务专业提升答辩汇报"演示文稿中添加一张表格,说明南山经济管理学院电子商务专业的状况。

<1> 在"电子商务专业提升答辩汇报"演示文稿中插入一张新幻灯片。

<2> 单击"插入"|"表格"按钮,通过"插入表格"中的模拟表格命令添加一个4行4列的规则表格到幻灯片中,如图9-17所示。

<3> 激活表格(单击插入的表格),显示出"表格工具"程序窗口,单击"设计"|"绘图边框"|"表格线擦除工具"按钮,擦除第4行内部的最后两格的网格线,构成如图9-17所示的表格。

<4> 输入幻灯片的标题和表格中的文本,在表格下边插入一个文本框,调整文本框和表格的位置和大小,即可设计出图9-17所示的幻灯片。

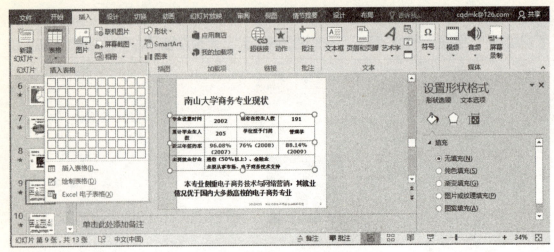

图 9-17　在幻灯片中插入表格

9.2.7　页眉、页脚、时间和幻灯片编号

页眉位于每张幻灯片顶端，页脚、时间和幻灯片编号常位于每张幻灯片的下边，它们的位置、字体、字号大小可通过幻灯片母版设计进行调整。

【例 9-12】 在"电子商务专业提升答辩汇报"演示文稿的幻灯片中，设置时间和页脚和幻灯片编号，如图 9-18 所示。过程如下：

<1> 单击"插入"|"文本框"|"页眉和页脚"按钮，弹出如图 9-18 右侧所示的"页眉和页脚"对话框。

<2> 选中"日期和时间"、"幻灯片编号"和"页脚"复选框，并在"页脚"下面的文本框中输入"南山大学电子商务提升汇报"，然后单击"全部应用"按钮。

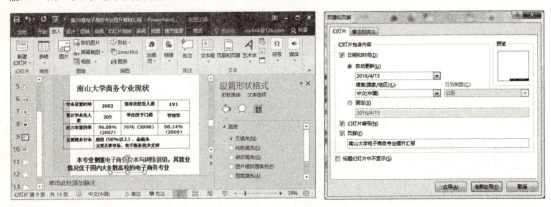

图 9-18　设置时间、编号和页脚

9.3　演示文稿的放映设计

完成演示文稿的设计后，按 F5 键，或单击"幻灯片放映"选项卡中的"观看放映"按钮，以及窗口左下角的放映按钮 ，都可以按系统设定的默认方式放映幻灯片。这种方式方式比较单一，每次单击鼠标或按键盘上的某个按钮时就显示幻灯片中的下一项内容。

可以对默认的播放方式进行重新设计，放映设计也是制作演示文稿的一项重要任务，好的演示文稿不仅重点突出，版面美观，而且放映方式丰富多彩，有声有色。

1. 动画设计

幻灯片放映时可以看到这样一些场景：有的幻灯片像百叶窗一样打开，有的幻灯片从远处翻转而来，有的幻灯片中的文字像落叶一样飘下……这些都是通过幻灯片的动画设计实现的。

【例9-13】 在"电子商务专业提升答辩汇报"演示文稿的幻灯片中，为其中的"电子商务专业提升主要内容"幻灯片设置动画：单击鼠标时，从下面飞入播放文本。设计过程如下：

<1> 单击"动画"|"动画"|"添加动画"按钮，如图9-19所示，然后从下拉列表中选择一种动画方案。

图 9-19　设计幻灯片的动画方案

图9-19中的"添加动画"下拉列表中有"进入、强调、退出和动作路径"四种动画方案，进入和退出用于设计幻灯片开始播放和结束时的动画方案，强调用于设计放映过程中要重点介绍或吸引观众的重要项目，动作路径用于设计幻灯片中各项目开始出现时的运动路径，许多人在制作幻灯片时常采用自绘路线的方式指定演示项目的行动路线。

<1> 选择"进入"|"飞入"，可以通过"计时"控制幻灯片中各项目的播放时间，如在单击鼠标时出现，或者在单击鼠标前或后出现，以及延时……；通过图中的"效果选项"可以设置运动方向，设置项目从屏幕的哪个方向（上、下、左、右……）进入屏幕和快慢。

指定了动画方案后，单击图9-19的"动画窗格"将在窗口右侧显示出"动画窗格"，其中会显示出每个项目在播放时的顺序编号和动画方案，可以通过 ⬆ 和 ⬇ 按钮调整各个项目的播放次序。对于不满意的动画方案，可以通过任务窗格中的"修改"按钮进行修改，也可以用任务窗格中的"删除"按钮将它删除后再重新设计。

<2> 如果要对某个单项进行设计，可以右击任务窗格中的动画方案编号，从弹出的快捷菜单中选择"效果选项"（如图9-20所示），弹出"效果选项"对话框（见图9-20右）。

通过"效果选项"对话框，可以设计项目的运动方向、播放时的声音、播放完成后的处理（如变暗、隐藏、设置色彩等，当一张幻灯片中的项目较多时，应用这些技术可以收到很好的效果，使幻灯片中的内容不至于多而乱）。还可以设置幻灯片中一个项目播放完成后，另一个项目自动出现的时间间隔。

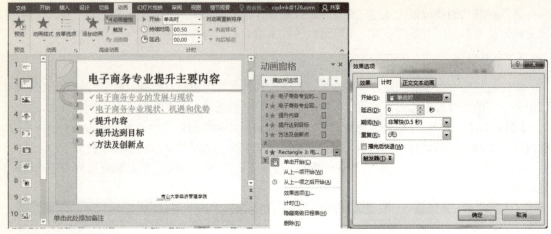

图 9-20 设计动画效果

可以对幻灯片中的每个单项进行不同的动画设计,方法是先在幻灯片中选中该项目,然后按上面的方法设置。

2. 声音

可以为幻灯片中的每个项目指定播放声音,当播放到该项目时,设置的声音就会响起来。系统提供了许多播放声响,如打字机声、抽气声、鼓掌声、风声等,通过图 9-20 中"效果选项"对话框中的"声音"下拉列表,可以为设计的动画方案指定声音。此外,通过"插入"选项卡的"媒体剪辑"中的按钮,也可以在幻灯片中添加声音和视频文件。

3. 超链接

在放映印幻灯片的过程中,常会制作一张显示汇报总体结构的幻灯片,相当于图书的纲目,在放映幻灯片的过程中还会不时切换到此幻灯片,提醒观众演讲的主题。通过链接,可以将总体结构幻灯片中的每个标题链接到其他幻灯片,还可以链接到 Internet 中的某个网站。

【例 9-14】 将"电子商务提升主要内容"幻灯片中的"电子商务专业的发展与现状"链接到本演示文稿的"山大学商务专业现状"幻灯片(见图 9-21),将其中的"电子商务专业现状、优势与机遇"链接到中国电子商务网站 http://www.ec.com.cn/。

(a)链接到本演示文稿中的指定幻灯片

(b)链接到指定网站

图 9-21 在幻灯片中插入超链接

<1> 在图 9-21 中选中"电子商务专业的发展与现状"主题项目,单击"插入"|"链接"|"超链接"按钮,弹出"插入超链接"对话框(如图 9-21(a)所示),选中"本文档中的位置",然

后在中间的幻灯片列表窗格选中"9.南山大学商务专业现状"幻灯片,单击"确定"按钮。

<2> 在图 9-21 的幻灯片中选中"电子商务专业现状、优势与机遇"标题,选择"插入"|"超链接"命令,在弹出的"插入超链接"对话框中单击"原有文件或网页",在"查找范围"中选择"网络",在"地址"文本框中输入网站地址"http://www.ec.com.cn",如图 9-21(b)所示。

上述操作在幻灯片中插入超链接,在播放幻灯片时会在有超链接项目的下面显示一条下划线,单击它就会切换到链接的幻灯片或网站。

4. 幻灯片切换方式

幻灯片切换方式是指播放完一张幻灯片后,如何显示下一张幻灯片。通过"动画"选项卡"切换"组中的按钮,可以设置幻灯片切换方式,如从上插入、从左插入、全黑切入等。

9.4 演示文稿的放映控制

在幻灯片的放映过程中有时需要切换到前面已经放映过的幻灯片,有时需要向观众强调其中的某个项目(如在此项目下划着重线,或用荧光笔画线等)。这些可以通过幻灯片的放映控制实现。

在放映幻灯片的过程中,右键单击屏幕任何位置,弹出如图 9-22 所示的快捷菜单,通过其中的"定位至幻灯片",可以切换到演示文稿中的任何一张幻灯片;通过"墨迹颜色",可以设置当笔在演示文稿上划过时笔迹的颜色;通过"指针选项",可以选择各种类型的笔,如圆珠笔、荧光笔等。当选择了某种笔后,鼠标光标就会以相应的笔形出现,按下左键并移动鼠标时,就可以在光标经过的地方留下笔迹。图 9-22 中的"提升达到目标"就有用荧光笔划过的墨迹。

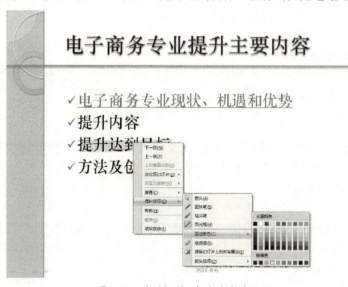

图 9-22 控制幻灯片的放映过程

习 题 9

一、选择题

1. 在 PowerPoint 中,幻灯片_____是一张特殊的幻灯片,包含已设定格式的占位符,这些占位符是为标题、主要文本和所有幻灯片中出现的背景项目而设置的。

A．模板　　　　B．母版　　　　C．版式　　　　D．样式

2．在演示文稿中要添加一张新的幻灯片，应该单击＿＿＿＿＿＿菜单中的"新幻灯片"命令。

A．开始　　　　B．设计　　　　C．插入　　　　D．视图

3．在 PowerPoint 中，若为幻灯片中的对象设置"飞入"，应选择菜单＿＿＿＿＿＿。

A．动画　　　　B．幻灯片放映　　C．切换　　　　D．视图

4．如果希望在演示过程中终止幻灯片的演示，则随时可按的终止键是＿＿＿＿＿＿。

A．Delete　　　B．Ctrl+E　　　C．Shift+C　　　D．Esc

5．为了使得在每张幻灯片上有一张相同的图片，最方便的方法是通过＿＿＿＿＿＿来实现。

A．在幻灯片母版中插入图片　　　　B．在幻灯片中插入图片

C．在模板中插入图片　　　　　　　D．在版式中插入图片

6．如果要从一个幻灯片"溶解"到下一个幻灯片，应使用＿＿＿＿＿＿菜单。

A．开始　　　　B．动画　　　　C．切换　　　　D．视图

二、判断题

1．在 PowerPoint 的窗口中，无法改变每个预留文本框的大小。（　　）

2．在 PowerPoint 中，应用设计模板设计的演示文稿无法进行修改。（　　）

3．PowerPoint 规定，对于任何一张幻灯片，都要在"动画效果列表"中选择一种动画方式，否则系统提示错误信息。（　　）

4．应用设计模版后，每张幻灯片的背景都相同，系统不具备改变其中某一张背景的功能.（　　）

5．演示文稿只能用于放映幻灯片，无法输出到打印机中。（　　）

6．当演示文稿按自动放映方式播放时，按 Esc 键可以终止播放。（　　）

7．一张幻灯片就是一个演示文稿。（　　）

8．幻灯片打包时可以连同播放软件一起打包。（　　）

9．如果要选定多张连续幻灯片，在浏览视图下，按住 Shift 键并单击最后要选定的幻灯片。（　　）

10．幻灯片中不能设置页眉/页脚。（　　）

三、实践题

1．设计一张母版，将其中的标题设置为黑体、大小为50、白色，用黑色填充标题区域；设置正文区域中的一级、二级、三级、四级标题分别为楷体、隶书、幼圆、宋体，字号分别为 40、36、30、28，颜色分别为绿色、红色、黑色、黄色。

2．ABC 公司是一家微机生产商，生产台式微机、笔记本、PDA 等。为 ABC 公司设计一个介绍其微机的演示文稿，其中包括主题页、生产商介绍（超链接连接到某网站）、微机产品介绍（图片和文字相结合）、列出各种微机近 5 年销售表格、各种微机近 5 年销售折线图等幻灯片，并设计每张幻灯片的动画方案，添加声音和计算机介绍的影像视频。

第 10 章　FrontPage 网页设计基础

互联网通过网站向人们提供各种信息资源，网站是由网页构成的。网页制作工具很多，如 Dreamweaver、FrontPage 和 Flash 等。本章介绍利用 FrontPage 制作自己的网页、建设网站的基本方法，以加深对网站运营原理的理解。

10.1　网页设计基础

1. 基本概念

（1）超文本（Hypertext）

超文本就是一个文本链接，通过它可以连接到其他文本。超文本实际上是一个指针，就像指路牌一样。在浏览网页时出现的许多"小手"就是超文本，也称为超链接。事实上，Internet 也正因为这些超链接——才变得那么精彩。互联网一方面是指数千万台计算机通过 Internet 相互物理连接，另一方面是指世界范围的大量信息通过超文本的方式相互逻辑链接。

（2）服务器（Server）和浏览器（Browser）

在上网的时候，感觉计算机里面的信息实在太丰富了，而且必须联网之后才有这些信息。由此可见，这些信息不在本地计算机上。那些在远方、通过网络提供信息的计算机称为服务器。浏览器仅仅是把网络上的信息下载到本地计算机，并显示在屏幕上。

（3）主页与网页

一个网站通常有很多网页，制作网页的工具很多，网页展现的形式也很多，HTML 文件是其基础，一个 HTML 文件就是一个网页。在网站众多的网页中，有一个特殊的网页，它通过超链接把其他网页组织起来，这个网页称为主页。通常说的打开某个网站，就是打开某个网站的主页，然后通过它查看网站的内容。

2. HTML 入门

首先看一个简单的网页，如图 10-1 所示。实现该网页的 HTML 代码如下：

图 10-1　HTML 网页

```
<html>
    <head>
        <title>HTML 测试</title>
    </head>
    <body>
        <h2 align=center>HTML 网页</h2>
        <img src=leaf.jpg > <br>
        <b><font color=#ff0080>网页制作如此而已！</font></b>
        <h3 align=right>返回主页</h3>
    </body>
</html>
```

其中,用"<"和">"括起来的就是 HTML 标记。如"<title>HTML 测试</title>"表示网页的标题。

网页文件是一个纯文本,可以使用任何文本编辑器完成,注意在保存的时候文件扩展名必须是".htm"或".html"。例如,Windows 的记事本就可以完成上面的网页。

10.2 网页的建立和修饰

要用 HTML 代码来建立网页,就需要了解掌握 HTML 为网页设计所提供的各种标记,这些标记比较烦琐,难以记忆。FrontPage 提供了一种类似于在 Word 和 Excel 中建立文档或表格一样的简单网页设计方法,通过它可以快捷创建各种网页。

1. 在 FrontPage 中建立站点

站点是组织管理一个网站全部网页的机构,通常与某个文件夹相关联,该文件夹中常常包括同属一个网站的许多网页。创建网站就是将一个站点与含有许多网页的文件夹关联起来。因此,创建网站前可以先创建存放网页的文件夹。

【例 10.1】 在 FrontPage 中创建站点在本机的文件夹,在 D 盘建立一个存放网页的文件夹 myweb。

<1> 选择"开始"|"所有程序"|"Microsoft FrontPage",启动 FrontPage,显示如图 10-2 所示的工作窗口。

<2> 选择"文件"|"新建"|"网页"(或"站点"),显示任务窗格,从中选择"空白站点",出现"Web 站点模板"对话框,如图 10-3 所示。

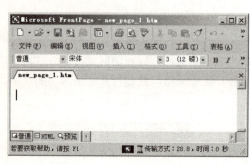

图 10-2　FrontPage 工作窗口

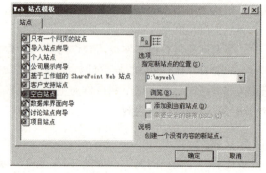

图 10-3　站点模板

<3> 在"站点"列表中选择"空白站点",在"指定新站点的位置"列表中选择"D:\myweb\",单击"确定"按钮。

一般情况下,设计一个网站的第一步就是建立站点,以后建立的所有网页文件都放在站点文件夹中,这样不致引起路径混乱。

2. 网页的建立与修饰

建立站点之后就可以在其中新建网页,在网页中添加文本、查找、替换、复制、粘贴以及对文本进行字体、段落、项目符号和编号等设置都与 Word 操作基本相同。

【例 10.2】 在 Myweb 站点中创建"我的主页"。

<1> FrontPage 的任务窗格中选择"空白网页"选项,显示 FrontPage 的工作窗口,在其中输

入文本，如图 10-4 所示。

<2> 设置文本的字体、字号和段落格式。

<3> 第一个网页一般为主页，默认文件名为 index.htm。

<4> 虽然 FrontPage 是"所见即所得"的风格，但是一般来说，在普通视图中进行网页设计后，还要在预览视图中观察网页的实际效果，再返回普通视图编辑调整，再预览，直到对网页满意为止。

<5> FrontPage 中的预览与在浏览器中的真正效果不一定完全相同，因此最后必须通过浏览器来显示。方法是保存修改之后的网页，然后选择"文件"|"用浏览器预览"，就可看到在浏览器中的真正效果了。

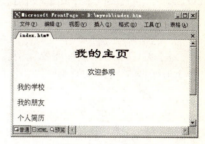

图 10-4　输入文本

3．网页属性设置

通过网页属性可以设置整个网页的各种特性和外观，如文档标题、背景图片、页面边距、背景音乐等。

【例 10.3】　为例 10.2 创建的"我的主页"（index.htm）进行属性设置，包括设置标题、背景图片、超链接颜色和边距等。

<1> 选择"格式"|"背景"菜单命令，弹出"网页属性"对话框，如图 10-5 所示。

<2> 设置标题。选择"常规"标签，在"标题"框中输入"我的主页"，还可以设置背景音乐。

<3> 设置背景。选择"背景"标签，选中"背景图片"复选框，并在其下的文本框中输入"Clouds.bmp"，如图 10-6 所示。

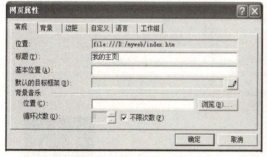

图 10-5　网页属性（常规）

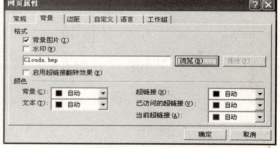

图 10-6　网页属性（背景）

<4> 为了区分一般文本和超链接文本，可以在"文本"和"超链接"列表中分别设置不同的颜色。同样，为了区分访问过的超链接和当前超链接，也可在"已访问的超链接"和"当前超链接"列表中分别选择不同的颜色。如果想要浏览时的超链接具有翻转效果，可以选择"启用超链接翻转效果"选项。

<5> 设定边距。选择"边距"标签，分别在"指定上边距"、"指定左边距"框中输入数值。所有设置完成之后，单击"确定"按钮。

10.3　美化页面

一个网页仅有文字是不够的，还应该插入一些图片、图像、滚动字幕等，以美化页面，使之更有吸引力。

10.3.1 在网页中插入图像

1. 插入图像

为了美化网页,往往需要在网页中插入一些图像。

【例 10.4】 在"我的主页"中添加图像,如图 10-7(a)所示。

<1> 将光标定位在"欢迎参观"之后。

<2> 选择"插入"|"图片"|"来自文件"菜单命令,在弹出的"图片"对话框中选择图像文件,如 new.gif,如图 10-7(b)所示。

<3> 使用同样的方法,插入图像"welcome.gif",最后将得到图 10-7(a)所示的网页。

注意:如果插入的是动态图像,只有在预览时才能看到效果,编辑的时候还是静态图片。

2. 调整图像

插入图像之后,往往要根据需要调整图像的大小和布局,方法是双击图片,出现"图片属性"对话框,如图 10-7(c)所示。如果图片稍大或稍小,就存在文字行与图片的位置关系,用"对齐方式"列表就可以解决这个问题,这里选择"相对垂直居中"方式。现在,图像和文本的位置关系不太好确定,使用表格就可以有效地解决这个问题。

(a)插入了图片的网页　　(b)在网页中插入图片 new.gif　　(c)图片属性对话框

图 10-7　插入 welcome.gif

10.3.2 插入表格

表格可以清晰地表现事物或数据之间的关系,不仅如此,表格在网页的定位上还起着重要作用。

1. 插入表格

【例 10.5】 在"我的主页"中插入一个 3 行 2 列的表格,如图 10-8 所示。

图 10-8　插入表格

通过"表格"菜单或工具栏中的表格工具按钮,在"我的主页"中插入一个 3 行 2 列的表格,如图 10-8 所示。

2. 调整表格

<1> 将第 1 列的 3 个单元格合并。

<2> 将"我的学校"、"我的朋友"、"个人简历"分别移到第 2 列的 3 个单元格中。

<3> 在表格区域单击右键,在弹出的快捷菜单中选择"表格属性",弹出如图 10-9 所示的对

话框;在"对齐方式"列表框中选择"居中"选项。为了不因浏览窗口的大小影响表格的效果,可选中"指定宽度"和"像素"。调整后的效果如图 10-10 所示。

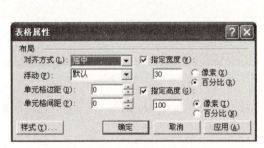
图 10-9 表格属性

图 10-10 使用表格定位

注意:直接使用工具栏上的对齐按钮,针对的是单元格,而不是表格。

10.3.3 动态效果

一般网页都有一些动态效果,FrontPage 也提供了字幕、横幅广告、悬停按钮等功能。

1. 设置字幕

【例 10.6】 在"我的主页"中添加字幕"今天天气真晴朗",如图 10-11 所示。

图 10-11 在网页中添加字幕

在网页中添加字幕的方法如下:

<1> 将光标移到"欢迎参观"的下一行,选择"插入"|"Web 组件"命令,弹出"插入 Web 组件"对话框,如图 10-12 所示。

<2> 设置字幕属性。选择"动态效果"中的"字幕"效果,单击"完成"按钮,弹出"字幕属性"对话框,如图 10-13 所示。

在"文本"框中输入"今天天气真晴朗"。"延迟"表示连续运动间隔的毫秒数,数值越小,运动速度越快;"数量"表示连续运动间隔的位移,数值越小,运动速度越慢,但越平滑、稳定。"滚动条"表示字幕从屏幕的一端移到另一端之后,又一遍一遍地重复;"幻灯片"表示像幻灯一样,字幕从屏幕的一端移到另一端,然后就不动了;"交替"表示字幕来回在屏幕中显示。在这里设置背景色为"黄色"。

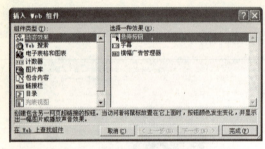 

图 10-12　插入 Web 组件　　　　　　图 10-13　设置字幕属性

<3> 选定字幕就可设置文本的属性了：字体为隶书，大小为 6（24 磅），颜色为红色，间距为加宽 9 磅。经过上述设置后，预览设置的网页，将得到图 10-10 所示的效果。

2．横幅广告和悬停按钮

横幅广告就是若干张广告图片以一定的过渡效果在网页中轮流出现。首先确定位置，在表格右端插入一列，并合并这列的三个单元格，光标就位于此处（广告位置）。

悬停按钮是一个动感的按钮，当访问者将鼠标移到按钮上时，该按钮就会改变颜色或形状。它可以是一个按钮，也可以是一张图片。

【例 10.7】在"我的主页"中插入一横幅广告和悬停按钮，如图 10-14 所示。其中的图片是横幅广告，"给我来信"是悬停按钮。

图 10-14　在网页中添加横幅广告和悬停按钮

（1）在网页中添加横幅广告

<1> 在"插入 Web 组件"对话框中（见图 10-12（a）），选择"动态效果"中的"横幅广告管理器"选项，单击"完成"按钮，弹出"横幅广告管理器属性"对话框（见图 10-15（a）所示）。

其中，广告板的"宽度"和"高度"数值根据插入的广告图像的大小而定。"过渡效果"就是图片切换的方式，有"水平遮蔽"、"溶解"、"盒状展开"等，这里选择"盒状收缩"。广告管理器主要的操作是对显示图片的操作。首先添加图片，单击"添加"按钮，在"添加横幅广告图片"对话框中选择图片所在的文件夹，输入文件名，单击"打开"按钮，第一张图片添加完成。重复添加过程，直到广告图片添加完毕。"上移"和"下移"按钮用来调整图片的显示顺序。最后单击"确定"按钮。

<2> 保存。在保存时，如果图片文件不在站点文件夹中，系统会把这些文件复制到站点文件夹。

（2）在"我的主页"中增加悬停按钮

<1> 先确定位置，在"个人简历"下方使用"绘制表格"工具绘制一个单元格。使用"平均分布各行"工具，将光标定位在最下面一个单元格。

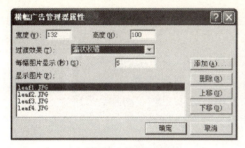 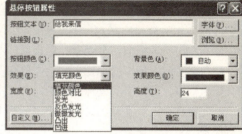

（a）横幅广告管理器属性　　　　　　　　（b）悬停按钮属性设置

图 10-15　横幅广告和悬停按钮设置对话框

<2> 在"插入 Web 组件"对话框中（见图 10-12（a）），选择"动态效果"中的"悬停按钮"选项，单击"完成"按钮，弹出"悬停按钮属性"对话框，如图 10-15（b）所示。

<3> 悬停按钮属性设置。在"按钮文本"框中输入"给我来信"，在"按钮颜色"列表中选择"灰色"，在"效果颜色"列表中选择"蓝色"，在"效果"列表中选择"填充颜色"选项。最后单击"确定"按钮。

经过上述操作后，保存并预览"我的主页"，将见到图 10-14 所示的效果。

10.3.4　动态 HTML 效果

动态 HTML（DHTML）是 Microsoft 公司对 HTML 4.0 版本的增强，可以创建视觉效果或者改善 Web 页的布局。例如，视觉效果可以是一个动画，使文本看起来像一个字一个字地飞出网页。采用节省空间的可折叠大纲可以改善页面布局。

【例 10.8】　在"我的主页"中设计动画，在主页下面添加"谢谢访问"四个字，双击它们就会从窗口顶端飞出，如图 10-16 所示。

图 10-16　DHTML 效果

设置网页元素动画的步骤如下：
<1> 在普通视图中，在表格的下方输入"谢谢访问"，并选择"谢谢访问"。
<2> 选择"格式"|"动态 HTML 效果"菜单命令，"DHTML 效果"工具栏就会显示出来，如图 10-17 所示。

图 10-17　"DHTML 效果"工具栏

<3> 单击"在"列表框的向下箭头,选择会触发动画的事件("在"列表框中所列出的事件由已选中的网页元素类型决定),有以下几种事件:
- ❖ 单击。访问者指向网页元素并单击鼠标左键时,动画会启动。
- ❖ 双击。访问者指向网页元素并双击鼠标左键时,动画会启动。
- ❖ 鼠标悬停。访问者将鼠标指针指向并停留在网页元素上时,动画会启动。
- ❖ 网页加载。网页加载到访问者的浏览器中时,动画会启动。

这里选择"双击"选项。

<4> 在"应用"列表框中,单击向下箭头,选择希望发生的动画效果类型,有以下几种:
- ❖ 飞出、飞入、逐字放入、弹起、跳跃、螺旋、波动、擦除、缩放。应用可以移动网页元素的动画。
- ❖ 格式。应用可以更改网页元素外观的动画,如更改字体颜色或应用边框效果。
- ❖ 交换图片,应用可以相互交换图片的动画。

这里选择"飞出"选项。

<5> 在"选择设置"列表框中,单击向下箭头,选择效果设置:
- ❖ 选择设置。"选择设置"列表框中所列出的设置由已选中的网页元素类型以及在"应用"列表框中选中的效果类型决定。例如,如果应用"飞出"动画,就可以选择移动的方向或类型(如"到左侧"或"到左下部")。
- ❖ 选择字体。如果应用"格式"动画,选择该选项可以更改字体的样式、字号、颜色、效果或字符间距。
- ❖ 选择边框。如果应用"格式"动画,选择该选项可以更改边框或阴影。
- ❖ 选择图片。如果选择了图片和"交换图片"效果,选择该选项,再选择该图片,可以使图片在步骤<3>中所选的事件发生时进行交换。

这里选择"到顶端"选项。

<6> 保存并预览。双击图 10-16 中的"谢谢访问"时,文字就会从窗口顶端飞出。

若要删除运动效果,只需在修改状态下单击"DHTML 效果"工具栏上的"删除效果"按钮。

在网页文件中插入视频、背景音乐,设置项目列表、边框与底纹,以及模板的使用,都与 Word 基本相同,这里就不再重复了。

10.4 创建链接

超链接是从一个 Web 页到另一个 Web 页或文件的链接。当站点访问者单击超链接时,目标将显示在 Web 浏览器中,并根据目标的类型来打开或运行。这个目标通常是另一个 Web 页,也可以是一幅图片、一个多媒体文件、一个 Microsoft Office 文档、一个电子邮件地址或者一个程序。

超链接是网页中最重要的元素,为了使网站中的众多网页构成一个有机的整体,必须使各网页通过超链接的方式联系起来。超链接也是网页文档与其他文档最本质的区别。

例如,指向网页的超链接在 Web 浏览器中显示该网页,指向 AVI 文件的超链接在媒体播放器中打开该文件。

10.4.1 书签链接

如果一个网页的内容很长、很多,要快速查看到需要的内容就比较困难,这时可以在网页中设置超链接,将它的目标设置为网页中的某个位置(即书签),在使用浏览器浏览网页时,单击这个超链接,就自动转到书签所在的位置,大大提高了阅读的效率。

【例 10.9】 在"我的主页"中,离"谢谢访问"比较远(在同一个屏幕看不到表格)的地方输入"自我介绍"和具体内容,并在此位置插入一书签。

(1)插入书签

选定"自我介绍",选择"插入"|"书签"菜单命令,弹出"书签"对话框,单击"确定"按钮,书签定义完成,如图 10-18 所示。

(2)书签链接

书签设定后就可以建立书签链接了。选定表格中的"个人简历",选择"插入"|"超链接"菜单命令,弹出"插入超链接"对话框,如图 10-19 所示。

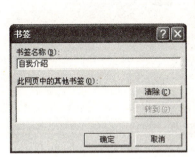

图 10-18 书签属性

图 10-19 插入超链接

单击"书签"按钮,在"在文档中选择位置"框中单击"自我介绍"书签,单击"确定"按钮,超链接建立完成。"个人简历"的颜色变成蓝色,文字也加上了下划线,表示建有超链接。

<3> 保存预览。保存设计的页面,然后预览页面效果。

10.4.2 本地计算机的链接

利用链接可以将同一网站内的众多网页通过主页组织成一个有机的整体。

【例 10.10】 在"我的主页"中创建一个链接,链接到"我的朋友"网页,该网页的名称为"grape.htm"。

因为需要其他网页,首先另外创建"我的朋友"的网页,保存在同一站点文件夹内,文件名为"grape.htm"。

(1)建立链接

现在建立"我的朋友"链接,打开"我的主页"文档 index.htm,选定"我的朋友",选择"插入"|"超链接"命令,弹出"插入超链接"对话框,如图 10-19 所示。在"链接到"栏中单击"原有文件或 Web 页"选项,在"当前文件夹"中选择所要的网页或文件"grape.htm"。然后单击"确定"按钮。

在浏览器中浏览 index.htm,单击"我的朋友"这个链接,就自动链接到 grape.htm 网页。现在存在两个或两个以上网页相互切换的问题,FrontPage 为网页过渡提供了动态效果。

(2)设置网页过渡

在"网页"视图中打开要显示过渡效果的网页 grape.htm,在"格式"菜单中选择"网页过渡"命令，弹出如图 10-20 所示的对话框。

在"事件"框中选择用来触发过渡效果的事件。例如，选择"进入网页"选项，那么站点访问者首次浏览到该网页时，就会显示过渡效果。

在"过渡效果"框中，选择显示网页或离开网页时要使用的过渡效果，如"圆形放射"。在"周期（秒）"框中输入希望过渡效果持续的时间。

（3）预览

最后效果如图 10-21 所示。

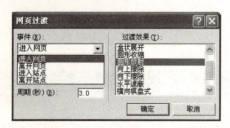

图 10-20　网页过渡

图 10-21　网页过渡效果

10.4.3　HTTP 链接

HTTP 链接的网页不是本地计算机的，而是 Internet 上其他站点的网页。

【例 10.10】在"我的主页"中建立一人超链接，链接到"我的学校"网站 http://www.swu.edu.cn/。

（1）建立链接

打开"我的主页"，选定"我的学校"，选择"插入"|"超链接"命令，弹出"插入超链接"对话框，如图 10-19 所示。在"地址"栏中输入，单击"确定"按钮。

在浏览器中浏览 index.htm，单击"我的学校"这个链接，就自动链接到西南大学的网页。

（2）显示超链接

当一个网站内的超链接错综复杂时，借助于 FrontPage 提供的"超链接"视图，就可以清楚地看到它们的链接情况。

选择"视图"|"超链接"菜单命令，显示超链接情况，如图 10-22 所示。选择"视图"|"网页"命令，返回网页视图。

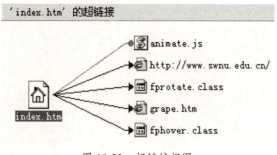

图 10-22　超链接视图

10.4.4　E-mail 链接

通过 E-mail 链接可以链接到电子邮件。

【例 10.12】 建立"我的主页"中"给我来信"的超链接,链接到 cqok@163.net 邮箱。

(1) 建立链接

双击"给我来信"按钮,弹出"悬停按钮属性"对话框,如图 10-23 所示。在"链接到"框中输入"mailto:cqok@163.net",单击"确定"按钮。

(2) 浏览

在浏览器中浏览 index.htm,单击"给我来信"按钮,启动发送电子邮件程序,如图 10-24 所示。

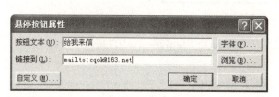

图 10-23 建立 E-mail 链接

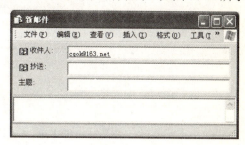

图 10-24 新邮件

10.4.5 链接比较

到此为止,四种超链接都学习了,现在比较一下,如表 10-1 所示。

表 10-1 链接比较表

类型	特征符	适用场合
书签链接	#	同一网页内的较远地方
本地链接	file://	同一网站的不同网页
HTTP 链接	http://	Internet 中不同网站的网页
E-mail 链接	mailto:	电子邮件地址

10.5 发布网页

1. 网页设计的一般原则

一个网页除了要给用户提供详尽的信息外,还要力求使网页的外观清晰美观,给人一种舒适优美的感觉。为了实现其创意,页面的风格往往也表现出多样化。网页设计有一些原则与技巧:

① 善用表格。表格通常用来组织和显示信息,还可以使用表格创建有趣的页面版式。

② 以适当的图像表示链接点。超链接点不用文字,而用形象的图形,整个页面生动活泼,增强了视觉效果。

③ 使用超链接菜单目录。用清楚、简洁的文字菜单目录表示其意义,以减少用户因下载图片而浪费时间。

④ 一个浏览窗口包括多个区域。在同一窗口中根据不同的内容,将它分成不同的区域,每个区域一个主题,便于用户浏览。

2. 发布网页

当我们精心设计好网页之后,接下来的任务就是把它发送到 Internet 上,实现资源和信息的共享。发布网页要有两个条件:首先要有个人主页空间和域名(一般申请免费的),其次要与 Internet

连接，然后利用 FrontPage 的网页发布功能，就能完成这个任务了。

<1> 打开要发布的网页，选择"文件"|"发布网页"菜单命令，弹出"发布目标"对话框，如图 10-25 所示。

图 10-25 发布网页

<2> 在"站点目标位置"框中输入个人主页空间地址，如"http://www.91i.net"，然后单击"确定"按钮。

<3> 单击"发布"按钮，FrontPage 开始检测连接的 WWW 服务器。验证用户名和密码成功后。然后单击"确定"按钮，就开始上传网页。

<4> 发送完毕，出现"成功发送"信息，然后单击"完成"按钮。现在就可以上网浏览自己的网页了。

习 题 10

1. 超链接有哪几种形式？
2. 网页的动态效果与动态 HTML 效果有什么区别？
3. 超文本、服务器、浏览器、URL、HTML 的概念是什么？
4. 制作网页的步骤怎样？
5. 丰富页面有哪些方面？
6. 网页文件与其他文件最本质的区别是什么？

第 11 章 信息安全基础

本章介绍信息安全、计算机病毒、网络空间安全、信息安全技术及信息安全法规方面的基础知识。

11.1 信息安全概述

在社会高度信息化的今天，与物质和能源等同重要的信息资源，已经深入到了社会生活的各个领域，与国计民生密切相关。国家经济、政治、军事和科技等重大领域离不开信息，老百姓的日常工作和生活同样少不了各种信息，上网、各种银行卡、网上订票、电子商务都与信息密切相关。信息安全已经成为任何国家、部门、行业和个人必须正视的重大问题。

11.1.1 信息安全的概念

信息安全涉及的内容和范围都很广。从国家的军事、政治和商业等方面的机密安全，到企业的商业机密泄露，个人信息泄露的防范，以及网上不良信息浏览的阻止，电子银行的信息保护等等，都是信息安全的范畴。

简单地说，信息安全就是保护信息系统或信息网络中的信息资源免受各种类型的威胁、干扰和破坏，即保证信息的安全性，包括 4 方面：① 系统设备和相关设施（计算机、通信线路、路由器等）运行正常；② 软件系统完整（操作系统，网络软件，应用软件和数据资料，数据库系统等）；③ 系统资源和信息资源使用合法；④ 系统具有或生成的信息和数据完整、有效、合法、不被破坏和泄漏。

国际标准化组织概括信息安全具有 4 方面的属性：信息的完整性、可用性、保密性和可靠性。

完整性是指保证信息的一致性，防止信息被未经授权的用户修改。也就是说，在信息的存储、传输和使用的过程中，它具有不会被偶然、有意或无意地进行修改、伪造、重放、增减等破坏或丢失的特性，信息只有被允许的人才能够修改，并且能够判别出信息是否已被修改。此属性要求信息保持原样，正确地生成、存储和传输。

可用性是指保证合法用户对信息和资源的使用不会被不正当地拒绝，即授权用户可以随时访问需要的信息。

可靠性是指系统软件、硬件无故障或差错，具有在规定条件下执行预定信息处理的能力，及时为授权用户提供所需信息。可用性是信息资源服务功能和性能可靠性的度量，是对信息网络总体可靠性的要求，涉及网络、软件和硬件系统性能、数据和用户等多方面的因素。

保密性是指保证机密信息不被窃听，或窃听者不能了解信息的真实含义。即保障信息不会泄露给未授权的第三方所知，不被非法使用。

此外，信息还应当具有真实性、不可抵赖性、可控性和可审查性。真实性是指对信息的来源进行判断，能够对伪造来源的信息予以鉴别。不可抵赖性是指建立有效的责任机制，防止用户否认其行为，这一点在电子商务中极其重要。可控性是指对信息的传播及内容具有控制能力。可审查性是指信息可对出现的网络安全问题提供调查的依据和手段。

概言之,信息安全需要通过管理和技术手段的有效结合,做到非授权用户无法进入信息系统,未经授权不能复制带走机密数据,如果通过各种非法手段获取到了机密数据,也无法看懂信息内容,因为它已通过密码学方法进行了加密处理。此外,对于获取信息(包括合法和非法获取)可看不可改,如果非法访问、修改了机密数据,通过审计、身份认证等技术手段可以进行事后追踪调查,找到窃密者或破坏者,如图 11-1 所示。

图 11-1　信息安全目标

信息安全发展至今,已成为是一门涉及计算机科学、网络技术、通信技术、密码技术、信息安全技术、数学和信息论等多个学科的综合性学科。任何单一的手段都很难保障信息安全,必须通过技术、管理及行政等多种手段实施对信息的保护,信息安全的目的才能实现。

11.1.2　常见信息安全问题

计算机系统和通信系统固有的缺陷使信息在存储、处理和传送的过程中,都存在泄密或被截收、窃听、窜改和伪造的可能性。在网络环境中,经常会发生以下的信息安全事故。

① 信息泄露:信息被泄露或透露给某个非授权的实体。

② 木马:隐藏到其他软件中的有害程序段,当它被执行时,会破坏或盗取用户的信息。

③ 抵赖和重放:抵赖是一种来自用户的攻击,即不承认自己曾经发布过的信息。例如,否认自己曾经发布过的某条消息,或者伪造过的一份对方来信等。重放是出于非法目的,将所截获的某次合法通信数据的拷贝,在不恰当的时机重新发送出来,以造成混乱,达到非法目的。

④ 计算机病毒:一种在计算机系统运行过程中能够实现传染和破坏功能的程序。

⑤ 拒绝服务:无条件地阻止别人对信息系统或其他资源的合法访问。

⑥ 非法使用:在未被授权的情况下,非法访问或应用信息资源。

⑦ 窃听:用各种可能的手段窃取系统中的信息资源和敏感信息。例如,对通信线路中传输的信号搭线监听,或者利用通信设备在工作过程中产生的电磁泄露截取有用信息等。

⑧ 破坏信息的完整性:数据被非授权地进行增删、修改或破坏而受到损失。

⑨ 假冒:通过欺骗达到非法用户冒充成为合法用户,或者特权小的用户冒充成为特权大的用户的目的。黑客大多采用假冒攻击。

⑩ 旁路控制:利用系统的安全缺陷或安全的脆弱之处获得非授权的权利或特权。

除此之外,信息在其存储、传输和应用过程中的安全问题还有许多,如后门软件、废弃媒体(如从废弃的银行卡、磁盘、IC 卡中获取信息)等。

11.1.3　信息安全的演化

信息安全与计算机和网络技术的发展密切相关,可以粗略地划分为以下几个时期。

1. 通信安全时期（20世纪40—70年代）

1949年，香农发表了《保密通信的信息理论》。1977年，美国国家标准局公布了数据加密标准 DES（Data Encryption Standard）。1976年，美国斯坦福大学的迪菲（Diffie）和赫尔曼（Hellman）提出了公开密钥算法。它们是通信安全时期的理论基础和技术保障。

在通信安全时期，通信技术尚不发达，信息安全的主要威胁是搭线窃听、用密码学方法破译密码。信息安全性是指信息的保密性，侧重于保证数据在从一地传输到另一地时的安全性，故称之为通信安全，对安全理论和技术的研究也仅限于密码学。

在该时期，信息安全的核心思想是保证计算机的物理安全和传输过程中的数据保护。主要措施是把计算机安置在相对安全的地点，不允许非授权用户接近，以保证数据的安全性；通过密码技术解决通信保密，保证数据的保密性和完整性。

2. 计算机安全时期（20世纪70—80年代）

在美国国家数据加密标准（DES）公布后，1983年，美国国防部公布了"可信计算机系统评价准则"，即（TCSEC-Trusted Computer System Evaluation Criteria，俗称橘皮书），标志着信息安全进入了计算机安全时间。

在该时期，计算机和网络技术发展迅速，可以通过计算机网络进行数据的传输，信息安全已经逐渐扩展为以保密性、完整性和可用性为目标的信息安全阶段。主要目的是保证信息在传输过程中不被窃取，即使窃取了也不能读出正确的信息；保证数据在传输过程中不被窜改，让读取信息的人能够看到正确无误的信息。

在该时期，信息安全受到的主要威胁是非法访问、恶意代码、口令破译等，采取的保护措施是预防、检测和减少计算机系统用户（授权和未授权用户）执行的未授权活动所造成的后果，对加工处理和存储的数据进行保护。

3. 计算机网络安全时期（20世纪90年代）

进入20世纪90年代后，互联网技术飞速发展，无论是企业内部还是外部的信息都得到了极大的开放，而由此产生的信息安全问题跨越了时间和空间，信息安全的中心已经从传统的保密性、完整性和可用性三个原则衍生为诸如可控性、抗抵赖性、真实性等其他原则和目标。

1993年6月，美国、加拿大及欧共体等提出了"信息技术安全评价通用准则（The Common Criteria for Information Technology security Evaluation，CC）"，并将其推广到国际标准。CC定义了系统安全的5个要素：系统安全策略，系统可审计机制，系统安全的可操作性，系统安全的生命期保证，以及针对以上系统安全要素而建立并维护的相关文件。其目的是建立一个各国都能接受的、通用的信息安全产品和系统的安全性评估准则。CC标志着信息安全进入了网络安全时期。

在该时期，信息安全的范畴进一步扩大，国际信息安全组织将其划分为十大领域，包括物理安全、商务连续和灾害重建计划、安全结构和模式、应用和系统开发、通信和网络安全、访问控制领域、密码学领域、安全管理实践、操作安全、法律侦察和道德规划。

在该时期，信息安全的主要威胁是网络入侵、病毒破坏、信息对抗的攻击等，主要保护措施包括防火墙、防病毒软件、漏洞扫描、入侵检测、PKI和VPN等技术手段，并结合安全管理，重点保护信息，确保信息系统及信息在存储、处理、传输过程中不被破坏，确保合法用户的服务和限制非授权用户的服务，以及必须的防御攻击的措施，强调信息的保密性、完整性、可控制、可用性。

4. 网络空间安全,信息保障时期(21世纪以来)

21世纪初,以谷歌、百度为代表的搜索引擎出现,促进了Web网页浏览技术的发展。2005年以后,Web 2.0技术的应用促进了博客、微博、微信等新型业务模式的快速发展,彻底改变了媒体和信息传播的方式。智能终端、APP应用迅速普及,互联网与传统行业加速融合,网络应用深入到金融、交通、物流、医疗、教育、军事等方面,信息安全的范畴不断扩大,引申出一系列相关的概念,如信息主权、信息疆域、信息战等。

所谓信息主权,是指一个国家对本国的信息传播系统和传播内容进行自主管理的权利,是信息时代国家主权的重要组成部分。由此也形成了信息疆域的概念,即同国家安全有关的信息空间及物理载体随着全球社会信息化的深入发展和持续推进,相比物理的现实社会,网络空间中的数字化在各个领域所占的比重越来越大。以数字化、网络化、智能化、互联化、泛在化为特征的网络社会,为信息安全带来了新技术、新环境和新形态,信息安全以往主要体现在现实物理社会的情况发生了变化,开始更多地体现在网络安全领域,反映在全球化的互联互通、跨越时空的网络系统和网络空间之中,信息安全进入了网络空间安全、信息保障时期。

11.2 计算机病毒

1988年10月2日,美国康奈尔大学计算机科学系年轻的研究生莫里斯(Morris)在因特网上启动了他编写的蠕虫程序。几小时内,美国因特网中约6000台基于UNIX的VAX小型机和SUN工作站遭到蠕虫程序的攻击,使网络堵塞,运行迟缓,直接经济损失达6000万美元以上。这件事就像是计算机界的一次大地震,引起巨大反响,震惊了全世界,引发了人们对计算机病毒的恐慌,也使更多的计算机专家重视和致力于对计算机病毒的研究。

1999年的CIH病毒,梅丽莎病毒,以及2003年的冲击波等病毒,都在全世界范围内造成了巨大的经济和社会损失。随着计算机和网络应用的普及,计算机病毒会越来普遍,造成更大范围内的数据破坏和社会财富损失。

11.2.1 计算机病毒的基本知识

1. 病毒的定义

病毒是某些人有意编写的一段可以执行的程序代码。就像生物病毒具有传染性一样,计算机病毒也有独特的自我复制能力,病毒程序能够把自身附着在各种类型的文件上,当文件被复制或从一台计算机传送到另一台计算机时,它们就随同文件传播到了另外的计算机中。

计算机病毒至今还没有确切的定义,不过有许多大致相同或相近的说法。有人定义为:计算机病毒是能够实现自身复制且借助一定的载体存在的具有潜伏性、传染性和破坏性的程序。还有人定义为:病毒是一种人为制造的程序,它通过不同的途径潜伏或寄生在存储媒体(如磁盘、内存)或程序里,当某种条件或时机成熟时,它会进行自我复制并传播,使计算机的资源受到不同程度的破坏。

计算机病毒(Computer Virus)在《中华人民共和国计算机信息系统安全保护条例》中的定义是:"指编制或在计算机程序中插入的破坏计算机功能或者破坏数据,影响计算机使用并且能够自我复制的一组计算机指令或者程序代码"。

2. 计算机病毒的特点

计算机病毒一般具有以下特点。

① 传染性。对于绝大多数计算机病毒来讲，传染是一个重要特性。它通过修改别的程序代码，把病毒代码隐藏到被传染程序中，从而达到扩散的目的。

② 潜伏性。病毒潜入系统后，一般不会立即发作，它可以长时间地潜伏。处于潜伏期的病毒不易被用户发现，甚至不影响系统的正常运行。在一定条件下，如果激活了它的传染机制，就进行传染；如果激活了它的破坏机制，就进行破坏。

③ 隐蔽性。大多数病毒程序都能够隐藏在正常的程序之中，在进行传染时，很难被发现。

④ 破坏性。凡是用软件手段能够触及到的计算机资源都可能受到计算机病毒的破坏。其表现为：占用 CPU 时间和系统内存，从而造成进程堵塞（用户会感到系统的运行明显慢了许多）；对数据或文件进行破坏（如删除磁盘文件，故意格式化磁盘等）；在屏幕上显示乱字符；盗取计算机用户的各种密码（如 QQ 号、银行账号和密码）；盗窃用户计算机中的数据（如科研成果，国家机密，商业密码），如此等等。

3. 计算机"中毒"后的主要症状

一台计算机被病毒感染后，可能会出现以下症状：磁盘坏簇莫名其妙地增多，可执行程序容量增大，计算机的可用系统空间变小，造成异常的磁盘访问，系统启动变慢，磁盘数据莫明其妙地丢失，系统异常增多（如突然死机、突然重启动），屏幕上出现一些无意义的画面或字符，程序运行出现异常现象或不合理的结果，系统不认识磁盘或硬盘，不能引导系统，如此等等。

11.2.2　计算机病毒的寄生方式和类型

1. 计算机病毒的寄生方式

计算机病毒是一种可以直接或间接执行的程序，它依附于其他文件，不能以独立文件的形式存在，只能隐藏在计算机硬件中或现有程序的代码内，是没有文件名的"秘密程序"。病毒的寄生方式主要有以下几种：

① 寄生在磁盘引导扇区中。任何操作系统都有自举的过程（即在计算机加电时，操作系统将自己从磁盘中加载到计算机内存里的过程）。操作系统在自举时，首先要读取磁盘引导扇区中的引导记录（引导扇区是磁盘上的一个特殊扇区，在该扇区中存放有操作系统的系统文件信息。一般说来，磁盘上的 0 磁面 0 磁道 1 扇区就是引导扇区），并依靠这些引导记录将操作系统的系统文件从磁盘加载到内存中。

引导型病毒程序就利用了操作系统自举的这一特点，它将部分病毒代码放在引导扇区中，而将原来引导扇区中的引导记录及病毒的其他部分放到磁盘的其他扇区，并将这些扇区标志为坏簇。这样，在开机启动系统时，病毒首先就被激活了。病毒被激活后，它首先将自身拷贝到高端内存区域，然后设置触发条件。当这些工作完成之后，病毒程序才将计算机系统的控制权转交给原来的引导记录，由引导记录装载操作系统。在系统的运行过程中，一旦病毒设置的触发条件成立，病毒就被触发，然后就进行传播或破坏。

② 寄生在程序中。这种病毒一般寄生在正常的可执行程序中（宏病毒则可寄生在程序源代码中），一旦程序被执行，病毒就被激活。当被病毒感染的程序被激活时，病毒程序会将自身常驻内存，然后设置触发条件，可能立即进行传染，也可能先隐藏下来以后再发作。

病毒通常寄生在程序的首部和尾部，但都要修改源程序的长度和一些控制信息，以保证病毒成为源程序的一部分。这种病毒传染性比较强。

③ 寄生在硬盘的主引导扇区中。主引导扇区中的程序先于所有的操作系统执行，病毒程序隐藏在这里可以破坏操作系统的正常引导。例如，前些年频繁出现的大麻病毒就寄生在硬盘的主引导扇区中。

2. 计算机病毒分类

计算机病毒种类繁多，分类方法也不尽相同，按照病毒的危害性可以将其分为良性病毒和恶性病毒。

良性病毒只表现自己，干扰用户的工作，危害性小，不破坏系统和数据，但大量占用系统资源，使机器无法正常工作，陷于瘫痪。恶性病毒是指其目的是为了破坏计算机系统的软、硬件资源，可能会造成系统瘫痪，或者毁坏数据文件，甚至使计算机停止工作，即使被清除后也无法恢复丢失数据的病毒。如早期的 CIH 病毒、冲击波病毒等。

按照病毒寄生方式可以将病毒分为引导型病毒、文件型病毒和复合型病毒三类。

① 引导型病毒。这类病毒将自身或自身的一部分放到硬盘或软盘的引导扇区内，而把磁盘引导扇区的引导记录及它自身的其他部分隐藏在另外的磁盘扇区中。这种病毒在系统引导阶段就获得 CPU 的控制权，当系统启动时，首先被执行的是病毒程序，使系统带病毒工作，并伺机发作，如大麻病毒。

② 文件型病毒。这类病毒将自身附着在可执行文件中，它感染扩展名为.com、.exe、.ovl、.sys 等类型的文件。宏病毒则常攻击扩展名为.doc、.dot 的 Word 文件（也可以隐藏在其他的 Office 文件中，如 Excel 工作簿、PowerPoint 演示文稿等）。当带有病毒的程序被执行时，文件型病毒才能被调入内存，随后进行传染，如耶路撒冷病毒。

③ 复合型病毒。既能够传染磁盘引导扇区，也能够传染可执行文件，如幽灵病毒。

按照病毒连接的方式可将病毒分为源码病毒、入侵型病毒、操作系统型病毒和外壳病毒。

计算机病毒不是一个独立的文件，它总是隐藏在其他合法程序或文件中。但是，为了取得对 CPU 的控制权，它必须与被传染的程序相连接。连接主要有以下 4 种方式：

① 源码计算机病毒。是用高级语言编写的病毒源程序，它在应用程序被编译之前将自身的程序源码插入到源程序中。在应用程序被编译后，它就成为该应用程序的一部分。

② 入侵型计算机病毒。它将自身连接于被传染程序中间，并替代主程序中部分不常用到的功能模块，这种病毒一般是针对某些特定程序而编写的，难编写，也难消除。

③ 操作系统型病毒。用病毒自身的代码取代操作系统的部分模块（圆点病毒和大麻病毒是典型的操作系统病毒），这种病毒具有很强的破坏力，可以导致整个系统的瘫痪。

④ 外壳病毒。常附在主程序的首尾，对源程序不做更改，这种病毒较常见，易于编写，也易被发现，一般测试可执行文件的长度就能够发现它。

11.2.3 计算机病毒的传染

1. 病毒的传播媒体

① U盘。U盘体积小，易携带，是当前最常用的文件传输介质，人们通过它把文件从一台计算机拷贝到另一台计算机，U盘中的病毒也就从一台计算机传播到了另一台计算机。

② 光盘。目前，各种类型的光盘已被广泛应用于计算机中，用户通过它传输数据，安装软件以及游戏。病毒也就由此在不同的计算机中传播。

③ 网络。因特网引入了新型的病毒传播机制，通过网络，病毒比以往任何时候都扩散得快。

2. 计算机病毒的传染步骤

病毒传播的第一步是驻留内存，其次是通过网络或存储介质（优盘、磁盘、光盘、移动硬盘）进行扩散、传播。病毒进驻内存之后，就会寻找传播机会和攻击对象，一旦符合传染条件时就进行传染，将病毒文件写入磁盘，或者通过网络进行传播。

3. 计算机病毒的触发时机

当计算机感染了病毒之后，病毒一般不会立即发作，而是潜伏下来，等待某个条件成熟时再发作。一般而言，触发病毒的可能条件有：

① 日期/时间触发。计算机病毒程序读取系统内部时钟，当满足设计的时间或日期时就发作。如杨基病毒每当下午 5 点就发作，CIH 病毒在每月的 26 日发作，黑色星期五则每当遇到 13 日且这一天又是星期五才发作。

② 计数器触发。这类病毒程序在其内部设置了一个计数器，当计数器达到指定次数时，病毒就发作。如 2708 病毒，它统计系统的启动次数，当计算机启动 32 次时就发作。

③ 键盘触发。根据键盘的击键次数、访问次数或组合键作为触发条件。如 Devil's Dance 病毒在用户第 2000 次击键时就发作。

④ 特定字符触发。当键入某些特定字符时就发作。如 AIDS 病毒，用户一旦敲入 AIDS 这四个字符时就会发作。

⑤ 感染触发。这类病毒会统计被感染文件的个数、被感染的文件编号或被感染的磁盘个数，当这些统计数据达到一定数量时，病毒就被触发，进行各种破坏作用。如黑色星期天病毒在感染第 240 个文件时就自动发作。

11.2.4　计算机病毒的防治策略

计算机病毒的防治要从防毒、查毒、解毒三方面来进行。对于一个病毒防范系统能力和效果的评价也要从防毒能力、查毒能力和解毒能力三方面进行。

"防毒"是指根据系统特性，采取相应的系统安全措施预防病毒侵入计算机系统。"查毒"是指对于确定的环境，能够准确地报出病毒名称。所谓的环境包括内存、文件、引导区（含主引导区）、网络等。"解毒"是指清除系统中的病毒，并恢复被病毒感染的对象。感染对象包括内存、引导区、可执行文件、文档文件、网络等。

防毒能力是指预防病毒侵入计算机系统的能力。通过采取预防措施，可以准确地、实时地监测、预防经由光盘、软盘、硬盘、局域网、因特网（包括 FTP 方式、E-mail、HTTP 方式）或其他形式的文件下载等多种方式进行的数据复制或数据传输，能够在病毒侵入系统时发出警报，并记录携带病毒的文件，即时清除其中的病毒。对网络而言，能够向网络管理员发送关于病毒入侵的信息，记录病毒入侵的工作站，必要时还能够注销工作站，隔离病毒源。

查毒能力是指发现和追踪病毒来源的能力。通过查毒能够准确地发现计算机系统是否感染有病毒，准确查找出病毒的来源，并能给出统计报告。查毒能力应由查毒率和误报率来评判。

解毒能力是指从感染对象中清除病毒，恢复被病毒感染前的原始信息的能力。解毒能力应由解毒率来评判。

国内外对病毒的防治、检查和清除主要有硬件和软件两种方法。硬件主要是防病毒卡，软件主要是各种杀毒软件。目前较常用的杀毒软件有 SCAN、KILL、瑞星、诺顿、KV300、金山毒霸和卫士 360 等。下面以金山毒霸杀毒软件为例，简要介绍病毒防范软件的应用。

金山毒霸杀毒软件是由金山软件股份有限公司开发的病毒防范程序，能够检查、清除和预防当前绝大多数计算机病毒程序，具有病毒查找、实时监控、清除病毒、恢复被病毒感染的程序或系统的功能。

金山毒霸杀毒软件能够运行于 DOS 和 Windows 等操作系统中，支持在线智能升级，只要安装了金山毒霸软件的计算机系统连接到因特网，系统就能自动监测金山软件公司的最新版本，并能通过网络自动升级。

若 Windows 系统中安装了金山毒霸杀毒软件，用它清除病毒的方法如下。

（1）选择"开始"|"全部程序"|"金山毒霸"|"金山毒霸"，屏幕上会显示出金山毒霸杀毒软件的操作窗口，如图 11-2 所示。

图 11-2　金山杀毒软件

（2）如果只需要对指定的磁盘或文件进行病毒清除，可以单击"自定义扫描"，然后在弹出的文件选择对话框中设置要查毒的文件。然后单击"全盘扫描"或"快速扫描"，就开始清查磁盘上的病毒了，最后会将病毒清查的结果显示在屏幕上。

金山杀毒软件功能强大，具有定时杀毒、硬盘数据备份与恢复、计算机监控等功能，通过它提供的"设置"菜单项还可以对特定的文件类型进行病毒检查。

11.3　信息安全技术

信息在存储、传输过程中若被怀有不良动机的人员盗取或截获，就可能造成泄密或财产损失（如银行账号和密码被盗取）。因此，必须保证信息在网络传输或存储过程中的保密性、完整性和不可抵赖性，即信息安全。当前常用的信息安全技术包括密码技术、数字签名和身份认证等。

11.3.1　信息加密技术

加密技术是最常用的信息保密手段，利用密码算法对重要的数据进行加密计算，将信息（明文）转换成不可识别的乱码（密文）传送，到达目的地后再用解密算法还原成加密前的信息（明文)。即使信息被非法截获，也会因为没有解密算法和密码而无法打开加密文件，这就达到了信息保护的目的。

算法和密钥是加密技术的两个要素，算法是将信息原文与密钥相结合，生成不可理解的密文的计算机程序。密钥管理体制主要包括对称密钥密码体制和非对称密钥密码体制两种，与之对应的数据加密技术也分为对称加密（私人密钥加密）和非对称加密（公开密钥加密）两种，对应的加密、解密过程分别如图 11-3 和图 11-4 所示。

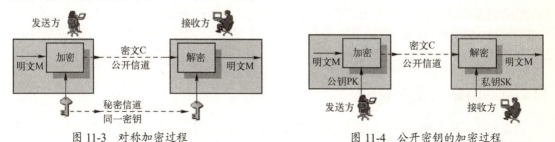

图 11-3　对称加密过程　　　　　　　　　图 11-4　公开密钥的加密过程

对称加密技术的加密密钥和解密密钥相同，即加密密钥也可以用作解密密钥。对称加密算法的特点是使用简单，加密速度快，密钥较短，且破译困难。其典型代表是 IBM 公司提出的 DES（Data Encryption Standard，数据加密标准）和国际数据加密算法（IDEA）。

非对称加密算法有两个密钥：公开密钥和私有密钥。公开密钥与私有密钥是一对，如果用公开密钥对数据进行加密，只有用对应的私有密钥才能解密；如果用私有密钥对数据进行加密，那么只有用对应的公开密钥才能解密。因为加密和解密使用的是两个不同的密钥，所以称为非对称加密算法。非对称加密通常的典型代表是 RSA（Rivest Shamir Ad1eman）算法为代表，它支持变长密钥，通常用于数字签名。

11.3.2　信息认证技术

信息在一个完备的保密系统中通常既要求信息认证，也要求用户认证。信息认证是指信息从发送到接收的整个过程中没有被第三方修改或伪造；用户认证是指通信双方都能证实对方是本次通信的合法对象。常用的认证技术有数字签名、身份识别和三方认证。

① 数字签名（Digital Signature）又称为公钥数字签名或电子签章，是附加在电子文件中的电子签字或签章，可以区分真实数据和伪造、被篡改过的数据，类似人们在文件资料中的签名或加章。数字签名用于保证信息传输的完整性，证实发送者的身份，防止交易中的抵赖发生。

数字签名主要采用非对称加密技术实现，信息发送方使用自己的私钥对数据进行校验或加密处理，完成对数据的签名，数据接收方则利用公钥来对收到的数字签名进行解密，并对解密结果数据进行完整性检验，以确认签名的合法性。数字签名技术是在网络环境中确认身份的重要技术，类似于现实过程中的"亲笔签字"，在技术和法律上有保障。

② 身份认证是指计算机及网络系统确认用户身份的过程，身份认证技术包括很多类型，如静态密码、动态密码、数字证书、指纹识别、IC 卡，以及视网膜和声音等生理特征技术。

③ 数字证书是由一个称为证书授权（Certificate Authority，CA）的权威机构签发的，包含用户身份信息的数据文件，相当于用户的"网上身份证"，可以用来验证用户在网络中的身份，也可以用于数字签名和信息的保密传送。

CA 机构是基于互联网平台建立的一个公正、独立、有权威性、广受信赖的组织机构，是受信任的第三方，承担公钥体系中公钥合法性检验的责任，主要负责数字证书的发行、管理及认证服务。它负责产生、分配并管理所有参与网上交易的个体所需要的数字证书，以保证网上业务安全可靠地进行。我国目前的数字认证中心有 100 多家，如中国金融认证中心（http://www.cfca.com.cn）、上海市数字证书认证中心（http://www.sheca.com）等。

具有 CA 机构数字签名的数字证书使得攻击者不能伪造和窜改。数字证书采用公钥体制，即利用一对互相匹配的密钥进行加密、解密。每个用户自己设定一个只有本人知道的私钥，用它进行解密和签名；同时还设定一个公钥并由本人公开，为一组用户所共享，用于加密和验证签名。当发送一份保密文件时，发送方使用接收方的公钥对数据加密，而接收方则使用自己的私钥解密，这样信息就可以安全到达目的地了。

11.3.3 信息安全协议

安全协议又称为密码协议，是建立在密码学基础上的一种通信协议，用密码算法来实现身份认证和密钥分配，保障信息在网络中的安全传递与处理。安全协议广泛应用于金融、电子商务、电子政务、军事和科技等方面。常用的安全协议包括 SET、SSL 和 PKI 等。

① SET（Secure Electronic Transaction）协议即安全电子交易协议，是由 Master Card 和 Visa 联合 Netscape、Microsoft 等公司设计开发的一种电子支付模型，用于解决用户、商家和银行三方之间通过信用卡交易的支付问题。SET 的核心技术包括对称和非对称加密技术、数字签名、电子信封、数字证书等，提供了许多保证交易安全的措施。

SET 协议采用了双重签名技术对 SET 交易过程中消费者的支付信息和订单信息分别签名，使得商家看不到支付信息，只能接收用户的订单信息；而金融机构看不到交易内容，只能接收用户支付信息和账户信息，从而充分保证了消费者账户和定购信息的安全性。

除了双重签名技术外，SET 协议还采用了 X.509 电子证书标准、数字签名、报文摘要等技术，可以确保商家和客户的身份认证和交易行为的不可抵赖性。同时，SET 协议还使用了数字证书对交易各方的合法性进行验证，确保交易中的商家和客户都是合法可信赖的。

SET 协议是公认的信用卡网上交易国际标准，用于保证在互联网上使用信用卡进行在线购物的安全，是电子商务交易中的主要安全协议。

② SSL（Secure Socket Layer）协议即安全套接层协议，是基于 Web 应用的安全协议，综合使用了公钥加密技术、私钥加密技术和 X.509 数字证书技术，来保护信息传输的机密性和完整性，但不能保证信息的不可抵赖性。SSL 协议适用于点对点之间的信息传输，提供的主要服务有：认证用户和服务器，确保数据发送到正确的客户机和服务器；加密数据，以防止数据中途被窃取；维护数据的完整性，确保数据在传输过程中不被改变。

SSL 是用户与网络之间进行保密通信的事实标准，几乎所有的浏览器都内置了 SSL 技术。然而对于电子商务应用来说，由于 SSL 不对应用层的消息进行数字签名，虽然可以保证信息的真实性、完整性和保密性，但不能提供交易的不可抵赖性服务，其安全性不及 SET 协议高。

③ PKI（Public Key Infrastructure，公钥基础设施）是利用公钥理论和技术建立的提供安全服务的基础平台，是一套完整的网络安全解决方案，能够为所有网络应用提供加密、数字签名及其所需的密钥和证书管理体系，人们可以通过 PKI 平台提供的服务进行安全通信。

PKI 主要包括加密、数字签名、数据完整性机制、数字信封、双重数字签名等技术，并具有权威认证机构 CA，此机构在公钥加密技术基础上对数字证书的产生、管理、存档、发放和撤销进行管理。CA 是 PKI 的核心，包括实现其功能的全部硬件和软件、人力资源、相关政策和操作程序，以及为 PKI 体系中的全体成员提供的安全服务。目前，PKI 技术是信息安全技术的核心，也是电子商务的关键和基础技术。

11.4 网络空间安全

11.4.1 网络空间安全概述

1. 网络空间的发展

1984 年，作家威廉·吉布森在他的科幻计算机网络小说《神经漫游者》中描写了网络独行侠凯斯，被派往全球电脑网络构成的空间中执行一项冒险任务。凯斯只需在大脑神经中植入插座，接通电极就可以感知计算机网络，当网络与人的思想意识合而为一后，就能够进入一个巨大的空间并在其中遨游，该空间里没有鸟兽山河，也没有城镇村庄，只有庞大的三维信息库和各种信息在高速流动。吉布森把这个空间取名为"赛伯空间"（Cyberspace），也就是现在所说的"网络空间"。虽然是科幻小说，但其构造的赛伯空间与当前的网络空间非常接近。

2005 年 2 月，美国总统信息技术顾问委员会在报告《网络空间安全：迫在眉睫的危机》（Cyber Security: A Crisis of Prioritization）中，首次正式提出了网络空间安全（Cyber Security）一词，该报告建议联邦政府建立新的网络和信息安全体系结构及安全技术，从而保障美国国家 IT 基础设施的安全，保持美国在 IT 领域的全球领先地位。2008 年，美国政府发布了国家网络安全综合倡议；2009 年，发布了《网络空间政策评估：确保信息和通讯系统的可靠性和韧性》报告，成立了网络战司令部，并任命网络安全专家担任"网络沙皇"。2009 年，英国也提出了"网络安全战略"，并将其作为同时推出的新版《国家安全战略》的核心内容。

什么网络空间呢？时至今日，尚无确切的定义。学术界或者民用领域通常将其等同于传统的网络系统或网络信息空间，而军事领域则将电磁空间也包括进来，认为计算机网络和电磁空间是一个统一的整体，即网络—电磁空间。近年来，随着大数据、云计算和物联网的发展和应用，网络空间的概念进一步扩大。

物联网是一种通过信息传感设备，按照约定的协议，把所有物体与互联网连接起来，进行信息交换和通信，以实现智能化识别、定位、跟踪、监控和管理的一种网络。物联网是在互联网基础上延伸和扩展的网络，先把世界上所有的物体都连接到一个网络中，形成"物联网"，然后"物联网"与现有的"互联网"结合，最终形成物与物、人与物之间的自动化信息交互与处理的智能网络。

如果说物联网扩展了网络基础设施，云计算和大数据则丰富了网络中的信息内容。越来越多的企业和个人运用大数据分析，利用云计算系统实现信息化管理与办公。信息技术已经植根到了人们的生活和工作之中，网络不再只是传统的计算机网络，而是一个人造的、广阔的虚拟网络空间，已经成为人类活动不可缺少的场所、环境和工具，对其依赖性越来越大。人们可以在虚拟网络空间中工作、学习和娱乐，可以是真实的身份，也可以是匿名的身份，可以合作交流，也可以竞争对抗。同时，网络空间及其存在的信息也成了敌对势力和恶意人员的攻击目标。

2011 年 7 月，美国国防部发布了《网络空间行动战略》，明确将网络空间与陆、海、空、太空并列为五大行动领域，将网络空间列为作战区域，提出了变被动防御为主动防御的网络战进攻思想，提出了"确立网络空间的应有军事地位，进行主动防御，保护关键设施，防护集体网络，加强技术创新"五大倡议,加快了网络空间军事化的进程,同时也将信息安全提升到了事关国家安全的高度。至此,网络空间及其安全问题上升到了前所未有的高度。

简单地说,网络空间是继海、陆、天空、太空之后,人类对全球空间的新认识,即网络空间与现实空间中的陆域、海域、天空域、太空一起,共同形成了人类自然与国家社会的公域空间,具有全球空间的性质,如图 11-5 所示。

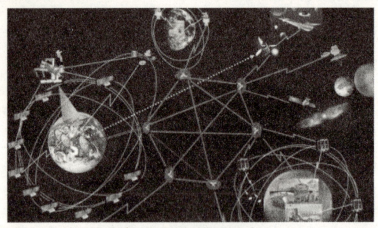

图 11-5 网络空间示意

同疆土具有国界一样,一个国家对其建设的网络空间拥有控制的主权。国家网络空间是指该国运营、许可运营、以及按传统主权疆域依法管理的全部网络信息系统的总体,包括地理位置超越其领土、领海、领空的通信设备(如海底光纤、地球卫星,以及无线传输介质如声、电磁波、可见光等)和分布在全世界的上述信息系统的用户(包括设备和使用者,如领馆及出访的元首)。

注意,网络空间的通信设备还包括可以利用载波传输数据的公众电力网——几乎与所有网络信息系统连接并且侦测后者传输的信息,以及信息可外泄的单机、非始终联网或非实时联网的数据存储设备如手机、U 盘、相机和录音机等。

2. 网络空间安全的重要性

网络空间中的信息安全远比以往要复杂得多,之前的网络安全主要包括传统的信息系统安全和计算机安全,侧重点是网络的线上安全和网络社会安全。网络空间安全则在此基础上有了进一步扩展。在网络空间中,由于大量运用了物联网、智慧城市、云计算、大数据、移动互联网、智能制造、空间地理信息集成等新一代信息技术或信息载体,这些新技术和新载体都与网络紧密相联,形成了跨时空、多层次、立体化、广渗透、深融合的信息安全新形态,具有网络和空间的特征。其侧重点是与陆、海、空、太空等并行的空间概念,更加注重空间和全球的范畴,一开始就具有军事性质。

在网络空间中,网络武器、网络间谍、网络犯罪、网络政治动员等相继产生,信息安全的范畴不段扩大,涉及网络政治、网络经济、网络文化、网络社会、网络外交、网络军事等诸多领域,而且安全侵害的手段多、速度快,且威胁不可预知,致使安全主体易受攻击,易形成群体极化。

在当前,网络空间已经被公认为与领土、领海、领空(天空)并列的国家新维度疆域,网络空间安全的重要性得到世界各国的高度重视。截至 2014 年,已有包括中国、美国、英国、法国、德国、俄罗斯在内的 40 多个国家和地区颁布了网络空间国家安全战略,以争取和维护网络空间中的优势地位,维护自身网格空间的权益。仅美国就颁布了 40 多份与网络安全有关的文件。

我国非常重视网络空间安全的建设，2014 年成立了中央网络安全和信息化领导小组，标准着网络安全上升为国家战略。为了实施国家安全战略，加快网络空间安全高层次人才培养，国务院学位委员会 2015 年在"工学"门类下增设了"网络空间安全"一级学科，授予"工学"学位；2016 年，下发了《国务院学位委员会关于同意增列网络空间安全一级学科博士学位授权点的通知》，当年的首批网络空间安全一级学科博士学位授权点共 29 个。

11.4.2　网络空间安全的主要威胁

截至 2015 年底，全球网民数量达到 31.74 亿，我国网民规模达 6.88 亿，手机网民规模达 6.2 亿，域名总数为 3102 万个。2015 年，我国陆续出台了"互联网＋"行动计划、"宽带中国 2015 专项行动"等举措，以加快网络强国的建设。据统计，我国目前已有超过 80%的涉及国计民生的关键基础设施都依靠网络信息系统。

网络在为人们的工作带来便利、提高效率的同时，也带来了更为严峻的安全问题。一方面，网络空间的内容越来越丰富，包括国家机密、国家基础设施、政治、军事、经济、个人私密与财产信息等诸多方面，这些信息比以往更容易触及和获取；另一方面，网络罪犯接入网络更加便捷，通过计算机、智能手机、可穿戴设备、手持终端等可以随时随地接入网络空间进行信息访问，降低了网络破坏和犯罪的成本，自然会带来更多的安全问题。

中国互联网协会《2016 中国网民权益保护调查报告》显示，从 2015 年下半年到 2016 年上半年的一年内，我国网民因垃圾信息、诈骗信息、个人信息泄露等遭受的经济损失高达 915 亿元。网民遭遇冒充公安、社保等部门进行的诈骗，以及社交软件上受到诈骗的情况呈现增长趋势，据不完全统计，76%的网民曾遇到过冒充银行、互联网公司、电视台等进行中奖诈骗的网站，37%的网民因收到各类网络诈骗而遭受经济损失，54%的网民认为个人信息泄露情况严重，84%的网民曾亲身感受到由于个人信息泄露带来的不良影响。近一年来，我国网民因垃圾、诈骗信息、个人信息泄露等遭受的经济损失为人均 100 元以上，9%的网民经济损失在 1000 元以上。

1. 国家面临的网络空间安全问题

网络空间已经成为继陆地、海洋、天空、太空之后的"第五空间"，在此空间中，社会公众参与面的广泛性、表达方式的多样性、交互手段的随意性是任何传统媒体都难以比拟的，网民的心理状态、知识结构、价值观念、道德修养和思维方式可以原生态地呈现，西方国家借助经济、文化发达的区域优势，通过特定的海量宣传、论坛跟帖、社交袭扰等手段对目标对象国进行价值观破解，进而引发政治离心倾向和社会心理危机。

因范围上的超疆域和结构上的渗透性，网络空间已成为当前国际战略文化博弈的主战场，以互联网为工具进行意识形态渗透甚至可以使现实世界中的国家政权颠覆。当一个国家出现重大舆情或社会焦点事件时，通过网络集中攻击或者域名劫持，使网民非理性的宣泄和不良心理易被敌对势力所利用，从而撕裂理性的网络交流，严重破坏网络文化价值体系，甚至能够让一个国家在互联网版图上消失。例如，在 2011 年的"茉莉花革命"中，以推特（Twitter）、脸谱（Facebook）等为代表的社交媒体发挥了推波助澜的作用，导致中东、北非多个政权迅速瓦解。

2014 年，黑客攻击事件频发，其中最大的一起莫过于索尼影业遭攻击，包括员工信息、财务信息、通信邮件及影片剧本等多种数据泄露，由一场普通的企业信息泄露事件演化成国际政治事件。此事牵动了朝鲜、美国、韩国等政府。

2015 年，针对我国网络空间实施的安全事件也时有发生。例如，境外"海莲花"黑客组织多年以来针对我国海事机构实施 APT（Advanced Persistent Threat，高级持续性威胁。APT 是黑客以窃取核心资料为目的的网络攻击和侵袭行为，是一种"恶意商业间谍威胁"）攻击；国内安全企业发现了一起名为 APT-TOCS 的长期针对我国政府机构的攻击事件。2015 年，Hacking Team 公司的信息泄露事件揭露了部分国家相关机构雇佣专业公司对我国重要信息系统目标实施网络攻击的情况。

据抽样监测，2015 年共发现 10.5 万余个木马和僵尸网络控制端，控制了我国境内 1978 万余台主机。其中，位于我国境内的控制端近 4.1 万个，境外有 6.4 万多个。全年我国境内有近 5000 个 IP 地址感染了窃密木马，存在泄密和运行安全风险。

2．军事方面的网络空间安全问题

20 世纪 40 年代，计算机一开始就为军事应用而产生，在此后发展至今的历程中，从来就没有脱离过军事。美军在 2009 年成立了网络战司令部，2013 年初又开始组建网络部队，其网军由 3 个分支组成：一支执行进攻任务的作战部队，一支保护国防部内部网络的网络保护部队，一支保护美国重要基础设施的国家任务部队。迄今已建成了网络部队 123 支，总人数近 5000 人，其目标是 2018 年建成 133 支具有全面作战能力的网络部队。

美国是第一个提出网络战的国家，网络战司令部的建设意味着未来战争转变为依托网络的信息化战争，网络部队成为在网络中进行作战的一种新型作战力量，或者是一个新的作战兵种，今后在网络上的防御行动可能会变为次要行动，而攻击行动则会变为主要行动。这种调整也是美国战略转型的重要组成部分，将陌生空间、虚拟空间和以前的边缘空间安全领域建立为核心竞争力。图 11-6 和图 11-7 分别是美军网络司令部内景图和美军设想的未来战争模型图，从中可以了解到网络信息对战争的影响何其巨大，战争甚至不需要部队的真实交锋就能够决定成败。

图 11-6　美国网络司令部内景

图 11-7　美军未来战争模型

网络战加快了信息技术渗透到军事各领域的进程，使战争形态由机械化向信息化演变，精准高效打击成为制胜的关键。2011 年，美国利用 GPS 卫星定位和直角坐标经纬度对本·拉登进行了定位，并通过精准袭击击毙了本·拉登，就是典型的信息战例子。

在当前，网络作战行动已进入实战化，美国等世界主要国家正在加快网络安全战略的制定，普遍增加经费、人员等投入，大力发展网络空间作战力量，致力于提升网络攻击能力，打造网络军事同盟，以期在未来的新型战争中取得战略主动权。

3．网络社会管理方面的安全问题

当前，网络空间已经成为人类社会的"第二活动空间"，任何人只有一部小小的手机就可以进入网络空间。对于网络犯罪分子而言，网络空间是一个越来越有吸引力的攻击对象和赚钱来源，他们会制造破坏,甚至对企业和政府机构实施网络攻击。在真实社会中存在的各种犯罪活动,都在源源不断地迁入网络空间中,这对传统社会治理方式带来很大挑战。在舆论影响方面,互联网在传播社会正能量的同时,也被利用为煽动民众情绪,助推事件升级的重要工具,网络暴力、网络谣言、网络欺诈时有发生。

(1) 网络诈骗

网上诈骗是指通过伪造信用卡、制作假票据、篡改电脑程序等手段来欺骗和诈取财物的犯罪行为。2016 和 2 月,浙江人小胡急需钱,在网上发现一个网站可以办理信用卡,额度 3～100 万元不等,于是填写了自己的信息。很快就有人和他联系,说收到了他的申请,但办卡需要 600 元制作工本费,之后对方寄他一张假的信用卡,称需要"激活",又向他索要各种费用。小胡前后花了近万元,但这张卡还是刷不出钱来,于是报了警。6 月 29 日,在公安部刑侦局统一指挥下,浙江、湖北等多省公安厅整体协调,同时收网,抓捕了 35 名涉案人员。此案涉及全国 33 省市,受害者有 1500 余人,涉案金额 2000 余万元。据统计,仅 2016 年 1～5 月,全国电信网络诈骗案件多达 24 万余起,群众被骗金额达 70.4 亿元。

(2) 网络赌博

在网络时代,赌博犯罪也时常在网上出现。美国纽约曼哈顿区检察院曾于 1998 年 2 月底对在互联网上赌博的 14 名赌徒进行了起诉。负责该案的美国联邦检察官认为,美国有几十个公司利用因特网和电话进行体育赌博活动,每年赌资可能有 10 多亿美元。2016 年 7 月,宁海警方打掉一起涉案金额上亿元的"六合彩"网络赌博案件,抓获 36 名犯罪嫌疑人,查扣涉案计算机 12 台、手机 45 部、银行卡 49 张。

(3) 网络洗钱

网上银行给客户提供了一种全新的服务,顾客只要有一部与国际互联网络相连的电脑或手机,就可在任何时间、任何地点办理该银行的各项业务。这些方便条件为"洗钱"犯罪提供了巨大便利,利用网络银行清洗赃款比传统洗钱更容易,而且可以更隐蔽地切断资金走向,掩饰资金的非法来源,侦破难度大。

2008 年,闻某发现某家购物网站,只要输入账号、密码、姓名等信用卡用户的正确个人信息,就能够从交易支持平台骗得现金,于是他通过 QQ 购买了 100 多张国外信息卡的信息资料。此后,闻某在该购物网站上注册了 2 卖家,并在网上发布了虚假的出售产品的广告,随即又注册 113 个买家,然后利用购买的信息卡信息,用自己的 113 个买家向前面注册的 2 个卖家购买货物,并将钱打给交易支付平台。最后,闻某利用卖家的权限发现虚假的发货信息,再用买家身份发出"交易完成"的到货说明,并向支付平台发出收款信息,这样支付平台就把信用卡中的钱打到他的招商银行卡。

由于国外信用卡刷的都是美元,闻某收到钱后,电话通知招行将卡内的美元按当天汇率换成人民币,然后从 ATM 机提取现金。警方破案发现,闻某在 1 个月内虚假交易 200 多次,涉案金额 6 万美元。

(4) 网络传销

网络传销和现实中的传销差不多,是传统传销的变种。它利用网络等手段进行传销,传销者通常有自己的网站,通过拉人加入,人拉人然后拉下线,拉得越多赚钱就越多。虽然网络传销交的会费低,但是人数多,发展快,影响恶劣。2015 年 10 月,大连警方破获了全国首例利用微信实施传销谋利的特大网络传销案,抓获 5 名涉案犯罪嫌疑人。此案是一起新型的利用互联网实施的犯罪案件,因参与门槛低、返利高,微信平台推广,发展速度迅猛,仅半个月便吸纳会员 64.4

万人，其中已缴费会员 16.3 万人，非法谋利 170 多万元。会员遍及全国所有省份及港澳台地区，以及境外多个国家。

（5）网络盗窃

网上盗窃案件以两类居多：一类发生在银行等金融系统，一类发生在邮电通信领域。前者的主要手段表现为通过网络将他人账户上的存款转移到虚开的账户上，或者将现金支付给实际上不存在的另一家公司，从而窃取现金。在电信领域，网络犯罪以盗码并机犯罪活动最突出。

（6）网络教唆或传播犯罪方法

网上教唆他人犯罪的重要特征是教唆人与被教唆人并不直接见面，教唆的结果并不一定取决于被教唆人的行为。这种犯罪有可能产生大量非直接被教唆对象，同时接受相同教唆内容等严重后果，具有极强的隐蔽性和弥漫性。

（7）网上色情

有了互联网，所有人都可以在全世界范围内查阅色情信息。互联网比传统的传播淫秽物品行为更具广泛性、集中性和快捷性。

（8）高技术污染

在网络空间中传播有害数据、发布虚假信息、滥发商业广告、侮辱诽谤他人的犯罪行为。

4．产业方面的网络空间安全问题

随着云计算、大数据、物联网、虚拟动态异构计算环境等新型信息技术应用的推广普及，特别是新一代信息技术与制造业的深度融合，工业互联网成为推动制造业向智能化发展的重要支撑，越来越多事关国计民生的关键基础设施都依靠网络信息系统，进入了网络空间，为敌对势力、犯罪分子及恐怖分子对网络设备、域名系统、工业互联网等基础网络和关键基础设施进行攻击提供了更多的机会。近年来，针对全球民航、汽车、医疗、交通、核工业等领域有组织的网络攻击事件频频发生，能源、关键制造、电力等重要基础设施的工控系统普遍成为网络攻击的重点。

2010 年伊朗发生"震网"事件，其核设施关键操作系统遭受到来自网络的严重破坏，使得伊朗核计划被迫推迟两年。2015 年 12 月，因遭到网络攻击，乌克兰境内近三分之一的地区发生了断电事故。据分析，此次网络攻击利用了一款名为"黑暗力量"的恶意程序，获得了对发电系统的远程控制能力，导致电力系统长时间停电。

近年来，我国也已发生了多起针对工业控制系统的网络攻击，2015 年国家信息安全漏洞共享平台共收录工控漏洞 125 个，发现多个国内外工控厂商的多款产品普遍存在缓冲区溢出、缺乏访问控制机制、弱口令、目录遍历等漏洞风险，可被攻击者利用实现远程访问。2015 年，境外有千余个 IP 地址对我国大量使用的某款工控系统进行渗透扫描，有数百个 IP 地址对我国互联网上暴露的工控设备进行过访问。

5．网络空间的个人隐私安全问题

在移动互联、网络社交、定位系统与大数据分析广为应用的今天，手机、导航仪、计算机、电视机、可穿戴设备等都可能成为数据的记录端口，加上从电子商务消费者平常交易中采集到的数据，借助强大的搜索引擎和数据挖掘技术，通过计算机可以容易地从网络空间中获取大量的个人隐私数据，如个人的姓名、身份、肖像、声音、消费习惯、病历、宗教信仰、财务资料、工作、住所、社会关系、犯罪前科等记录。比如，通过分析用户的微信、微博信息，可以发现用户的政治倾向、消费习惯、个人偏好、好友君等，从这些信息中获取商机固然有利，但如何防止这些数据被莫名泄露或被不法分子利用，也面临严峻的挑战。

2013 年，斯诺登揭露了"棱镜"窃听计划：美国情报机构自 2007 年起一直在 9 家美国互联网公司中进行数据挖掘工作，从音像、视频、图片、邮件、文档以及连接信息中分析个人的联系方式与行动。监控 10 种类型的电子信息：信息电邮，即时消息，视频，照片，存储数据，语音聊天，文件传输，视频会议，登录时间，社交网络资料的细节。其中包括两个秘密监视项目：一是监视、监听民众电话的通话记录，二是监视民众的网络活动。这引发了全人类对网络空间个人隐私保护的担忧。

对个人隐私而言，由于信息技术产品存在漏洞、安全措施不到位等原因，近年来大规模数据泄露事件频繁发生。2013 年，中国人寿 80 万投保用户个人信息泄露。2014 年，"12306"网站泄露 13 万用户个人信息。2015 年，我国发生多起危害严重的个人信息泄露事件。例如，某票务系统近 600 万用户信息泄露事件，约 10 万条应届高考考生信息泄露事件，某应用商店用户信息泄露事件等。针对安卓平台的窃取用户短信、通信录、微信聊天记录等信息的恶意程序爆发，安卓平台感染此类恶意程序后，大量涉及个人隐私的信息被通过邮件发送到指定邮箱，抽样监测发现 2015 年恶意程序转发的用户信息邮件数量超过 66 万封。

个人信息泄露引发网络诈骗和勒索等"后遗症"，不法分子利用个人信息进行的网络欺诈、网络钓鱼等犯罪活动频频发生，严重侵害了公民的个人财产和个人隐私等权益。2015 年发生了多起因网购订单信息泄露引发的退款诈骗事件，犯罪分子利用遭泄露的收件地址和联系方式等用户购物信息，向用户发送虚假退款操作信息，迷惑性很强，造成网民财产损失。在中国，还出现了犯罪团伙通过关注父母微博，绑架孩子的恶性事件。

6．网络空间中的其它安全问题

网络空间除了以上几类主要的安全威胁外，还有网上侵犯知识产权、网络贩枪、网络贩毒、网上恐怖、网上报复、网络谣言、网上盯梢等多种类型的安全问题。概言之，现实生活中有的犯罪活动，都已经或正在迁移到网络间空中。

11.4.3　网络空间安全的主要技术

网络空间安全涉及的内容非常广泛，其中最为重要的是网络安全。网络安全是指网络系统的硬件、软件及系统中的数据受到保护，不受恶意或偶然的因素而遭到破坏、更改或泄露，使系统持续可靠地正常运行，网络服务不中断。然而，在网络环境中，病毒、本马、蠕虫、黑客等经常对信息资源或信息的传输过程实施攻击，威胁网络安全。

一般而言，网络通信过程中常见的安全威胁主要有中断、伪造、篡改、截获四种。中断是指攻击者有意中断他人在网络上的通信；伪造是指攻击者仿造信息在网上发布；篡改是指攻击者故意篡改在网络中传送的报文；截获是指攻击者利用通信介质的电磁泄漏或者搭线窃听等手段获取他人在网络中通信的内容。

对于信息资源网络的攻击主要有：① 非授权访问，即在没有得到授权许可的情况下，对网络设备及信息资源进行非正常使用或越权使用等；② 冒充合法用户，指利用各种假冒或欺骗的手段非法获得合法用户的使用权限，以达到占用合法用户资源的目的；③ 破坏数据的完整性，使用非法手段，删除、修改、重发某些重要信息，干扰用户的正常使用；④ 干扰系统正常运行，指改变系统的正常运行方法，减慢系统的响应时间等。

统计数据表明，近年的网络罪犯及黑客对网络进行攻击的主要技术手段包括：木马和僵尸网络、移动互联网恶意程序、拒绝服务攻击、漏洞、网页仿冒、网页篡改等，如图 11-8 所示。许多

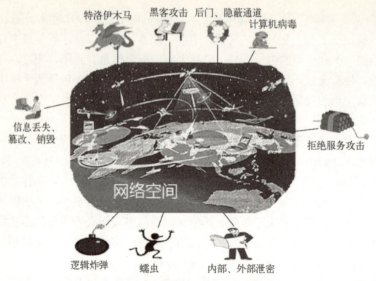

图 11-8　网络空间的安全问题

网络空间安全事件都是用这些技术手段实现的,而防范这些攻击手段的安全防范技术主要有以下几种。

1. 防火墙技术

防火墙是设置在被保护的内部网络(也可以是一台独立的个人计算机)和外部网络之间的硬件和软件的组合,它能够对内部网络和外部网络之间的通信进行控制,通常用来防止从外部(Internet)到内部网络或到 Intranet 的未授权访问,如图 11-9 所示。

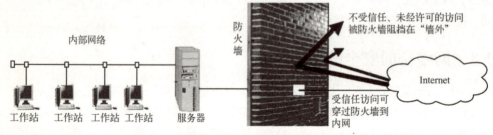

图 11-9　防火墙示意

防火墙在某种意义上可以说是一种访问控制产品。它在内部网络与不安全的外部网络之间设置障碍,阻止外界对内部资源的非法访问,防止内部对外部的不安全访问。主要技术有:包过滤技术、应用网关技术、代理服务技术。防火墙能够有效地防止黑客利用不安全的服务对内部网络的攻击,并且能够实现数据流的监控、过滤、记录和报告等功能,较好地隔断内部网络与外部网络的连接。

概言之,通过防火墙可以:限制他人或入侵者进入内部网络,过滤掉不安全的服务,阻止非法用户进入系统,限制对特殊站点的访问,监视局域网(或个人计算机)的安全。

防火墙可由独立的硬件实现,也可由软件实现。在个人计算机中经常使用软件形式的防火墙,如天网防火墙软件。Windows 7 系统也为用户提供了防火墙功能,称为 Internet 连接防火墙(ICF),它允许受信任的网络通信通过防火墙进入内部网络(或个人计算机),但拒绝不安全的通信进入内网。ICF 的设置和应用过程如下:

<1> 选择"开始"|"控制面板"|"系统和安全"|"Windows 防火墙",弹出"Windows 防火墙"对话框。

<2> 选择"Windows 防火墙"对话框中的"自定义设置",弹出图 11-10(a)所示的防火墙自定义对话框,通过它可以启用或关闭 Windows 防火墙。

<3> 如果要对外网访问本地计算机或本地计算机访问外网进行更严格的管控,可以单击"Windows 防火墙"对话框中的"高级设置"选项,弹出图 11-10(b)所示的"高级安全 Windows 防火墙"对话框。通过此对话框中的"入站规则"和"出站规则"可以设置本机访问网络或网络访问本机的条件。

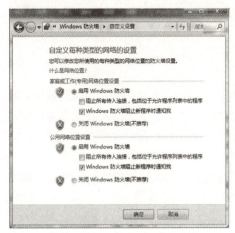

(a)启用或关闭Windows防火墙　　　　　　(b)设置进出防火墙的规则

图 11-10　启用防火墙

通过防火墙的设置,可以指定本机能够访问的外网,也可以指定可以访问本机的外网,对于不符合条件的访问,防火墙就会阻止它。

2. 木马防范

木马又称特洛伊木马,是一种后门程序,此名称来源于希腊神话《木马屠城记》。传说古希腊联军围攻特洛伊城十年都未能成功,于是制造了一匹异常高大的木马,让士兵隐藏在木马中,然后假装撤离了部队,而将木马丢弃在特洛伊城下。城中人见围城已解,就将"木马"作为战利品拖入城内。到午夜时分,全城军民尽入梦乡,隐藏在木马中的士兵打开了城门,里应外合,焚屠了特洛伊城。后来,人们称这匹木马为特洛伊木马。

如今,木马成了一种黑客程序的代名词,主要指在人们正常访问的程序、电子邮件附件、即时通讯工具(如 QQ、MSN)以及网页中隐藏了可以控制用户计算机的程序,拥有这些隐藏的控制程序的人可以通过网络控制用户计算机,盗取用户计算机中的各种文件、程序,以及用户计算机中使用过的帐号和密码等资料。

现在,许多防病毒软件如金山毒霸、诺顿、瑞星、卫士 360 等都可以防治和清除木马程序。

3. VPN

VPN(Virtual Private Network)即虚拟专用网络,是对企业内部网的扩展,它使用隧道技术、密码技术、密钥管理技术、使用者与设备身份认证技术,通过公用网络(通常是因特网)在两个或多个内部网之间建立的临时、安全的连接,是一条穿过公用网络的安全、稳定的隧道,在不同的内部网络间传送信息。

虚拟专用网技术可以用来在互联网中建立企业网站之间安全通信的虚拟专用线路，经济有效地连接到商业伙伴和用户。可以帮助远程用户、公司分支机构、商业伙伴及供应商同公司的内部网建立可信的安全连接，并保证数据的安全传输。

4．入侵检测系统

入侵检测系统（Intrusion detection system，IDS）是一种对网络传输进行即时监视，当发现可疑传输时就发出警报或者采取主动反应措施的网络安全设备。它与其他网络安全设备的不同之处在于，IDS是一种积极主动的安全防护技术，它会根据已有的各种攻击程序的代码对进出于被检测网段的信息代码进行监控、记录和分析，一旦发现危险就告警或采取措施，从而防止针对于网络的攻击或犯罪行为。

5．黑客防范

黑客是指那些对计算机技术和网络技术非常精通，利用网络安全的脆弱性，以网络系统的漏洞和缺陷为突破口入侵网络系统，进行网络破坏或恶作剧的人。黑客多数是编程技术高超的程序员，他们在网络中的破坏活动通常包括修改网页、非法进入主机、破坏程序、侵入银行网络并转移资金、窃取网上信息、进行电子邮件骚扰以及阻塞用户和窃取密码等。

黑客采用的攻击技术较多，通常包括：口令破解、系统漏洞、缓冲区溢出攻击、IP欺骗和嗅探攻击、拒绝服务和端口扫描等。

（1）口令破解

黑客通常采用的口令破解技术包括密码算法，字典攻击，虚假登录等。密码算法是指黑客利用各种加密算法和解密算法反复尝试各种口令，直到成功。一种常见的方法是采用某种候选密码生成算法，不断生成密码并尝试用它登录系统，直到成功。

许多用户选择密码时会很草率，如采用生日、身份证号、电话号码、姓名或其他易于记忆的单词或数字，黑客可以收集这些内容并将它们集中在一个文件中，叫做字典。在攻击时，就从字典中选取候选密码去尝试登录系统。

虚假登录是指设计一个与真登录程序外观完全相同的假登录程序并嵌入到相关的网页中，当用户在其中输入用户名和密码后，此程序就会将它记录下来。攻击者可由此获取用户帐户和口令。

（2）IP欺骗和嗅探攻击

IP欺骗是将网络中的计算机A伪装成另一台主机B，欺骗网络中的用户误将计算机A认为是主机B，并向它发送信息或资料，或者允许假冒者进入其系统或修改系统中的数据。

在一般情况下，网卡只接收和自己的地址有关的数据包，即传输到本地主机的数据包。嗅探（又称为网络监听）通过改变网卡的工作模式，让它可以接收流经该计算机的所有网络数据包，这样就能够捕获储存在这些数据包中的密码、各种信息、秘密文档等信息。

（3）系统漏洞

无论是应用程序还是操作系统，它们在设计上总会存在缺陷或错误，称为漏洞，黑客通常利用漏洞来植入木马、病毒或实施缓冲区溢出攻击，由此来攻击或控制网络中的计算机，窃取别人计算机中的重要资料和信息，甚至破坏系统。

（4）端口描扫

端口是计算机与外界通讯交流的数据出入口，包括硬件端口和软件端口。硬件端口又称接口，如USB、Rs232端口等。软件端口一般指网络中进行数据传输的通信协议端口，是一种抽象的软件结构，包括一些数据结构和数据输入输出的缓冲区。每个软件端口都有一个数字编号，称为端口号，范围是 0～65535，通过端口号可以区别不同的端口。

网络通信是通过软件端口实现的，不同的通信服务具有不同的端口。例如，HTTP 常用端口 80（即用户浏览网页是通过 80 端口进行信息传输的），FTP 常用端口 21 为作为正常的联机信道。联网计算机通常有许多端口与互联网进行不同类型的信息传递。

端口扫描就是利用一些扫描软件或硬件对目标计算机的端口进行扫描，查看该机有哪些端口是开放的，获知可与目标计算机进行哪些通信服务，由此获取目标计算机中的数据或实施攻击。

（5）拒绝服务

拒绝服务即攻击者想办法让目标计算机停止提供服务或资源访问（资源包括磁盘空间、内存、进程甚至网络带宽），从而阻止正常用户的访问。最常见的拒绝服务攻击就是对网络带宽进行的消耗性攻击。例如 SYN Flood 拒绝服务攻击，它利用 TCP 协议缺陷，发送大量伪造的 TCP 连接请求，使被攻击计算机资源耗尽（CPU 满负荷或内存不足）而不能提供正常的服务访问。

为了防止黑客攻击，要从技术和管理上加强防范。常用的防范技术包括：数据加密，身份认证，审计和访问控制等。数据加密是采用密码算法对系统中的文件、数据、口令进行加密，即使黑客获取了系统中的信息也因不能解密而无法应用，达到信息保护的目的。

身份认证是通过密码或个人特征信息（如指纹、声音）来确定用户的真实身份，只对通过了身份认证的用户给予访问系统的相应权限。禁止未通过身份认证的用户进入系统。

审计是指以日志文件的方式将系统中与安全有关的事件记录下来，如用户注册、登录和访问系统的信息，登录的时间、IP 地址、登录成功和失败的次数，以及访问系统资源的情况。当遭遇黑客攻时后，可以通过记载的日志作为调查黑客的依据或证据。

访问控制是指建立严格的访问控制权限，设置用户可访问的资源权限，并对网络端口、文件目录进行权限设置，运用防火墙等技术阻挡非法访问。

此外，在使用网络的过程中，应该养成良好的防范意识，不随便下载网上的软件或打开陌生人的邮件，不随意点击具有诱惑性或欺骗性的网页，在系统中安装具有检测、拦截黑客攻击程序的工具软件，随时安装系统程序的补丁，经常进行数据备份等。

11.5　信息安全的法规与道德

11.5.1　信息安全的法规

随着计算机和网络的普及应用，社会上形形色色的犯罪分子也逐步转向计算机犯罪。例如，美国曾有一家保险公司为了掩盖亏损，欺骗顾客，在其信息系统上伪造保险合同，30 多亿美元的合同中假合同超过了 60%；不少商业集团为了在竞争中击败对手，千万百计地从对方系统中窃取商业情报；更有不少犯罪分子采用网络诈骗、木马、假冒、病毒等手段非法获取他人计算机中的资源、国家机密、个人信用卡信息；还有人在网上发布虚假信息、散布谣言；利用网络技术进行进行诈骗、网络传销……

什么是计算机犯罪呢？公安部计算机管理监察司给出的定义是：所谓计算机犯罪，就是在信息活动领域中，利用计算机信息系统或计算机信息知识作为手段，或者针对计算机信息系统，对国家、团体或个人造成危害，依据法律规定，应当予以刑罚处罚的行为。

我国刑法的第 285～287 条中，有关于计算机犯罪的规定：

第 285 条（非法侵入计算机信息系统罪）违反国家规定，侵入国家事务、国防建设、尖端科学技术领域的计算机信息系统的，处三年以下有期徒刑或者拘役。

第 286 条（破坏计算机信息系统罪）违反国家规定，对计算机信息系统功能进行删除、修改、增加、干扰，造成计算机信息系统不能正常运行，后果严重的，处五年以下有期徒刑或者拘役；后果特别严重的，处五年以上有期徒刑。

第 287 条（利用计算机实施的各类犯罪）利用计算机实施金融诈骗、盗窃、贪污、挪用公款、窃取国家秘密或者其他犯罪的，依照本法有关规定定罪处罚。

可以看出，不管采用什么手段或方式，凡是向计算机信息系统装入欺骗性数据或记录，未经批准使用计算机信息系统资源，篡改或窃取信息或文件，盗窃或诈骗信息系统的电子钱财，破坏计算机资产等行为都可能是计算机犯罪行为，会受到相应的处罚。

我国从 1994 年制订出《中华人民共和国计算机信息系统安全保护条例》以后，针对互联网的应用和我国的实际情况，为了加强计算机信息系统的安全保护和互联网的安全管理，打击计算机违法犯罪行为，陆续制订了一系列有关计算机安全管理方面的法律法规和部门规章制度，如：

- ❖ 《电子认证服务密码管理办法》。
- ❖ 《涉及国家秘密的通信、办公自动化和计算机信息系统审批暂行办法》。
- ❖ 《计算机信息系统国际联网保密管理规定》。
- ❖ 《计算机信息系统保密管理暂行规定》。
- ❖ 《互联网电子邮件服务管理办法》。
- ❖ 《电子认证服务管理办法》。
- ❖ 《互联网电子公告服务管理规定》。
- ❖ 《互联网安全保护技术措施规定》。
- ❖ 《计算机病毒防治管理办法》。
- ❖ 《金融机构计算机信息系统安全保护工作暂行规定》。
- ❖ 《计算机信息网络国际联网安全保护管理办法》。
- ❖ 《互联网信息服务管理办法》。
- ❖ 《中华人民共和国电信条例》。
- ❖ 《中华人民共和国计算机信息网络国际联网管理暂行规定》。
- ❖ 《中华人民共和国电子签名法》。
- ❖ 《全国人民代表大会常务委员会关于维护互联网安全的决定》。

可以从中国信息安全法律网（http://www.infseclaw.net）中，查阅到上述法律法规则中关于信息安全管理的法律法规的条文。

11.5.2 网络行为的道德规范

互联网遍布全世界，其内容涉及社会生活的各方面，宗教、科技、艺术、军事、娱乐、教育、经济等应有尽有，有人更形象地称之为"网络社会"，每个上网的用户则是一个"网民"。网民可以访问网络中的计算机系统，使用网络中的各种信息资源。

同真实社会生活中的每个居民必须遵守社会公德和法律法规一样，网民在网上的某些行为和言论也是受限制或禁止的，需要遵守一定的规范和原则。例如，在互联网上发布虚假错误报道，传播淫秽色情信息，宣传封建迷信，刊登违法广告，传播病毒，盗窃他人银行账号等行为都是不允许的，会受到有关法律法规的惩罚或制裁。

到目前为止，互联网上并没有一种全球性的网络规范和原则，只有各地区、各组织为了网络正常运作而制订的一些协会性、行业性计算机网络规范。这些规范涉及网络行为的方方面面，其中值得每个网民遵守或注意的是美国计算机伦理学会为网民制定的十条戒律：

① 不应用计算机去伤害别人。
② 不应干扰别人的计算机工作。
③ 不应窥探别人的文件。
④ 不应用计算机进行偷窃。
⑤ 不应用计算机作伪证。
⑥ 不应使用或拷贝你没有付钱的软件。
⑦ 不应未经许可而使用别人的计算机资源。
⑧ 不应盗用别人智力成果。
⑨ 应该考虑你所编的程序的社会后果。
⑩ 应该以深思熟虑和慎重的方式来使用计算机。

据统计，我国目前的网民人数已接近7亿，其网络行为对互联网的影响之大是不言而喻的，为了保障互联网的健康发展，更好地服务于人类。每个网民都应该培养高尚的道德情操，不阅读、不复制、不传播、不制作妨碍社会治安和污染社会环境的暴力、色情等有害信息；不编制或故意传播计算机病毒，不模仿计算机"黑客"的行为；树立良好的信息意识，积极、主动、自觉地学习和使用现代信息技术。

习 题 11

一、选择题

1. 下列关于计算机病毒的叙述中，错误的是＿＿＿＿。
   A．计算机病毒是人为编制的一种程序
   B．计算机病毒是一种生物病毒
   C．计算机病毒可以通过磁盘、网络等媒介传播、扩散
   D．计算机病毒具有潜伏性、传染性和破坏性

2. 计算机黑客是指＿＿＿＿。
   A．能自动产生计算机病毒的一种设备
   B．专门盗窃计算机及计算机网络系统设备的人
   C．非法编制的、专门用于破坏网络系统的计算机病毒
   D．非法窃取计算机网络系统密码，从而进入计算机网络的人

3. 下列措施能有效防止感染计算机病毒的措施是＿＿＿＿。
   A．安装防、杀毒软件　　　　　　B．不随意删除文件
   C．不随意新建文件夹　　　　　　D．经常进行磁盘碎片整理

4. 为了提高使用浏览器的安全性，我们可以采取许多措施，下列措施无效的是＿＿＿＿。
   A．加强口令管理，避免被别人获取账号
   B．安装病毒防火墙软件，防止病毒感染计算机
   C．改变IE中的安全设置，提高安全级别

D. 购买更高档的计算机上网
5. 计算机预防病毒感染有效的措施是_____。
   A. 定期对计算机重新安装系统　　　　B. 不要把U盘和有病毒的U盘放在一起
   C. 不准往计算机中拷贝软件　　　　　D. 安装防病毒软件，并定时升级
6. 以下设置密码的方式中哪种更加安全_____。
   A. 用自己的生日作为密码
   B. 全部用英文字母作为密码
   C. 用大小写字母、标点、数字以及控制符组成密码
   D. 用自己的姓名的汉语拼音作为密码
7. 计算机病毒主要会造成下列哪一项的损坏_____。
   A. 显示器　　　　B. 电源　　　　C. 磁盘中的程序和数据　　　　D. 操作者身体

二、名词解释

| 计算机病毒 | 信息安全 | 防火墙 | 入侵检测系统 | VPN |
| 黑客 | 对称加密技术 | 非对称加密技术 | 数字签名 | 身份认证 |

三、问答题

1. 简述计算机病毒的特征。
2. 举例说明最近出现的病毒名字，并说明它的类型及感染后计算机的症状。
3. 简述计算机病毒的传染方式及寄生方式。
4. 常用的网络安全技术有哪些？
5. 简述黑客常用攻击技术。
6. 什么是网络空间，主要存在哪些安全问题？

参 考 文 献

[1] 唐培和,徐奕奕. 计算思维——计算学科导论. 北京:电子工业出版社,2015.
[2] 张亚玲,王炳波等. 大学计算机基础——计算思维初步. 北京:清华大学出版社,2015.
[3] 苑俊英,郭中华等. 计算机应用基础. 北京:电子工业出版社,2014.
[4] 董卫军,邢为民等. 计算机导论(第2版). 北京:电子工业出版社,2014.
[5] 郭艳华,马海燕等. 计算机与计算思维导论. 北京:电子工业出版社,2014.
[6] 赵丹亚,石新玲. 计算机应用基础教教. 北京:清华大学出版社,2013.
[7] 任小康,苟平章. 大学计算机基础. 北京:平常出版社,2010.
[8] 管会生. 大学计算机基础. 北京:科学出版社,2009.
[9] 段鹏,佘玉梅. 大学计算机基础. 北京:科学出版社,2009.
[10] [美]Brian k.Williams,Stacey C.Sawyer. 信息技术教程(第六版). 徐士良等译. 北京:清华大学出版社,2005.
[11] [美]James A.senn. 信息技术基础(第3版). 施平安,沈敏,顾碧君译. 北京:清华大学出版社,2005.
[12] 周明德. 微型计算机硬件软件及其应用. 北京:清华大学出版社,1982.
[13] [美]Ron White. 计算机奥秘. 杨洪涛等泽. 北京:清华大学出版社,2003.
[14] [美] June Jamrich Parsons Dan Oja. 计算机文化(英文第五版). 北京:电子工业出版社,2003.
[15] 谢希仁. 计算机网络(第四版). 北京:电子工业出版社,2003.
[16] 来宾,张磊. 计算机网络原理与应用. 北京:冶金工业出版社,2003.
[17] 百度百科. http://baike.baidu.com
[18] 维基百科. http://zh.wikipedia.org
[19] 互动百科. http://www.hudong.com

反侵权盗版声明

电子工业出版社依法对本作品享有专有出版权。任何未经权利人书面许可,复制、销售或通过信息网络传播本作品的行为;歪曲、篡改、剽窃本作品的行为,均违反《中华人民共和国著作权法》,其行为人应承担相应的民事责任和行政责任,构成犯罪的,将被依法追究刑事责任。

为了维护市场秩序,保护权利人的合法权益,本社将依法查处和打击侵权盗版的单位和个人。欢迎社会各界人士积极举报侵权盗版行为,本社将奖励举报有功人员,并保证举报人的信息不被泄露。

举报电话:(010)88254396;(010)88258888
传　　真:(010)88254397
E-mail：dbqq@phei.com.cn
通信地址:北京市海淀区万寿路173信箱
　　　　　电子工业出版社总编办公室
邮　　编:100036